当代木工机械发展与检验检测技术

齐英杰　徐　杨　张兆好　编著

東北林業大學出版社
·哈尔滨·

图书在版编目（CIP）数据

当代木工机械发展与检验检测技术 / 齐英杰，徐杨，张兆好编著. --2 版. --哈尔滨：东北林业大学出版社，2016.7（2025.6重印）

ISBN 978-7-5674-0823-4

Ⅰ.①当… Ⅱ.①齐… ②徐… ③张… Ⅲ.①木工机械-质量检验 Ⅳ.①TS64

中国版本图书馆 CIP 数据核字（2016）第 150540 号

责任编辑： 杨秋华

封面设计： 彭　宇

出版发行： 东北林业大学出版社（哈尔滨市香坊区哈平六道街 6 号　邮编：150040）

印　　装： 三河市佳星印装有限公司

开　　本： 787mm×1092mm　1/16

印　　张： 25.75

字　　数： 610 千字

版　　次： 2016 年 8 月第 2 版

印　　次： 2025 年 6 月第 3 次印刷

定　　价： 116.00 元

当代木工机械发展与检验检测技术

[illegible]

二〇〇九年六月

前　言

国家木工机械质量监督检验中心成立于1989年，隶属于东北林业大学，业务上受国家质量监督检验检疫总局直接领导。国家木工机械质量监督检验中心自成立以来，坚持以“科学、公正、准确、高效、满意”为宗旨，秉承为我国木工机械行业发展作贡献、为我国木工机械生产企业服务的目标，先后代表国家进行木工机械产品质量国家监督抽查15次，共521台产品；承揽木工机械、人造板设备、木工刀具、木材干燥设备及相关产品质量的法律仲裁检验、产品鉴定检验、安全认证检验、科技成果鉴定检验及一般委托检验1 210台产品；承担和参与木工机床与人造板机械相关产品国家标准和行业标准的制定与修订工作26项；为我国木工机械产品质量不断提高，推动我国木工机械行业技术创新与科技进步作出了突出贡献。

国家木工机械质量监督检验中心成立20年来，所有同志不断开拓、探索、创新，在实际工作中积累了丰富的理论知识与实践经验，通过对这些经验进行深入总结与研究，撰写并发表了280余篇学术论文。为促进我国木工机械行业又好又快的发展，使广大木工机械企业管理者与技术人员理解与贯彻我国木工机械相关国家标准和行业标准，掌握正确的检测技术与检测方法，全面了解我国木工机械行业的发展概况，藉此国家木工机械质量监督检验中心成立20周年之际，从发表的论文中汲取精华，加以整理与提炼，编辑出版此书。

本书从木工机械行业发展概况、检验检测技术、标准应用和综合理论四个方面，对现代木工机械检测技术和中国木工机械行业发展做了全面的介绍。本书由齐英杰、徐杨、张兆好编著，其中第一部分由齐英杰、徐杨、胡万明编写；第二部分由齐英杰、张兆好、戴大力、李志仁、廉魁、吴朝阳编写；第三部分由徐杨、张兆好、李志仁、徐杨、胡万明、吴朝阳编写；第四部分由齐英杰、徐杨、张兆好、李志仁、孟令联、张明建、戴大力编写。

本书对从事木工机械设计、制造、检验、管理、销售及教学、科研等工作人员具有一定的指导作用。由于编者水平有限，资料收集未臻全面，书中难免有不当之处，敬请读者批评指正。

编著者

2016年6月

目　录

第三部分 标准应用篇

第四部分 综合理论篇

风雨兼程二十载 继往开来谱华章

——纪念国家木工机械质量监督检验中心成立20周年

1 前言

国家木工机械质量监督检验中心受国家质量监督检验检疫总局直接领导，挂靠在教育部的直属大学——东北林业大学，现位于黑龙江省哈尔滨市香坊区和兴路26号。中心于1985年开始筹建，1989年通过计量认证和法定资格认可并授权，1995年被国家科学技术部授权为科技成果鉴定检验机构，1998年被中国机械安全认证委员会批准为木工机械产品安全认证检验机构，1999年通过中国实验室国家认可委员会审查认可，授权为国家级木工机械检验实验室，名称为东北林业大学木工机械检验实验室，实验室主任由东北林业大学校长兼任。中心现有职工12人，其中教授3人，高级工程师4人，工程师4人，技师1人。中心占地面积750m^2，拥有固定资产（原值）1 000余万元，是中国实验室国家认可委员会审查认可并与国际互认证的国家级检验实验室。中心主要承担木工机床、人造板机械、木工刀具、木材处理设备的质量仲裁检验、委托检验、鉴定检验、安全认证检验；承担国家质量监督检验检疫总局下达的国家监督抽查任务；承担并参与相关产品的国家标准和行业标准的制定、修订工作；承担东北林业大学相关专业学科的本科生、硕士生、博士生教学科研的试验验证工作。中心现设办公室、整机检验室、零件检验室、计算机数据处理室、仪器及样品管理室、档案资料室6个职能科室。

国家木工机械质量监督检验中心成立20年来，在东北林业大学党委、行政的关怀和领导下，在国家质量监督检验检疫总局和中国实验室国家认可委员会的指导下，在中国木工机械行业1 000多家企业的支持下，经过全体职工的不懈努力，检测检验水平显著提高，综合实力日益增强，逐渐成为中国木工机械行业科技创新、质量管理、行业指导的核心力量，为中国木工机械行业的发展作出了不可磨灭的贡献！

2 国家木工机械质量监督检验中心筹建时期

党的十一届三中全会以后，随着我国经济的迅速腾飞，木工机械制造业也出现了快速发展，我国木工机械产品生产企业由计划经济时期的23家很快发展到1985年的260多家。原林业部为了确保木工机械产品质量，提高木材利用率，于1982年3月以（82）林科字9号文件《关于责成东北林学院负责全国林业系统木工机械产品质量检验工作的通知》，确定由原东北林学院筹备成立木工机械检测组，对原林业部所属的各企业生产的木工机械产品（包括木工机床、人造板机械、木工刀具）进行质量监督检测。

根据林业部科技司的“通知”精神，原东北林学院决定由林业机械系木工机械设计与制造专业教研室来承担此项工作。教研室主任王国才教授按照学校的要求，亲自负责并抽调吴朝阳、张明建、花军三名同志开展筹备工作。在筹备过程中进行了检测一般程序的拟定，标准资料的收集整理，申报国优、部优产品程序调研。同时从各教研室挑选了10名同志为兼职检测人员，并组织检测人员进行了有关文件的学习和检测业务的培训。经过几个月的筹备和培训，于1982年5月首次对牡丹江木工机械厂生产的MX519立式木工单轴铣床和信阳木工机械厂生产的MJ346B细木工带锯机进行木工机械产品质量检测工作。这两项产品在当年被评为林业部优质产品，并于1983年获国家银质奖。

随着国家对产品质量监督检验测试工作的重视和发展，林业部为进一步对所属企业生产的木工机械产品实行质量监督检验测试，1985年9月正式批准原“木工机械检测组”为“林业部木工机械产品质量监督检验站”。由王德惠同志任站长，王正本、王国才、任坤南同志为副站长，顾绍庆同志为办公室主任。对林业部所属企业生产的木工机械产品进行全面的质量监督检验测试工作。

1984年4季度至1985年1季度期间，我国出现了工业产品质量下降的趋势，有些企业片面追求产值、利润，忽视产品质量，“假、冒、次、劣”产品在市场上经常出现，严重背离了“质量第一”的方针。针对当时的这种情况，质量监督管理部门——原国家标准局向国务院作了报告，并采取了一系列措施，以扭转产品质量下降的局面，同时开始筹建233个国家级检测中心。经林业部推荐，国家标准局以国标质发（1985）013号文件正式通知由“林业部木工机械产品质量监督检验测试站”筹建“国家木工机械质量监督检验中心”。1987年10月东北林业大学为国家木工机械质量监督检验中心批准了机构，任命朱国玺同志为主任，王国才、庞庆海、韩相春同志为副主任，同时配备了16名专职人员，4名兼职人员，地点设在东北林业大学机电工程楼的一楼，并在经费上给予一定的重视，林业部和国家标准局也先后投资支持中心建设。通过3年的认真筹备，国家木工机械质量监督检验中心先后于1988年末通过了国家计量认证，于1989年初通过了法定资格认可，1989年6月接到了国家标准局颁发的资质证书并启用公章。至此，新中国成立后第一个国家级木工机械产品质量监督检验测试中心诞生了。

3 20年来国家木工机械质量监督检验中心的主要工作

3.1 坚持质量第一方针，加强质量监督，为中国木工机械行业提高产品质量开展检验工作

国家木工机械质量监督检验中心成立20年来，先后开展了：国家质量监督抽查检验；省、市监督抽查及定期检验；生产许可证检验；国家、省、部优质产品检验；林业部监督抽查检验；安全认证检验；仲裁及各种委托检验。产品包括木工机床、人造板机械、木工刀具、木材处理设备等1 400多个品种。先后对国内外近千家企业生产的1 731台（套）设备进行了检测，强有力的推进了我国木工机械产品质量的提高，及时向国家质量监督管理

部门反映我国木工机械行业产品质量状况，对我国木工机械行业的发展作出了突出贡献。表1是国家木工机械质量监督检验中心成立以来历年检测工作统计表。

表1　国家木工机械质量监督检验中心历年检测工作统计表

序号	年份	国家监督抽查	省定期监督检验	委托检验	安全认证	市监督抽查检验	生产许可证检验	国、省、部评优检验	林业部监督抽查	合计/台
1	1989	15	17	10	0	11	0	19	0	72
2	1990	0	12	15	0	0	0	18	0	45
3	1991	31	13	22	0	12	0	15	4	97
4	1992	69	12	15	0	0	0	3	3	102
5	1993	47	18	18	0	0	0	0	3	86
6	1994	32	17	25	0	0	7	0	0	81
7	1995	32	19	16	0	0	0	0	0	67
8	1996	49	13	27	0	0	0	0	0	89
9	1997	27	25	37	0	0	0	0	0	89
10	1998	20	9	18	0	0	0	0	0	47
11	1999	0	17	6	0	0	0	0	0	23
12	2000	0	9	19	4	0	0	0	0	32
13	2001	0	8	56	4	0	0	0	0	68
14	2002	37	9	63	4	0	0	0	0	113
15	2003	44	6	63	2	0	0	0	0	115
16	2004	43	16	49	4	0	0	0	0	112
17	2005	0	11	76	4	0	0	0	0	91
18	2006	38	14	132	2	0	0	0	0	186
19	2007	0	17	88	4	0	0	0	0	109
20	2008	37	0	68	2	0	0	0	0	107

3.2　坚持科技创新，不断为我国木工机械行业提供有力的科技支持

国家木工机械质量监督检验中心成立20年来，在完成各项检验工作任务的同时，努力发挥人才、技术优势，坚持科技创新，为我国木工机械行业不断提供有力的科技支撑。20年来在国内外各种刊物上发表学术论文279篇；在东北林业大学出版社、林业出版社、机械工业出版社、化学工业出版社，出版学术著作16部；主持或参加“国家自然科学基金项目”“黑龙江省自然科学基金项目”“国家863高科技项目”“国家948引进科技项目”“国家十一五科技支撑课题”“黑龙江省攻关课题”“横向科研课题”30项；制定及修订国家及行业标准26项，其中获得了农业部科技进步二等奖一项，获得了黑龙江省教学成果一等奖一项。图1是国家木工机械质量监督检验中心成立20年来科技成果示意图。

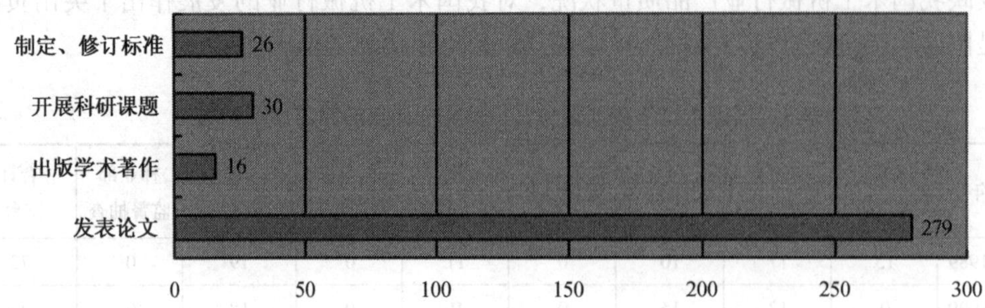

图1 国家木工机械质量监督检验中心科技成果示意图

3.3 搞好服务，努力促进我国木工机械行业健康发展

国家木工机械质量监督检验中心成立20年来，积极做好服务工作，努力促进我国木工机械行业健康发展。由于中国林业机械协会木材加工机械专业委员会秘书处、黑龙江省家具协会木工机械专业委员会秘书处、哈尔滨市木工机械协会均设在检验中心，因此做好行业服务工作也成为中心日常工作的一部分。20年来中心和协会先后举办了6期质检人员培训班，培训了300多名质检人员；基本每年都举办一次行业年会，共同商讨行业发展大计，并积极组织专家进行技术讲座。同时针对不同时期行业发展的热门问题组织讨论，积极参与评选“中国木工机械重镇”“中国木工机械名城”“中国木工机械行业品牌推荐”等工作，这些服务性工作得到了行业内绝大多数企业的支持和认同，对我国木工机械行业的健康发展起到了指导性作用。

3.4 以人为本，积极培养适应行业发展需要的职工队伍

尊重知识、尊重人才一直是中心的优良传统。中心历届党政班子认真贯彻执行党的知识分子政策，对科技人员充分信任，大胆使用，严格要求、热情帮助。积极改善职工的学习和生活条件，创造使职工专心致志、无后顾之忧、充分发挥其聪明才智的工作环境。锻炼造就了一支德技双能的职工队伍。他们长期工作在我国木工机械行业的第一线，为我国木工机械行业的发展做出了无私奉献。20年来，中心先后培养出4名博士生导师，8名教授（研究员），6名高级工程师。先后培养了7名硕士研究生和1名博士研究生，培养了一支敢于拼搏，勇于创新，高学历、高职称、高素质的职工队伍。

4 结束语

国家木工机械质量监督检验中心成立20年来，在东北林业大学党委和行政的正确领导下，在国家质量监督检验检疫总局和相关部门的关心与支持下，经过全体工作人员的共同努力，为中国木工机械行业的发展做出了积极的贡献。今后，让我们紧密地团结在以胡锦涛同志为中心的党中央周围，会同全行业的力量，沿着党的十七大指明的方向，团结一心，运用科学发展观，不断进取，不断创新，共同建设和谐发展、较快发展的中国木工机

械行业，为我国社会主义建设做出更大的贡献。

在国家木工机械质量监督检验中心成立20周年之际，作为中心的现任主任、常务副主任、副主任，经过商议，撰写了此文，以示纪念。同时我们要深深的感谢多年来帮助中心发展的各位领导同志，感谢中国木工机械行业各单位的大力支持，感谢中心已离退休的老同志对中心发展所做出的贡献，在这里我们代表中心的全体员工向你们致以最真诚的谢意。

第一部分

木工机械行业发展概况篇

中国人造板机械制造行业形成与发展的历史回顾（一）

——新中国成立前中国人造板工业生产形成概况

1 前言

制造业为人类提供衣食住行的基本条件，它是国民经济和社会发展及国防建设的物质基础，是国民生产总值的主要组成部分，是国家综合实力的重要标志。人造板机械制造行业是我国制造业的重要组成部分，也是现代林业系统的重要组成部分。人造板机械制造行业，是以人造板机械产品开发、生产、制造、销售、服务为中心，包括生产使用、维修、管理、科研、设计、标准、检测、教育等企业、事业单位组成的一个社会经济学系统，服务对象是人造板加工业。按照国家标准（GB/T18003—1999）“人造板机械设备型号编制方法”，人造板机械包括削片机、铺装机、压机、砂光机、剥皮机、旋切机、刨切机、拼板机等39类产品。这些设备中，有些属于切削加工设备，如旋切机、刨切机、剪板机、削片机、刨片机、裁边机和砂光机等；有些是属于压力加工设备，如各种人造板热压机和模压机等；有些是属于水热处理、干燥设备，如木段蒸煮设备，单板、纤维和刨花的干燥设备，涂腻、涂漆和浸胶后的干燥设备，纤维板的加湿和热处理设备等；有些设备类似于造纸机械，如湿法生产纤维板所用的纤维分离设备和湿板坯成型设备等；有些设备类似于印刷机械，如各种木纹或图案的印刷设备；还有些设备如气流分选、气流干燥和气流铺装成型类设备的基础理论与流体力学、空气动力学密切相关。人造板机械包括生产胶合板、纤维板和刨花板等各种人造板及其表面装饰加工（又称二次加工）等的机械设备。

2 新中国成立前中国人造板行业概况

我国的人造板工业，除胶合板工业诞生在半封建、半殖民地的旧中国（1920年）外，刨花板（1958年）、纤维板（1962年）等工业均始建于新中国成立后。虽然1928年我国的台湾省已出现用甘蔗渣为原料，经压榨脱水，采用天然干燥方式生产软质纤维板作为包装材料，但是严格来说，我国纤维板生产和技术得到发展则是在新中国成立以后。新中国成立前，我国仅在天津、上海、哈尔滨、长春、大连、成都等地有约20家胶合板厂。设备都是从国外进口的，陈旧落后，技术水平不高。从科学发展观的角度来看，科技储备远远不够。

胶合板是一个古老产品，由于它具有幅面大、尺寸稳定性好，并保留有木材的天然纹理和色泽，应用施工方便等优点而被人类广泛应用。从19世纪上半叶，由俄国人飞赛尔教授（1819年）和英国人飞维利尔（Fevilear）工程师（1819年）发明了把木段旋成薄木片的技术开始，又经过了几十年的不断发展，在1850年德国开始生产胶合板。1909年日本等国家开始生产出胶合板，1914年后在美国胶合板成为一种商品，又经过了几年时间，这项新的木材加工技术才传到了半封建半殖民地的旧中国。1920年首先在天津开始生产胶合板。该厂是由帝俄军需官伊凡诺夫和在天津开铁工厂的法国人布诺利合伙开办的一个名为“天津粘镶木片事业”所属的一个胶合板厂。设备来自德国，原材料最初来自苏联，后改用我国东北椴木。生产血胶胶合板，年生产能力不到3 000m^3。这是在中国土地上诞生的第一个胶合板厂，也是中国人造板工业的开始。接着，1930年，该企业改由法国人德斯玛经营，更名“天津粘镶木板公司”，通称“天津粘板公司”。1937年，中国人刘寿臣、王树堂集资成立“中国夹板公司”，生产包装箱胶合板。新中国成立后，该两公司合并为“天津胶合板厂”。

1924年5月，波兰外商葛瓦里斯基，在哈尔滨香坊区草料街65号创建一座“葛瓦里斯基胶合板厂”，工厂营业所设在道里药铺街83号。建厂时，总投资额为“六十万元”，厂房建筑面积为1 768m^2，购置各种设备30台，电机32台，合计价值为“七十五万元”。其中厂房约占1/3，设备约占2/3。工厂建成后，葛瓦里斯基委托白俄尤林卡为经理，罕必鲁为技术总监督，招收工人178人，其中中国工人142人。以东北椴木为主要原料、血胶为胶黏剂年产胶合板4 000m^3，年产值“十万元”，利润“六万元”。产品销售于哈尔滨、齐齐哈尔、长春等城市，销量占总产量的20%；销售于英国、爪哇群岛、澳洲等地的产品占总产量的80%。葛瓦里斯基在哈尔滨有面粉厂、亚布力有林场，还有一座木材加工厂。当时，由于各国外商之间互相排挤争夺市场，且原材料价格逐年上涨，胶合板价格逐年下跌，以及营业税款加剧，运费昂贵等，从1931~1935年由法院委派俄国人沙老夫控管。1935年10月，葛瓦里斯基被迫将工厂卖给了英商黎德尔，葛瓦里斯基于1940年11月22日，死于哈尔滨。

1935年10月，黎德尔开始经营这座工厂。黎德尔委任白俄煞拉斯任经理，后因煞拉斯自己开工厂而辞职。黎德尔又将天津“平和洋行”出纳长金策派该厂任厂长，并将厂名改为“平和洋行哈尔滨和板工厂”。1931年九一八事变后，日本帝国主义侵入我国东北，占领了哈尔滨，该厂在无法生存的情况下，于1939年与日本合办了。

1939年与日本合办后，日本即派来一位关东军退伍少将坂本实担任副厂长，金策仍任厂长，厂名改为“平和洋行株式会社”即变成了日本军工厂。1942年2月21日，伪政府下令正式接管该厂。1942年3月11日，坂本实与黎德尔签订契约，从此这座工厂就完全归属日本了，一直经营到1945年东北解放。新中国成立后，1952年松江省人民政府征收该厂后命名为松江省哈尔滨胶合板厂。

1924年德国人斯奈司来沿在上海开办的祥泰木行在杨树浦业务部对面新建了“上海夹板厂”。该厂名义独立对外，实则全部资金、人事、经营、管理权都由祥泰控制，实际上是祥泰的一个附属工厂，该厂最初只是生产供应茶叶运销包装的夹板箱，随着胶合板用途扩展，家具和装饰行业的需求量日多，又添置设备，扩大生产，至1932年就生产大规格915mm×1 830mm三夹板、五夹板、七夹板供应市场，其中相当一部分还运销印度尼西亚等国。祥泰的发展，对于推动我国人造板加工业的发展起了催化剂作用。此后，英商贝乐木厂（即凤凰木厂），精艺木行也相继开设胶合板厂，华商李松年于1928年创办义成夹板厂，但规模均不及祥泰。

1938年8月，日本人在上海的闸北恒丰路桥堍开设扬子江木材株式会社（即杨子木材厂），生产胶合板、子弹箱、马鞍等木制产品。

伪满时期，长春的吉川商会（日商）曾在大连海猫屯建设胶合板工厂，时值太平洋战争爆发，经营不利。

民国二十八年（1939年），伪“大陆科学院”以东北产材试造胶合板，在该院内设置7ft回转锯和4ft带锯各一台，做小规模制造，成立胶合板工厂。该厂主要为日军服务，曾利用东北的桦木和来自日本的胶黏剂，试制航空用酚醛树脂胶合板。新中国成立后，1949年由长春市政府接管，更名为长春胶合板厂。

同年，伪满政府制订“胶合板工业整备计划”，新设工厂6处，加上已设3厂（详见表1），此时，长春、蛟河、汪清三厂竣工不久，而哈尔滨、牡丹江、沈阳三厂尚在建设中，东北光复时均停产。

表1 新中国成立前中国胶合板生产厂家一览表

序号	工厂名	厂址	生产设备	生产能力	建厂时间	创始人（所属国）
1	天津粘镶木片事业	天津		3 000m^3	1920年	伊万诺夫（俄）、布诺利（法）
2	哈尔滨合板株式会社	哈尔滨	7ft旋切机2台 7ft旋切机1台 压机2台	4 000 m^3	1924年5月	格瓦拉斯基（波兰）
3	上海夹板厂	上海	热压机2台 冷压机1台 砂光机2台 干燥机1台 单板刨切机4台	3 000 m^3	1924年	斯奈司来治（德）
4	凤凰木厂	上海				贝乐（英）
5	义成夹板厂	上海			1928年	李松年（华商）
6	精艺木行	上海		21万张	1932年	乞德来尼（俄）
7	中国夹板公司	天津			1937年	刘寿臣
8	扬子江木材株式会社	上海			1938年8月	
9	大陆科学院胶合板工厂	长春	4 ft旋切机1台 7 ft旋转机2台 压机1台	8万张	1939年	
10	层板制造厂	成都			1942年	航空材料研究所
11	吉川商会	大连海猫屯			伪满时期	日商
12	满洲合板工业株式会社	大连	4 ft旋切机2台 4 ft旋切机2台 压机1台	40万张	伪满时期	
13	东绵化成工业会社	沈阳		540万ft^2	光复前	
14	松荣木材株式会社	长春	已进设备		光复前	
15		长春			光复	
16		蛟河			光复	
17		汪清			光复	
18		牡丹江			光复在建	

光复前后，因胶合板生产实数不太准确，按供给此项工业的木材数量推算，哈尔滨生产约60万张，伪大陆科学院生产8万张，大连满洲合板工业会社生产40万张，共约110万张。

除以上厂家外，在沈阳还有东绵化成工业会社，该厂在光复前已由试作而改为正式生产飞机用的特殊胶合板，其胶合能力年达到540万 ft^2。同时，计划以胶合板代用“木筒”15万个的松荣木材株式会社（长春）光复前已进设备，但未生产。

1942年底在成都，由国民党航空委员会下设一个航空材料研究所，成立的“层板制造厂”生产航空胶合板，产量很小。但在技术上有所创新，曾首次试制成世界上罕见的竹木复合胶合板航空教练机。该机主体为杉实木，机翼和机尾为桦木胶合板，表面覆上数层竹木复合胶合板，胶黏剂是利用国产新疆家畜乳汁自制的酪素胶，全机共重908kg。至今在南京林业大学木材工业学院的样品室里还摆放着此种飞机的螺旋桨。1947年以后开始生产商用胶合板。新中国成立前，在旧中国建设的胶合板厂总计不到20家，其年总产量约有16 000m^3。当时主要采用原始的湿法生产工艺，制造胶合板的胶种主要有豆胶、血胶和干酪素胶，大部分制品供家具制造业使用。

3 依靠科技进步，促进木材工业的快速发展

1947年，中国木材工业行业杰出科学家王恺先生从美国深造回国，回原中央工业试验所工作，并与上海扬子木材厂共同组建“木材工程实验室”，主要人员有王恺先生、孙祥玉先生、王风翔先生。到1949年新中国成立时，历经3年主要开展了以下几方面工作：

（1）应上海木材加工行业的要求，先后举办了制材、纺织木制品、造船、铅笔等行业的技术讨论会，并在大学设有木材加工专题讲座。同时，对当时由上海木业同业公会编辑出版的《木业界》杂志，予以大力支持，以全面提高各行业的木材加工知识，深得同行的好评。

（2）改进传统产品质量，主要是改进了胶合板的质量，使产品首次远销美国。同时设计并生产了空心与实心胶合板门扇，主要供应上海的建筑部门，还首次销往香港。

（3）首次试制了50ft跨长（15.2m）拱型木架，并设计生产“预制式”木结构房屋，均取得成功和推广。

（4）试制纺织用木制品，以替代进口产品。当时上海是我国纺织工业中心，所用纺织木制品如梭子、纺织用滚筒均需进口，而国家外汇有限，实验室与工厂的技术人员，在国内首次采用层积木生产木梭、胶合木生产滚筒，压缩木生产打梭棒，均获得成果，并批量生产。上述产品用的脲醛胶和酚醛胶均由美国进口。

4 结束语

从科学发展观的角度看，新中国成立前，虽然当时的统治者对科学技术及民族工业没有给予应有的重视，但是由于科学自身发展规律的作用和一批科学家及工商业者的努力，

现代科学得以在中国植根和缓慢地成长，对中国的发展起到了重要推动作用。新中国成立前，我国人造板工业以极为零细的规模，徐徐地在发展轨道上前进，所以在其发展过程中根本考虑不到如何正确处理好当前经济效益与长远生态效益的关系，科研和生产的前瞻性、针对性、衔接性问题。这个历史时期我国工业发展主要是以轻工业为主，重工业的基础极其微弱，机器制造工业几乎还没有建立。中国民族工业对外国资本主义的依赖仍然没有改变。主要是外国的资本家看到中国市场的需求，用低廉的劳动力、用残酷的剥削和对我国木材资源海盗式的掠夺，来获得高额利润，从而来我国投资建厂，在建厂的同时引进了相应的木材加工技术和设备。因此没有形成一个完整的人造板工业生产体系，生产规模很小，技术相对落后。

中国人造板机械制造行业形成与发展的历史回顾（二）

——从科学发展观的角度回顾建国后我国的人造板工业发展概况

1　前言

从1840年的鸦片战争开始，到中华人民共和国的成立，在这一百多年的时间里，由于中国人民学习和引进西方的近代工业技术，以及西方工业资本主义国家在中国的经济渗透，中国社会的技术结构发生了巨大的变化。城市中的手工工场和作坊逐渐被机器工厂挤到了一边，城市中马车也被机动车所补充，机器磨已和水磨、畜力磨开始同时转动。技术上滞后于西方国家十几年到几十年的枪炮厂、造船厂、机器厂建立起来了，近代的矿山和冶炼厂代替了《天工开物》中描述的矿山和冶炼场，除了黑色金属之外，其他有色金属的开采和利用量也大大增加了。机器织的棉布、丝绸、汗衫、围巾、袜子、手套和其他衣物正在把手工纺车和老式织机的产品推到市场货架不太显眼的地方。由于化学和日用品工业的产生，火柴成了最方便的引火工具。造纸业从质量和规模上都使这个最先发明了造纸术的国家发生了一次新的技术革命。铅字纸型铅板和电动的转轮印刷机同样在20世纪初改革了最先发明印刷术的中国的印刷技术。酸碱厂、肥皂厂、酿酒厂、糖厂、制革厂都开始应用近代的化学知识。煤气厂和电厂出现了。黑色火药和无烟火药经过西方人的改进后又回到了中国，中国军队中的刀矛弓箭和盔甲退役了，现代式的军队终于在一次又一次失败的战争中建立起来了。有线电报从1875年左右就出现在中国，到清朝末年已把中国的大部分地区勉强联在一起。从1903年开始，东南沿海的一些城市和南京、北京这样一些大城市中已先后开始建立无线电台。1914年，上海的法国人开始用无线电预报天象。1923年北京的无线电台开始与世界通电讯，这个电台当时由中日合办，1924年又加上美国合办。这种中外合办的无线电台既反映了军阀政府和列强的联系，又为这种联系提供了方便。伴随着中国民族资产积极和外国资本争夺路权的斗争，铁路在不停地向古老帝国肢体的各个重要部位延伸。西方医药学与此同时比较平静地补充了传统的中医中药学……这个国家已不再是与世隔绝的天朝。对于中国这样一个有近4亿人口的国家来说，她的最广大的地区——农村，仍然在经济上和文化上沉睡着，新时代嘈杂的声音刚刚传到那里，但沉醉于古老时代梦幻的巨人的这部分躯体还没有完全恢复活力，技术的杠杆显然还不足以使之突然站立在一个充满敌意和挑战的新世界面前。在这样的历史条件下，伴随着共和国的诞生，中国的人造板机械制造业，也开始了从无到有、从小到大、从测绘仿制到技术引进，从单机的自行设计到生产线的自行开发的全过程。

2 新中国成立后我国人造板工业发展概况

2.1 胶合板产业概况

新中国成立初期，百废待兴，为了加快治好战争的创伤，加快基础设施的建设，同时也为了满足抗美援朝这场战争的需要，我国重点的发展了胶合板产业。胶合板产业当时主要应用在建筑工业上，其次是造船、航空、车厢、军工、家具、包装等工业部门。国家先后对旧中国建成的十几家胶合板厂（车间）进行了一系列的社会主义改造和技术改造及改建、扩建，使其在各方面都有了一定的发展，至1959年，全国胶合板的产量已达到16 470m^3。表1为新中国成立初期我国胶合板历年产量。

表1 新中国成立初期全国胶合板历年产量 m^3

年度	1950	1951	1952	1953	1954	1955	1956	1957	1958	1959
产量	16 900（估）	16 923	27 616	35 353	46 542	51 752	56 435	69 835	125 774	164 701

2.2 刨花板产业概况

在重点发展胶合板产业的同时，我国从1955年开始有计划地进行刨花板的科研、实验。当时由上海木材厂、北京市木材厂和中国林科院木材工业研究所先后利用木材加工剩余物，进行了生产刨花板的实验。1956年上海、北京在原有科研实验基础上，又进行了刨花板生产工艺、技术设备、施胶、胶种和产品用途等一系列的大量研试工作。1958年，北京市木材厂，在刨花板研制成功的基础上，建成了我国第一个半土半洋的平压刨花板生产车间。其中的主要设备是由牡丹江木工机械厂生产制造的。预压机、热压机、铺装机是北京市木材厂自己设计并生产制造的，砂光机是进口民主德国的三辊砂光机。削片机是上海生产的。

刨花板产品，在20世纪初由美国首先研制成功，于1905年获得专利权，但直到20世纪的40年代才正式投入生产，生产能力很小。德国在1941年首先建起了世界上第一个大工业生产型的刨花板。1950年世界刨花板总产量仅为1.85万m^3，发展到1960年的产量已是1950年的1 459%。

到了60年代初，国家最早从瑞典引进年产1万m^3卧式挤压法刨花板生产的全套设备一套，安装在北京光华木材厂，产品规格1 880mm×1 220mm×16mm。接着，从西德引进2套立式挤压法刨花板全套设备，分别建设在上海人造板厂和成都木材综合加工厂，产品规格是1 900mm×1 200mm×18mm。继引进3套挤压法设备之后，国家为了平衡外汇的收支，捷克为还清我国外汇，已偿付形式卖给我们年产2 300m^3的平压法刨花板生产设备一个全套和七个半套，分别建设在下述省区，其建设情况如表2。

表2 买进捷克八套刨花板设备建设情况

建设企业	投产年度	产品规格/mm	备注
福建省福州木材综合加工厂	1962		半套
辽宁省沈阳市木材综合加工厂	1970	2 050 × 1 050 × 10	半套
广东省广州鱼珠木材厂	1970	1 950 × 1 100 × 18	全套
陕西省西安市胶合板厂	1971	2 000 × 1 000 × 12	半套
吉林省长春胶合板厂	1971		半套
广西壮族自治区柳州木材厂	1972	1 960 × 1 220 ×（10、13）	半套
黑龙江省哈尔滨市松江胶合板厂	1974		半套
贵州省贵州省木材加工厂	至今未投产，设备已报废		

2.3 纤维板产业概况

纤维板是木质人造板中的主要板种之一，也是三大板类之一。纤维板创始于20世纪30年代，比胶合板晚问世近10年。它首先在美国投产，而传到我国已是50年代末期了，比创始国晚了近30年。1957年国家批准林业部申请，从瑞典引进年产1.8万m^3成套硬质纤维板设备。建设在黑龙江省伊春林管局友好木材综合加工厂。1961年建成试产，1964年正式投产。从此，我国开始了大工业性质的纤维板生产。

现简要回顾一下我国纤维板工业发展的历史概况：1958年11月在全国林业厅局长会议上："……要大搞人造板工业……这是我国森林工业发展的正确方向。"十几天后又在全国林业计划会议上指出："……要贯彻增产原木和大搞人造板同时并举的方针。"以后，又进一步明确提出，发展木材综合利用以人造板为主，发展人造板要以纤维板为主的技术战略。这在当时是符合我国实际情况的。1959年国家又从波兰引进年产1.5万m^3的中型硬质纤维板设备4套。分别建设在黑龙江省新青林业局新青木材综合加工厂、吉林省敦化林业局纤维板厂、松江河林业局纤维板厂和内蒙古自治区甘河林业局木材综合加工厂。

1958年中后期，全国各行各业开始了大搞群众运动的大跃进，强调自力更生、土法上马、土洋结合的精神，掀起了建厂群众运动。我国的纤维板事业也不例外，从1958年11月到1960年3月林业部先后在上海、武昌、天津和河北省唐山召开了四次大搞纤维板群众运动的现场会。由于受"左"倾错误的干扰，当时在发展纤维板的群众运动中，采取了大轰大嗡、不讲科学、不计经济效益的蛮干做法，办起了数以万计的小作坊式落后生产点，这些小土厂都不具备生产能力，就是勉强压出了板子，其产品也根本不能用。而在同时也建成了100多个年产600 m^3的小洋厂，能够继续生产勉强维持下来的还不到1/3，就是在当时也急需改造，才可正常生产。直到1962年末期，林业部贯彻执行中央精神，在上海召开了纤维板生产专业会议，在消化吸收引进的外国先进技术情况下，改造了原有小洋厂的生产工艺和技术设备。采用了热磨机、长网成型机和自动装卸热压机的连续化半自动化的年产2 000m^3生产流水线获得成功，取得了提高产量数倍的经济效果。我国就以此套设备为标准，作为国产的年产2 000m^3纤维板的第一套定型设计样板厂推广全国。没过两年，又在不增加人和降低生产成本的条件下，又将原产2 000m^3定型设计中的一台热压机改造成两台，在长网成型机上又增设了真空脱水装置，这就成为我国在木材加工行业上有名的“单线双机”年产4000 m^3的新型工艺硬质纤维板生产线。与此同时，在北京市木材厂也建成一个年产5 000m^3的硬质纤维板样板车间，效果很好，也推广全国。之后，又相继发展了年产7 000m^3、1.5 万 m^3、2 万 m^3等的湿法硬质纤维板的定型设计，推广全国进行建设。

2.4 人造板工业技术人才培养概况

新中国成立后，国家需要大量的林业科技人员和管理干部，为适应林业生产开发建设的需要，从20 世纪50 年代初即开始着手建立高等林业院校，1952 年7 月，高等教育部全国农学院院长会上，拟定了高等农学院系调整方案，决定筹建北京林学院、南京林学院和东北林学院，并建立了相应的木材工业专业。1953 年，东北林学院的木材工业专业改为木材机械加工专业。1954 年东北林学院首批木材工业专业的学生毕业共计5 人，1955 年第2 批学生毕业14 人。当时的教材主要是翻译苏联高等农林院校的教科书，教学计划是参考苏联教学计划，结合我国的实际而拟定的，规定培养目标是工程师，并且制定了教学大纲。新中国成立前系科中只有森林系，再细分只有林业组和利用组。新中国为了建立一个全面的林业教育体系，国家从苏联请了相关的教育专家到中国来指导。请来苏联列宁格勒林学院的瓦里京、阿纳多里也夫教授、库里科夫教授，在东北林学院开设研究生班，办了2 年。一方面帮助建立教学计划、教学大纲，一方面按新建立的教学体系进行上课、实习、直至编写毕业论文。参加研究班的有南京林学院、北京林学院等派来的进修教师和我校10 位大学毕业生。研究班毕业后，进修教师各自回校，东北林学院的毕业生分配全国各林业院校。自此，我国有了自己的木材加工专业的教学体系。1956 年，东北林学院在原有翻译苏联教科书基础上，开始自我编制专业教材，主要有陆仁书老师主编的“胶合板”、“刨花板”、“纤维板”等几部全国统编专业教材。1957 年4 月，东北林学院成立木材机械加工专业。1958 年，北京林学院成立森林工业系，设木材机械加工专业。1960 年9 月，经林业部批准，成立林业机械系，设有木材加工机械设计与制造专业。1959 年，中南林学院的前身湖南林学院在长沙市成立，设有木材机械加工专业。1958 年11 月，内蒙古林学院成立，设有木材机械加工专业。1958 年，浙江林学院的前身“浙江天目林学院”在临安县成立，设有木材机械加工专业。1954 年8 月南京林学院将森林工程专业改为木材机械加工专业，1958 年9 月试办第一个木工专业五年制半工半读班，1960 年9 月成立林业机械系，设木材加工机械设计与制造专业。学生在校学习的主要课程是木材学、木材干燥学、木材切削原理和刀具、木工机械、胶料与涂料、人造板生产工艺学、制材学、木制品生产工艺学等。这些高等林业院校多年来为国家培养了一批又一批的高等林业专门人才，对提高林业职工队伍的业务素质和科技水平，促进林业生产建设的发展做出了积极的贡献，特别是木材机械加工专业培养的学生，已成为我国人造板工业的技术骨干。

3 结束语

20 世纪50 年代中期至60 年代初期，我国利用了约10 年的时间，采用自主研究和引进国外先进技术相结合的办法，通过老一代科学工作者及工程技术人员的不懈努力完善了木质人造板的主要板种，使我国的人造板工业有了可喜的初型。至第二个五年计划的1962年，我国胶合板产量为74 211 m^3，纤维板产量为15 541 m^3，刨花板产量为5 413 m^3。

中国人造板机械制造行业形成与发展的历史回顾（三）

——用科学发展观回顾中国人造板机械制造行业起步与形成的历史（上）

1 前言

新中国成立以来，经过50多年的持续发展，我国的人造板工业从1949年的人造板产量1.69万m^3发展到2004年的5 446.49万m^3，增长了3 222.8倍，成为世界第一大人造板生产国。近几年来价格相对平稳，供销两旺，在国际市场上占有重要的地位，这是一个来之不易的伟大成就。但是，人造板工业的资源问题，能源问题，环保问题以及产品的质量问题仍然是制约我国人造板工业进一步科学发展的障碍。党的十六届三中全会明确提出了“要树立以人为本，全面协调可持续的发展观”。温家宝总理在省级干部专题研讨班结业仪式上又作了关于“树立和落实科学发展观”的报告，进一步指出：科学发展观的实质是要实现我国经济社会更快的发展，不能片面追求GDP的增长，只有统筹协调才能更快发展等指导方针。为此，从科学发展观的角度回顾一下我国人造板机械制造业的形成与发展，认真总结建国以来我国在人造板机械制造业发展过程中的经验与教训，对巩固和发展我国人造板机械制造业及人造板工业是十分重要的。

2 国民经济恢复时期和第一个5年计划时期（1949～1957年）中国人造板机械发展概况

新中国成立前，在我国的上海、牡丹江、沈阳、哈尔滨分别有4家生产带锯机、木工平刨床、圆锯机、木工车床为主的木工机械厂，但通过查阅大量的历史资料及到各地区考证，没有发现有生产人造板机械的企业，也就是说新中国成立前我国还没有生产人造板机械产品的企业。新中国成立前，我国虽然有近20家生产胶合板的企业，但这些企业的生产技术及设备维修技术绝大部分都控制在外国人手中，在生产中技术专权，怕中国工人学到技术，很多企业把机器周围围起来并挂上“中国人禁入”的标牌，只让中国工人做一些没有技术的体力活。新中国成立后，人民政府通过征收，公私合营等手段使这些企业纳入社会主义的轨道上来，使这些企业的生产建设和生产规模不断扩大。但是，生产技术上的大权还掌握在外国人的手里，他们思想保守，技术专权，不收徒弟，中国工人只能作力工，因此造成产品质量低劣，销路不畅。针对当时的这种情况，各企业下定决心，发愤图强，自力更生，采用各种办法展开了反保守思想的斗争，如抽调优秀工人到重点工序从事生产操作，掌握技术，选派干部做外国工程技术人员的助手偷艺学徒，提拔懂技术的知识分子进入领导岗位，并对外国职工采取团结先进，争取中立，孤立落后的办法，很快掌握了生产技术，扭转了被动局面。由于当时这些企业的设备都是进口的，一旦有零部件损坏使维护修理带来了很多不便，为此这些企业都先后成立了机修车间，规模有大有小，主要职能是为保障生产线的正常运转而进行日常维护修理。在20世纪50年代初期，上海杨子木材厂的机修车间仿造进口样机做过胶合板的涂胶机和单板干燥机。中国的人造板机械制造业就是在这样的历史条件下起步的。是在维护修理进口生产线的过程中不断摸索，仿制出人造板生产线的单机。而20世纪五六十年代，经济发达国家集数十年人造板领域的科技储备为一体，处于综合应用现代化手段，使人造板工业启动的阶段。与国外相比较，此时启动的中国人造板机械制造业，从科学发展观的角度考虑，则科技储备显得远远不足。

1955年，我国开始有计划地进行刨花板的科研实验及生产实验。当时由中国林科院木材工业研究所、上海木材厂、上海杨子木材厂、北京市木材厂先后利用木材加工剩余物和苷渣进行了生产刨花板的实验，像做豆腐那样做刨花板。1956年，又进行了刨花板生产工艺、技术设备、施胶、胶种和产品用途等一系列的研制工作。

1956年，沈阳重型机器厂自主设计并制造出中国第一台3 000t多层热压机，安装在沈阳绝缘材料厂，从而结束了我国不能生产人造板设备主机的历史。1956年12月，林业部派专家组赴东欧和西欧考查木材综合利用工作，考虑以后我国开始着手引进人造板设备。

3 第二个5年计划期间（1958～1962年）中国人造板机械制造业发展概况

第二个5年计划期间，是中国人造板机械制造业起步的阶段。国家先后在牡丹江、上海、江苏等地投资，改建或新建了一些企业，生产人造板机械产品，以满足人造板工业发展的需要，同时也在高等院校增设了相关的专业，开设了相应的课程，以培养相应的科技人才，此外是相应的科研院所立项、重点从事有关课题的研究。

1958年，北京市木材厂建成了我国第一条半土半洋的平压刨花板生产线，其中的生产设备砂光机是由民主德国进口，其他设备均由国内生产。

1958年，我国开始了大搞群众运动的大跃进，提出了“鼓足干劲、力争上游，多快好省的建设社会主义”的总路线，强调“敢想、敢说、敢干”“自力更生、土法上马、土洋结合的精神”。在这一时期，为了发展人造板生产，曾经涌现出许多解放思想，勇于创新的先进模范人物，如青岛木器厂工人出身的全国劳动模范徐呈龙，通过技术革新，带领职工，自制土设备生产胶合板；上海木材一厂工人工程师杨俊发用蚂蚁啃骨头的办法，吃住在工棚，用小设备造出3 000t大型胶合板热压机的可歌可泣的感人事迹；松江胶合板厂以攻克笨重的体力劳动为目标，以提高劳动生产率为目的，发动群众大搞技术革新和技术革命活动，对陈旧设备进行了改造，基本上消灭了背、扛、抬，“哈腰挂”和“肚皮拱”等笨重的体力劳动，提高了劳动效率。同时还从西德、捷克、日本引进了旋切机、干燥机、热压机和砂光机等设备，并且利用胶合板和木材加工剩余物，制作了刨花板、纤维板、茶箱板、化工桶、电线槽、冰棍杆以及小木制品等新产品，提高了木材综合利用率，基本扭转了碎料遍地堆、锯末满天飞、刨花积如山、产品又单一的局面。

1958 年 7 月，林业部为牡丹江木工机械制造厂投资 900 万元，进行扩建，要求扩建后的牡丹江木工机械厂，每年可生产 1 万 m^3 刨花板设备 50～60 套，年产 2 万 m^3 的纤维板设备 30～35 套，以供全国的需要（主要是东北、内蒙古）。

1958 年，上海人造板机械厂有限公司的前身“大安机器厂”试制成功 12 型、18 型、32 型三种规格纤维板热压机和装卸机，填补了我国木材工业综合开发的空白。是年该厂被上海市人民政府评为“上海市工业生产八面红旗”单位之一。1959 年 12 月，经国务院批准，上海市所属大安机器厂改为林业部和上海市机电局双重领导，林业部投资1 000万元在安亭工业区新建厂房，并于1961 年基本建成。专门制造人造板设备，重点向纤维板成套设备方向发展。1962 年 3 月，大安机器厂改由林业部直接管理，并于 6 月 1 日改名为上海人造板机器厂。

1959 年 5 月，林业部成立了机械局，主管全国林业机械工作。

镇江林业机械厂建于1958 年 6 月，由当时 3 个合作社合并而成，1961 年 9 月改为林业部直属。1960 年 11 月，国家计划委员会批准苏州林机厂的前身——苏州矿山机械厂，在原址扩建，达到年生产木工（人造板）设备 1 万 t 的能力。苏州林业机械厂是于 1961 年 4 月，由原苏州矿山机械厂和宇宙电机厂合并而成，1962 年 6 月改由林业部直接管理。

早在 1955 年 10 月，毛泽东同志对发展战略进行了思考，提出了中国经济发展超过美国的目标，他指出大约 15 年，即 3 个 5 年计划左右，基本上建成社会主义，还要再加一点；50～70 年，即 10 个到 15 个 5 年计划左右可以争取赶上超过美国。同后来的情况比，尽管这一设想缺乏严密的科学论证，但还是比较求实，比较谨慎的。1957 年 11 月，毛泽东同志在莫斯科举行的各国共产党和工人党代表会议期间，对原来发展战略的设想作了较大变更。往后，随着“左”倾思想的发展，超英赶美的时间不断提前，随着赶超时间的一再提前，现代化发展战略就越来越脱离实际。在这一战略的指导下，毛泽东发动了旨在使经济超常规发展的“大跃进”“浮夸风”“共产风”，直接影响了国民经济的发展。中国的人造板机械制造业也受到了相应的影响。由于当时不讲科学发展，不计经济效益，只讲人定胜天，采用蛮干的、不讲科学的办法，办起了数以万计的小作坊式的落后的人造板生产点，这些生产点的设备绝大多数都是土法上马的土造设备，根本生产不出来合格的人造板，其结果只能关、停、并、转，给国家造成了极大的损失。直到 1962 年末期，上海木材一厂在中央提出“调整、巩固、充实、提高”的八字方针指导下，在林业部贯彻执行中央精神在上海召开的纤维板生产专业会议精神指导下，在消化引进国外先进技术设备情况下，改造了原有的生产、工艺和技术设备，并获得了成功，采用了热磨机、长网成型机和自动装卸热压机的连续的半自动化的生产，产量达2 000m^3/年。我国以此设备为标准，作为年产2 000m^3的第一套定型设计样板厂推广全国。中国的人造板机械制造业就是在第二个五年计划期间艰难起步的。

4 3年调整时期(1963~1965年)中国人造板机械制造业发展概况

3年调整时期，中国的人造板机械制造业在党中央提出的“调整、巩固、充实、提高”八字方针指导下，得到了有序的发展。1964年1月林业部科学研究院木材工业研究分所正式成立，以加强人造板工业的科学研究力量。与此同时，北京市木材厂建成了一个年产5 000m^3纤维板样板车间，效果很好，在全国范围内推广。同时期又将原年产2 000m^3定型设计中的一台热压机改造成两台，在长网成型机上又增设了真空脱水装置，这就是我国人造板工业有名的“单线双机”年产4 000m^3的新型工艺纤维板生产线。至此，我国湿法生产硬质纤维板的成套设备已趋成熟。

到1965年我国生产人造板的能力已达到220 602m^3，其中胶合板产量138 975m^3，纤维板产量50 188m^3，刨花板产量31 439 m^3。见表1。已有上海人造板机器厂、苏州林业机械厂、镇江林业机械厂、牡丹江木工机械厂、沈阳重型机器厂、山东机器厂、上海黄海机械制造厂上海彭浦机器厂等企业生产人造板机械产品。

表1 20世纪50~60年代全国人造板产量表 m^3

产品 / 产量 / 年度	胶合板	纤维板	刨花板	人造板总数	备注
1949	16 900（约）			16 900（约）	
1953	35 353			35 353	
1958	125 715	29		125 744	
1962	74 211	15 541	5 413	95 165	
1965	138 975	50 188	31 439	220 602	

5 “文化大革命”时期，即第三、第四个5年计划时期(1966~1975年) 中国人造板机械制造业的发展概况

从1966年开始的“文化大革命”历经10年，给中国的政治、经济、文化及各领域带来了极大的破坏，造成了不可估量的损失。在这十年中，中国的人造板机械制造业也受到了相应的影响，虽然有所发展，但和改革开放后的任何十年相比，则显得远远不足。

1966年6月，林业部向国家计划委员会上报了“西北人造板机器制造厂”和“友好人造板机器制造厂”设计任务书。1966年8月，国家计划委员会给林业部复函，同意建设西北人造板机器制造厂。厂址设在陕西省乾县。建设规模为年产人造板专用设备2 400 t。产品为年产2 000t纤维板厂的全套设备（年产6套）和年产5 000t以上纤维板厂的全套设备（年产4套）除去热压机、装卸板机的全部辅机。年产5 000t以上纤维板厂的热压

机和装卸板机由一机部制造供应。从当时备战和需要情况考虑，不建“友好人造板机器制造厂”，并且提出要求，“西北人造板机器制造厂由上海人造板机器制造厂负责建设”。西北人造板机器制造厂于1967年5月正式动工，自1972年开始生产人造板设备，到1975年底共生产人造板设备120台及一部分零部件，共完成工业总产值683.5万元，该厂于1976年11月25日通过了国家验收。验收委员会同意该厂自1976年12月1日起正式交付生产。

1967年1月13日，国家计划委员会批准在吉林省通化市附近的空杨树，建设“东北人造板机器厂”。建设规模为年产人造板设备2 400t，以生产5 000t、10 000t纤维板设备为主。1970年，由于当时的国际关系原因，林业部军管会将“东北人造板机器厂”迁往云南省昆明市建厂，即现在的“昆明人造板机器厂”。该厂于1970年5月1日起正式开始建厂，地址选在昆明市小麦溪（原昆明林校校址）。该厂自1970年开始到1979年10日底，共累计完成基本建设投资2 325万元。自1973年开始生产人造板设备，到1979年底共生产纤维板专业设备和非标设备302台，完成工业产值800多万元。该厂于1979年12月12～15日通过了国家验收。

1970年5月，为了落实当时的“备战、备荒、为人民”的伟大战略方针，根据国民经济建设和战备的需要，林业部军管会以（70）军管字31号文件的形式，确定在河南省信阳地区朝阳公社五家山筹建信阳木工机械厂。筹建工作由牡丹江木工机械厂抽调部分干部、老工人和派遣干部组成厂筹建领导小组。建设规模为年产1万件；配件3 000件。建设投资控制在300万元之内，职工人数控制在600人左右。1972年11月农林部以（72）农林（计）字第151号文件的形式批准了信阳木工机械厂扩大设计规模的要求，审定全厂定员1 200人。到1977年底，国家在信阳木工机械厂实际投资为1 680万元，工厂基建实际完成总投资1 492万元。从试生产到1977年末，完成工业总产值1 754万元。主要产品为大带锯机56套、木工机床1 594台，胶合板设备6台及部分木工刃具等。该厂于1978年7月20～25日通过了国家验收。

根据林业部的安排，1971～1973年，上海人造板机器厂制造援助越南1套年产2 000t纤维板设备。为缓助阿尔巴尼亚，自行设计制造年产5 000t纤维板成套设备。

1972年6月9～18日，农林部在福建省邵武县召开人造板生产座谈会，讨论研究了人造板生产发展规划，决定加强企业管理，挖掘现有设备潜力，加强人造板设备制造和维修，加强科研设计。

北京市市木工机械厂建于1973年，隶属于北京市木材工业总公司，主要产品是高频压机。

6　第五个5年计划时期（1976～1980年）中国人造板机械制造业的发展概况

第五个5年计划期间，中国发生了根本性的改变，粉碎“四人帮”后，经过拨乱反正，落实党的各项方针政策，给中国的人造板机械制造业带来了新的活力，逐步步入迅速发展的轨道，特别是1978年12月18日召开的党的十一届三中全会，决定全党工作重点从以“阶级斗争为纲”转移到社会主义现代化建设上来，确立了以经济建设为中心，坚持四项基本原则，坚持改革开放的基本路线。从此，中国进入了全面开创新局面的新时期。到1980年，中国人造板产量达914 330m³，是新中国成立时的54.1倍，见表2。

表2 20世纪70年代全国人造板产量表 m³

年度＼产品产量	胶合板	纤维板	刨花板	人造板总数	备注
1949年	16 900（约）			16 900（约）	
1970年	170 684	54 706	14 989	240 379	
1975年	192 142	154 868	26 668	373 678	
1980年	329 900	506 200	78 230	914 330	

在1978年3月18日举行的首届科学大会上，上海人造板机器厂生产的半干法设备获“全国科学大会奖状”。

1978年，王国才、田永泰教授研究的年产5 000m³ 贴面板车间全套设备项目，获省科学大会奖。

人造板机械制造业，经过20多年的发展逐渐形成了完整的体系，有沈阳重型机器厂（1956年），上海人造板机器厂（1958年）、牡丹江木工机械厂（1958年）、山东机器厂（1958年）、上海黄海机械制造厂（1958年）、上海彭浦机器厂（1958年）、苏州林业机械厂（1961年）、镇江林业机械厂（1962年）、平度人造板机械厂（1966年）、肃宁县机械厂（1968年）、柳州林业机械厂（1971年）、西北人造板机器厂（1972年）、湖南林业机械厂（1972年）、昆明人造板机器厂（1973年）、北京市木工机械厂（1974年）、信阳木工机械厂（1976年）、东台木工机械厂（1977年），临清市钢网厂（1979年）、鄢陵林业机械厂（1979年）、四川东华机械厂（1979年）、沈阳市段压设备厂（1979年）、江西第三机床厂（1979年）、大连红旗造船厂（1979年）、云南林业机械厂等。20多家企业生产各种人造板机械产品，见图1产品质量不断提高，产品技术含量稳步上升，为我国的人造板工业提供了设备保障。

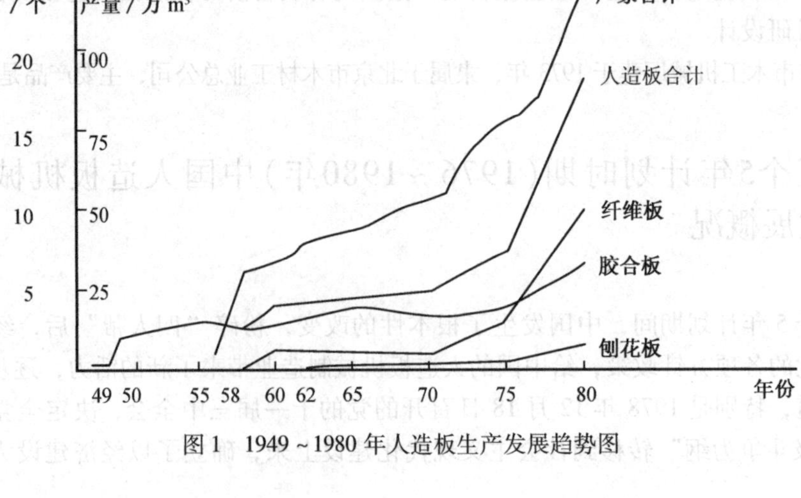

图1 1949～1980年人造板生产发展趋势图

中国人造板机械制造行业形成与发展的历史回顾（四）

——用科学发展观回顾改革开放以来中国人造板机械制造业的发展概况（下）

1 第六个和第七个5年计划时期（1981～1990年）中国人造板机械制造业的发展概况

1.1 行业逐渐形成及布局

1978年3月18日，全国科学大会胜利开幕。邓小平同志在大会上发表了振奋人心的讲话。他深刻地指出："在社会主义社会里，无产阶级自己培养的脑力劳动者，与历史上剥削社会中的知识分子不同了……总的来说，他们绝大多数已经是无产阶级自己的一部分。他们与体力劳动者的区别，只是社会分工的不同。从事体力劳动的、从事脑力劳动的，都是社会主义的劳动者。"邓小平同志的讲话极大鼓舞了全国的知识分子，使他们从"四人帮"的桎梏中彻底解放出来。此举客观的促进了生产力的发展，为以后提出的"科学技术是第一生产力""科教兴国"奠定了基础。1978年12月18日召开的"十一届三中全会"确定了以经济建设为中心，坚持四项基本原则、坚持改革开放的基本路线。使中国的经济腾飞有了政治保障。中国开始了从计划经济向市场经济的转变。在这样的历史条件下，中国的人造板工业开始逐渐进入了快速持续发展时期。特别是人造板工业中的后起之秀——刨花板，开始在国内引起重视，从1978～1982年，有许多硬质纤维板厂都要进行技术改造，人造板机械需求量急剧增加。有相当一部分林业机械厂、轻工机械厂开始生产人造板机械产品。从1980年起，机械工业部系统的上海重型机器厂、第一重型机器厂、第二重型机器厂等9个重型机器厂都纷纷开始生产人造板机械产品，由单机发展到生产成套设备。到1985年底，国内生产人造板机械的专业厂和兼业厂发展到88个。主要产品有年产2 000～10 000t纤维板设备（包括湿法、干法、半干法硬质纤维和软质纤维板）、年产5 000～3 0000m^3刨花板设备（包括蔗渣板、竹材板、水泥刨花板和棉秆刨花板等）、年产5 000～25 000m^3的胶合板、水泥刨花板和棉秆刨花板等5大类的成套人造板设备。88个生产人造板机械厂的企业分布在全国14个省、市、自治区。原属林业部系统的有12个，机械工业系统28个，轻工业部系统15个，地方所属的企业33个。在20世纪80年代，我国由计划经济向市场经济转变过程中，有一批向威海木工机械厂、威海工友集团这种类型的乡镇企业，开始生产人造板机械产品，以河北省文安和河南省巩义等地区最为突出。

1.2 基本建设项目、技术改造项目、技术引建项目

在第六和第七个5年计划期间，国家加强了人造板机械制造业基本建设和技术改造投入。基本建设项目主要有镇江林业机械厂的金属结构车间，苏州林机厂的总装配车间，昆明人造板机器厂的计量化验室等。在技术改造方面，信阳木工机械厂的“胶合板旋切机技术改造”列入国家“六五”期间机电工业重点技术改造550项中；镇江林业机械厂的“削片机械技术改造”列入国家“六五”期间全国机电工业550项重点技术改造项目之中；上海人造板机器厂的“七五”期间技术改造项目也列入国家机电第二批重点技改项目。在技术引进上，1984年1月，我国同德国比松公司签订了刨花板生产技术转让和合作生产合同。1985年，上海人造板机器厂与西德斯蒂尔公司签订了胶合板热压机制造技术的引进合同；1985年，林业部批准了信阳木工机械厂从日本引进带锯机设计和制造技术项目；1986年，林业部批准了牡丹江木工机械厂从意大利、德国引进板式家具生产设备项目，涉及人造板机械产品主要有砂光机、干燥机；1986年，林业部批准了苏州林机厂从两德引进单板干燥机制造技术的项目；1987年，林业部批准了镇江林机厂引进盘式削片机制造技术项目；1987年，青岛木工机械制造厂从意大利DMC公司引进的砂光机制造专有技术所生产的砂光机验收合格；1987年9月轻工部在青岛组织了鉴定。

1.3 教育科研成就

1990年，国内从事人造板机械科研、教学、设计工作单位有东北林业大学、南京林业大学、中南林学院等高等院校；有中国林科院木材工业研究所科研院所、林业部林产工业研究设计院、林业部北京林业机械研究所、黑龙江省林科院木材工业研究所、湖南省林业工业研究所等。中国林科院木材工业研究所引进的全套刨花板试验生产线设备，促进了科研手段的提高。

在第6和第7个5年计划期间，人造板机械制造业的主要科研成果如下：

（1）1981年，岷江林业机械厂研发的DE系列深孔钻，采用喷吸技术，成功地解决了深孔加工精度和效率问题，获林业部科技进步二等奖。

（2）1982年，漩口林业机械厂研发的DRY－1型高频介质加热异形压机获林业部科技成果三等奖。

（3）1983年，镇江林机厂开发研制的BB113纵向刨切机、BX456鼓式刨片机获江苏省优秀新产品奖。

（4）1983年，苏州林机厂研发的BF1618圆型摆动筛获江苏省优秀新产品奖。

（5）1983年，东台木工机械厂研发的MZ1114型单板旋切机获江苏省科技成果三等奖。

（6）1985年，我国第一套年产3万m^3刨花板单层压机生产线完成了安装、调试和试生产，1986年9月通过了由机械工业部组织的国家级鉴定。

（7）1985年，上海人造板机器厂研发的覆铜箔板热压机组获上海市科研新产品三等奖。

（8）1986年，上海人造板机器厂研发的BY133－3热压机获上海市优秀产品奖。

（9）1986年，四川东华机械厂研发的RY14多层热压机获机械工业部科技进步一等

奖。

（10）1989 年，北京林业机械研究所研发的无卡轴旋切机获林业部科技进步二等奖。

（11）1989 年，苏州林机厂研发的快速装卸贴面压机机组获林业部科技进步二等奖。此项目在 1990 年获国家科技进步三等奖。

（12）中南林学院和西北人造板机器厂研发的人造板压机同时闭合装置的理论与设计及其应用项目获国家科技进步三等奖。

1.4 质量管理及标准化

在第六和第七个 5 年计划期间，人造板机械制造业中的主导企业都建立了全面质量管理机构，通过推行全面质量管理，取得了较好的经济效益。镇江林业机械厂荣获质量管理奖。在这一历史阶段，人造板设备中，纤维板设备属于鉴定定型的老产品，质量相对稳定，而刨花板和胶合板设备及二次加工机械属于新开发的产品，仍处于试制试验阶段，虽然从整体看是成功的，但有些环节的设备质量还不够稳定。产品创优方面，西北人造板机器厂的 XY 热压机、镇江林机厂的 BX218 型削片机获林业部优质产品奖；山东平度人造板机械厂的 ZYT－315 热压机获轻工业部优质产品奖；上海人造板机器厂的 BY133X3－20/15 型覆铜箔板热压机组获上海市优秀产品三等奖；牡丹江金属线材厂的镀锌低碳钢丝垫网获国家优质产品奖。1985 年成立了全国人造板机械标准化技术委员会，开始制定人造板机械的相关标准。1989 年成立了国家木工机械产品质量监督检验中心。

1.5 技术引进交流

在第六和第七个 5 年计划期间，我国人造板机械设备的进口逐年增加。1983 年 12 月，北京光华木材厂从瑞典森德恩公司引进了 4 台主机设备，国内配套辅机的 1 万 t/年中密度纤维板生产线，进行了试车。北京装饰纸厂从日本引进了制版设备，生产木材二次加工用表面装饰纸。1985 年 1 月，鞍山市木材公司刨花板厂从罗马尼亚进口了年产 7 000 m^3 刨花板生产线成套工艺设备，在罗方专家主持下进行带料试车；10 月敦化家具刨花板厂从瑞典引进主机设备，正式投入了 3 万 m^3 刨花板生产线，黑龙江省南岔水解厂从瑞典桑斯公司引进了年产 5 万 m^3 的中密度纤维板生产线，进行了联机试运；朗乡林业局建了一座 2 万 m^3 刨花板厂，主机设备是从西德梅尔康夫公司引进。其他还有：从日本引进主机设备、由四川林科所设计和提供技术服务的合江复合板厂建成投产，广东省三水县人造板厂的一套短周期纸贴面生产线建成投产，其设备从西德 Burkle 公司引进。对外技术交流：1985 年初，瑞典桑斯公司应邀来华进行纤维板热磨机技术交流；2 月西德 Babcock－BSH 公司的 GrEbE 博士等两位专家来华，在北京、上海进行了技术交流，主要内容有：①胶合板生产线的旋切机、单板干燥机、剪板机；②刨切单板生产线上的立式刨切机、单板干燥机、剪板机；③二次加工用的浸渍机、悬浮干燥机、绕卷或切割等机械设备。在技术转让上，为推广科技成果，北京林机所于 1985 年 10 月在苏州举办了人造板机械与木工机械技术交流交易会，有 105 个单位近 200 人参加，有 15 项成果达成交易协议，为科研成果转化为生产力起了牵线搭桥的作用。

2　第八和第九个5年计划时期（1991～2000年）中国人造板机

2.1　民营企业的快速发展

党的十一届三中全会以前，在很长一段时间里不承认非公有制经济的存在，把个体经济、私营经济看作是与社会主义不相容的东西，认为搞社会主义就要消灭非公有制经济，在农村甚至连家庭多养几只鸡鸭也当作“资本主义尾巴”来批判，极大地束缚了生产力的解放，严重影响了经济的发展和人民生活水平的改善。党的十一届三中全会总结过去的沉痛教训，提出个体经济是社会主义公有制经济的必要补充部分，并于1982年写入宪法。随着改革开放的深入，到20世纪80年代中期，个体经济经过一定的积累和发展，有些逐渐发展为私营企业，同地，外商独资企业开始出现。党的十三大总结实践经验，提出我国尚处在社会主义初级阶段，同时明确指出“私营经济是社会主义公有制经济的补充”，并在1988年七届全国人大一次会议修改宪法时将这一内容写进宪法，特别是在邓小平同志1992年视察南方讲话的鼓舞下，1992年，党的十四大提出建设社会主义市场经济。个体私营经济的发展更进入了一个黄金时期。中国的人造板机械制造业正是在这样的历史条件下进入了新的发展时期。1993年，哈尔滨林业机械厂的王晓凌、奕金榜几名职工打碎了铁饭碗；先后辞职成立了哈尔滨市兴林科技有限公司，从事人造板机械成套设备的研发工作；1995年初，王晓凌又创办了哈尔滨市凌志机电技术有限责任公司。1997年2月，邢航创办了哈尔滨东大人造板新技术开发有限公司，1993年，王玉南等人步入商海成立了苏州新协力企业发展有限公司，以后陆续走向商海的有须晓禹（1994年初）、徐年梓（1998年）等人组成公司，主要从事人造板机械单机生产。1995年初，以上海人造板机器厂为依托又陆续成立了上海捷成白鹤有限公司、上海云岭人造板机械厂等企业。民营性质的企业已占有相当的比例。

2.2　科研成果

在第八和第九个5年计划期间，人造板机械制造业的主要科研成果如下：

（1）1991年，苏州林机厂立题的3万m^3刨花板成套设备主机引进及研制项目获国家科技进步三等奖；

（2）1992年，苏州林机厂研发的BSG2713，BSG2613宽带砂光机获林业部科技进步二等奖。该项目在1993年获国家科技进步三等奖；

（3）1995年，上海人造板机器厂研发的年产1.5万m^3中密度纤维板成套设备获上海优秀新产品二等奖；

（4）1996年，四川东化机械厂研发的中密度纤维板成套设备获四川省科技进步一等奖；

（5）1996年，苏州林机厂研发的BG134辊筒式单板干燥机获林业部科技进步三等奖；

（6）1997年，上海人造板机器厂研发的年产3万m^3中密度纤维板生产线成套设备获林业部科技进步二等奖；

（7）1997 年，苏州林机厂研发的 SL9200 快速贴面生产线及 BG23 系列转子式刨花干燥机获林业部科技进步三等奖；

（8）1998 年西北人造板机器厂和南京林业大学合作开发的竹材胶合板生产线成套设备获林业部科技进步一等奖；

（9）1999 年苏州林机厂研发的 MB402 四面木工刨床获国家林业局科技进步三等奖。

2.2 20 世纪 90 年代的几件大事

在 2000 年组织的评比中，上海人造板机器厂生产的上人牌30 000 ~ 80 000m^3中密度纤维板成套设备被评为 20 世纪中国木工机械行业“十大驰名品牌产品”荣誉称号。

1997 年上海人造板机器厂同德国辛北尔康普机器设备制造有限公司合资（2002 年 9 月清算）。

2000 年 10 月由原苏州林机厂发起成立苏福马股份有限公司，这是到目前为止行业内唯一的上市公司。

3 进入 21 世纪的中国人造板机械行业概况

从 1956 年沈阳重型机器厂生产出第一台热压机开始，中国人造板机械制造业已经走过了 50 年的历程。50 年来，在几代同仁的努力下，从无到有、从小到大，成功地开发了刨花板、胶合板、中高密度纤维板生产线的成套设备和定向、石膏、水泥刨花板生产线的成套设备以及人造板二次贴面生产线的设备，基本能够满足人造板行业的生产要求。形成了一个完整的工作体系。目前，我国有 13 所高等院校设有人造板机械课程并从事相关的科研工作；有 23 个科研院所从事人造板机械的科研、设计工作；有一个全国人造板机械标准化技术委员会从事相关标准的制定和修订工作；有一个国家木工机械质量监督检验中心负责行业的产品质量监督检验工作；有约 180 家生产人造板机械的企业分布在全国 25 个省、市、自治区（表 1）能为人造板行业提供 48 类 800 多种产品，2004 年人造板机械年销售额超过 20 亿元人民币。出口额约为3 000万美元。

表 1 中国人造板机械制造企业及教学科研设计单位统计表

省市	生产企业	科研设计单位	高等院校	备注
北京	3	6	1	
上海	14	2		
天津	1	1		
重庆	2			
河北	16			
山西	1			
内蒙古	1	2	1	
辽宁	10	2		

续表1

省市	生产企业	科研设计单位	高等院校	备注
吉林	3		1	
黑龙江	17	4	2	
江苏	28		1	
浙江	2		1	
安徽	4		1	
福建	8	2	1	
江西	3			
山东	15			
河南	18			
湖北	1			
湖南	2	2	1	
广东	5		1	
广西	3			
四川	14			
云南	4		1	
陕西	5	1	1	
新疆		1		
合计	180	23	13	

目前，国内市场销售中占据主导地位、比较公认的名牌人造板设备有：上海人造板机器厂生产的胶合板、刨花板、中纤板多层热压装卸机组、42”热磨机组；信阳木工机械股分有限公司生产的液压双卡轴镟切机；昆明人造板机器厂生产的大直径转子式刨花干燥机；苏福马股份有限公司生产的刨花分级铺装机、双面定厚宽带砂光机、浸渍涂布干燥机、低压短周期贴面机组、削片机和刨片机。2002年，中国林业机械协会和木材加工机械专业委员会经评比，授予上海人造板机器厂生产的上人牌3万~8万 m^3 中密度纤维板成套设备为“20世纪中国木工机械行业十大驰名品牌产品”荣誉称号；四川东华机械有限公司生产的中密度纤维板成套设备，获“高新技术产品”奖。我国的人造板机械产品已出口到阿尔巴尼亚、越南、印度、俄罗斯、泰国、委瑞内拉、巴基斯坦、伊朗、尼日利亚等国家。2004年我国木工机床、人造板机械、木工刃具出口总额4.267 4亿美元（其中木工刃具4 284万美元，比2003年增长35.87%；木工机床和人造板机械3.833亿美元，比2003年增长29.87%）。

到2004年底，我国人造板产量已达到5 446.49万 m^3，其中，胶合板产量2 098.6万 m^3，占人造板总产量的48.8%；纤维板产量1 560.5万 m^3，占人造板总产量的36.2%；刨花板产量642.9万 m^3，占人造板总产量的14.9%（见表2、图1）。

表 2　1980 ~ 2004 年代全国人造板产量表

m³

年度 \ 产品	胶合板	纤维板	刨花板	人造板总数	备注
1980	32.9	50.6	7.8	91.4	
1985	53.9	89.5	18.2	254.9	
1990	75.9	117.2	42.8	229.9	
1995	759.3	216.4	435.1	1 500.8	
2000	992.5	514.4	286.8	1 793.7	
2004	2 098.6	1 560.5	642.9	5 446.49	

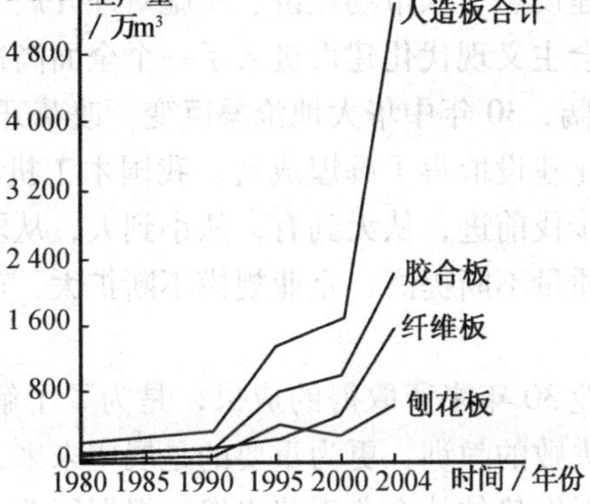

图 1　1980 ~ 2004 年人造板发展趋势图

回顾我国人造板机械制造业发展的历史，确实在很多方面都取得了可喜的成果。但是，从科学发展观的角度考虑，则科技储备显得远远不够，特别是在其发展过程中，如何正确处理好当前与长远经济效益的关系、科研与生产的关系以及过去、现今和未来的关系等问题上似乎尚未取得共识。从“大跃进”年代到上个世纪末期，基本上仍是以“多快好省”作为决策的方向。直到 20 世纪 80 年代中期，“可持续发展”“生态经济”以及“拯救地球”的理念不断提出之后，甚至还有人认为这是发生在西方发达国家的个别现象。

历史的经验证明，错误和曲折使人们不断地聪明起来了。我国人造板机械制造业经过几十年发展具有了一定规模，但是，将规模化等同为现代化是一个认识上的误区。规模化是手段，而现代化才是目的。现代化除了 GDP 指标外，还应包括人文指标、资源指标、环境指标等在内，有人誉称为“绿色 GDP”：只有在科学发展观的思想指导下走循环经济之路，才能使我国人造板机械制造业持续发展。

改革开放30年的中国木工机械行业

1 前言

1978年党的十一届三中全会确立了我国实现农业、工业、国防和科学技术现代化的宏伟目标，提出恢复经济建设、引入市场经济、实施对外开放等政策，开启了改革开放历史新时期，从此，我国社会主义现代化建设进入了一个全面高速发展的阶段。

30年改革开放波澜壮阔，30年中华大地沧桑巨变。改革开放30年来，我国各项事业发展迅猛，社会主义现代化建设取得了辉煌成就。我国木工机械行业也和其他行业一样，伴随着我国经济以巨人的步伐前进，从无到有，从小到大，从弱到强，从落后到先进，使企业数量不断增加，产品质量不断提高，企业规模不断扩大，产品出口逐年递增，现已成为世界木工机械生产大国。

回顾我国木工机械行业30年来所取得的成果，是为了了解其形成与发展的过程，总结一些成功的经验，剖析失败的教训，更为重要的是展望未来，看清当前经济形势，特别是面对全球金融危机，审时度势的从企业现状出发，根据行业特点，制定企业长远战略规划，站在新的平台上继续前进，实现我国木工机械行业又好又快的发展。

2 改革开放以前我国木工机械行业发展状况

2.1 我国木工机械行业形成的历史

自从18世纪末期“木工机械之父”英国人赛缪勒·本瑟姆（Samuel Bentham）先后发明了平刨床、木工铣床、开榫机、圆锯机等木工机床之后，开创了使用机械大批生产木制品的先河，标志着近代木工机械发展进入一个崭新的时代。新中国成立前，我国木材加工业所使用的木工机械设备绝大多数是从国外进口的，几乎没有自已的木工机械制造业，只有上海木工机械厂前身华隆机器厂和牡丹江木工机械厂前身牡丹江机械工作所两个企业生产木工圆锯机、带锯机和车床等产品。1949年7月，在新中国成立前夕，在东北解放区建立了我国第一个专门生产木工机械产品的企业“国营牡丹江机械厂”。新中国成立以后，百业待兴。随着国家建设的需要，木材制品需求大增，使我国木材加工工业有了很大发展，从而对木工机械产品的需求也不断增大。为了满足国民经济建设的需要，国家投资在全国各地相继建设了一批专业生产木工机械产品的企业。从此，新中国的木工机械企业如雨后春笋般发展壮大起来。

2.2 新中国成立初期到70年代我国木工机械行业概况

从新中国成立初期到1978年十一届三中全会召开之前近30年的时间里，随着国家经济的快速发展，对木工机械以及相关产品的需求逐步增大，当时国家相关部委，如：原林业部、轻工部、一机部等在上海市、天津市、辽宁省、黑龙江省、河南省、陕西省、四川省、山东省、山西省、福建省、湖南省等全国多个省市陆续投资建立了一批木工机械制造企业和林业机械、木工刃具制造企业。包括沈阳市带锯机床厂（1956年）、青岛木工机械厂（1958年）、邵武木工机床厂（1958年）、沈阳市木工机床厂（1959年）、昌邑县木工机械厂（1959年）、山西省太行锯条厂（1958年）、哈尔滨第二工具厂（1958年）、林业部天津林业工具厂（1959年）、上海人造板机器厂（1958年）、山东机器厂（1958年）、东台市木工机械厂（1960年）、哈尔滨第三工具厂（1962年）、梧州市木工机械厂（1964年）、沈阳木工机械制造厂（1965年）、成都市木工机床厂（1965年）、西北人造板机器厂（1966年）、都江木工机床厂（1966年）、安徽黄山轻工机械厂（1966年）、哈尔滨木工机械厂（1970年）、庐山木工机械厂（1970年）、柳州林业机械厂（1970年）、镇江林业机械厂（1970年）、安源机械厂（1971年）、南通市木工机械厂（1972年）、东沟木工机床厂（1972年）、罗源木工机床厂（1972年）、湖南省林业机械厂（1972年）、昆明人造板机器厂（1970年）、林业部信阳木工机械厂（1970年）、泊头木工机械厂（1973年）等30多家企业。

这些木工机械生产企业的建立为我国国民经济建设作出了极大的贡献，为我国木工机械行业的发展打下坚实基础。但是，当时国家实行计划经济，企业规模和产品生产与销售受国家严格控制，不可避免的制约了木工机械行业的发展速度。

随着木工机械行业的形成与扩大，与之相应的科研院所与高等院校成立了木工机械设计专业和研究机构，培养了大批从事木工机械行业的专业技术人才。如原林业部于1958年成立了中国林业科学研究院制材工业研究所、林业部林产工业设计院、北京林业机械研究所、哈尔滨林业机械研究所等科研单位；原机械工业部于1977年建立福州木工机床研究所，在此期间，有些省份也建立了林业机械研究所或研究室，如陕西省林业机械研究所(1976年)。这些科研院所主要从事林业技术装备木材加工技术的研究与开发利用、林业机械产品的设计、林业成果转化、标准化研究和信息服务等工作，为我国木工机械行业发展做出了积极贡献。另外，隶属林业部的一些重点林业院校，如当时的东北林学院建立了木工机械设计与制造专业，北京林学院和南京林学院成立了木械机械教研室，为木工机械行业培养大批专业技术人才。

3 改革开放30年我国木工机械行业的发展

3.1 改革开放初期我国木工机械行业发展概况

党的十一届三中全会的胜利召开，确立了我国以经济建设为中心，坚持四项基本原则，坚持解放思想、改革开放的方针，国民经济由计划经济逐步向市场经济转变。从此，我国迎来了科学的春天和经济建设高速发展的新时期，中国的木工机械行业也进入了一个崭新的历史阶段。

20 世纪 70 ~90 年代末是中国木工机械行业快速发展的黄金时代，一大批专门生产木工机械产品的国有大中型企业应运而生，如哈尔滨林业机械厂、四川东华机械厂、江西第三机床厂、苏州林业机械厂、牡丹江第二轻工机械厂、大连红旗机械厂等，同时以威海工友集团、威海木工机械厂为代表的乡镇企业也不断发展壮大；随着市场经济的深入发展，以新马木工机械设备有限公司、富豪木工机械制造有限公司、威德力木工机械厂、同安木工机械有限公司为代表的民营企业迅速崛起，以德国威力（烟台）机械有限公司、丸仲（天津）机械制造有限公司、欧登多（秦皇岛）机械制造有限公司、昆明富林机械有限公司、新鸿泰（青岛）机械有限公司等为代表的外国独资和合资企业也陆续落户国内，从而使国内生产、加工木工机械产品的企业数量由改革开放以前的几十家猛增至几百家，逐渐形成了国有、集体大中型企业、乡镇企业、民营企业和独资、合资企业共同存在，共同发展的新局面。

3.2 21 世纪中国木工机械行业的发展

随着改革开放的不断深入，我国国民经济建设得到蓬勃发展，特别是进入 21 世纪以后，家具业、建筑装饰业和人造板行业的飞速发展，给木工机械行业的发展带来了机遇。由于国内外市场对木工机械产品的需求持续增加，我国木工机械生产企业规模也不断壮大。目前，我国生产木工机械产品的企业有近千家，其中具有一定规模的骨干企业约有 200 家，从业人员约有 10 万人，其中工程技术人员约7 000人，年产值达 150 亿元。可以说，我国木工机械行业无论从企业数量，从业人员和工程技术人员，以及生产产值都居于世界前列，当之无愧地成为世界木工机械生产大国。

木工机械行业近 10 年的发展与改革开放初期的发展相比较，我们不难看出有以下几个突出的特点：

(1) 企业所有制形式的主导地位发生了根本变化

改革开放初期，虽然提倡市场经济的杠杆作用，但计划经济还没有完全退出历史舞台，并占有相当大的比重，国有和集体大中型企业占有行业的主导地位，是行业发展的领头羊。进入 21 世纪以后，完全是市场经济，国有和集体大中型企业绝大多数进行股份制改革，企业逐步形成私有化，民营经济迅速发展，民营企业在木工机械行业现已占有主导地位，成为行业的主流。

(2) 区域化发展更加明显

以“中国木工机械重镇”——伦教为核心，广州、东莞为依托的珠江三角洲地区，现有木工机械生产企业 200 多家，已形成生产、销售、展览一体化的产业格局，现已发展成为中国最大的木工机械生产基地，为地方经济的发展作出了突出的贡献。

青岛——“中国木工机械名城”，有木工机械生产企业 100 多家，与威海、烟台地区的几十家木工机械生产企业组成了环渤海地区具有代表性的木工机械生产链，成为行业区域经济发展的排头兵。

以上海为中心，包括江苏、浙江两省，以上海人造板机器厂有限公司、苏福马集团、镇江中福马机械有限公司为骨干的人造板机械生产企业和以上海跃通机械有限公司、江佳机械有限公司为骨干的木工机械生产企业挑起长江三角洲地区木工机械行业发展的大梁。

东北地区则在沈阳有50余家木工机械生产企业，也是木工机械行业发展比较集中的区域之一。

(3) 科技进步与技术创新水平不断提高，产品质量不断提升

质量是企业的生命，科技进步与技术创新是企业不断发展的助推剂。现在，许多企业为了保证产品质量，大量购置数控机床和加工中心，对产品的零部件进行精加工，并且配备专职检验人员，对出厂产品进行严格检验，确保产品质量，进而打造自己的品牌，占领国内外市场。经过几十年的磨炼，我国木工机械制造技术不断提高，通过对国外先进技术的消化吸收与改进创新，有些国产木工机械产品完全可以同国外同类产品媲美，如上海人造板机器厂有限公司生产的人造板连续平压成套生产线、苏福马股份有限公司生产的双面定厚宽带砂光机、信阳木工机械股份有限公司生产的刨花板成套生产线、富豪木工机械制造有限公司生产的多轴四面刨等。

(4) 科学管理上水平

当今，企业的许多管理者充分认识到科学管理是企业健康发展的动力源。因此，有100多家骨干企业申请通过了“ISO9000质量体系认证”，提高了企业自身的管理水平。

4 回顾改革开放30年木工机械行业发展的主要成就

4.1 企业规模发展壮大

木工机械生产企业从20世纪50~70年代的几十家，经过改革开放30年的发展，发展壮大到现在的1 000余家，从业人数从原来的几千人发展到现在的近10万人，年产值从原来的几千万元达到现在的150亿元，使我国木工机械行业生产企业和从业人员数量名列世界第一位，年产值名列世界第三，成为世界木工机械生产大国。

4.2 科学研究与人才培养

目前，我国有北京林业机械研究所等5个部级专业研究所、院和10个厂级研究所，从事木工机械的设计与研究工作。有东北林业大学等3所高等院校培养木工机械设计与制造专业的技术人才。全国有10多所高校和中等专业学校设有木工机械相关专业的教研室、实验室和研究室，从事木工机械方面的教学和科研工作，为行业培养专业技术人才5 000多人。

4.3 标准化进程与质量监督

国家根据需要，相继成立了全国人造板机械标准化技术委员会和全国木工机床与刀具两个标准化技术委员会，负责制定和修订国家和行业的人造板设备、木工机床与刀具标准。1989年，我国成立国家木工机械质量监督检验中心，负责全国木工机械产品的质量监督、检验、鉴定等工作，从而为企业按标准化组织生产和产品质量的达标与提升提供了保证。

4.4 成立行业协会

1987 年，在北京成立了我国林业机械与木工机械行业的全国性行业协会——中国林业机械协会。1997 年一个地方性行业协会——顺德伦教木工机械商会成立，随后，2003 年青岛市成立青岛木工机械协会，2004 年成立了哈尔滨市木工机械协会，2005 年上海市木工机械同业联谊会正式成立，四个地方协会组织的成立为指导区域性行业发展作出积极贡献。

4.5 促进产品流通

自从 1979 年春，北京兴华瓦木工具商店首次经销木工机床产品后，木工机械产品开始进入流通领域，北京兴华瓦木工具商店也就成为中国第一个木工机械产品发展商。经过 30 年的发展，现在全国已有1 000多家中间发展商在流通领域从事木工机械产品的经营活动，极大地促进了木工机械行业的发展，为中国木械机械市场开拓做出了应有的贡献。

4.6 兴起专业展览会

为推进木工机械产品进入流通领域，促使木工机械产业快速发展，自 20 世纪 80 年代，木械机械专业展览业开始在中国成立并得到发展，专业展览会也相继出现。我国首次举办专业展览会是在 1984 年的北京自然博物馆举行的。当时参展的单位有牡丹江木工机械厂和沈阳带锯机床厂等几十家生产企业，展会现场就成交了 380 万元，并签订了近千万元的订货合同。发展至今，每年全国举办有规模的木工机械产品展览会有近 30 个。

5 结束语

改革开放 30 年，我国的木工机械行业经过几十年的发展，取得了骄人成绩，其中也凝聚了几代木工人的心血，从产品整体技术水平和产品质量与国外发达国家相比，差距在不断缩小，我们已经跨入到国际木工机械生产大国的行列。但是，我们也要清醒认识到我国要成为世界木工机械生产强国，还要走一段漫长的艰辛之路。因此，我们要密切跟踪国际木工机械发展的科技前沿，不断强化自主创新精神，依靠科技进步提高技术水平，以提升企业的核心竞争力，实现我国木工机械行业又好又快的向前发展，为把我国建设成为木工机械生产强国而努力。

中国数控木工机械发展的历史回顾

1 前言

装备工业的技术水平和现代化程度决定着整个国民经济的水平和现代化程度，数控技术及装备是发展新兴高技术产业和尖端工业的实用技术和最基本的设备。数控技术是典型的计算机技术、自动化控制技术、测量技术、现代机械制造技术、微电子技术、信息处理技术密切结合的机电一体化高新技术，是实现制造过程自动化的基础，是自动化柔性制造系统的核心。木材加工过程的数控技术是由金属加工中的数控技术逐渐发展转变而来，是木工机械产品中最复杂、科技含量最高的产品。它已成为衡量一个国家木工机械制造行业科技发展水平的标准，因此有必要对国际数控技术的发展以及我国数控木工机械的发展过程做一下历史回顾，以利于促进我国木工机械制造行业的科技发展。

2 数控木工机械在国际上的发展概况

1777 年，英国的米勒发明了圆锯机，开始以旋转方式锯切木材并在造船厂等处陆续广泛使用。1808 年，英国的希鲁纳制造出用钢铁制作的结实的圆锯机，从而使蒸汽机操作获得成功。被后人称为“木工机床”之父的英国造船工程师 S. 本瑟姆（S. Benthem），从 1791 年开始相继完成了平刨床、铣床、镂铣机、钻床等木工机床的发明。当时这些木工机床的结构是以木材为主体，只有刀具和轴承是金属制作，虽然这种结构还不完善，但与以木工工具为主的手工作业相比，却显示出高效率这一突出优点。它们的研制成功为数控机床的研制提供了装备基础。

2.1 数控机床诞生的概况

从 1777 年人类发明现代木工机床至今已有 230 年的历史。中国第一台木工机床诞生于上海木工机械厂的前身华隆机器厂（1927 年），至今已有 80 多年的历史。人类在长期使用木工机械的同时，随着科学技术水平的不断提高有了很多新的发现、发明和改进。到 20 世纪的 1946 年，诞生了世界上第一台电子计算机，这表明人类创造了可增强和部分代替脑力的工具。它与人类在农业、工业社会中创造的那些只是减轻体力劳动的工具相比，起了质的飞跃，为人类进入信息社会奠定了基础。6 年后，即在 1952 年，计算机技术应用到了机床上，在美国诞生了第一台数控机床，该机床是由美国帕森斯公司和麻省理工学院伺服机构研究所为推进导弹和飞机研制而开发的三轴控制 NC 铣床，1955 年，数控机床进入工业化应用的阶段，在复杂曲面的加工中发挥了重要作用。这也是机床加工业 NC 化的开始，1958 年，卡尼一特电卡公司研发出加工中心，同年，麻省理工学院完成自动刀具程序设计。1960 年以后各 CN 制造厂商开始研究改进 CN 功能，增加金属加工机床的应用范围，并发展应用到其他行业。当时由于计算机技术还不够成熟，所以数控机床没有得到及时的普及。在木材加工机械中没有得到应用。只是在金属切削机床上使用。当计算机技术不断成熟、不断发展、经历了电子管、晶体管、小规模集成电路、小型计算机控制之后，进入了微型计算机控制，人类才开始把数控技术普及使用在各种加工领域。

从 1952 年第一台数控机床诞生到现在，数控技术经历了两个阶段和六代的发展。

2.2 数控（NC）阶段（1952～1970 年）

早期计算机的运算速度低，对当时的科学计算和数据处理影响还不大，不能适应机床实际控制的要求。人们不得不采用数字逻辑电路“搭”成一台机床专用计算机作为数控系统，被称为硬件连接数控（HARD－WIRED NC），简称为数控（NC）。随着元器件的发展，这个阶段历经了三代，即 1952 年的第一代——电子管时代；1959 年数控系统采用了晶体管元件和印刷电路板技术，使系统的可靠性提高、成本下降，数控技术跨入第二代——晶体管时代；1965 年，随着体积小、功耗低的小规模集成电路在数控系统中的使用和专用功能器件的出现，数控系统以其更可靠的性能进入第三代——小规模集成电路时代。这三代数控系统均为硬件式数控，零件程序的输入、运算、插补及控制功能均由专用硬件来完成，其功能简单，柔性通用性差，设计研发周期较长。

2.3 计算机数控（CNC）阶段（1970 年至现在）

到 1970 年，通用小型计算机业已出现并成批生产。于是将它移植过来作为数控系统的核心部件，系统中的许多功能由软件来实现，从此数控技术进入了第四代——计算机数控（CNC）阶段（把计算机前面应有的“通用”两个字省略了）。

到 1971 年，美国 INTEL 公司在世界上第一次将计算机的两个最核心的部件——运算器和控制器，采用大规模集成电路技术集成在一块芯片上，称之为微处理器（MICRO-PROCESSOR），又可称为中央处理单元（简称 CPU）。

随着计算机技术的飞速发展，到 1974 年微处理器被用于数控系统。从此数控系统进入了其发展史上的第五代——微处理器时代。这是因为小型计算机功能太强，控制一台机床能力有富裕（故当时曾用于控制多台机床，称之为群控），不如采用微处理器经济合理。而且当时的小型机可靠性也不理想。早期的微处理器速度和功能虽还不够高，但可以通过多处理器结构来解决。由于微处理器是通用计算机的核心部件，故仍称为计算机数控。20 世纪 80 年代以后，随着数控系统和其他相关技术的发展，产品逐渐规格化、系列化，数控系统的效率、精度、可靠性进一步提高，投资少见效快的柔性加工系统 FMS 进入实用化阶段。

到了 1990 年，PC 机（个人计算机，国内习惯称微机）的性能已发展到很高的阶段，可以满足作为数控系统核心部件的要求。数控系统从此进入了基于 PC 机的阶段，即第六代数控系统——开放式数控系统。

总之，计算机数控阶段也经历了三代，即 1970 年的第四代——小型计算机；1974 年的第五代——微处理器和1990年的第六代——基于PC机（国外称为PC-BASED）的开放式数控系统。

还要指出的是，虽然国外早已改称为计算机数控（即CNC）了，而我国仍习惯称数控（NC）。所以我们日常讲的"数控"，实质上已是指"计算机数控"了。

2.4 数控技术在木工机械领域的应用

1966年，瑞典著名的柯肯（Kockums）公司建立了电子计算机控制的自动化制材厂，1968年，日本的庄田公司将数控技术应用于木材加工机械产品中，制造出第一台数控镂铣机，也就是说数控木工机械的诞生距今也只有40年左右历史。从第一台数控木工机械诞生以后，日本、德国、英国、意大利等国家的一些木工机械制造厂家，应用机电一体化技术，相继推出了种类繁多、技术先进的各种木工机械产品。1982年，英国的威德金（Wadkin）公司开发了CNC镂铣机和CNC加工中心。1982年起意大利的SCM公司开发木工机床柔性制造系统：System Ⅰ，System Ⅱ，System Ⅲ三种型号，即由一台贯穿式直边四面刨床，一台直角变换传送辊、一台双面开榫机、一台四面成型刨床组成，在8h以内可以变换25项工作，停机时间不超过5%，加工窗框每件只要2~5min。此时数控技术在木材加工机械上的应用开始普及。由于数控木工机械产品集自动控制，计算机技术、精密测量等技术于一体，使其具有适应多品种、小批量、高效率，产品更新换代周期短，劳动生产率高、产品精度高且质量稳定等许多优点，特别是数控镂铣机的出现，迅速地推动了木材加工的现代化，使得木材加工机械的发展同步于机械制造业，并有效地带动了家具、建材，室内装饰等领域的快速发展。

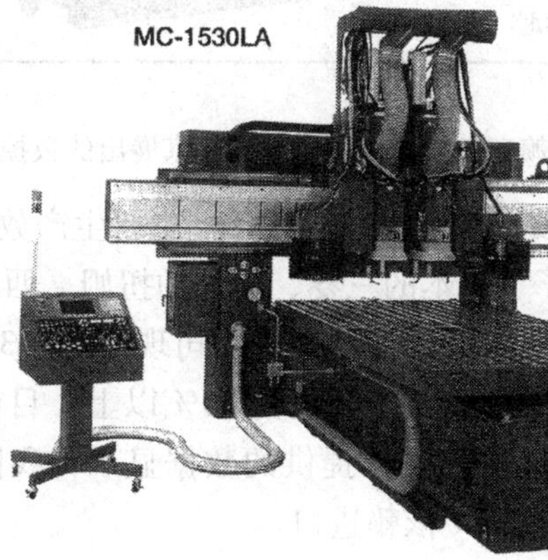

图1 1996年台湾地区生产的数控镂铣机

进入21世纪，随着科学技术的发展，数控技术又进入了一个新的发展阶段。在2005年、2006年、2007年国际知名木工机械展会上都展示了新一代数控木工机械产品，传动多轴（6~8个）的龙门进给方式的数控木工镂铣机已代替了少轴（1~2个）的半臂悬臂结构，并安装了刀具库，换装刀时仅用0.5s的时间就可将所用切削刀具自动安装在刀轴上。由于刀具种类的增加，使现代的数控镂铣机能够完成多种木材机械加工，有效地扩大了加工范围。另外，大型数控木工镂铣机的长度达到了30多米，高度则达到了十几米。为了减少工件安装时间，提高生产率，有些机床的工作台增加到4~6个，能实现边加工

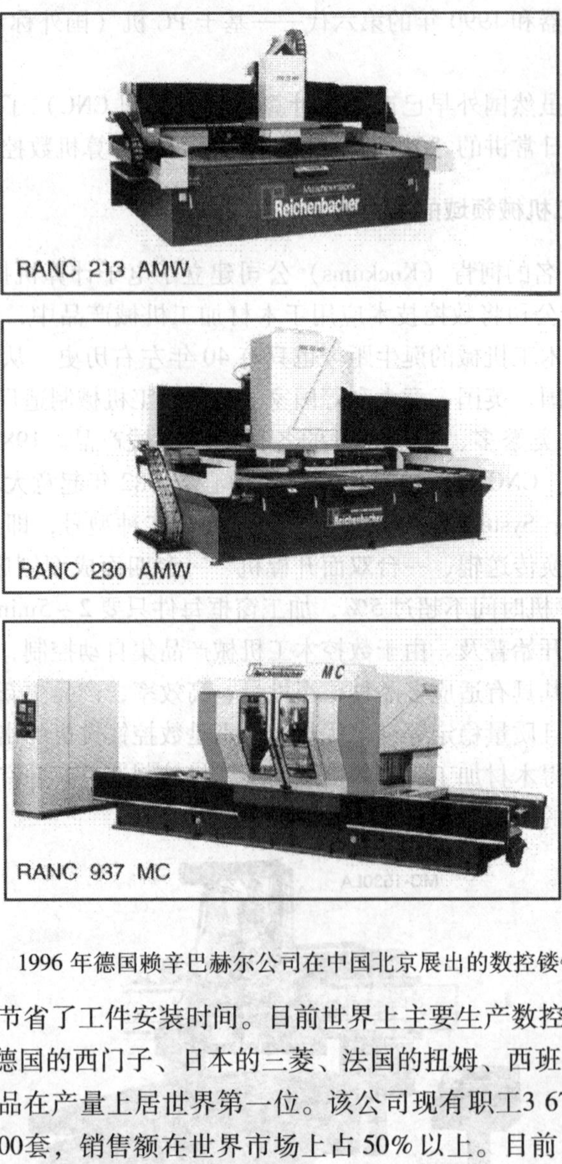

图 2 1996 年德国赖辛巴赫尔公司在中国北京展出的数控镂铣机

边安装工件的操作，节省了工件安装时间。目前世界上主要生产数控系统的厂商是日本的发那客（FANUC）、德国的西门子、日本的三菱、法国的扭姆、西班牙的凡高等。其中日本的发那客生产的产品在产量上居世界第一位。该公司现有职工3 674人，科研人员超过600 人，月产能力7 000套，销售额在世界市场上占 50% 以上。目前，我国的高档数控技术市场的 95% 仍被国外公司占据，据科技部提供的数据显示，我国全社会固定资产中设备投资的 2/3 依赖进口，数控机床 70% 依赖进口。

3 我国数控木工机械的发展概况

3.1 我国数控技术发展概况

我国数控技术起步于 20 世纪的 1958 年，首先在金属切削机床领域开始。其发展一直受到国家经济状况、数控技术发展水平与国家扶持政策的制定三大因素的影响。自 1958 年以来，中国数控机床的发展划分为三个阶段：①初始阶段。中国数控机床于 1958 年起步之后，经历了 20 多年的初始阶段，到 1979 年，中国的数控机床发展仍十分缓慢，由于受国外的技术封锁和我国的基础条件的限制，特别是受到电子技术发展的限制，国产数控系统的可靠性差，使中国的数控机床在20年内难于打开局面，未能形成产业。1979年我国数控机床年产量只有4 100台。②稳步发展阶段，即引进、消化吸收，国产化与自主开发阶段。自1980年以来，中国执行了“六五”“七五”“八五”三个五年计划，在这期间，国家大力支持机床行业，通过引进技术发展数控机床产业。自“六五”以来，中国有80多家企业通过许可证贸易、合作生产、购进样机、来料加工或合资生产等方式，先后从日本、美国、德国等十几个国家引进与数控机床生产及应用相关的技术。其中引进数控系统和伺服系统20项，数控机床109项，机床电器18项，机床附件12项，数控刀具系统15项，测量技术10项，总用汇额已超过1亿美元。在此阶段，由于改革开放和国家的重视，以及研究、开发环境和国际环境的改善，我国数控技术的研究开发以及在产品的国产化方面都取得了长足的进步。③曲折发展阶段，1994～1998年由于东南亚金融危机，我国经济及国内消费市场疲软等综合因素的影响，国内机床市场容量呈下降趋势。机床行业连续5年负增长。1999年3月全行业开始恢复性增长，到2000年机床行业总产值320亿元，数控金属切削机床产值达到20亿元。2003年开始，中国就成为全球最大的机床消费国，也是世界上最大的数控机床进口国。到2006年，我国机械加工设备数控化率在15%～20%，而木工机械制造行业的设备数控率在5%左右。

3.2 数控木工机械的发展概况

数控技术在木工机械领域的应用起步较晚。1979年，青岛木工机械厂在系统研究国内外产品的基础上，研制出MX3512数控齿榫开榫机，该机采用可编程序控制器（PLC）作为控制系统，使其除人工上料、退料外，全部实现了自动控制，并可根据用户需要编制各种程序，加工各种理想的齿形组合。1980年，上海人造板机器厂董良工程师把数控技术应用在胶合板热压机组的装卸板机上，实现了装卸板的数字控制。20世纪80年代初，东北林业大学、清华大学等单位参加了数控摇尺制材技术的研究，并生产出样机，1986年东北林业大学王华滨教授等人研究的“TJ型小带锯摇尺进料装置”项目，荣获林业部科技进步二等奖。1989年，由东北林业大学朱国玺教授等人研究的“中国现代制材生产线的研究”项目荣获林业部科技进步三等奖。1987年，信阳木工机械厂引进意大利技术开发了“数控伺服双卡轴旋切机”，并于1991年作为产品在市场上销售。此项目由计浩华、储达夫、胡德弟几位工程师研究成功。1989年，信阳木工机械厂单玉民、李新民工程师应用单板机（后来采用PLC）开发出数控摇尺带锯机。1994年，威海木工机械厂与东北林业大学的马岩教授合作开发了“数控小径木削片制方机”，填补了我国制材设备的又一个空白。1995年开始，东北林业大学马岩教授等人完成了“步进电机数控系统的声控、图像控制步进电机的理论和实验研究”项目。1998年，牡丹江木工机械厂与东北林业大学马岩教授合作，开发了4头数控镂铣机，使中国的数控木工机械与国际接轨，当牡丹江木工机械厂生产的数控镂铣机在北京国际木工机械展会上展示后，国外数控木工机械的生产厂商的产品价格开始大幅度降价。1995年，我国第一台单头数控木工铣床在江苏省常州佳纳木工机械制造有限公司研制成功，并在北京、哈尔滨等地的展览会上展出，售价47万人民币。1997年，大荣自动机器（青岛）有限公司开始生产雕刻机。1998年，青岛砂光机厂王庭辉工程师率先把数控技术应用在琴键砂光机上。1998年，山东省莱州

图 3　上海人造板机器厂生产的胶合板热压机

图 4　信阳木工机械厂生产的液压双卡轴旋切机

市精密木工机械有限公司，王建军总工程师开始研究开发数控镂铣机，并于 2000 年生产出样机。国家林业局北京林业机械研究所南生春、张伟等工程师于 1997 ~ 2000 年在“948”项目引进经费的支持下分别研制成功 JMXK - I 型数控加工中心、MXK5026 型四轴数控镂铣机和 MXX - II 型经济型数控镂铣机。该系列产品可实现三轴三联动、八刀库自动换刀，脱机编程等先进功能，最大定位矢量速度大 73m/min，可广泛应用于人造板和实木的精深加工，提高加工产品的美感和技术附加值。其中 JMXK - I 型数控加工中心在研制过程中引进德国数控系统技术资料 1 套；德国 840D 数控系统 1 套；德国 810M 数控装置 1 套；意大利 30559 主轴系统 1 套；意大利 110029 高速电机 4 台；德国 02，03 系列加工单元2~6种。该产品于1998年3月在“98北京国际木工机械展览会”上展出，受到林业部领导和业内同行的好评，打破了国外CNC机床垄断国内木材加工设备的局面，打出了“中国制造”的品牌。1998年11月数控加工中心销售给天坛家具公司，经多年的生产使用证明，该机的数控系统技术先进、性能优良、操作简便。

4 我国数控技术的发展现状

进入21世纪后，我国数控技术趋于成熟，经过20世纪几十年的发展，基本上掌握了关键技术，建立了数控开发和生产基地，培养了一批数控人才，初步形成了自己的数控产业。从“八五”攻关开始，华中1号、中华1号、航天1号和蓝天1号4种基本系统建立了具有中国自主版权的数控技术平台。具有中国特色的经济型数控系统经过这些年来的发展，有了较大的改观。产品的性能和可靠性有了较大的提高，它们逐渐被用户认可，在市场上站稳了脚跟。如大连机床厂、沈阳机床厂、云南机床厂、济南机床厂、南京机床厂等。2006年我国数控系统的市场销售量约为11万套，其中国产数控系统销售达7万多台。根据市场的需求，我国有几十家木工机械生产企业先后开发了各种数控木工机械产品。如上海跃通木工机械有限公司，北京铭龙数控木工机械厂，广东的新马木工机械厂等，表1是我国生产数控木工机械产品的主导企业名单。

表1 我国生产数控木工机械产品的主导企业名单

序号	企业名称	主要产品名称	开发时间
1	青岛木工机械厂	数控齿榫开榫机	1979年
2	上海人造板机器厂	热压机，连续压机等	1980年
3	信阳木工机械厂	数控伺服双卡轴旋切机	1987年
4	威海木工机械厂	数控小径木削片制方机	1989年
5	常州佳纳木工机械制造有限公司	数控木工铣床	1995年
6	大荣自动机器（青岛）有限公司	数控雕刻机	1997年
7	北京林业机械研究所	数控加工中心	1998年
8	青岛盛福机械制造有限公司	琴键砂光机	1998年
9	牡丹江木工机械厂	数控镂铣机	1998年
10	新马木工机械设备有限公司	数控榫头机	2000年以后
11	南兴木工机械有限公司	电脑数控裁板锯	2000年以后
12	莱州市精密数控设备有限公司	数控镂铣机	2000年以后
13	青岛力能科技有限公司	数控雕刻机	2000年以后
14	北京铭龙天同科技有限公司	木工电脑雕刻机	2000年以后
15	上海跃通木工机械设备有限公司	数控门加工专用机床	2000年以后
16	南京威克曼科技实业有限公司	数控镂铣机	2000年以后

续表 1

序号	企业名称	主要产品名称	开发时间
17	北京精雕	数控雕刻机	2000 年以后
18	广州麦迪克	数控雕刻机	2000 年以后
19	佛山市顺德金永焕木工机械厂	数控雕刻机	2000 年以后
20	广东东莞科威木工机械厂	高速电脑裁板机	2000 年以后
21	北京东方超量科技发展有限公司	木工雕刻镂铣机	2000 年以后
22	天津赛玛木工机械制造有限公司	数控雕刻机	2000 年以后
23	快克数控机械有限公司（济南）	数控雕刻机	2000 年以后
24	天津市天马木工机械厂	数控雕刻机	2000 年以后
25	上海都田机械有限公司	CNC 数控镂铣钻孔机	2000 年以后
26	仲德实业（上海）有限公司	CNC 精密加工精	2000 年以后
27	沈阳广达科技发展有限公司	木工 CNC 加工中心	2000 年以后
28	广东顺德裕匠森工机械厂	电脑智能全自动双端钻孔机	2000 年以后
29	广东市番禺区铭华木工机械厂	CNC 雕刻机	2000 年以后
30	福建晋江神工机械制造有限公司	数控雕刻机	2000 年以后
31	济南星辉数控机械科技有限公司	数控镂铣机	2000 年以后
32	青岛创宇木业机械有限公司	木工雕刻机	2000 年以后
33	佛山市顺德区金鑫机械制造有限公司	CNC 数控雕刻机	2000 年以后
34	济南锐捷数码科技有限公司	木工雕刻机	2000 年以后
35	苏福马机械有限公司	双面定厚砂光机	2000 年以后
36	青岛千川木业设备有限公司	双面定厚砂光机	2000 年以后
37	新鸿泰（青岛）机械有限公司	琴键砂光机	2000 年以后
38	苏州三达机械有限公司	双面四砂架砂光机	2000 年以后
39	伦敦威德力木工机械厂	数控单板剪裁机	2000 年以后
40	顺德先达木业机械有限公司	电脑数控开料裁板机	2000 年以后
41	南京科能实业有限公司	木工三维雕刻机	2000 年以后
42	山东工友集团	数控镂铣机、数控裁板锯	2000 年以后

目前，我国木工机械制造行业采用的数控系统主要为经济型；多采用单片机开发或 PLC 开发，主要使用广州数控、南京华兴数控、成都广泰数控、江苏仁和数控、北京帝特马数控等产品。在人造板机械大型设备上也有采用德国的西门子、日本的发那客产品的。

目前主要的 CNC 木工机械设备种类有：①数控镂铣机，基本功能是三轴连动，具有多个（1~6）高速主轴电机，每个主轴即可单独工作，又可以任意组合或同时工作，可实现多个工件同时加工，具有效率高的特点；②数控加工中心，根据功能可实现三轴联动、四轴联动或五轴联动，具有 1~2 套能够自动更换刀具的高速主轴电机和可装有众多刀具（含有加工单元）的刀库，每个主轴即可单独工作又可同时工作，可自动快速更换刀具；③机械手控制的缩放雕刻机，一般具有2～16个刀轴，能对平面或圆柱面进行批量的比例缩放雕刻；④全自动操作的机器人雕刻机，能对固定不动的工件进行表面雕刻；⑤并联式数控加工中心是一种全新的机床，对板材加工没有任何限制，可以实现直角同工位加工；⑥数控带锯机，基本功能是二轴联动，是针对板材的曲线加工，提高了板材的利用率；⑦数控多排钻，实现加工数据输入，钻排的自动定位，以提供工件精度和工作效率；⑧数控仿形磨机，能进行刀具或图纸的图像采集，矢量化处理，数据标定，NC指令生成及刀具刃磨加工；⑨数控板材下料锯，具有压梁、先导锯和自动板材进料装置，所有的板材下料均通过按键存储、在线数据输入和板材下料最佳优化编程；⑩全自动喷漆系统，能对固定或移动的工件进行表面的喷涂。

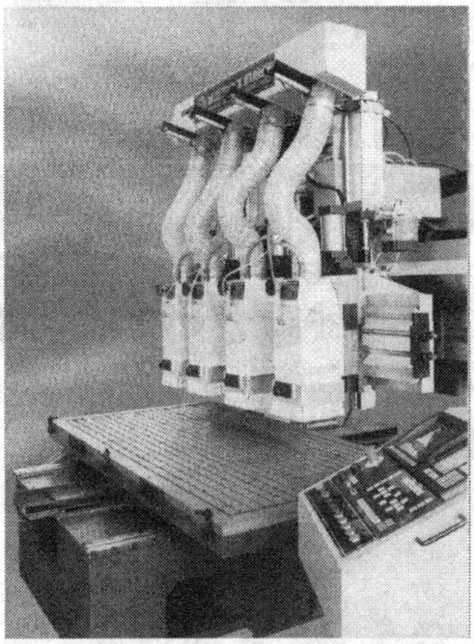

图5　牡丹江木工机械厂生产的数控镂铣机

图6　大荣自动机器（青岛）有限公司生产的数控镂铣机

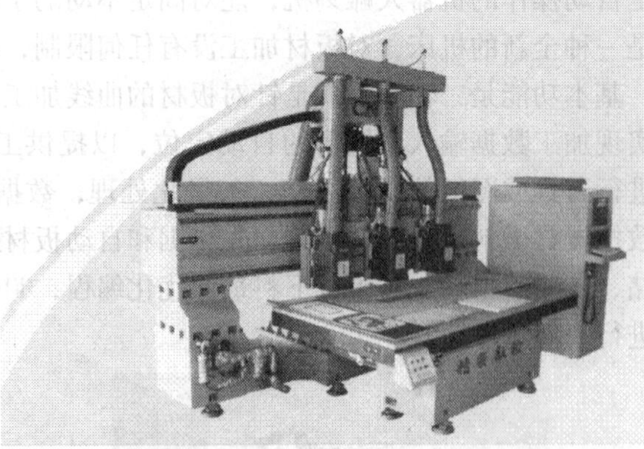

图 7　莱州市精密木工机械有限公司生产的数控加工中心

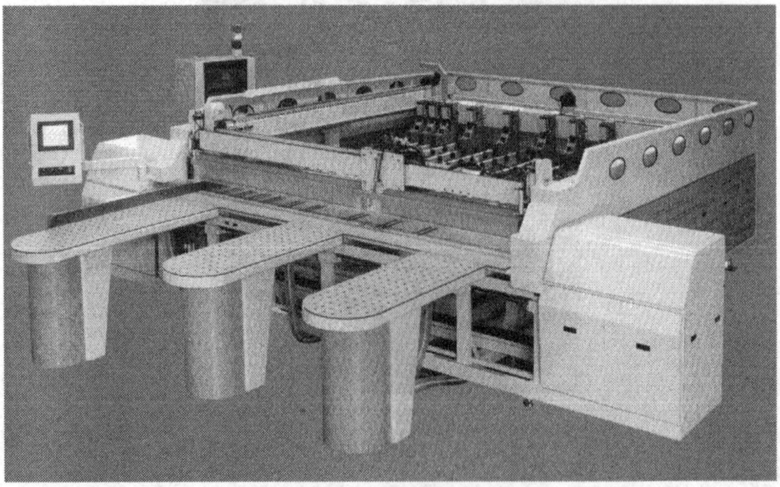

图 8　南兴木工机械有限公司生产的电脑裁板锯

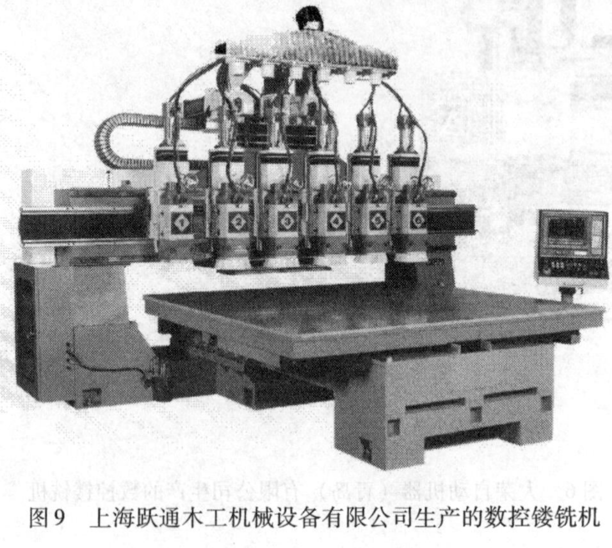

图 9　上海跃通木工机械设备有限公司生产的数控镂铣机

5 结束语

从 1958 年开始，我国对数控技术研究投入了大量的人力物力，取得了一些研究成果，并在实际应用中获得了显著的经济效益。从世界的角度看，德国的数控技术水平最高，日本的产值最大，美国的数控技术水平次之，中国内地、韩国、中国台湾属于同一水平。总之，数控技术是实现机械制造自动化的关键，直接影响到国家工业发展和综合国力的提高。因此广泛采用数控技术应用于制造业，无论从战略角度还是发展策略，都是我国实现工业经济大国必须要大力提倡和广泛发展的。

国际木工机械制造行业概况

——主要生产木工机械产品的国家和地区

人类在长期的生产劳动中创造和使用了各种木工工具，最早使用的木工工具是石斧。据史书记载，中国商代和西周时期，已经制成并使用了“商周青铜刀具”，距今已有3 000年历史。国外史料记载，最古老的木工机床是公元前古埃及人发明的弓形车床。1384 年在欧洲出现的以水力、畜力、风力为驱动力，使锯条往复运动，锯剖圆木的原始框锯机是木工机械的进一步发展。18 世纪 60 年代欧洲开始的“产业革命”使科学技术取得了显著的进步，机械制造技术有了的发展，人类依靠手工作业的许多工业相继达到机械化，木工工具也在这次“产业革命”中开始了机械化的进程。其中，被后人称为“木工机床”之父的英国造船工程师 S. 本瑟姆（S. Benthem）。从 1791 年开始相继完成的平刨床、铣床、镂铣机、圆锯机、钻床及其他发明最为卓著。从而确定了近代木工机床是 18 世纪末在英国首先制成这一历史的判断。当时，这些机床的结构是木材为主体，只有刀具和轴承是金属制品，虽然结构还不完善，但与以木工工具为主的手工作业相比，却显示出高效率这一突出特点。

从 1791 年开始到现在，世界木工机械行业已走过 210 年的发展历史。国外发达国家的木工机械行业经过不断改进、提高、完善，现在已发展成为 120 多个系列、4 000多个产品、门类较齐全的年产值 90 亿 ~100 亿美元的行业。特别是 20 世纪的后半叶，由于德国、意大利、日本处于第二次世界大战战败国地位的历史原因，这三个国家的民用产品开发占主导地位，经过战后几十年的不断探索、引进、消化吸收，已经把木工机械行业发展成为产业品种众多的产业部门，使其成为国际木工机械行业较发达的国家。此外，美国、英国、法国、中国及中国台湾地区也在国际木工行业中占有一席之地。

1 美国木工机械行业概况

从木工机床问世的 18 世纪末到 20 世纪初，英国主导了当时国际木工机械生产制造技术。直到 1915 年以后，主导地位逐渐转移到美国。20 世纪初，美国经济出现前所未有的高速发展时期，欧洲移民大量涌入美国，客观的需要建造大量的住宅以及车辆与船只等交通工具，加上美国具有丰富森林资源这个得天独厚的条件，所以当时的木材加工工业发展很快。再者，两次世界大战都没有在美国的本土进行，美国的木工机械制造业得到稳定的发展。从 20 世纪 20 ~80 年代初美国木工机械制造行业的产值一直居于世界第一位，1976 年为 9 亿美元，1983 年为 8. 4 亿美元。但是到了 20 世纪 80 年代初，木工机械行业由于受房地产衰退、房屋建筑业萧条、限制森林砍伐等因素的影响而开始萎缩。1990 年，美国颁布了《清洁空气法》，用立法的形式强制木工加工业者必须减少厂房里空气中的粉尘，这就促进了减少粉尘的木工机械的发展。同时，美国政府要求减少木材加工过程中的原材料浪费，这又促进了提高木材综合利用和减少废料的木工机械的发展。从1992年开始，美国通过立法形式，要求木工制造业必须担负更大的产品责任，每年要求支付营业额的10%来作为保险，这就无形中增大了成本，限制了木工机械的发展，而在其他国家和地区木工机械生产行业就没有这笔支出。

从国际木工机械制造行业来讲，美国不是超级大国，但美国的木工机械制造业在雄厚的机械工业的基础上有其一定的先进性和独特性。本文之所以介绍美国的木工机械制造业，是因为美国是世界最大的人造板生产国、最大的家具消费国、最大的制材生产国和消费国及最大的木工机械进口国。由于美国生产的木制品技术先进，美国进口的木工机械往往档次比较高。因此，美国木工机械市场是世界木工机械展示和销售的大舞台，谁占领了美国市场谁就等于占领了世界木工机械制造的主要市场之一。同时，从各国木工机械产值的排名来看，美国名列第3位，比中国高。近几年其产值在10亿美元以上。

美国木工机械制造业的特点有以下几个方面。

（1）美国木工机械市场开发的特点是以国内市场为主，出口量不足6%，这是因为美国国内木工机械的需求量大，国产机械供不应求。同时，木工机械具有品种多、小批量、产品技术含量相对低，适合于中、小型企业生产的特点，而美国的劳动力成本高，基础工业的自动化程度高，企业平均利润低，在这样的生产环境下，在美国生产木工机械利润是很低的，或者说低档木工机械在美国没有利润。因此，美国木工机械行业不是十分发达。由于美国国内劳动成本高，许多美国的木工机械企业都在墨西哥、智利等国建合资企业，在国外生产木工机械返销美国。由于美国国内的木工机械市场大，美国木工机械全部内销或供应北美市场，在中国几乎很少看到美国的木工机械产品。

（2）美国木工机械的产量及产值比德国、意大利小，但产品的水平是相当高的。可以说，在多数品种上，美国木工机械的生产水平是处于国际领先地位的。美国木工机械的加工精度、数控普及率、产品功能、噪声指标等都比我国高出一定的档次，甚至超过德国。在美国木工机械市场上，木工机械的新产品层出不穷。美国的知识产权保护得非常好，其木工机械产品多数都申请专利。

（3）美国木工机械的产品结构相对德国和意大利要单一得多，但品种数量超过我国。从最新的美国市场分析来看，美国产品品种中，中国生产的产品美国基本都生产。美国从高档的数控镂铣机到小型台式多用机床都生产，从美国产品结构分析看，只要有一定批量的产品，美国都生产。对于家具、木制产成品加工的专用设备，美国相对生产的少一些，人造板设备美国基本都生产。

（4）美国木工机械厂很少是单一的工厂，它们往往是大型公司下面的子公司，不像德国、意大利及中国台湾地区那样多以独立的木工机械生产企业存在。它和我国木工机械生产的格局也不同，这样，导致了美国生产木工机械的出名厂家不多。

（5）木工机械制造行业在美国属于规模较小的行业。20世纪90年代，从事木工机械制造的企业约280家，其中有不到100家的企业职工人数在20人以上，这些企业的产值占美国这个行业的85%以上。整个行业的产值，1987年是8.86亿美元，1992年为10亿美元，1996年11亿美元。现有就业人数约1万人。

美国木工机械行业团体有：美国机械进口商协会、美国木工机械经销商协会、美国木工机械制造商协会、美国木工机械教育训练委员会等，限制美国木工行业发展的主要因素有原材料不足、政府法规约束、市场激烈竞争及技术纯熟工人不足等。从1968年开始，美国“国际木工机械与家具供应展览会”逢双年举行，地点选择在洛杉矶、亚特兰大、格兰拉披德等地轮流举行，是美洲最大的木工机械展览。

2 俄罗斯木工机械概况

俄罗斯是一个联邦制国家，联邦下辖16个自治共和国、5个自治州、19个自治专区，国土面积1 707万 km^2，人口约1.5亿。俄罗斯的自然资源得天独厚，非常丰富，经济发展潜力巨大，是一个有相当雄厚经济实力的国家，但是，目前俄罗斯的木工机械制造行业却非常薄弱，只有为数不多的几家企业生产通用木工机床，而且，其产品外观质量、产品结构、加工精度、数量、产值和其他发达国家比较都处于一个相对较低的水平。俄罗斯的木材加工绝大部分使用的是来自德国、意大利、日本、韩国、中国的木工机械设备，本国生产的木工机械产品占市场的份额很小。俄罗斯市场的家具及装饰材料主要以刨花板、细木工板、中密度板、胶合板等人造板为基础，实木产品相对较少，因此，俄罗斯现在所使用的木工机械设备以板式家具居多，如精密截板锯、曲直线封边机、排钻等，小型多用木工机床也有一定的市场要求。

俄罗斯的木工机械制造行业规模较小，有70多年生产历史。苏联组织专业化的机器制造行业来设计制造木工机械产品是从1931年开始的，当时，建立了“全苏木材造纸机械联合公司”，下设7家机器制造厂和1家称为“木工机床设计处”的专业设计单位。从那时开始，苏联就已经开始实际框锯、剥皮机、榫槽机和其他一些木工机床。1958年，生产、制造木工机械产品的工厂增加到20家，到1965年22家工厂生产木工机械产品。“全苏木材加工机械制造科学设计研究院”为全苏木工机械行业的主导机构。从第九个五年计划期间开始，苏联就能够为木材加工提供成套高效能的设备。20世纪70年代，苏联开始生产窗框、实木门、拼花地板、刨花板、集成材等的生产线。到苏联解体时的1991年，俄罗斯已有31家企业生产木工机械产品。但是近年来，由于受经济和体制上各种原因的限制，木工机械行业出现萎缩，它们很少参加国际间木工机械行业的活动，因此各国对现在俄罗斯的情况了解不多。俄罗斯只是在1995年德国汉诺威国际木工机械展览会上派出了三家企业参展，但由于名声不大，其产品没能引起参观者的重视。俄罗斯每2年在莫斯科举办一次“国际制材与木工设备展览会”。苏联解体前参展的主要是东欧社会主义国家，近几次展会德国、美国、意大利、日本等国的木工机械制造商均参展。

3 德国木工机械行业概况

在国际木工机械制造行业中，德国的木工机械行业已成为无可争辩的世界市场的领袖。德国作为木工机械制造业最大的生产和出口国，其地位已超过意大利、美国、英国和日本。根据德国木工机械制造商协会的统计，1921年德国木工机械制造行业的产值约为9亿美元，1985年约为10.4亿美元，1990年约为30亿美元，1998年约为34亿美元。如此高的产值是由250家中小企业完成的，其职工人数约为2.5万人。德国生产的木工机械产品主要是出口。其主要出口国是美国、奥地利、英国、瑞士、意大利、法国、日本、苏联、中国等。德国的木工机械制造商每年都以5%的营业额投入新技术的研究与开发，因此，世界上木工机械行业内申请专利份额德国占31%、美国占20%、日本占10%、意大利占5%。1997年5月，德国"威力"公司在烟台投建了一个以生产五轴四面刨为主体的工厂。1998年9月蓝帜独资的南京公司在中国正式成立。

德国木工机械制造协会附属于《联邦德国机械制造厂协会》，全称为《德国机械制造商协会木工机械分会》，简称VDMA，总部设在法兰克福。由该协会及德国汉诺威展览公司主办的"国际林业及木材工业展览会"已成为国际木工机械制造行业最具影响力的展会，该展会无论是在展出规模、参展厂家及参观人数，还是从权威性、专业性、成交金额等方面都是世界上其他展会无可比拟的。被国际木工机械行业称为"全球林业及木材工业技术发射台"，该展会从1975年开始，每2年举办一次，每次展会我国的木工机械行业都参展并派人参加。

4 意大利木工机械行业概况

意大利木工机械制造行业经过第二次世界大战后50多年的不断探索、引进、消化吸收，已经发展成为一个门类齐全，产品品种众多的产业部门。现在居世界第二位。意大利现拥有300多家木工机械和刀具制造商，大多数是意大利木工机械及刃具制造商协会的会员，家族式的企业居多。1981年产值达到5亿美元，1983年产值达4.92亿美元，1991年产值达到14.67亿美元，1992年产值下降到11.4亿美元，1993年产值为12.27亿美元，1996年产值为17.5亿美元，1997年产值为16.9亿美元，1998年产值为18亿美元，1999年产值为16亿美元。意大利的木工机械产品主要出口欧洲国家，占约60%；其次是亚洲国家，约占20%；美洲国家约占13%。销往中国的产品也占一定比例。

意大利全国性木工机械行业组织为"意大利木工机械和工具制造商协会"，简称ACLNALL，成立于1965年，总部设在米兰。会员单位有180个左右。从1968年开始，意大利每4年在米兰举办"国际木工机械和工具展览会"，每次有100多个国家参加，展出产品齐全，亚洲、非洲和拉丁美洲是意大利木工机械最好的市场，意大利木工机械厂根据这些国家的情况制造各种设备。

5 日本木工机械行业概况

日本木工机械行业主要是二次世界大战后发展起来的。在1954年成立了"日本木材加工机械协会"，该协会建立了锯材机械部、胶合板机械部、木材加工机械部、技术委员会和国外贸易委员会，产品可分为三大类。一是制材机械，约占总产值的19%；二是木工机床，约占总产值的54%；三是人造板设备，约占总产值的27%。1980年产值3亿美元，1985年产值2.5亿美元，1990年产值约10亿美元，1991年产值约11亿美元，1995年产值约8亿美元，1996年产值约8.3亿美元，1998年大幅度减产产值约4.5亿美元。近几年出现衰退的主要原因是其国内需求减少，现在日本木工机械行业已逐渐重视国际市场，并积极参加各国举办的展览会。

6 英国木工机械制造行业概况

英国是木工机床的创始国，18世纪末到20世纪初，英国的木工机床产品和质量是世界上领先的。20世纪20年代后，美国超过英国，20世纪30年代被德国超过，第二次世界大战后发展更为缓慢，1983年产值统计已落在美国、德国、意大利、日本、法国、加拿大、瑞典之后，居世界第8位，产值不足0.5亿美元。

英国的木工机床行业组织是《英国机床贸易协会木工机床学组》（MTTA），还有《英国木工机床进口商协会》，1984年成员有75家。

英国木工机械长的特点是，中小型企业多，一般规模不大，设备陈旧，但老工人多，关键工序配制好，数控机床也在不断增加，加之经验丰富，对于产品改型具有较大的适应性，一般工厂都是多品种生产。

为了加强在国际市场上的竞争能力，企业加大了科研设计队伍，设立了科研发展部门，不断开发新品种。

英国厂家为了争夺市场，对于产品质量控制较严，各厂都配专职检查员负责质量检验，产品装配试车的周期长，要空运转几天，稳定后合格出厂。

英国每2年在伯明翰国家展览中心举办“国际木工机械及家具展览会”，由“英国木工机械进口商协会”（IWIE）和“家具供应商协会”（ASFL）联合主办。

7 中国台湾地区木工机械制造行业概况

台湾的木工机械行业是从1955年以后起步的。当时，在台湾中部的丰原市有几家小家庭作坊式的小厂开始生产木工机机械产品。这里是台湾木工机械制造业的发源地，现在木工机械行业的中心，90%生产木工机械产品的企业集中在这里。这些企业都是中、小型企业，家庭式经营占大多数。

台湾现行木工机械制造企业170余家，多数为中小型企业，平均员工人数为30人，绝大多数是20世纪70年代以后逐渐发展起来的。当时主要是满足岛内木材工业日益增长的需要，也有少量出口，主要局限于东南亚。20世纪70年代初，由于其产品技术水平较低，外观粗糙，安全性能较差，并没有引起国际市场的重视。1978年以后，台湾木厂机械行业开始有了转变，它们瞄准了国际先进水平，加大产品开发力度，注重提高产品质量，在激烈竞争的国际市场上异军突起，而成为世界重要的木工机械产地之一，名列世界各国（含地区）木材机械产值的第4位（德国、意大利、美国、中国台湾）。从1984～

1988 年，台湾木材机械产值年均递增35%。根据台湾机械工业同业分会的统计，1990 年台湾木材机械产值为107.5 亿新台币（4.1 亿美元），1991 年上升为111 亿新台币，1992 年为123.2 亿新台币，1993 年为140 亿新台币，1994 年为145 亿新台币，1995 年为156 亿新台币（6 亿美元）。从这组数据中可以看到，台湾木工机械行业90 年代初稳步上升阶段。按1995 年的150 家企业计算，1995 年产均每厂年产值约达1 亿新台币（400 万美元或3 300万人民币）。2000 年产值约254 亿新台币，2001 年仅185 亿新台币，较之2000 年同期负增长27%。在台湾经济中，该行业是发展最快的行业之一，从规模上看，木工机械仅次于工具机械、纺织机械、塑橡胶机械。

台湾木工机械产品主要是出口。1986 年其出口总额就突破了1 亿美元大关(10 177.9万美元)，1988 年则突破了2 亿美元大关（22 292.9万美元)，1990 年突破了3 亿美元大关（3.3 亿美元)，1992 年出口为4.2 亿美元，1994 年出口为5.3 亿美元，1995 年出口达5.65 亿美元。也就是说，近年来，台湾木工机械产品的90% 以上用于出口。1995 年，最大的出口国是美国，占台湾出口木工机械的37.5%；第二位是中国内地占37%；第三位是马来西亚，占11.1%；第四位是印度尼西亚，占5%；第五位是加拿大，占4.4%；第六位是泰国，占3.7%；第七位是日本，占2.7%；第八位是越南，占1.5%。以上国家合计占台湾省出木工机械的87%，出口产品的主要类别是：DIY 类产品占第1 位，锯床类产品占第2 位，磨光、砂光、抛光类占第3 位，铣床、刨床类产品占第4 位。

台湾木工机械行业所需的原材料及关键零部件、标准件依赖进口，其产成品绝大部分依赖国际市场，台湾能够控制的仅是加工生产。因此，可以认为，提高产品深加工、增加附加价值，将主宰着今后台湾木工机械行业的命运。

近年来，中国台湾及意大利、德国等国的木工机械产品大量涌入中国内地市场，占有一定的市场比例，应引起木工机械行业的高度重视。特别是台湾的木工机械，其技术水平和产品质量已接近美、欧和日本的水平，且价格便宜，有的产品价格接近国内同类产品价格，在市场上具有极强的竞争力。

加入WTO 后，我国木工机械制造行业将面临新一轮的全球竞争，国内各生产木工机械产品企业将进一步面对全世界木工机械制造商的挑战，进入世界经济大循环。在新的一轮竞争中，我国生产产品的企业应进一步了解国际木工机械制造行业的概况，特别是那些主要生产木工机械产品国家的概况，才能在激烈的市场竞争中，进一步了解竞争对手，做到知彼知己，百战不殆。

青岛木工机械制造业形成与发展的历史回顾

1978年12月18日，中国共产党召开了十一届三中全会，确定了以经济建设为中心，坚持四项基本原则，坚持改革开放的基本路线。从此，整个中华民族，在总设计师邓小平同志指引下走上了有中国特色的社会主义道路。25年后的2003年12月18日，青岛木工机械协会在青岛黄金海岸大酒店隆重举行了成立大会，来自国内各省、市、自治区的一百多位业内同仁参加了庆典。自此我国木工机械行业第二家区域性协会诞生了。这纯属是个巧合，但回顾青岛木工机械制造业形成与发展走过的道路，纵观青岛木工机械制造业25年的发展，它客观地反映了改革开放25年来给中国带来的翻天覆地的变化和日新月异的发展，是我国木工机械行业发展的一个缩影。

1 青岛市概况

青岛市地处山东半岛南部，位于东经119°30′~121°00′，北纬35°35′~37°09′。东南濒临黄海，东北与烟台市毗邻，西与潍坊市相连，西南与日照市接壤。全市总面积10 654 km^2，其中市区（市南、市北、四方、李沧、崂山、城阳、黄岛7区）1 102km^2，所辖即墨、胶州、胶南、平度、莱西5市9 552km^2。青岛市现有39个民族，人口731.12万人，其中市区人口258.41万人。青岛地区昔称胶澳。1891年（清光绪十七年）清政府议决在胶澳设防，是为青岛建置的开始。1929年7月，南京国民政府设青岛特别市，1930年改称青岛市。1981年4月，青岛被列为全国15个经济中心城市之一。1984年4月，被列为全国14个进一步对外开放的沿海港口城市之一。1986年10月15日，被国务院正式批准在国家计划中实行单列，赋予相当省一级经济管理权限。1994年2月，被列为全国15个副省级城市之一。

2 青岛木工机械制造业启蒙于20世纪50年代末60年代初

青岛首次使用木工机械产品始于1919年。当时，日本商人和田光藏集资20余万元，在露天场地搭建厂棚，并购置2台小轮锯，雇工20人，开始了木材加工业。厂址在华阳路2号，起名为和田木厂。在此之前青岛地区的匠人均使用手工工具对木材进行加工。

1949年6月2日，青岛解放。青岛生产木制家具及日用木制品的生产方式多是一家一户的手工作坊，靠设点摆摊，走街串巷招揽生意，其产品多是木制小农具和一般生活用品，如木制簸箕、袜板、风箱、桶、洗衣盆、锅盖、木屐、桌、椅、板凳等，生产能力和工艺水平低下，仍处于个体和手工操作阶段，生产工具沿用锛、凿、斧、锯、钻等，只有远东木厂和在林木厂有几台带锯机。

青岛解放后，1950年2月，远东木厂、华德染料厂和恰磨房合并，建立公私合营华昶木厂。1953年，成立不久的天丰木厂、福聚隆木器店并入已更名为公私合营的在林制材木器有限公司的在林木厂。1954年，由台东、台西两个木器生产小组合并成立青岛第一木器生产合作社，之后陆续成立了青岛第二、三、四、五木器生产合作社和其他木器生产组织。1956年，在青岛解放初期建立起来的20余个小型木器厂、店，经调整合并，成立了木材家具总厂，人数发展到300多人。到1956年，城市手工业者响应政府走合作化道路，木材加工、家具和木制品生产基本上实现了合作化。50年代后期，在群众性的技术革新活动中，木制家具行业的工人先后试制成木工压刨床、双面打铆机、专用安装机、弯曲刨光机、冲子扒口机、斜面铣槽机、自动钉箱机等木材加工设备，减轻了劳动强度，改进了制作工艺，提高了劳动效率。

1958年11月，青岛第一缝纫机合作社和青岛第一锻铁生产合作社合并，成立青岛市手工业管理局第七机械厂，时有职工200多人，有几台皮带车床、一台小牛头刨床，主要生产锯条、圆锯片、丝攻板牙等。全厂管理人员共22名，管理机构分技术、生产、计划、财务、供销、行政等科室，全厂共有党员13人，宋振春任支部书记兼厂长，厂址设在台东六路129号。1961年工厂更名为青岛木工机械厂，属青岛市手工业管理局和台东区工业局领导。1962年木工机械厂派马忠文、陈连云、许灿煊、徐乃硅、黄克亮五位同志赴沈阳木工机械厂学习木工带锯机的设计、生产制造、安装调试技术，回厂后研制生产出4台MDJ－118型跑车带锯机，后经改进又试制出4台MDJ－956型木工带锯机。产品投放市场后受到用户欢迎，形成批量生产，不久该项产品纳入山东省计划生产。生产所需原材料由山东省第二轻工业厅和国家轻工业部按计划调拨，占企业生产用料的40%，其余部分由企业自行解决。产品除按国家计划，由轻工业部和山东省第二轻工业厅购销外，余者由企业自行销售。1964年马忠文等上述五人到鞍山阀门厂参观了西德产的平压刨并进行了测绘，回厂后进行了改进，又成功的研制出MB－630型平压两用刨床，当年向国庆15周年献了礼。1965年该产品在北京展览期间被林业部评为一等奖。

3 10年“文化大革命”时期的青岛木工机械制造业概况

历时10年的“文化大革命”使中国的经济发展遭受了极大的破坏，教学，科研、生产一度被迫处于停顿状态。然而，即使在这种极端困难的条件下，青岛木工机械厂的职工还坚持在生产第一线，为我国木工机械行业的发展做出应有的贡献。1966年，青岛木工机械厂职工总数158人，管理人员15人，生产总量82台/325t木工机械产品。1969年，职工总数194人，其中管理人员14人，生产总量20台/134t木工机械产品。1974年职工总数306人，其中管理人员无法考核，生产总量31台/190t木工机械产品。该厂设计出中国第一台龙门式切片机，填补了国内空白，1976年4月4日召开了轻工部鉴定会，会议决定投入批量生产，1977年生产了7台，1978年切片机获全国科学技术大会奖。1977年，新产品MJB－250型精光刨、MMD－3000型磨刀机通过了国家产品鉴定。此外，还研制出 MQP－2000 型切片机、MMD－1400 型磨刀机、MDJ－1000 型台式木工带锯机、MDJ－600 型细木工带锯机、MDJ－1000 型两用带锯跑车等，产品商标为“飞轮”牌。

4　20 世纪 80 年代的青岛木工机械制造业

党的十一届三中全会结束了“文化大革命”，确定了以经济建设为中心，坚持四项基本原则，坚持改革开放的基本路线，国民经济建设得到了飞速发展，此时的中国人民除了在观念上发生变化以外，在物质需求上也发生了结构性的变化，基本建设投资加大，房屋装修提高了档次，各类实木家具及木制品需求量增多，小作坊式的家具厂和境外投资的家具厂，木器厂如雨后春笋般发展壮大，这为我国木工机械制造业的发展提供了广阔的市场。

1981 年，青岛第二轻工业局汽车修配厂开始生产各种通用木工机械产品，主要产品有 MB103－B 型单面木工压刨床、MB503 型木工平刨床、MBJ203 型木工刨锯机、MJ206 型木工圆锯机、MMD－400 型木工磨刀机、MMD－600 型木工磨刀机、SMB－150 型微型木工刨锯两用机。1982 年，青岛第二轻工业局汽车修配厂生产各种木工机械产品 182 台，产值 68 万元，创利税 10.6 万元。同年，青岛木工机械厂生产各种木工机械产品 310 台/1 537t，产销合同率 100%，1984 年 MDJ－1000 型台式带锯机荣获山东省优质产品奖。1986 年青岛木工机械厂有职工 575 人，生产各种木工机械产品 429 台，实现工业产值 575 万元，有固定资产原值 677.8 万元。

1984 年 5 月，轻工部机械局的刘文韬和青岛木工机械厂厂长王金训参观米兰国际木工机械展览会期间与意大利 DMC 公司就引进砂光机制造专有技术达成谅解。当年的这一举动，使青岛的砂光机生产制造技术在以后的 20 年里，领先于国内同行业，青岛的砂光机生产企业发展到今天的 80 多家，与此举有直接的因果关系，为青岛以及中国的木工机械制造业作出了卓越的贡献。

1984 年 11 月，DMC 公司庞索里尼和塔索尼访问了青岛木工机械厂，双方就青岛木工机械厂引进砂光机制造专用技术达成初步意向，随后双方就合作意向进一步商讨，加深了解。

1986 年 1 月 21 日，双方在青岛签订了引进砂光机制造专有技术合同，王金训与庞索里尼在合同上签字。

1987 年 1 月 26 日至 1987 年 3 月 8 日，青岛木工机械厂派沈小雄、盛世勇、丁履宏、刁培友、曹海青（译员）五人赴 DMC 公司接受培训。

1987 年 6 月，DMC 公司保罗和佛郎西斯柯来到青岛，对砂光机制造与安装技术进行指导。

1987 年 8 月，在青岛木工机械厂生产出 SY130 和 SFE130 宽带砂光机，双方技术人员对产品考核验收合格，双方签署了合同产品考核验收合格证书，DMC 两位专家回国。

1987 年 9 月 10 日，轻工郎机械局在青岛组织了技术鉴定，证书号 JD87030 和 JD87031，届时 DMC 公司总裁和总工程师参加了鉴定，会议最后由庞索里尼签署了由青岛木工机械厂在中国境内独占的和可转让的设计、制造、装配、维修以及使用和销售合同产品的许可证。之后青岛木工机械厂推出最具有国际先进水平的 SFE/SY 系列宽带砂光机，替代进口设备，使国内板材表面处理水平提高了档次，砂光机销量在 20 世纪 90 年代初期开始处于国内领先地位。由此证明，引进国外先进的生产技术，取其精华，去其糟粕，在此基础上继续创新和发展，可以大大缩短我们赶超国际先进水平的时间，使中国木工机械制造业早日走上国际舞台。

青岛市第一木工机械厂地处胶南县红石崖镇，早期是以生产农业机械配件为主的乡镇企业。1977 年开始试制细木工带锯机，1983 年开始生产台式木工多用机床，到 1993 年，已发展成能生产 20 多个品种木工机床，出口 30 多个国家，年产值过亿元的企业，成为青岛市当时最大的木工机械产品生产企业。

5 20 世纪 90 年代的青岛木工机械制造业

党的十一届三中全会以前，在很长一段时间里不承认非公有制经济的存在，把个体经济，私营经济看作是与社会主义不相容的东西，认为搞社会主义就要消灭非公有制经济，在农村甚至连家庭多养几只鸡鸭也当作“资本主义尾巴”来批判，极大地束缚了生产力的解放，严重影响了经济的发展和人民生活水平的改善。党的十一届三中全会总结过去的沉痛教训，提出个体经济是社会主义公有制经济的必要补充部分，并于 1982 年写入宪法。随着改革开放的深入，到 20 世纪 80 年代中期，个体经济经过一定的积累和发展，有些逐渐发展为私营企业，同时，外商独资企业开始出现。党的十三大总结实践经验，提出我国尚处在社会主义初级阶段，同时明确指出“私营经济是社会主义公有制经济的补充”，并在 1988 年七届全国人大一次会议修改宪法时将这一内容写进宪法，特别是在邓小平同志 1992 年视察南方讲话的鼓舞下，1992 年，党的十四大提出建设社会主义市场经济，个体私营经济的发展更进入一个黄金时期。青岛市木工机械制造行业正是在这样的历史条件下进入快速发展时期。1992 年 10 月，青岛市农业研究所的王维辰工程师率先进入商海，开始筹备生产砂光机产品；1993 年 5 月，青岛市木工机械厂的职工张铭、陈方、姜学良打碎了铁饭碗，先后辞职组建了兴隆机械设备制造公司；1993 年，青岛木工机械厂的职工李建华、王立君成立了以销售木工机械产品为主的青岛天兴工贸有限公司；1996 年初，王庭辉和赵立德两位工程师也打碎了铁饭碗，成立了四方溢林木工机械有限公司。1996 年 10 月韩国独资企业青岛木友机械有限公司在胶州成立。1997 年，党的十五大进一步提出：“非公有制经济是我国社会主义市场经济的重要组成部分。对个体经济，私营经济等非公有制经济要继续鼓励、引导，使之健康发展。”正是在十五大大精神指引下，青岛市陆陆续续成立了几十家生产木工机械产品的民营企业，主导产品是砂光机及板式家具设备，主要的技术人员及管理者基本来源于青岛木工机械厂。到 20 世纪 90 年代末，在中国的木材加工业一提起砂光机，使人们都能想到青岛，青岛市已成为我国生产砂光机及板式家具机械的主要基地。2000 年 4 月青岛木工机械制造总公司、青岛千川木业设备有限公司被评为 20 世纪中国木工机械行业十佳企业，青岛木工机械制造总公司的总经理徐明被评为中国木工机械行业十大杰出人才。2002 年 7 月青岛木工机械制造总公司生产的刨切机，青岛千川木业设备有限公司生产的宽带砂光机、青岛华顺昌木工机械制造有限公司生产的 MD514A 全自动直线封边机被评为中国木工机械行业十大高新技术产品，青岛健隆机械有限公司生产的薄木剪切机被评为中国木工机械行业十大知名品牌。

6 进入 21 世纪的青岛木工机械制造业

到目前为止，青岛市已有 80 多家从事木工机械生产的企业，早期成立的企业经过 10 年左右时间的发展已具有一定的规模，如青岛华顾昌木工机械制造有限公司、青岛千川木业设备有限公司、青岛豪迈隆木业机械有限公司、青岛建成豪木工机械有限公司、青岛健隆机械有限公司、青岛木友机械有限公司、新鸿泰（青岛）机械有限公司等（见表 1）。以这些企业为主体的青岛木工机械制造业已发展成为从业人员 3 000 多人，年产值达到数亿元人民币的规模。2003 年 12 月青岛市木工机械协会在王金训、王维辰、张泽恩、曲明春、李建华、孙朝曦、张铭、廖晓东、刘岩等人的倡导下，并经过精心准备，举行了成立大会，成立时有会员单位 39 个。

表 1 青岛市具有一定规模的木工机械生产企业

序号	企业名称	成立时间	负责人	占地面积 /m^2	职工人数 /人	协会职务	备注
1	青岛华顺昌木工机械制造有限公司	1993 年	李建华	10 560	100	会长	
2	青岛木工机械制造总公司	1958 年	曲明春	43 560	320	副会长	
3	青岛千川木业设备有限公司	1992 年	刘元兴	10 560	160	副会长	
4	青岛豪迈隆木业机械有限公司	1993 年	张铭	23 100	120	副会长	
5	青岛木友机械有限公司	1996 年	闵振弘		200	副会长	
6	青岛健隆机械有限公司	1987 年	殷成谦	12 600	60	副会长	
7	新鸿泰（青岛）机械有限公司	2000 年	孙朝曦	2 640	52	副会长	
8	青岛建成豪木业设备有限公司	1996 年	刘岩	19 800	78	副会长	
9	青岛林泽木工机械有限公司	1995 年	赵立德	16 000	70	副会长	
10	青岛华春木工机械有限公司	1995 年	庄绍德	75 800	110	理事	
11	青岛盛福木业设备有限公司	1995 年	王庭辉	16 500	66	理事	

协会成立以后，先后完成了以下几方面的工作。

(1) 完成了协会秘书处的组建工作；

(2) 组织会员单位参加行业展会；

(3) 组织人员赴欧洲参观，学习考察；

(4) 起草并实施了《控制会员单位人才流动条例》；

(5) 开展了比价采购；

(6) 创办了协会会刊及协会网站。

通过以上工作为青岛地区的木工机械行业提供了良好的沟通环境，扩大了影响。

2004 年青岛木工机械制造总公司依据青改（2002）78 号文件和青经批企（2004）1 号文件的要求展开了筹建改制的工作，并于 2005 年 1 月 6 日改制成功，改制后的公司定名为“青岛豪中豪木工机械有限公司”，体制的转换，从员工方面讲即从企业人转为社会人，从产权角度讲，使所有权与经营权得到了明确，这必然为该公司下一步进入市场参与竞争增加了活力。

7 结束语

从 20 世纪的 60 年代初至今，青岛市木工机械制造业走过 40 多年发展的道路，经历了从无到有、从小到大、从弱到强的发展过程，特别是主导产品砂光机和板式家具设备，已经形成了自主开发、自行研制、配套生产，并可以与国际接轨的生产体系，为青岛以及中国木工机械制造业作出了卓越的贡献。

顺德伦教木工机械制造业形成与发展的历史回顾

顺德伦教木工机械商会自1997年4月25日宣告成立以来的十几年中，在“以经济建设为中心，坚持四项基本原则，坚持改革开放的基本路线”的指引下，在各级政府和海内外同业以及各界的关怀与支持下，通过商会同仁的艰苦奋斗，顺德伦教木工机械行业日益壮大，迅速成长为中国内地规模最大的木工机械产销基地，伦教国际木工机械商城也成为中国木工机械行业占地面积最大的商城。回顾顺德伦教木工机械制造业几十年来所走过的道路，纵观其几十年的发展，它客观地反映了改革开放20多年来给中国带来的翻天覆地的变化，是我国木工机械制造行业发展的一个模式，同时也给人们带来了许多的启迪。

1 顺德伦教木工机械制造业启蒙于20世纪70年代

佛山市顺德区伦教镇位于广东省珠江三角洲的腹地，毗邻港澳，是我国手工业比较发达的地区。居民早年主要从事甘蔗、粮食及纺织业。木材加工业在建国初期几乎是空白，只有几家私人的木匠作坊制作家具及木制品。1956年合作化时，这些私人的木匠作坊组合起来成立了合作社。1958年“大跃进”时成立了伦教农械厂，农械厂分成五金社、木器社、竹器社、建筑社等分支机构。木器社发展到20世纪60年代末期，成立了维修组，负责木器社的设备维修保养。1967年木器社搞技术革新，用电机、皮带加连杆机构带动手推刨往复运动，以提高工作效率，减轻木匠的劳动强度。这是伦教木器社首次应用动力代替人力进行木材加工。当时木器社的主要产品是给学校做桌椅、教学模型，做家具，做木盆、木桶、扁担、船桨、锄头柄及进行房屋的装修等，应用的都是手工工具（锛、凿、斧、刨、锯等)。1975～1976年，木器社为了解决房屋装修及制作家具时劳动强度大，而大型木工机床又不能搬到现场进行加工这一特殊困难，自行设计了木工多用机床，开始时这种机床有3种功能，即平刨、压刨、锯解（后来发展到十几个功能)。首台在顺德市师范学校使用，给学生做桌椅。在使用过程中被其他木器社、家具厂的木匠看到，感觉这种机床非常实用，便请他们帮忙再做一台，这样一来，这种简易、原始的台式木工多用机床便作为商品出售，后来需求量大了，他们就开始小批量生产这种台式木工多用机床，每台当时售价300多元。这种创新劳动既是伦教木工机械制造业的启蒙，又是中国木工机械行业在20世纪80年代大批生产台式木工多用机床的前奏。可以说中国广大农村及中小城镇的木匠，从手工作业的重体力劳动中解放出来，采用机械化作业的转变就是从此时开始的。此举极大地提高了生产力，减轻了木匠的重体力劳动，促进了社会发展与进步。

2 20世纪80年代顺德伦教木工机械制造业初具规模

十一届三中全会以后，随着改革开放政策的步步深入，国民经济建设得到了飞速发展，珠江三角洲地区广大人民群众的物质文化需要率先发生了结构性的变化，基本建设投资加大，房屋装修，各类实木家具及木制产品需求量增大。这时我国现代家具工业开始在广东省起步，小作坊式家具厂的数量急剧增多，如雨后春笋般发展壮大，为伦教木工机械制造业的起步和发展提供了极有潜力的市场。1983年，木器社三名工人承包了伦教木器社的维修车间，在当时的广东省伦教蚕种厂租了一间31m^2的厂房，此时的生产设备有一台牛头刨床、一台C618车床、一台钻床、一台电焊机。当时的主要产品是台式木工多用机床，具有平刨、压刨、锯解、钻孔、铣边5个功能，每台卖2 000多元。同时，也生产一些小型打眼机、圆锯机等，其特点是简易、实用、精度低、价格低，绝大部分的床身是钢板结构，适合于小作坊家具厂的需要。1986年成立了顺德市实用木工机械设备厂，1987年10月搬迁到新的厂址，厂房扩大了10倍（有300多m^2），职工人数增加到30多人。发展到了80年代末期，伦教镇已有实用木工机械设备厂、大南木工机械厂、永乐木工机械厂、永强木工机械厂等7家生产木工机械产品的企业，生产的产品有台式木工多用机床、打眼机、圆锯机、单立轴铣床、木工平刨床、单面木工压刨床、台式木工带锯机、细木工带锯机等十几个品种。当时的厂房绝大多数都是由竹席子和竹竿搭成，工作条件非常艰苦。这些企业都属于小作坊式的生产，其生产设备陈旧简陋，技术水平落后，生产规模也都很小，最大的企业也只有30多人。

3 20世纪90年代顺德伦教木工机械制造业快速发展

进入20世纪90年代，伦教的木工机械制造业有了长足的发展。1992年7月，龙氏两兄弟从顺德市的大良镇搬迁到伦教镇建厂，成立现今的富豪木工机械制造有限公司，主导产品是木线机和木线刀具。建厂后于1994年初，参加了北京国际木工机械展览会，第一次登上国际展会的舞台。1994年10月马氏木工机械设备厂正式成立。1994年底，伦教镇政府规划成立了“新民工贸区”，把生产木工机械的企业集中到了工贸区内，前店后厂，集中管理、集中生产、集中经营，到1996年1月25日“富豪木工机械广场”开业时，伦教已形成了具有一定规模的木工机械市场。此时的伦教木工机械制造业已能生产四面刨、多排钻、精密推台锯、砂光机、镂铣机这些技术含量相对较高、精度也较高的产品。

1997年4月25日，伦教木工机械商会在镇政府的大力支持下隆重成立，有会员单位33家。这是我国木工机械行业成立的第一家地区性商会，商会的成立为伦教木工机械制造业带来了无限生机，对其发展产生了极其深远的影响。此时，伦教的木工机械制造业已由传统的小作坊生产向现代机械化生产转变，由分散经营向集约经营转变，由生产企业自我经营向发展商主动经营转变，由国内营销向国际贸易转轨，一定程度上改变了规模小、质量差、效益低的局面。1997年底，伦教商会会刊创办。从此，伦教打开了一扇展示行业整体形象的窗口，开辟了一条产品进军国内国际市场的信息通道，架起了一座加强商会内外交流的桥梁。

1998 年 3 月，商会组织 30 多家会员单位，参加北京国际木工机械展。这次活动，使得不少企业第一次走出家门，首次“望洋兴叹”，从而增强了危机感与紧迫感，也找到了自己前进的动力与方向。

1998 年 11 月 18 ~21 日商会首次举办国际木工机械（顺德）展销会。此次展会，名优汇顺德，群英竞风流，参展企业 97 家，国际标准展位 368 个，展会面积近7 000m^2，观众逾 2 万人次，贸易总额约7 500万元人民币。

1999 年 9 月，商会全体理事监事访问台湾。此次观访，耳闻目睹了台湾同行在技术、管理、行销等方面的宝贵经验，开阔了眼界。

1999 年 11 月，商会举办“99 国际木工机械（顺德）博览会”。此届展会，参展中外企业 116 家，国际标准展位 500 个，观众逾 3 万人次，贸易总额达 1.1 亿元人民币。由于“中国百家企业携手情植世纪树”活动在展会中推出，使得“两岸四地”（即海峡两岸，内地、香港、澳门、台湾四地）上百家企业的管理者云集伦教，令中外人士侧目。率团专程与会的台湾中华木工机械发展协会的张必愉理事长感言：“此次来伦教，经历了一次比台湾九·二一地震还要厉害的‘地震’，心灵的大地震。”

2000 年 1 月 3 ~7 日商会举办了 2000 年国际木工机械（顺德）博览会暨伦教展览中心奠基典礼。此展会参展的中外企业 166 家，国际标准展位 602 个，展厅净面积 1 万 m^2，观众逾 3 万人次，大会贸易总额 1.5 亿元人民币。本届展览会，名新产品琳琅满目，二手设备进入会场，零配件展区自成一格。广东省领导出席了开幕式。截至 2000 年末，商会会员单位发展到 76 家，从业人员3 000多人，技术人员过百人，能生产板式家具成套设备、实木家具成套设备、指接材成套设备、地板成套设备、音箱成套设备、木线成套设备等 100 多种通用木工机床和专用木工机床，伦教木工机械产品销售额约 3 亿元人民币。几家大企业都能够采用计算机辅助设计（CAD），并引进了数控加工机床、电脑动平衡机、振动时效处理机等设备，使产品质量达到一个新的高度，为国内外商家所注目。

4 跨入 21 世纪的顺德伦教木工机械制造业

跨入 21 世纪，社会的文明进步越来越快，顺德伦教木工机械制造业的发展也越来越快。昔日的“星星之火”已成今日的“燎原之势”。2002 年 3 月伦教展览馆竣工落成，该馆座落于顺德国际木工机械商场内，建筑面积 2 万多平方米，设有1 000个标准国际展位。新建的顺德国际木工机械商城占地面积 38.6 万 m^2，建筑面积 23 万 m^2，是集商铺、仓库、厂房以及金融、商务、运输、邮政、生活娱乐等设施于一体的多功能建筑群，可为 120 户商家开设木工机械商铺。

2002 年 3 月 16 ~19 日商会成功举办了第四届国际木工机械（顺德）博览会。

2003 年 3 月 16 ~19 日商会成功地举办了第五届国际木工机械（顺德）博览会。

2003 年 6 月 23 日商会召开了第三届理事会，选举出新的领导成员。顺德伦教木工机械商会此时已有过百家的会员单位。从业人员总数约5 000人，木工机械产品销售额约 6

亿元人民币。

回顾伦教木工机械制造业的发展，众多原因之中，不能忽视它以“家具王国”的顺德为大背景这一独特的有利条件，其西面是长达十里的“中华第一城”顺德乐从龙江国际家私城，该城有家私厂家2 000多家；其东面，是东莞厚街，深圳宝安家私企业群落，两地的家私企业均过千户；其南面，是中山大冲家私厂密集地，该地厂家亦有上千之众。另外，还有总数逾万的家私及木业厂家散布于广州、增城、花都、番禺、佛山、南海、三水、肇庆、江门、珠海一带。一省之内，竟有如此星罗棋布的家私企业群落相簇拥，伦教确为木工机械的风水宝地。对伦教而言，有此庞大的省内市场，再加上省外市场及国际市场，其生存与发展的空间当属不可限量。伦教极有希望跃升为国际性的专业木工机械贸易市场，正是由于伦教木工机械行业的起步与发展，广东省的家具企业得到了雨后春笋般的发展壮大，带动了周边地区家具工业的发展，反过来也促进了木工机械行业的进步。从某种意义上说，这种木工机械行业与家具行业相辅相成、互动共生的“孪生”关系，造就了今日的伦教木工机械制造业。

中国台湾地区木工机械制造行业形成与发展概况

1 前言

台湾位于中国东南沿海海上，东临太平洋，东北为琉球群岛，南界巴士海峡，西隔台湾海峡与福建省相望。面积约3.6万km^2。由台北、高雄、台中、台南、基隆、新竹6市组成。台湾现有汉、高山等民族，人口2 016万人。台湾森林面积占全岛面积的1/2以上，木材蓄积量达1.8亿多立方米，平地多樟树、楠树（均为高级家具用材，樟木又是炼脑工业重要原料）。

台湾木工机械产业是全球最主要生产国家和地区之一，生产排名居全球第四位，仅次于德国、意大利、美国；而出口更居第三位，仅次于德国、美国。台湾木工机械产业是世界上发展最成功的木工机械产业之一，是中国木工机械制造业的重要组成部分。

2 台湾木工机械制造业发展历史

台湾制造木工机械的历史已经有60多年。在日本统治时期，日本掠夺台湾当地的优质木材，在台中地区就地加工后运往日本，台中逐渐形成了制材和家具制造业的生产中心。制材业和家具业带动了木工机械生产。

1950~1959年是台湾木工机械萌芽时期，这时期的木工机械处于初级阶段，主要产品依赖进口。台湾的木工机械行业是从1955年以后起步的。当时，在台湾中部的丰原市有几家小家庭作坊式的小厂开始生产木工机械产品。这里是台湾木工机械制造业的发源地，现在木工机械行业的中心，80%生产木工机械产品的企业集中在这里。这些企业都是中、小型企业，家庭式经营占大多数。

1960~1969年为内销转旺时期。这个时期，家具业开始使用机械加工，带动了台湾木工机械的发展。

1970~1979年是外销扩张时期。这个阶段初期，台湾木工机械制造业水平仍比较差，主要反映在机身低，外观差，外表粗糙，在机械操作安全方面也存在诸多问题。1978年以后，受到台湾当地经济高速发展的刺激，木工机械发展加快，产品质量和数量都迅速大幅度提高，美、加地区成为台湾木工机械早期出口地。

1980~1989年是转型期。台湾木工机械行业开始了与东南亚国家的交流和促销，取得了很大成绩，大量台湾产木工机械进入东南亚市场，促进了台湾木工机械行业的快速增长。根据台湾地区机械工业同业分会的统计，从1984~1988年，台湾木工机械产值年均递增 35%。

1990～2000 年，台湾木工机械行业大量引进欧美先进技术，在设计、制造和销售方面都有大幅进步。当地政府和木工机械行业制定了推动行业发展的政策，制定了符合世界标准和相应质量的行业标准。

2003 年，木工机械行业得到补贴达到 400 万新台币（约 108 万元人民币）。这些政策与标准都促使了木工机械的发展创新，他们瞄准了国际先进水平，加大了产品开发力度，注重提高产品质量，在激烈竞争的国际市场上异军突起，而成为世界重要的木工机械产地之一，名列世界各国（含地区）木工机械产值的第四位（德国、意大利、美国、中国台湾），成为世界第三（德国、意大利、中国台湾）大木工机械输出地区。

3 台湾木工机械制造业生产概况

台湾现有木工机械制造企业 280 余家，多数为中小型企业，平均员工人数为 30 人，绝大多数是 20 世纪 70 年代以后逐渐发展起来的。

1990 年台湾木工机械产值为 107.5 亿新台币（4.1 亿美元），1991 年上升为 111 亿新台币（4.3 亿美元），1992 年为 123.2 亿新台币（4.7 亿美元），1993 年为 140 亿新台币（5.3 亿美元），1994 年为 156 亿新台币（5.9 亿美元）。从这组数据中可以看到，台湾木工机械行业 90 年代处于稳步上升阶段。按 1995 年的 150 家企业计算，1995 年平均每厂年产值约达 1 亿新台币（400 万美元或3 300万人民币）。2000 年产值约 254 亿新台币，2001 年仅 185 亿新台币，较之 2000 年同期负增长 27%。2002 年产值约为 229 亿新台币，较之 2001 年同期大幅增长 23.8%。2003 年产值约为 215 亿新台币，较之上年减产 6%（表 1）。另以当时木工机械约 170 家总数而言，则平均每厂每年营业额约达新台币1.3 亿元，约为一般机械工业平均每家厂商3 500万台元生产值之 3.8 倍。此平均年营业额资料亦显示了木工机械虽较工具机厂商规模为小，但较机械工厂平均规模仍大。从规模上看，木工机械仅次于工具机械、纺织机械、塑橡胶机械。在台湾省经济中，该行业是发展最快的行业之一。

表 1 中国台湾木工机械产需和进出口统计 百万台币

年份	产值		出口额		进口额		需求		出口率 /%	进口/需求 /%	自给率 /%
	金额	比上年 /%	金额	比上年 /%	金额	比上年 /%	金额	比上年 /%			
1990	10 823	14.5	8 658	14.5	1162	25.4	3 327	18.1	80.0	34.9	65.1
1991	11 163	3.1	9 768	12.8	1 355	16.6	2 750	−17.3	87.5	49.3	50.7
1992	12 490	11.9	11 116	13.8	1 924	4.2	3 298	19.9	89.0	58.3	41.7
1993	14 070	12.7	12 944	16.4	2 350	22.1	3 476	5.4	92.0	67.6	32.4
1994	14 500	2.9	13 527	4.5	2 151	−8.5	3 124	−10.1	93.3	68.9	31.1
1995	15 400	5.8	14 688	8.6	3 649	69.6	4 421	41.5	95.0	82.5	17.5
1996	17 800	15.6	16 942	15.3	3 791	3.9	4 649	5.2	95.2	81.5	18.5

续表 1

百万台币

年份	产值		出口额		进口额		需求		出口率/%	进口/需求/%	自给率/%
	金额	比上年/%	金额	比上年/%	金额	比上年/%	金额	比上年/%			
1997	20 200	13.5	19 398	14.5	4 319	13.9	5 121	10.2	96.0	84.3	15.7
1998	18 900	-6.4	18 218	-6.1	6256	44.8	7 018	37.0	96.0	89.1	10.9
1999	22 000	16.4	21 300	16.9	5 400	-13.7	6 100	13.1	96.8	88.5	11.5
2000	25 400	15.5	24 600	15.5	5 849	8.3	6 649	9.0	96.9	88.0	12.0
2001	18 500	-27.2	18 400	-25.2	3 100	-47.0	3 200	-51.9	99.5	96.9	3.1
2002	22 900	23.8	22 260	21.0	2 926	-5.6	3 429	7.2	96.0	85.3	14.7
2003	21 500	-6.1	21 000	-5.7	4 300	46.9	4 800	42.2	98.0	89.6	10.4

4 台湾木工机械制造业出口概况

台湾木工机械产品主要是出口。1986 年其出口总额就突破了 1 亿美元大关(10 177.9万美元)，1988 年则突破了 2 亿美元大关（22 292.9 万美元），1990 年则突破了 3 亿美元大关（3.3 万美元），1992 年出口为 4.2 亿美元，1994 年出口为 5.3 亿美元，1995 年出口达 5.65 亿美元。1997 年木工机械总出口值约为 193 亿新台币，与 1996 年相比约可增长 14%。而 1998 年降到出口值 182 亿台元，与 1997 年相比负增长 6%。2000 年全年出口较 1999 年同期大幅增长 16%，出口额达到 246 亿新台币，主要原因是主要出口市场需求大幅增长。2001 年出口值则大幅滑落，仅达到 184 亿元新台币，较 2000 年大幅减少 25%。2002 年出口值达到 225 亿新台币，较 2001 年同期大幅增长 22%；2003 年达到 210 亿新台币，较 2002 年减少 15%。也就是说，近年来，台湾木工机械产品的 90% 以上用于出口（详见表 1）。1995 年，最大的出口国是美国，占台湾出口木工机械的 37.5%；第二位是中国内地，占 17%；第三位是马来西亚，占 11.1%；第四位是印度尼西亚，占 5%；第五位是加拿大，占 4.4%；第六位是泰国，占 3.7%；第七位是日本，占 2.7%；第八位是韩国，占 2.3%；第九位是新加坡，占 1.8%；第十位是越南，占 1.5%。以上 10 个国家合计占台湾出口木工机械的 87%。木工机械产品近几年出口市场最大变化是香港已大幅度领先印度尼西亚及马来西亚等市场，呈现双方相互易位情形。出口产品的主要类别是：DIY 类产品占第 1 位，锯床类产品占第 2 位，磨光、砂光、抛光类占第 3 位，铣床、刨床类产品占第 4 位。

5 台湾木工机械制造业优点

台湾木工机械制造业有很多优点：①台湾木工机械厂商已积累了丰富的经验，在产品设计上能按客户要求灵活运用。②台湾企业对选用原材料的经验丰富，也惯于使用品质较高的原材料。③台湾产品以外销为主，在适应客户需求上敏感，反应快。通过密切的对外联系和参加国际展览，能紧跟国际发展的趋势潮流。在应用新技术方面，利用台湾当地的科技，应用电子技术方面更积极和便捷。④台湾超过80%的木工机械制造企业集中在台中。台中是台湾的制造中心，机械加工能力强。台中的机械制造社会化分工程度高，能方便地以较低的价格委托生产出高质量的零配件。需要高精度加工的零部件都大量采用加工中心加工，很好地控制了加工精度，大大提高了产品的精度和可靠性；木工机械厂商集中在台中，有利于同行业技术交流；厂家集中带动了配件产业兴起，制造商能方便地就近采购高品质配件、电器元件和液压元器件。⑤在产品标准方面，台湾木工机械厂标准制定都比较完善，对提高产品质量和出口产生积极的影响。⑥在国际认证方面，台湾厂商普遍通过了欧洲的CE认证，产品可以直接打入欧美市场。⑦台湾木工机械行业是本地区内有代表性的机械行业。当地政府对木工机械的发展给予了支持的政策，在资金上给予扶持，木工机械行业在国外参展时，也得到当地政府大笔补贴，有利于在国际竞争。

6 两岸木工机械行业的交流

2005年4月，在第7届国际木工机械（顺德）博览会上，台湾区木工机械工业同业公会的理事长洪肇志与哈尔滨木工机械行业协会会长、国家木工机械质量监督检验中心常务主任齐英杰及哈尔滨木工机械行业协会秘书长、国家木工机械质量监督检验中心副主任颜良一同交流、沟通。

2005年7月1~4日，应台湾相关协会的邀请，中国林业机械协会与中国建筑装饰装修协会共同组团赴台湾参观了“2005台北国际木工机械展”。这是中国林业机械协会第一次访问台湾。姚永和副会长在拜会台湾区木工机械工业同业公会的洪肇志理事长时，转交了马启生秘书长的书信，信中表达了感谢并期待与台湾同行建立合作关系的愿望。通过这次访问，达到了增进与台湾、国际木工机械和企业间的相互沟通与理解，探讨了交流合作的可能并取得了初步进展。

7 结束语

台湾木工机械行业所需的原料及关键零部件、标准件依赖进口，其产品绝大部分依赖国际市场，台湾能够控制的仅是加工生产。因此，可以认为，提高产品深加工、增加附加价值，将主宰着今后的台湾木工机械行业的命运。

近年来，中国台湾及意大利、德国等的木工机械产品大量涌入大陆市场，特别是台湾的木工机械，其技术水平和产品质量已接近美、欧和日本的水平，且价格便宜，有的产品价格接近国内同类产品价格，在市场上具有极强的竞争力。

上海市木工机械制造业形成与发展的历史回顾

1 前言

被称为远东明珠、东方巴黎的上海，在中国并算不上一个古老的城市。但它的发展，尤其是近代化程度之高，却是中国其他任何城市所无法比拟的。从上海建县至今只有700多年，而上海发展速度之迅猛，乃至于对整个中国社会发展的巨大影响，都是令人惊异的。上海是中国共产党的诞生地，同时也是中国机械制造业的策源地，在中国近代制造业发展史上占据着龙头的地位。特别是对中国木工机械行业而言，上海既是第一批使用木材加工机械设备的城市之一，同时也是国产第一台木材加工机械设备的诞生地，在中国木工机械行业发展史中，上海这座城市对中国木工机械行业的形成与发展起到了举足轻重的作用。因此，有必要对上海市木工机械制造业的形成与发展进行一下历史的回顾。

2 上海市的概况

上海市地处北纬31°14′东经121°28′，处在中国海岸线的中心点，是长江流入东海的门户，位于长江三角洲冲积平原的前缘，它东濒东海，北界长江，南临杭州湾，西与江苏、浙江接壤。上海全市面积为6 340余平方千米，南北最长处达120km，东西最宽处约为100km，市区面积为750km^2左右。作为中华人民共和国的4个直辖市之一的上海，现有18个市辖区、1个市辖县，常住人口为1 350万，流动人口相当频繁，日流量约为250万人。

3 上海市早期使用木材加工机械概况

在以机器为基础的近代工业产生之前，是学界所称的“原工业化”时期。而鸦片战争之后，五口通商及允许外国商人设立工厂，直接导致了上海市由“原工业化”阶段进入到了“近代工业化”阶段。上海市早期（1840～1894年）的工业化主体，已经具备了三种形态：一是外来资本，二是官僚资本，三是民族资本。这三者演化至今，即是现在所谓的外资、国资、民资。

19世纪后半叶，洋务派官僚在外有西方列强船坚炮利的威胁，内有太平天国政权困扰的内外交困的形势下，曾国藩、李鸿章在上海创办了近代中国最大的军事工业企业——

江南制造总局。1865年，苏松太道丁日昌以6万两白银从美商手中收购到“为洋泾浜外国厂中机器之最大者”虹口旗记机器铁厂。同时，李鸿章将丁日昌、韩殿甲原先所办的两个洋炮局合并，加上是年曾国藩委派容闳赴美国购买的100多台机器全部并入，厂址也由虹口迁入城南的高昌庙新址，组建成江南制造总局，并称上海机器制造局。

据史料记载，江南制造总局有16个分厂，其中有木工厂、机器局、轮船厂、锅炉厂、枪厂、炮厂、枪子厂、炮弹厂、炼钢厂、熟铁厂、栗药厂、铜引厂、无烟药厂、铸铜厂和两个黑药厂。木工厂是1867年组建，有引进的锯机、主要以加工造船的板材为主。另据《中国商埠志》记载：“1865年美商创办了上海砖瓦锯木厂，是这时期一个较大的企业，在1867年因夭折而转手时，资本已逾10万两。”这两家企业是中国最早应用木材加工机械设备加工木材的企业之一。至中国生产出第一台木工机床的1927年，上海陆续已有几十家使用木材加工机械设备加工木材的企业，其中的主要企业见表1。

表1　上海早期使用木材加工机械设备的主要企业

序号	企业名称	建厂时间	创始人（所属国）	备注
1	江南制造总局木工厂	1865年	李鸿章（中国）	
2	上海砖瓦锯木厂	1865年	英商	
3	祥泰木行锯木厂	1903年	斯奈司来治（德商）	
4	大森锯木厂	1905年	斯奈司来治（德商）	
5	怡和制材厂	1905年	英商	
6	工艺美术厂	1904年	英商	
7	久记木厂	1906年	中国人	
8	晋昌机器锯木厂	1906年	林应祥（中国）	
9	上海夹板厂	1924年	斯奈司来治（德商）	

1902年3月6日，当时只有22岁的严裕棠创办了华隆机器铁工厂，开始时生产船用配件，后来生产纺织机械产品，1927年生产出我国第一台木工平刨床，以后又陆续生产出木工圆锯机、木工带锯机等木工机械产品。尽管此时的木材加工业已陆陆续续的使用木材加工设备，但仍然存在相当数量的手工作坊，仍以手工工具对木材进行加工，所用工具仍以手动的锛、凿、斧、锯、钻为主。

老上海的本帮木匠和外地来的木匠，都十分信奉鲁班祖师父，宁波水木业公会在鲁班路建造了鲁班庙；广东红木作的木匠在今虹口西安路建造了鲁班殿；宁波轮船木业公所也在虹口今梧州路造了鲁班庙。老上海有条聚集了很多红木匠的街道，被称为紫来街，红木(其中最著名的为紫檀木)，由此而引出“紫气东来”吉祥语，这也就是紫来街的由来。现此街称紫金路，当年上海最有名的周祥泰红木作，祥盛生记红木作都聚集在紫来街。

4 国民经济恢复时期和第一个5年计划时期(1949～1957年)上海木工机械制造业发展概况

1949年10月1日，毛泽东主席庄严地向全世界宣布：“占人类总数四分之一的中国人从此站起来了!”中华人民共和国的开篇是如此壮阔，几千年的文明古国彻底改写了自己的历史，告别了禁锢和黑暗，在烈日下坐拥有光明。可以说，1949年成了新旧两个世界的分水岭，它标志了新中国的发端和崛起，它更标志了灾难性的疼痛已经过去，一个全新的国度，向全世界展开了它的风貌。一个曾身负重荷的民族，开始艰难的启程。

共和国成立的前10年先后经历了西藏和平解放、没收官僚资本、控制物价飞涨、抗美援朝战争、公私合营、土地改革、镇压反革命、三反五反、大跃进运动、创建人民公社……1949～1956年，是新生人民政权巩固和社会主义制度初步建立时期，1956～1959年，是探索适合中国式建设道路曲折发展的关键时期。新中国成立初期的上海市，只有上海木工机械厂的前身“华隆机器厂”生产木工机械产品。1956年公私合营时，以“华隆机器厂”为主的6家企业合营成立了上海木工机械厂，该厂成为新中国成立初期四家生产木工机械产品的主导企业之一。产品以实木加工机械为主，主要是以“翼光”为商标的多锯片圆锯机、多面成型铣、硬质合金圆锯片刃磨机、冷压机、单轴木工铣床，单头直榫开榫机等。

1952年，上海人造板机器厂的前身大安机械制造厂成立，工厂以修配业务为主，也制造小型龙门刨和6尺车床，1955年该厂改为大安机器厂，隶属上海机床制造公司。1956年，有6家小企业在公私合营社会主义改造中并入大安机器厂，1957年又有5家小企业并入大安机器厂，工厂职工224人，设备40余台，首任厂长是陆成桂，胡立德任党支部书记，这就是上海人造板机器厂形成的经过。

在新中国成立初期，上海杨子木材厂机修车间仿造进口样机生产过胶合板的涂胶机和单板干燥机。1954年，我国开始有计划地进行纤维板、刨花板的科研实验及生产实验，并在上海木材厂、上海杨子木材厂进行。1956年我国的科研人员对刨花板生产工艺、设备、施胶、胶种和产品用途等进行了一系列的研究。

5 第二个5年计划期间(1958～1962年)上海木工机械制造业发展概况

第二个5年计划时期，国家先后在上海、黑龙江、江苏、山东等地投资，改建和新建了一批企业，生产木工机械产品，以适应木材工业发展的需要。

1958年，上海木材一厂工程师杨俊发用蚂蚁啃骨头的办法，用小设备造出了3 000t大型胶合板热压机。1958年，上海人造板机器厂的前身“大安机器厂”自制生产专用设备深孔加工机床和5t行车，同时试制成功R12型、R18型、R32型三种规格胶合板热压机和装卸机，填补了我国木材工业综合开发的空白。翌年该厂被上海市人民政府评为

“上海市工业生产八面红旗”单位之一。1959年12月，经国务院批准，上海市所属大安机器厂改为林业部和上海市（机电局）双重领导，林业部投资1 000万元在安亭工业区新建厂房，并于1961年基本建成。工厂专门制造人造板设备，重点向纤维板成套设备方面发展。当时有职工492人，主要设备增加至126台。1962年3月，林业部为了解决我国森林覆盖面积低下，木材蓄积量少，国民经济发展包括人民生活需要大量木材的矛盾，提出大力发展木材综合利用的战略决策，并且改由林业部直接管理大安机器厂，于6月1日改名为上海人造板机器厂。随后一大批名牌大学、重点大学和专业院校的毕业生分配进厂，陆续挑起科技重担，先后开发出纤维板、胶合板、刨花板等成套设备。

1962年末，上海木材一厂在中央提出“调整、巩固、充实、提高”的八字方针指导下，在林业部贯彻执行中央精神，在上海召开的纤维板生产专业会议精神指导下，在消化引进国外先进技术设备情况下，改造原有的生产工艺和技术设备，并获得了成功，研制出我国第一条纤维板生产线。该生产线采用了热磨机、长网成型机和自动装卸热压机及连续的半自动化的生产，产量达2 000m^3/年。我国以此设备为标准，作为年产2 000m^3的第一套定型设计样板厂推广全国。

这一时期，上海黄海机械制造厂（1958年）、上海彭浦机器厂（1958年）等企业也开始生产木工机械产品。

6 3年调整时期（1963～1965年）上海木工机械制造业发展概况

20世纪60年代，中国历史上经历了庐山会议、向雷锋同志学习、对越自卫反击战、工业学大庆、农业学大寨、四清、第一颗原子弹爆炸、“文化大革命”、破四旧、大串联等一系列影响中国发展的重大事件。在3年调整时期，上海的木工机械制造业在党中央提出的“调整、巩固、充实、提高”八字方针指导下，得到了有序的发展。到1965年，上海市已有上海木工机械厂、上海人造板机器厂、上海黄海机械制造厂、上海彭浦机器厂等企业生产木工机械产品。

7 “文化大革命”时期（1966～1976年）上海木工机械制造业发展概况

从1966年开始的“文化大革命”历经10年，给中国的政治、经济、文化及各领域带来了极大的破坏，经济建设一落千丈，木工机械制造业的发展受到了很大的影响。在这10年中上海的木工机械制造业，基本上处于停滞不前的状态，只是到1975年，上海家具机械厂进入木工机械制造行业，开始生产单轴木工铣床、木工冷压机、木工平压刨床等产品。

1971～1973年，根据林业部安排，上海人造板机器厂制造了援助越南的1套年产2 000t纤维板成套设备。为援助阿尔巴尼亚，自行设计制造年产5 000t纤维板成套设备。1974年，上海人造机器厂由林业部直属领导改为由林业部和上海市第一机电工业局上海市轻工业机械公司双重领导，以地方领导为主。并在该年度首次招收40名技校学生。

8 第五个5年计划时期(1976～1980年)上海木工机械制造业的发展概况

第五个5年计划时期，中国发生了根本性的改变，粉碎“四人帮”以后，特别是党的十一届三中全会以后，中国步入到以经济建设为中心、改革开放的轨道，国民经济建设得到了快速的发展。中国木工机械行业开始步入了新的发展阶段。1978年3月18日举行的首届科学大会上，上海人造板机器厂生产的“半干法设备”获全国科学大会奖状。1978年，上海木材工业研究所在原上海轻工业研究所木材工艺研究室的基础上扩建为所。从1979年开始，地处北京东路470号的上海刀锯机械公司开始经营木工机械产品，从而改变了建国以后开计划工作会议，按计划购买木工机械产品的局面，开始了计划经济向市场经济的转变。

9 20世纪80年代(1981～1990年)上海木工机械制造业的发展概况

20世纪80年代我国进入了翻天覆地的时代，包产到户，对冤假错案的纠正，科学技术的发展，体育强国的崛起，外交的务实灵活，计划经济向市场经济的过渡……引领着这个时代，使我国走向繁荣、富强。此时的上海木工机械制造业在建国后经过30多年的发展，产品质量不断提高，产品技术含量稳步上升，产品品种日益增加，为我国林产工业提供了强有力的设备保障。到80年代末，上海已有上海木工机械厂、上海家具机械厂、上海北桥轻工机械厂、上海金山机械厂、上海蔡路机械厂、上海中亚木工机械厂、上海建星机电设备厂、上海奉贤县胡桥机械厂、上海平安木工机械厂、上海油车木工机械厂、上海松江农业机具厂、上海川沙双飞木工机械厂、上海市新源机器厂、上海奉贤县邵厂家具机械厂、上海奉贤季窑木工设备厂、上海机械刀片厂、上海刃具厂、上海南汇机械刀具厂、上海人造板机器厂、上海黄海机械制造厂、上海澎浦机器厂、上海造纸机械总厂、上海重型机器厂等几十家企业生产木工机械产品。这些企业中有国有企业、集体企业，以及乡镇企业，已形成了区域性的产业集群。

1984年1月，根据我国经济建设发展的需要，我国同德国比松公司签订了刨花板生产技术转让和合作生产合同。1985年，上海人造板机器厂与德国斯蒂尔公司签订了胶合板热压机制造技术的引进合同。1986年，上海人造板机器厂研发的BY133－3热压机获上海市优秀产品奖。1990年，上海人造板机器厂荣获上海市质量管理奖、林业部质量管理奖。

10 20世纪90年代(1991~2000年)上海木工机械制造业的发展概况

20世纪90年代，在中国共产党十四大提出的“建设社会主义市场经济”以及邓小平同志1992年南方谈话的指引下，我国民营经济的发展进入了一个黄金时期。上海木工机械制造业在这一历史时期进入了新的快速发展时期。1993年，原江苏海安木工机床厂厂长姚永和率领部分职工先后辞职，在上海成立了上海跃通木工机械设备有限公司，先从事木工机械产品经营，继而从事木工机械产品开发制造。1995年初，以上海人造板机器厂为依托又陆续成立了上海捷成白鹤有限公司等企业。民营性质的企业在上海木工机械制造行业中已占有相当的比例。

1992年，上海人造板机器厂赖以生存了30年的湿法纤维板设备在市场上没有接到一份订单。“老产品”已经到了“油枯灯尽”的境地，结束了它的使命，寿终正寝。上海人造板机器厂何去何从？1991年秋天，由林业部牵头，上海人造板机器厂、苏州林业机械厂、镇江林业机械厂联合开发中密度生产线的会议在上海仙霞宾馆举行。1992年，上海人造板机器厂决定独立开发中密度生产线。经过3年多的努力，第一代年产1.5万m^3中密度生产线成套设备在江西宜丰人造板厂落成。同年，上海人造板机器厂第一套年产3万m^3中密度纤维板成套设备又出口“千岛之国”印度尼西亚。

1995年，上海人造板机器厂研发的年产1.5万m^3中密度纤维板成套设备获上海优秀新产品二等奖。

1997年，上海人造板机器厂研发的年产3万m^3中密度纤维板生产线成套设备获上海新产品一等奖、林业部科技进步二等奖。

1997年，上海人造板机器厂同德国辛北尔康普机器设备制造有限公司合资，但由于各种原因合资没有成功，于2002年9月清算。

1998年上海跃通木工机械设备有限公司率先通过ISO9000国际质量体系认证，它标志着上海市木工机械民营企业步入创品牌，参与国际竞争的轨道。

进入20世纪90年代，老的国有企业和集体企业逐渐不能适应市场经济的发展，从而导致企业不能正常生产。1996年，中国第一家生产木工机械产品的企业——上海木工机械厂被个人租赁，1997年开始停产并于2006年宣布破产。

整个20世纪，上海综合经济实力一直领跑全国。特别是新中国成立后的半个世纪，上海经济始终是中国的工业基地和财政支柱，居共和国经济长子之位。据查，从新中国成立，到20世纪末，上海共上缴国家财政收入近4 000亿元，占全国总收入的1/6。

11 进入21世纪的上海木工机械制造业

到目前为止，上海市已有60多家从事木工机械产品生产、销售及科研开发单位。经过几十年的发展很多企业已具有一定规模，有些企业已成为中国木工机械行业的骨干企业，如上海人造板机器厂有限公司，上海捷成白鹤有限公司、上海云岭人造板机械厂、上海跃通木工机械设备有限公司、上海江佳木工机械有限公司、上海精密木工机械厂、上海牡联木工机械有限公司、上海信大祥木工机械有限公司、上海福马木工机械有限公司、上海烨亨木工机械有限公司等（表2）。以这些企业为核心的上海木工机械行业已发展成为从业人员4 000多人、年产值近10亿元人民币的规模。其间，上海跃通木工机械设备有限公司先后两个产品获得商务部、科技部和国家质量监督检验检疫总局等五部局联合授予的“国家重点新产品”称号，跃通品牌产品被上海市品牌促进委认定为“上海市中小企业品牌产品”。上海跃通木工机械设备有限公司被科技部、财政部、税务总局确定为高新技术企业。2007年4月，在南京林业大学木材工业学院设立“跃通研究生奖学金”。2008年12月，该公司生产的MJK6230D数控锯扳机、MDZ515XY全自动直线封边机、MFS－503双面涂胶曲直线封边机、MJ6130H精密锯扳机、MJ6130JZ锯扳机五个产品成为中国林业机械协会2008年度向社会推荐品牌产品。

表2 上海市具有一定规模的木工机械企业

序号	企业名称	成立时间	负责人	职工人数	备注
1	上海人造板机器厂有限公司	1952年	汪锦星	700	
2	上海捷成白鹤木工机械有限公司	1995年	俞敏	200	
3	上海云岭人造板机械厂	1995年	贝士良	190	
4	上海跃通木工机械设备有限公司	1993年	姚永和	390	
5	上海江佳木工机械设备有限公司	1993年	朱志林	260	
6	上海福马木工机械有限公司	1998年	王坤	39	
7	上海烨亨木工机械有限公司	1993年	刘烨	96	
8	上海牡联木工机械有限公司	1991年	李志伟	26	
9	上海信大祥木工机械有限公司	1995年	成国宾	30	
10	上海中亚木工机械厂	1991年	张祥官	76	

2005年8月8日，上海市跃通木工机械设备有限公司，上海福马木工机械有限公司、上海江佳木工机械有限公司、上海烨亨木工机械有限公司、上海牡联木工机械有限公司、上海信大祥木工机械有限公司6家企业共同发起成立了上海市木工机械同业联谊会。9月14日晚，上海市木工机械同业联谊会在上海市浦东新区鹭发大酒店宴会大厅举行了成立招待酒会，正式在业界亮相。上海福马木工机械有限公司总经理王昆主持招待酒会，上海木工机械同业联谊会首任会长、上海跃通木工机械设备有限公司总经理姚永和致欢迎词，中国林业机械协会秘书长马启升到会祝贺并做了热情洋溢的讲话，顺德伦教木工机械商会会长龙国尧、青岛市木工机械协会会长李建华、哈尔滨市木工机械协会会长齐英杰先后发言表示祝贺，有近200名国家及地方行业组织、国家技术监督管理部门、木工机械行业知名企业以及相关煤体的代表出席了酒会。

上海市木工机械同业联谊会是继顺德伦教、青岛、哈尔滨之后成立的又一个地区性行业组织。它的成立旨在搭建上海市木工机械企业交流的平台，推动同业企业合作，引导同业企业规范竞争行为，促进同业企业健康和谐发展。上海市木工机械同业联谊会的成立，壮大了中国木工机械行业的力量，表明上海市木工机械行业正在快速走向成熟。“竞争中合作、共赢中发展”的旋律在上海市木工机械行业已经唱响。

2004 年 10 月 18 日上海人造板机器厂与奥地利 KRONOSPAN 香港公司正式联姻，成立了中外合资上海人造板机器厂有限公司。中外合资上海人造板机器厂有限公司经过几年的努力研发出平压连续压机，在斯洛伐克的斯沃伦投产，并于 2008 年 9 月通过了国家木工机械质量监督检验中心的检测，填补了国内空白，实现了我国木工机械产品水平的快速提升。

2008 年 1 月，由上海人造板机器厂有限公司研发的年产 8 万 m^3 中密度纤维板生产线成套设备获国家科技进步二等奖，李绍昆总工程师在 2008 年元月 8 日出席了在人民大会堂举行的颁奖大会。

12 结束语

从经济的版图来观察中国的木工机械制造业，有五大板块值得研究、值得回顾、值得论述。首选是珠三角，二是长三角，三是山东省的青岛市和威海市，四是辽宁省的沈阳及大连地区，五是黑龙江省的哈尔滨及牡丹江地区。不同的地区有不同的发展特色，中国木工机械行业经过几十年的发展，在这五个地区已经形成了不同特色的产业集群。笔者先后以《伦教木工机械制造业的形成和发展》《青岛木工机械制造业形成与发展的历史回顾》《黑龙江省木工机械行业形成与发展概况》《中国东北地区木工机械制造业的形成与发展概况》为题，对不同地区木工机械行业的形成与发展进行了历史的回顾。本文是以上海为核心对长三角地区木工机械行业形成与发展进行了论述。在编写本文过程中，笔者先后走访了业内很多同仁，如上海人造板机器厂有限公司汪锦星、李绍昆先生，上海跃通木工机械设备有限公司姚永和先生，上海捷成白鹤木工机械有限公司愈敏先生，上海江佳木工机械有限公司朱志林先生，上海福马木工机械有限公司王坤先生，上海烨亨木工机械有限公司刘烨先生等。他们为本文提供了很多有价值的素材，在此表示衷心感谢。

黑龙江省木工机械行业形成与发展概况

1 新中国成立前黑龙江省制材工业和人造板行业发展概况

1.1 新中国成立前黑龙江省制材工业发展概况

鸦片战争后，沙俄与清廷签订了一系列不平等条约。1896 年 5 月沙俄通过《御敌互相援助条约》（即《中俄密约》）掠夺了横贯中国东北（从满洲里，经哈尔滨、牡丹江直至绥芬河，全长1 700km）的中东铁路修筑和管理权；1898 年，沙俄又夺取了从哈尔滨，经长春、沈阳直至大连的中东铁路支线修筑权和中东铁路沿线开矿、采伐森林等侵略特权。从此以后，沙俄沿中东铁路大量采伐森林、开采煤矿，并于 1898 年在哈尔滨市埠头（道里）区开设了中东铁路制材厂，以供应修筑中东铁路的枕木及车站房舍建设用材。

1903 年沙俄侵略者在黑龙江省尚志县亚布力镇建立了制材厂，日本入侵后，接收了俄兴建的亚布力制材厂。1919 年 5 月，日本三井公司独资经营，成立庆云制材株式会社。1919 年 11 月由日本人、华人合办成立了中东制材股份有限公司。1921 年 11 月，哈尔滨制材股份公司成立。

伪满成立后，为适应国防建设的需求，铁路修建得到迅速发展，由于铁路网的扩大，森林开发得到迅速发展。与此同时，制材产业也得到了扩大，1934 年木材生产走上轨道，1935 年在佳木斯合并了 7 个木器厂，兴建了佳木斯综合木材厂，该厂除制材外还生产炮弹箱、枪托、马鞍等产品。到 1938 年末，黑龙江省较大的制材厂发展到 48 个，其后日资继续建厂，最大的是有 6 个生产段的黑河制材厂，还有数百个只有一个锯或几个锯小厂。

1938 ~ 1940 年，绥佳线铁路由逐段运行到全线通车。与之相适应从事木材生产和经销业务的企业接踵而起。伊春市先后兴建了 7 家火锯厂。南岔有东洋林业株式会社、小松株式会社开办的两家火锯厂，浩良河设有鸭绿江制材株式会社兴办的火锯厂，以及带岭火锯厂、铁力大二火锯厂、朗乡火锯厂和胜浪火锯厂。到 1945 年，黑龙江省有锯木工厂 80 家，制材能力达到 240 万 m^3。

1945 年，我国东北地区有部分私营小企业和日本人开设的铁工厂可以维护修理木工机械设备，如哈尔滨松江铁工厂、哈尔滨振祥铁工厂、牡丹江机械工作所、牡丹江新北铁工厂和新东铁工厂等。抗日战争胜利后，为恢复和发展生产，支援解放战争，当时的东北民主政府积极领导人民发展城市工业。1946 年 7 月，在牡丹江市西二条路水道街一家日伪时期遗留的小铁工厂基础上，建立了国营胜利铁工厂（即牡丹江木工机械厂的前身）。全厂职工 14 人（其中干部 4 人），主要生产设备有 2 台旧皮带车床，一台小台钻以及一座锻冶小烘炉。为了适应工厂发展的需要，经牡丹江地方人民政府批准，于 1948 年把胜利铁工厂迁到牡丹江木机械厂现址（原日本人开设的牡丹江机械工作所旧址），并把哈尔滨松江铁工厂，1949 年 7 月牡丹江的新北铁工厂和新东铁工厂合并到松江省第一铁工厂、工厂改称国营牡丹江机械厂。当时生产的产品有日式 42 in 圆锯机、48 in 带锯机和木管车床。到 1952 年末，工厂改称为松江省国营牡丹江木工机械厂。

1.2 新中国成立前黑龙江省人造板行业发展概况

黑龙江省的胶合板工业始建于 1924 年，当时一个波兰资本家在哈尔滨香坊区开办了“实业木材公司”，招收工人约 150 人，生产设备有 7 in 旋转机 2 台，压机 2 台，所产胶合板为当时东北独一产品，后因各国资本家相互竞争，该厂一度被英国人收买，随着日本人入侵，该厂又落到日本资本家手中，并改名“平和洋行株式会社”（即现在松江胶合板厂前身）。同年，伪满政府实施“胶合板工业整备计划”，在哈尔滨又设一厂。

2 新中国成立后黑龙江省木工机械行业发展概况

20 世纪 50 年代，黑龙江省有两家以生产木工机械为主的企业，即牡丹江木工机械厂和哈尔滨第二工具厂（1958 年）。1953 年，东北林业大学的前身东北林学院成立了木材机械加工专业 1959 年建立了木工机械设计与制造专业，为行业培养技术人才。至 20 世纪 50 年代末，牡丹江木工机械厂已能生产木工平刨床、单面压刨床、三面刨床、四面刨床、万能带锯机、三锯截头机、锯榫联合机、弧尾截锯机、立式钻孔开槽机、木榫机、卧式钻孔开槽机、木工车床、木工圆锯机等 15 种木工机械产品。从 1950 ~ 1952 年，3 年累计生产各种产品 223 台。第一个 5 年计划期间（1953 ~ 1957 年），5 年累计生产各种产品2 005 台。第二个 5 年计划时期，5 年累计生产各种产品3 084台。“大跃进”时期，牡丹江木工机械厂还帮助北京光华木材厂、北京木材厂生产部分人造板设备。

20 世纪 60 年代，黑龙江省新建和改组一些企业，其专门或主要生产木工机械产品，如哈尔滨第三工具厂（1962 年）和哈尔滨木工机械厂（1966 年）等。1964 ~ 1965 年，牡丹江木工机械厂从东北林学院和南京林学院分来的两批大学生逐渐成为技术骨干。1964 年在原有 15 种产品的基础上，通过吸收国外的先进技术自行设计，又新增加了 10 种产品。在此之前的产品基本上是来源于日本和苏联的原始设计。新设计的 MB106A 单面木工压刨床、MX518 单轴木工铣床、42 in 跑车木工带锯机、60 in 跑车木工带锯机以及2 000t 纤维板设备，从 1966 年开始先后投产。1963 ~ 1970 年，累计生产9 162台产品，有力地支持了国民经济的发展。

20 世纪 70 年代，黑龙江又有很多新建或老企业开始生产木工机械产品，如牡丹江市兴隆木工机床厂（1970 年）、牡丹江市木工机具厂（1972 年）、牡丹江海南木工机械厂（1975 年）、牡丹江市木工机床设备厂（1978 年）和哈尔滨林业机械厂（1978 年）。70 年代的黑龙江省木工机械制造业仍以牡丹江木工机械厂为主，第四个 5 年计划期间（1971 ~ 1975 年）累计生产各种产品6 578台，第五个 5 年计划期间（1976 ~ 1980 年）累计生产各种产品8 166台。

党的十一届三中全会以后，我国逐渐由计划经济向市场经济转变。20 世纪 80 年代的黑龙江省木工机械制造业面临新的发展机遇，根据市场的需求，牡丹江第二轻工机械厂

(1980年)、牡丹江金属线材厂(1980年)、绥化机床厂(1980年)、齐齐哈尔林业机械厂(1983年)、伊春林业机械厂(1983年)、哈尔滨市华兴机械加工厂(1984年)、牡丹江市立新机械厂(1986年)和牡丹江向阳木工机械厂(1986年)等30多家企业先后生产木工机械产品。1983年黑龙江省首家经营木工机械产品的商店——哈尔滨市跃进木工设备商店在哈尔滨成立。1983年机械部和林业部组织出国考察,去日本一个团,去欧洲一个团,引进23台木工机械设备。牡丹江林业机械厂生产的菱形锯锉,于1982年获得国家优质产品银质奖。1982年,由东北林学院和沈阳木工机床厂合作的课题MB106-2型木工压刨床噪声控制获林业部科技进步二等奖。牡丹江金属线材厂生产的热压机采用镀锌垫网,该产品于1983年获国家优质产品银质奖,牡丹江木工机械厂生产的MX519型单轴木工铣床(1983年)、MB106A型单面木工压刨床(1983年)、MB104型单面木工压刨床(1984年)、MK515型单轴木工钻床(1984年)四个产品先后获得国家优质产品银质奖。1985年9月23~26日,牡丹江木工机械厂研制的木材真空干燥机、MB105型单面木工压刨床、MB106型单面木工压刨床、MB905型平压两用刨床、MX2112型单头直榫开榫机、MX5110型立式单轴木工铣床通过部级鉴定。1986年9月23~24日,齐齐哈尔林机厂设计的BZY425型输送机通过部级鉴定。1989年1月,国家木工机械质量监督检验测试中心(位于东北林业大学院内)经过几年的筹建通过国家计量认证和法定资格认可。20世纪80年代是黑龙江省木工机械行业快速发展的年代,经过新中国成立后几十年的发展,特别是改革开放后的发展,已经能够生产木工机床、人造板机械、木工刀具、木材处理设备四大类产品,并形成教学、科研、生产、营销相结合的产业链,是当时中国木工机械行业的龙头。

进入20世纪90年代,随着我国改革开放政策的进一步深入,国民经济已由计划经济向市场经济转变,黑龙江省木工机械行业进入了一个崭新的历史阶段。形成了国有、集体、民营、股份等多种所有制形式共存的局面,这些历史性的转变,有力地促进了木工机械行业的发展。这一阶段产生许多集体、民营、股份制企业,如哈尔滨圣达木材干燥设备有限公司、哈尔滨市干燥设备制造公司、哈尔滨市灯塔木工机械厂和哈尔滨市东大人造板机械制造有限公司等。以牡丹江木工机械厂为龙头的牡丹江地区,有80多家企业生产木工机械产品。以东北林业大学为技术依托的生产木材干燥设备及人造板机械的企业有30多家,全省有经营木工机械产品的经销商30多家,生产各种木工刃具的企业20家左右。在这些企业中绝大部分是民营企业或股份制企业。牡丹江木工机械厂在"八五"期间,开发新产品多达50种,其中有11种填补国家空白,21种达到国际先进水平。"九五"期间开发的MXK数控镂铣机与金切加工中心相似,可完成木制品平面和立体雕刻及铣削。

3 黑龙江省木工机械行业现状

20世纪末至21世纪初,黑龙江省木工机械企业基本完成体制改造,到2003年底,黑龙江省境内有生产及经销木工机床、人造板机械、木工刀具、木材干燥设备企业及相关科研单位、大专院校等近150个。应广大业内人士的要求,并为更好地促进黑龙江省木工机械行定的发展,于2003年12月27日黑龙江省家具协会木工机械专业委员会在东北林业大学专家公寓成立，表1为首届会长、副会长、秘书长名单。2004年4月7日，哈尔滨市木工机械协会在东北林业大学专家公寓举行隆重的成立大会，同时，为国家木工机械质量监督检验中心和中国林机协会木材加工机械专业委员会成立十五周年举行隆重的庆典。来自国内各省、市、自治区的100多位业内同仁及俄罗斯、韩国、巴西的国际友人参加了成立及庆典大会。自此我国木工机械行业第三、四家区域性协会组织诞生。回顾黑龙江省木工机械制造业形成与发展走过的道路，纵观黑龙江省木工机械制造业60年的发展，它客观地反映了改革开放25年来中国翻天覆地的变化和日新月异的发展，是我国木工机械行业发展的一个缩影。

表1　黑龙江省家具协会木工机械专业委员会会长、副会长、秘书长名单

序号	企业名称	企业性质	成立时间	职工人数/人	协会职务	姓名	备注
1	国家木工机械质量监督检验中心	事业	1989年	13	会长	齐英杰	
2	国家木工机械质量监督检验中心	事业	1989年	13	常务副会长	李志仁	
3	东北林业大学林业与木工机械工程与技术中心	事业	1994年	13	副会长	马岩	
4	黑龙江省森工总局林产工业局	国有			副会长	白云起	
5	哈尔滨市林业机械厂	事业	1952年	3 024	副会长	阎建华	
6	哈尔滨市利德木工机械有限公司	私营	1995年	10	副会长	兰春泉	
7	牡丹江力源机械厂	私营	2002年	15	副会长	韩举	
8	国家木工机械质量监督检验中心	事业	1989年	13	秘书长	颜良	

第二部分

检验、检测技术篇

木工机床临界转速确定方法的探讨

目前，木工机床中绝大多数的切削机构为定轴旋转机械。而定轴旋转的木工机床刀轴在运转过程中，经常会由于转轴偏心而发生振动，这种使转轴产生强烈振动的特定转速一般称为轴的临界转速。木工机床具有高转速、变速范围大的特点，其切削主轴的转速一般在1 500 ~ 20 000r/min。为了避免人身伤亡事故，提高表面加工质量和延长木工机床使用寿命，在木工机床的设计和生产中不允许机床在临界转速附近工作，因此准确地确定木工机床的临界转速是木工机床设计和制造的前提。

1 木工机床临界转速的确定方法

1.1 通过理论计算确定临界转速

根据力学原理，定轴转子的临界转速可用式（1）计算。

$$n_c = 300\omega_c/\pi \tag{1}$$

$$\omega_c = \sqrt{k/m}$$

式中：ω_c——临界角速度，rad/s；

m——转子的质量，kg；

k——轴的刚度，N/cm。

对于两端用轴承：

$$k = 48EJ/l^3$$

对于悬臂梁：

$$k = 3EJ/l^3$$

式中：E——弹性模量，N/cm^2；

J——截面惯性距，cm^4；

l——总长，cm。

因木工机床的刀头为部件（组合件），刀头由多个零件组合而成，因此 E，J 都难以确定，所以这种方法难以准确应用。

1.2 通过刀轴的动态特性（频响函数及相干函数）确定临界转速

为了说明转轴的临界转速，设现有一个转轴，如图 1 所示：其质量为 m，质心 c 偏离转轴的几何中心 A 的偏心距为 e，当转轴以角速度 ω 转动时，由于偏心作用，几何中心 A 偏离两轴承线（即定位中心）O 点的距离为 x，由力学中的动静法可得出公式：

$$x = \frac{e}{(\omega_0/\omega) - 1} \tag{2}$$

式中：ω_0 ——转轴横向弯曲振动的固有圆频率，rad/s。

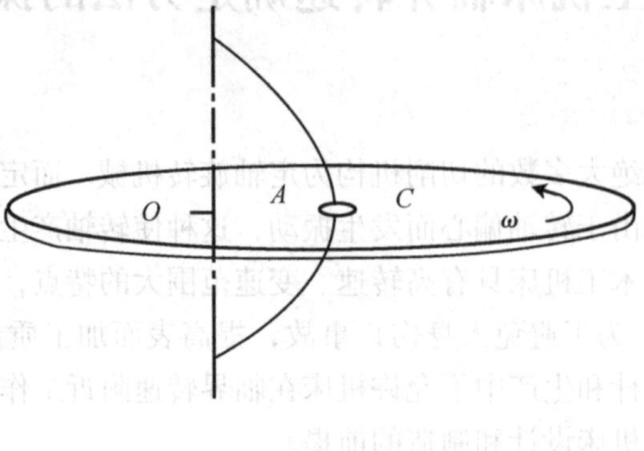

图1　定轴刀轴简图

根据（2）式可知，当 $\omega = \omega_0$ 时，x 将趋于无限大。设 f_0 为转轴横向弯曲的固有频率，则 $f_0 = \omega_0/2\pi$，故可认为：转轴的临界角速度 ω_c 等于转轴横向弯曲振动的固有圆频率 ω_0。所以临界转速为：

$$n_c = 60f_0 \tag{3}$$

根据（3）式，只要确定转轴横向弯曲固有频率 f_0 即可得到机床的临界转速 n_c。

从机械振动学可知，如果给刀轴施加一定形式和大小的激振力，使之产生相应的振动，同时测出系统的输入与输出值，即可得出刀轴的多个固有频率。然后通过分析即可确定横向弯曲一阶固有频率 f_0。

现在普遍采用锤击法对机床激振，即用脉冲锤锤击被测物体表面，相当于对被测系统施加一个半正弦波的力脉冲 F_1（见图2），该类脉冲的频谱如图3所示，在小于上限频率 f_c 的频段内，脉冲的频谱基本上是平坦的，f_c 以后迅速下降。一般来说，锤头的材料越硬则脉冲的持续时间越短，上限频率 f_c 越高。脉冲宽度或激振频率范围，可以通过不同的锤头材料来控制。

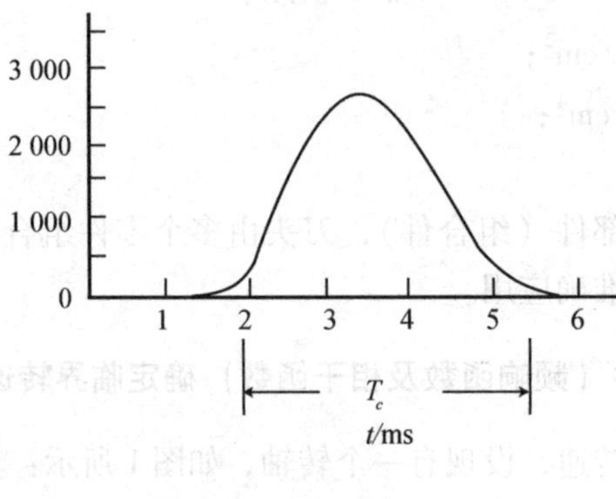

图2　时间历程

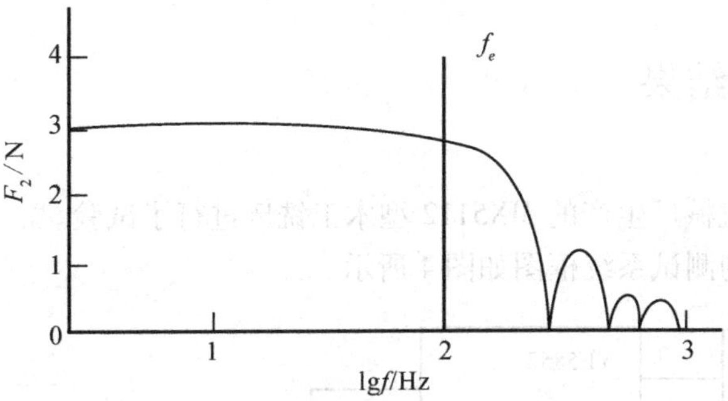

图3 频谱

采用锤击法的频响函数 $H(f)$ 由下式确定：

$$H(f) = \frac{Y(f)}{X(f)} \tag{4}$$

式中：$Y(f)$ ——输出的付氏变换；

$X(f)$ ——输入的付氏变换。

频响函数 $H(f)$ 所对应的频率 f 即为被测系统的固有频率，并用相干函数 $\gamma^2(f)$ 来检验测量的可靠性。

采用此方法虽然可以找到系统的固有频率，但一般来说，一个系统的固有频率都不止一个，确定哪个固有频率是横向弯曲的固有频率比较困难，且影响因素比较多。同时脉冲锤激振时选用的锤头材料不同，如果把锤头材料的选择出现偏差很可能使横向弯曲的固有频率漏掉。

1.3 通过停机瞬时直测确定临界转速

众所周知，任何定轴转动的物体都随转速的加快而振动位移加大，转速越低，振动越小。在机床开机或停机过程中，机床的振动位移随机床转速的增加或减小而变化，但这只是一个总的趋势。如前所述，当机床刀轴转速达到临界转速时，机床刀轴必然出现快速大幅振动，这时的振动频率也相对集中于某一频率，假如我们能分析出这个频率，即为临界转速所对应的转频。采用公式（3）可计算出机床在此频率下的转速，即临界转速。但对于木工机床来说，机床在开机后，刀轴快速达到预定频率，传感器不可能记录上述频率，所以这项工作只能在机床停机瞬时进行。

其操作方法是：在机床稳定运行时，切断机床电源，采用位移（速度）传感器对刀轴位移（速度）进行监控。这时在监视器下机床刀轴的振动位移随机床转速的降低而逐步减小。当机床的转速降至临界转速时，监视器下机床刀轴振动位移出现快速、大幅震荡。分析仪中的频率相对集中于一个固定值，这个频率即为临界转速所所对应的转频，可用公式（3）计算出临界转速。

2 试验和试验结果

对牡丹江木工机械厂生产的 MX5112 型木工铣床进行了试验。

采用方法 1.2 的测试系统框图如图 4 所示。

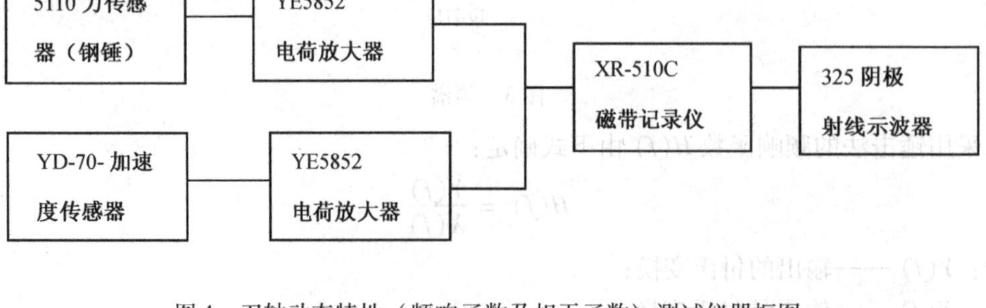

图 4 刀轴动态特性（频响函数及相干函数）测试仪器框图

通过 2034 型 FFT 动态信号分析仪测得结果如下：

采用钢锤激振的方法 1.2 得到频响函数及相干函数（图 5）从中可以找到其固有频率从低阶到高阶分别为：138Hz，196Hz，264Hz。但从机床的运转状态和其他因素分析，此三阶固有频率均非机床的横向弯曲固有频率。这是因为该机床的横向弯曲固有频率较低，采用钢锤激振会将横向弯曲固有频率遗失，所以对该机应采用较软的锤头激振。

采用方法 1.3 的测试系统框图如图 6 所示。

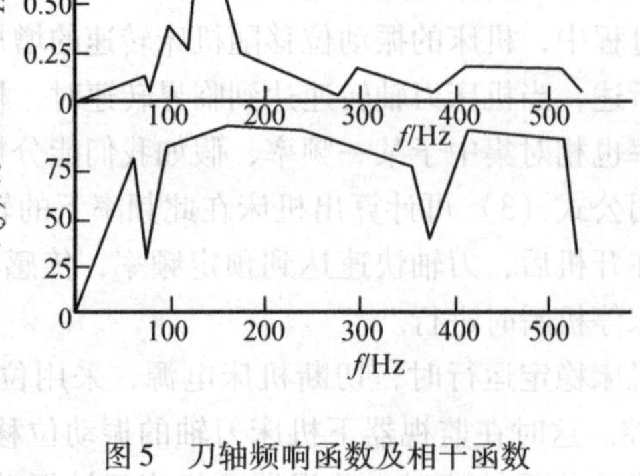

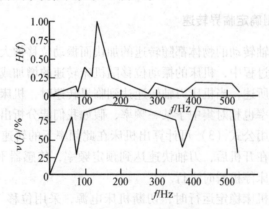

图 5 刀轴频响函数及相干函数

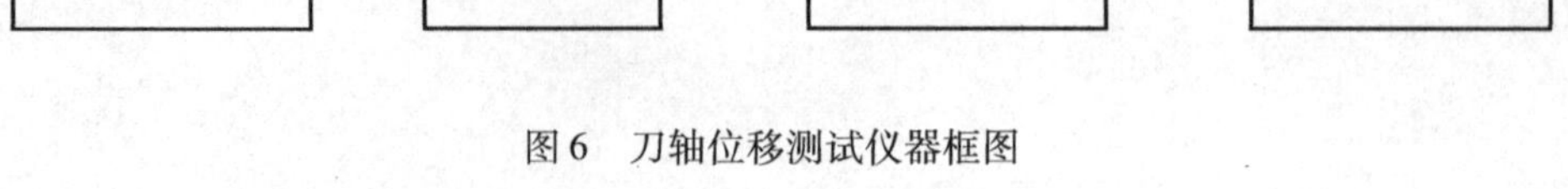

图 6 刀轴位移测试仪器框图

通过 2034 型 FFT 动态信号分析仪测得结果如图 7 所示。

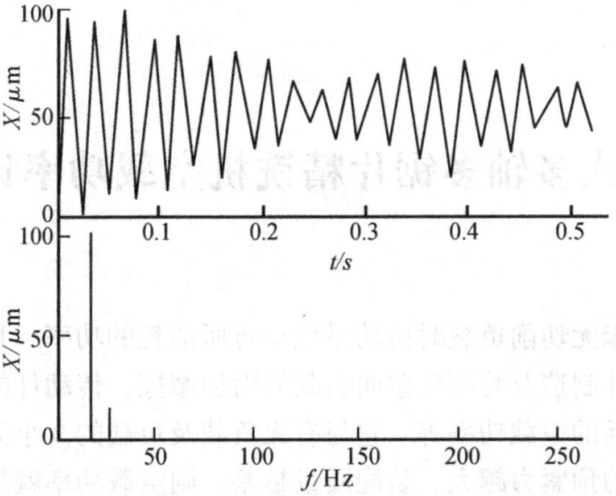

图 7　刀轴预定转速 3 000r/min 停机时刀轴位移图时程曲线及自功率谱

刀轴预定转速 5 000r/min 停机时刀轴位移时程曲线及自功率谱如图 8 所示。

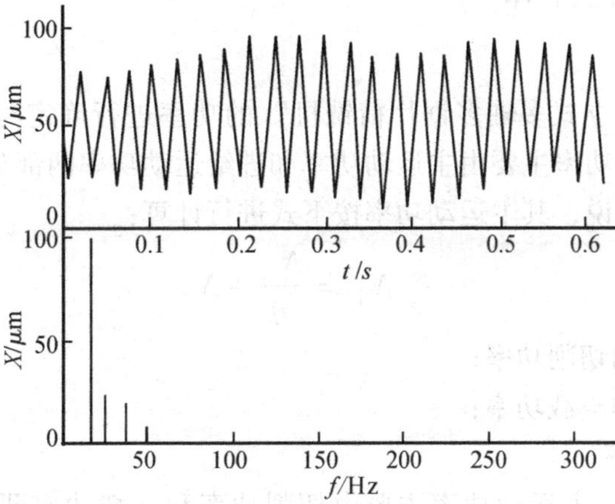

图 8　刀轴预定转速 5 000r/min 停机时刀轴位移时程曲线及自功率谱

从图 7 及图 8 中不难看出，在刀轴快速震荡时其频率相对集中于一个固定值，即 18Hz。根据公式（3）可得 n_c 为1 080r/min。

3　结论

采用方法 1.1 虽然不受条件及仪器限制，但主要参数均无法准确确定，所以其结果不准确。

采用方法 1.2 可以弥补方法 1.1 的弊病，但必须正确地确定机床的振动频率范围，正确地选择力传感器，否则易漏掉固有频率。

采用方法 1.3 可以快捷、准确、有效地测量转频，并完成临界转速的计算，从测试结果看此方法是行之有效的。

快速定位立式多轴多锯片精铣机空载功率计算与测试分析

空载功率是机床无切削负载时传动系统空转所消耗的功率。其包括传动系统中所有运动副间的摩擦、零件制造及装配误差而引起的附加摩擦、传动件的搅油、空气阻力及动载荷离心力等所需消耗的空载功率等。它与有无负载及负载的大小无关，传动件越多，转速越高、皮带和轴承的预紧力越大、装配质量越差，则空载功率就越大。空载功率主要用于评价传动系统设计的合理性及制造质量的优劣，还可用于新型机床的设计。

1 空载功率经验计算

在对“快速定位立式多轴多锯片精铣机”的功率进行确定时，要计算出该机床的空载功率。木工机床的功率主要由主运动功率和进给运动功率两部分组成，对于主运动为回转运动的木工机床来说，其主运动功率按下式进行计算：

$$N_{主} = \frac{N_{切}}{\eta} + N_{空} \tag{1}$$

式中：$N_{切}$——主运动切削功率；

$N_{空}$——机床的空载功率；

η——传动效率。

由式（1）可知，主运动功率主要由切削功率和空载功率两部分组成。对于空载功率，国内主要采用类比法或用下式计算：

$$N_{空} = A \cdot N_{切} \tag{2}$$

式中：A——空载系数，见表1。

表1 空载系数

空载系数	主轴转速5 000～6 000r/min		
	主轴传动为皮带传动	主轴传动与进给运动为一体的总体传动	主轴由电机直接驱动
A	0.22	0.35	0.11

采用类比法来确定空载功率虽然比较简单，但真正运用好却很难，设计机床为了安全可靠，往往愈比愈大，而且用来作参考并根据其类比的机床本身电机功率的确定也无依据。因此，确定“快速定位立式多轴多锯片精铣机”空载功率时采用式（2）的计算方法。快速定位立式多轴多锯片精铣机采用两个刀轴（均为立式刀轴）且主轴为皮带传动，进给传动与主轴运动分开，因此选用空载系 A 为0.22，两个刀轴均采用15kW 电机驱动，

进给电机采用1.5kW电机，该机空载功率由式（2）计算为：

$$N_{空} = A \times N_{切} = 0.22(2 \times 15 \times 1.5) = 6.93\mathrm{kW}$$

2006年11月，课题组对新组装的快速定位立式多轴多锯片精铣机的空载功率进行了实测，共测试了5台样机，测试地点在牡丹江宏达木工机械厂装配车间，测试采用了MG-51型钳形交流功率表。5台快速定位立式多轴多锯片精铣机空载功率的检测结果见表2。

表2 空载功率检测数据

序号	额定功率/kW	空载功率实测量/kW	空载功率占额定功率的百分比/%	空载功率占额定功率的平均百分比/%
131.5	5.50	17.46		
231.5	5.49	17.42		
331.5	5.51	17.49		17.50
431.5	5.53	17.55		
531.5	5.55	17.61		

通过实测数据可看出，快速定位立式多轴多锯片精铣机最大的空载功率占额定功率的比例是17.61%，最小的比例是17.42%，其平均值为17.5%，实测的空载功率（5.5kW平均值）与用计算方法得出的空载功率（6.93kW）相比有一定的功率储备，其原因主要是计算时用机床的额定功率代替切削功率而产生的误差。

2 小结

（1）传统空载功率计算公式虽然有一定误差，但可在多轴切削的木工机床上采用。

（2）空载功率的实测数据表明，为计算精确，对传统空载功率计算公式应根据不同的机床进行修正。

精密裁板锯试验模态分析

1 试验方法及试验装置

工程技术发展的实践证明，传统的静态设计和经验设计方法已经远远满足不了现代工程技术发展的需要。在飞机、火箭、车辆、船舶、化工、兵器和各种机床的研究和设计过程中，许多技术问题均与它们的动态特性有关，因为它们处在动态载荷工作环境中，所以必须研究它们的动态特性，预示其动力响应，对它们进行动态分析和动态设计。

对机床结构进行动态分析，首先必须建立足够精确的动力学模型。目前工程技术人员广泛采用有限元方法作为建模和分析计算的有效工具，但是，由于实际机械结构比较复杂，阻尼特性及边界条件的处理比较困难，建模时必不可少地加入人为的主观因素，如对结构的理解和经验等，使所建立的有限元模型具有不确定性，常常要辅之以试验进行验证。模态分析技术是验证和修改有限元模型的主要手段，在机床结构的动态分析和动态设计中，模态分析技术已被工程技术人员采用。

1.1 试验方法

1.1.1 试验场地与样机

场地选在牡丹江木工机械厂装配车间，其各种电器设备都齐全。样机选用牡丹江木工机械厂生产的 MJC1125 型精密裁板锯，其外形见图 1。考虑到为了研究整机动态特性，我们采用了接地支持（现场支持）形式来进行试验。

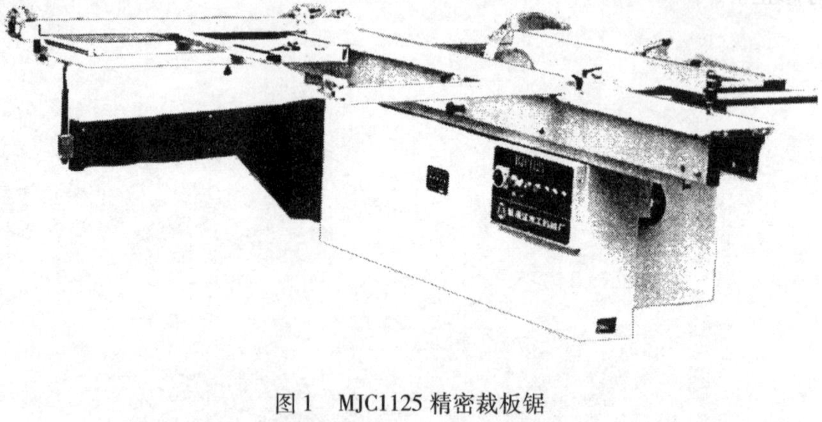

图 1 MJC1125 精密裁板锯

由于引起精密裁板锯运转时产生振动的原因很多，如电机、皮带、锯轴、主锯片、划线锯片、轴承等（李志仁，1990），所有这些部件的振动互相合成和干涉，再加上机床的安装部件，这些振动必然要传到固定工作台表面及双滚轮式移动滑台表面，而且其振动特点对加工件表面的加工质量影响极大。由此我们选定固定工作台、双滚轮式移动滑台表面作试验模态分析，主要考查有价值的 Z 方向，从而来研究整个机床的动态特性。

1.1.2　测点布置与测振方法

本试验对固定工作台布置了 84 个测点，如图 2 所示，对双滚轮式移动滑台布置了 54 个测点，如图 3 所示。由于固定工作台和双滚轮式移动滑台是一种阻尼小的整体结构，用力锤作冲击激振，能够满足测量精度要求，同时也能缩短测量传递函数的时间。锤击法的主要缺点是激振能量小，信噪比低，为了保证测量精度，减小误差，得到较宽的频谱，我们选用了钢质锤头，每个激励点敲击 30 次。为了减少输入及输出端噪声的影响，使频响函数（传递函数）和相干函数都得到改善，所以，每次测量的测次平均为 10 次（陈守谦，1992）。

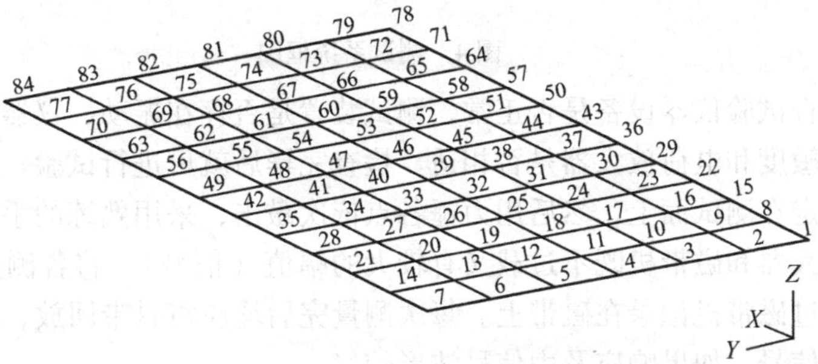

图 2　固定工作台测点布置图

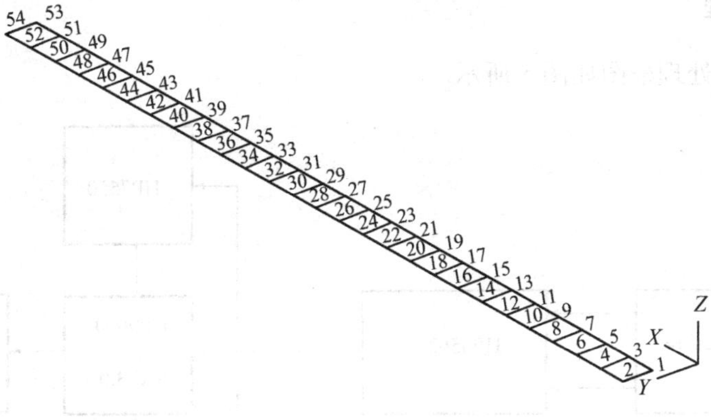

图 3　双辊轮式滑台测点布置图

1.2　试验设备和试验过程

试验采用的仪器设备有①力锤 PCB；②加速度计 4384；③电荷放大器 2635；④磁带机 XR－510C；⑤动态信号分析仪 HP3562A；⑥计算机 HP9000；⑦绘图机 7550；⑧模态分析软件 SMS3.0；⑨示波器 325；⑩打印机 2932A。

试验时采用 XR－510C 磁带机把信号记录下来，然后用 HP3562A 动态信号分析仪进行分析处理，测试系统如图 4 所示。

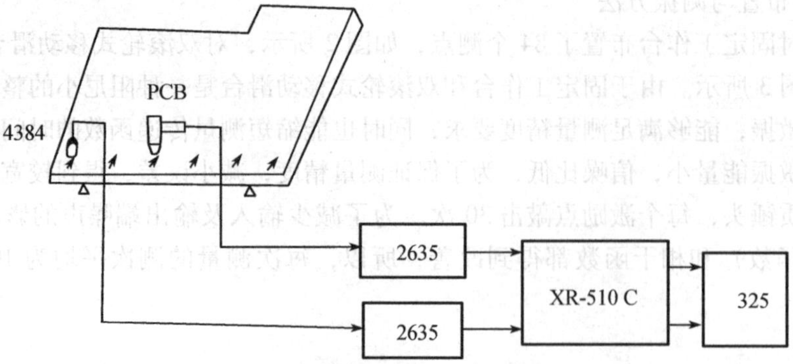

图 4 测试系统框图

试验前检查试验仪器设备是否正常，测试装置是否存在振动，仪器接线是否正确，加速度传感器灵敏度和电荷放大器是否相适。检查完毕后就可进行试验。试验开始时，把加速度传感器固定在测试面上，然后用力锤各点依次敲击，采用熟练的手法控制敲击力的大小，使电荷放大器和磁带机既不过载又有较大的幅值（信号）。将各测点的响应信号及相应的力信号通过磁带机记录在磁带上。每次测量完后均应将磁带回放，通过示波器观察通道的响应及力信号，如果响应及力信号波形较好，

能量（幅值）较大，则可继续敲击下一点；否则重新敲击该点，直到响应及力信号达到要求为止。

1.3 信号处理

信号分析处理框图如图 5 所示。

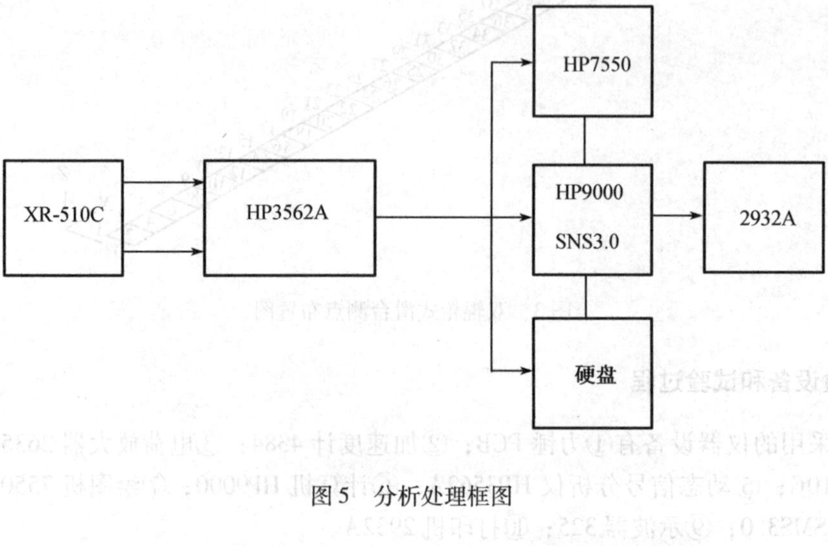

图 5 分析处理框图

通过 XR－510C 磁带机将测量的力信号和响应信号送入 HP3562A 动态信号分析仪，该分析仪首先对力信号和响应信号进行模拟抗混低通滤波，目的是去掉分析频率范围以外的高频成份，同时也避免信号采样时出现频率混迭。加力窗抑制输入信号噪声，加指数窗抑制响应信号噪声。然后根据采样定理对力信号和响应信号进行采样，将模拟信号转换数字信号，通过 FFT 变换，求得信号的自功率谱和互功率谱，进而求得频响函数。对频响函数采用 $\hat{H}_3$ 估计，采用总体平均的办法可有效地消除或降低随机噪声产生的统计误差（我们采用了 10 次平均），如果 $H(f)$ 的共振峰值相干函数在 0.9 以上，即认为该频响函数数据可靠，遂存入主机，留作模态分析之用。如果相干函数达不到要求，可采用增加平均次数，选择平均区段等办法来使其达到要求。所有测点的频响函数存入主机后，即可调用主机的模态分析程序 SMS3.0。

进行模态分析。SMS3.0 提供了丰富的模态参数识别方法，由于我们把系统看成为多自由度系统，因此，须用 MDOF 法。我们选用了 MDOF 拟合方法中的正交多项式法。求出固定工作台、双滚轮式滑台的各阶模态参数后，可在屏幕上实现动态显示，景色颇为壮观（如图 6 所示）。然后用打印机、绘图机将各阶模态参数及动画图形打印绘制出来。

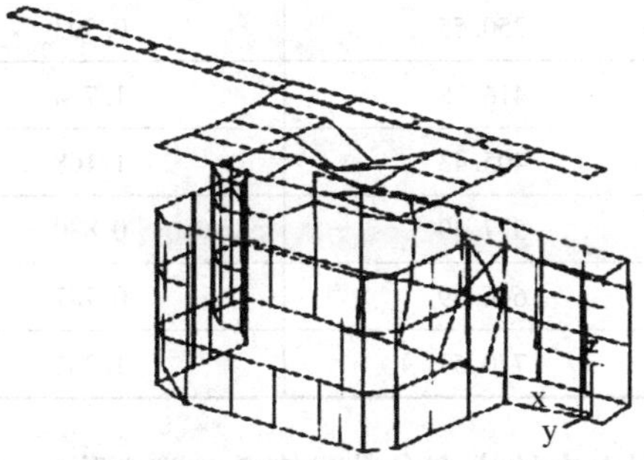

图 6　MJC1125 型精密裁板锯一阶固有频率振型模态示意图

2　数据结果分析及结论

2.1　数据处理结果分析

通过模态参数识别，固定工作台和双滚轮式移动滑台前 7 阶模态参数都已得到。对已识别出的振型，SMS3.0 模态分析软件还提供了模态安全判据 MAC 精度检验。

模态安全判据 MAC 是两个模态向量 $\{\psi_1\}$ 和 $\{\psi_2\}$ 的相关系数，它是介于 0 和 1 之间的数值。其原理是：结构不同模态的振型是相互正交的，其相关系数很小。因此求得的 MAC 相关矩阵中若对角线元素为 1，非对角元素很小，则表明该曲线的拟合精度很高（Allemang R. J.，1984；汪凤泉等，1988）。固定工作台识别出来的模态参数见表 1（前 7 阶）。

表 1 固定工作台模态参数表

序 号	FREQ/Hz	DAMP/%	DAMP/Hz
1	249.27	1.054	2.63
2	324.12	1.096	3.55
3	363.05	0.642	2.33
4	456.93	0.580	2.65
5	509.78	0.733	3.73
6	644.73	1.127	7.27
7	735.21	0.198	1.45

双滚轮式移动滑台识别出来的模态参数见表 2（前 7 阶）。

表 2 双滚轮式移动滑台模态参数表

序 号	FREQ/Hz	DAMP/%	DAMP/Hz
1	39.22	2.723	1.07
2	250.55	0.593	1.49
3	416.78	1.714	7.14
4	495.43	1.168	5.79
5	577.39	0.889	5.14
6	646.59	0.787	5.09
7	770.57	1.201	9.26

精密裁板锯整机识别出来的模态参数见表 3（前 4 阶）。

表 3 精密裁板锯整机模态参数表

序 号	FREQ/Hz	DAMP/%	DAMP/Hz
1	137.16	0.668	0.92
2	207.34	1.141	2.37
3	366.40	0.578	2.12
4	410.98	0.687	2.82

根据前面的数据和振型图，以及频响函数及相干函数对于固定工作台，第 1 阶振型为弯曲振型，第 2 阶振型为弯曲振型，第 3，4，5，6 阶都为弯曲振型。对于双滚轮式移动滑台，第 1 阶振型为扭转振型，第 2 阶振型为扭转和弯曲耦合振型，第 3，4 阶振型为弯曲和扭转耦合振型，第 5，6，7 阶振型为弯曲振型。对于精密裁板锯整机，床身受迫振动，对固定工作台及滑台都有影响。

2.2 结论

通过试验分析研究，精密裁板锯的整机振动固有频率为 137.16，207.34，366.40，

410.98Hz，它们与工频（50～100Hz）相差较大，因此该机不会产生共振现象。从这个意义上讲，MJC1125 精密裁板锯的动态特性还是较好的。

模态分析表明，固定工作台第（28）点处，双滚轮式移动滑台中部的第（7）点处振动量最大，因此应对这两处地方进行动态修改，以减小振动量。由于振动量最大的两点均在电机附近，所以本文提出 3 点动态修改建议：加固电机；增加传动稳定性；减小锯片轴径向跳动。

通过试验模态分析，该机刚度较大，能够满足使用要求。

对于精密裁板锯来说，采用单点多次锤击激振，固定 1 点测得加速度响应值来研究其动态特性是行之有效的。同时也为动态设计精密裁板锯提供了可靠的试验数据。

精密裁板锯动态特性的研究

——主锯片临界转速的计算分析

1 前言

在设计精密裁板锯时，从安全的角度出发，应对主锯片的最低临界转速进行计算分析，从而确定最大工作转速，即最高额定转速。以保证主锯片在稳定的状态下工作。下面以牡丹江木工机械厂生产的MJC1125型精密裁板锯为例进行分析研究。主锯片直径 $\phi_2 = 300\mathrm{mm}$，基板厚度 $H = 2.2\mathrm{mm}$，孔径 $\phi_1 = 30\mathrm{mm}$，齿宽 $B = 3.2\mathrm{mm}$，基片材料65Mn，锯齿材料为YG8的硬质合金。主锯片的额定转速定为4种转速，分别为3 000 r/min，4 000r/min，5 000r/min，6 000r/min；主电机功率为4kW。

2 主锯片临界转速的计算分析

由美国加州大学伯克利分校的C. D. Mote等学者研究提出并被实验证实的圆锯片的临界速度理论，已被公认为是衡量法兰夹持的木工圆锯片稳定性的重要理论之一。该理论认为，每一锯片都有不止一阶临界转速（实际上只有开始的2~3阶临界转速是有意义的）。锯片的实际转速如果趋近或达到其中任何一阶临界转速，即使一个频率为零的很小的横向力也会激发锯片使之共振，产生剧烈颤动。锯片一旦共振，便会失去稳定并呈蛇状运行，使制件加工表面凹凸不平。

精密裁板锯的主锯片如果在临界转速附近旋转，就会产生剧烈颤动和刺耳的噪声，直接影响锯切木制品的精度。因此理论上要求主锯片的实际转速要避开该锯片的临界转速，一条常被引用的经验标准是，主锯片应在其最低临界转速15%以下工作。

临界转速可以由实验测得，也可以由计算获得。应用振动力学中单盘转子的临界转速理论，则主锯片的临界转速为：

$$n_k = \frac{60\omega_k}{2\pi} = \frac{60}{2\pi}\sqrt{\frac{k}{m}}$$

式中：n_k ——主锯片的临界转速，r/min；

ω_k ——主锯片的固有频率。

即主锯片的临界转速直接与锯片在工作环境下的固有频率 ω_k 有关。

主锯片的材料、结构尺寸、应力状态都会影响到锯片的固有频率，从而也影响到锯片的临界转速。为了确定主锯片的最高额定转速，首先应求出该锯片的最低临界转速 $n_{\min}$。

如图 1 所示，为 MJC1125 型精密裁板锯主锯片的示意图（简化后）。设主锯片质量为 $m_1 = 1.12$kg，转轴长度为 515mm，直径为 33mm，材料的弹性模量 $E = 2.06 \times 10^7 N/cm^2$，质量密度 $\rho = 7.85 \times 10^{-3} kg/cm^3$，$l = 373$mm，$a = 142$mm。计算主锯片的临界转速：

$$m = m_1 + m_2 + m_3$$

式中：m_1 ——主锯片质量，1.12kg；

m_2 ——转轴质量；

m_3 ——主锯片夹盘质量，1.01kg。

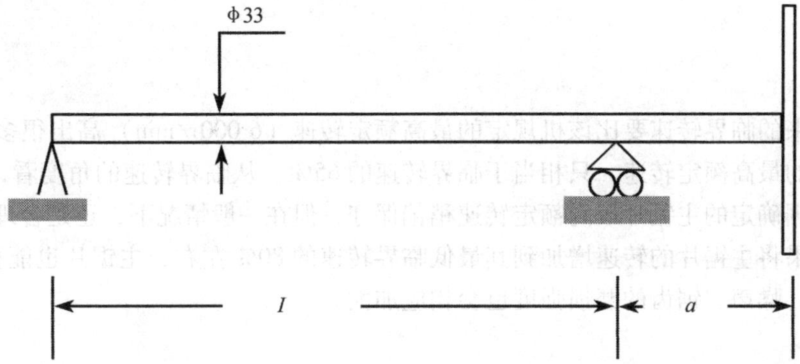

由弹性力学中的瑞利（Rayleigh）法可知，转子的质量为主锯片质量、夹盘质量与转轴等效质量的和。

$$m_2 = \frac{\pi}{4}d^2 \times (l + a) \times \rho$$

$$= \frac{3.14}{4} \times 3.3^2 \times (37.5 + 14.0) \times 7.85 \times 10^{-3}$$

$$= 3.46\text{kg}$$

$$m = m_1 + m_2 + m_3 = 1.12 + \frac{17}{35} \times 3.46 + 1.01 = 3.81\text{kg}$$

轴的横向刚度为：

$$k = \frac{3EJ}{(l + a)a^2} = \frac{3 \times 2.06 \times 10^7 \times \pi \times 3.3^4}{(37.3 + 14.2) \times 14.2^2 \times 64} = 3.46 \times 10^4 \text{N/cm}$$

所以最低临界转速为：

$$n_{\min} = \frac{60}{2\pi}\sqrt{\frac{K}{m}} = \frac{30}{\pi}\sqrt{\frac{3.46 \times 10^4 \times 100}{3.81}} = 9\ 101\text{r/min}$$

G. S. Schajer 根据 Rayleigh – Ritz 方法的一个计算机程序计算的大量数据归纳出一个用于计算普通结构钢质圆锯片临界转速的近似计算公式：

$$n_{\min} \approx \frac{H}{\phi^2}[S_0 + S_1(A/\phi)^2 + S_2(A/\phi)^4 + S_3(A/\phi)^6]\text{r/min}$$

式中：H——锯片厚度；

ϕ——锯片直径；

A——夹盘直径；

S_0，S_1，S_2，S_3——系数。

例如，当最低临界共振模态的波节直径数 $n=3$ 时，

$$S_0 = 13.151\times10^6,\quad S_1 = 0.44200\times10^6$$

$$S_2 = 35.213\times10^6,\quad S_3 = 219.02\times10^6$$

应用此公式计算主锯片最低临界转速 $n_{min}=9\ 126$r/min。该计算结果和采用单盘转子的临界转速理论计算出来的数据基本符合。

3 结论

计算出来的临界转速要比该机规定的最高额定转速（6 000r/min）高出很多，该主锯片目前规定的最高额定转速，只相当于临界转速的65%。从临界转速的角度看，MJC1125型精密裁板锯确定的主锯片最高额定转速稍偏保守，但在一般情况下，还是合理的，安全可靠的。如果将主锯片的转速增加到其最低临界转速的80%左右，主锯片也能稳定工作，但是切削热、噪声、锯齿的磨损强度也会相应加大。

精密裁板锯主锯片固有频率的分析研究

1 理论基础

一个系统的固有频率与系统的尺寸结构、质量、应力分布状态等因素有关。精密裁板锯也不例外。要想保持该机工作时的稳定性，就必须使主要振动源的主锯片的迴转速度远离它的固有频率。因此，了解主锯片的固有频率和它相应的振动模型是相当重要的。固有频率受许多因素的影响，如圆锯片的直径和厚度，夹持盘的直径、转速、锯片上的温度梯度、径向槽以及适张度和切削力等，一切能影响该系统尺寸结构、质量和应力分布状态的因素都能影响精密裁板锯主锯片的固有频率。因此，主锯片在工作状态时的“动态”固有频率随上述影响因素而变化，而非转动时的“静态”固有频率只与锯片的尺寸结构、质量、夹持盘直径、应力分布状态有关。主锯片制成后，它的固有频率是不变的。但是由于锯切过程中，锯片受到的离心力和温度随锯片转速的变化而不同，其内应力也不同，故其固有频率也有少许改变。主锯片的主要激振力来自于它周期性的转速。因此，如果主锯片的转速不发生在主锯片的固有频率处或接近于固有频率处，该圆锯就能保持稳定。如果相反，将产生共振，共振幅急剧增大，如图1所示的频率响应曲线。

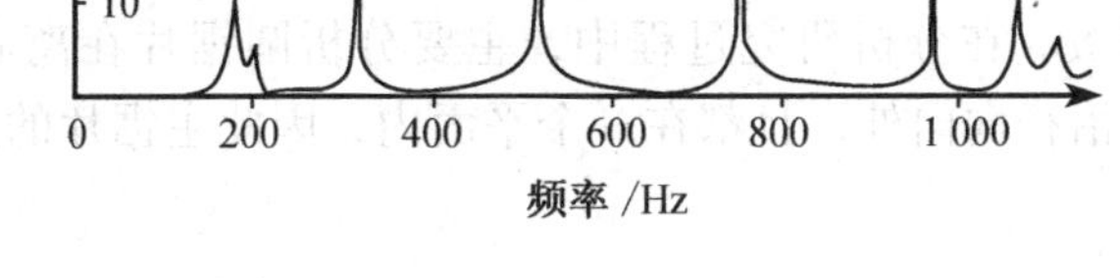

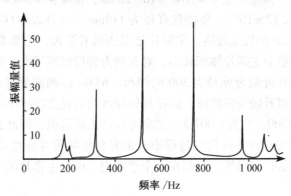

图1 主锯片的频率响应曲线

为了进一步说明固有频率在评估主锯片性能方面的作用，并为以后的试验奠定基础，下面将国内外有关学者对这方面的研究成果概述如下：①一个锯片无论是空转或实际切削时都不可避免地会振动，但不一定会共振。锯片一旦共振，振幅急剧加大，锯片发生特定的反复弯曲变形，工作条件急剧恶化，锯片失去稳定而无法工作。②一个锯片有若干阶特定的振动模态，锯片只有在共振时才显现单一的振动模态。每一振动模态都有固定的振型和相应的振动频率，该频率称锯片的共振频率或固有频率。锯片不同时对应各阶振动模态的振型相同，但固有频率可以不同。振型用表征其弯曲波的波节圆数 s 和波节直径数 n 描述，对应的固有频率用 $f_{sn}(H_2)$ 表示，每个振型都有特定的形状、振幅，并以它的固有频率振动（见图2）。③一个锯片的振动模态阶数理论上并无限制，但常见的振动模态 $s=0$，$n=0$，1，…，6。对一个具体的锯片来说，阶次越高（n 越大）对应的固有频率越高。在一个锯片的若干阶振动模态中，除 $s=0$，$n=0$ 和 $s=0$，$n=1$ 两阶没有临界转速外，其余各阶皆有相应的临界转速，f_{sn} 越高，对应的临界转速也越高。锯片的实际转速应避开该锯片的各阶临界转速，否则将引进共振，锯片将变得不稳定。一般的做法是使锯片的最高转速比其最低临界转速低15%～20%，低得多些，锯片会更稳定。换句话说，固有频率高的锯片较固有频率低的锯片稳定性要好，允许的转速也高。

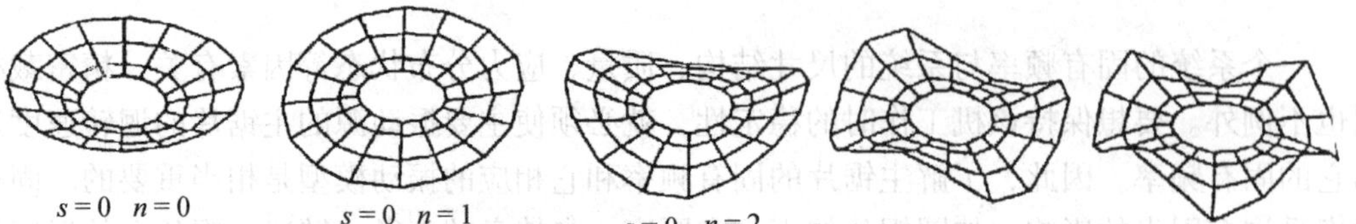

图2 圆锯片模态模型

2 主锯片力学模型的建立

以牡丹江木工机械厂生产的MJC1125型精密裁板锯为例进行分析研究。主锯片采用哈尔滨二工具厂生产的硬质合金圆锯片，$\phi300\times30\times2.2\times96$，基板材料为65Mn，硬质合金锯齿材料为YG8，弹性模量 $E=2.06\times10^{11}$ N/m^2，密度 $\rho=7\,850$kg/m^3，泊松比 $\mu=0.3$，热膨胀系数 α 取 12×10^{-6}，夹持盘直径为118mm。分别以3 000r/min，4 000r/min，5 000r/min，6 000r/min的转速旋转。主锯片是周边具有锯齿，中部具有圆孔的圆盘状结构。由于锯齿部分占整个主锯片体积较小，对其动力特性影响不大，因此可以综合几何尺寸质量的分布把主锯片近似为外径为300的圆板，65Mn经调质处理制造的圆锯片基板，阻尼非常小，可以近似看做是弹性体。圆锯片的厚度与直径之比很小，MJC1125型精密裁板锯的主锯片为2.2/300，约为0.007 3，完全可以认为是薄板，因此总的来说，可视为主锯片是二维弹性的薄板。在分析研究过程中，主要分析圆锯片在离心力作用下的应力分布。离心力的方向是沿径向向外，且都在一个平面内，因此主锯片的应力分析实质上是平面问题。

3 主锯片振动微分方程的建立

精密裁板锯主锯片的振动分为径向和横向两部分，它们相互独立，可分别研究再叠加。但实际情况是由于锯片径向尺寸远大于厚度，即径向刚度相对于横向刚度非常大，所以主锯片的振动主要是横向振动，而且横向振动对锯切质量影响最大，因此在研究主锯片的振动时径向振动可以忽略，主要研究主锯片的横向振动。在研究过程中，主要根据克希霍夫（Kirchhoff G.）建立的弹性薄板小挠度弯曲理论，把主锯片视为等厚度圆形薄板，进行横向振动的讨论。

应用克希霍夫的薄板理论有以下几个基本假设：①变形前与中面垂直的法线在板弯曲时仍保持为直线并与弹性曲面垂直；②薄板（主锯片）弯曲时沿厚度方向的变化略去不计；③薄板的挠度 ω 比薄板的厚度 h 小得多。由这个假设认为，薄板弯曲时中面不产生变形，即中面为中性面，因而中面内各点都没有平行于中面的位移；④薄板（主锯片）无残余应力。根据以上几个基本假设，由振动力学理论可导出薄板的横向振动微分方程：

$$D\left(\frac{\partial^4 w}{\partial x^4}+2\frac{\partial^4 w}{\partial x^2\partial y^2}+\frac{\partial^4 w}{\partial y^4}\right)+\rho H\frac{\partial^2 w}{\partial t^2}=p(x,y,t) \tag{1}$$

式中：$D=\dfrac{EH^3}{12(1-\mu^2)}$——薄板（圆锯片）的弯曲刚度；

E——材料的弹性模量；

H——材料厚度；

μ——泊松比；

W——横向振动位移；

ρ——材料密度。

4 主锯片固有频率的理论计算与实测

由理论推导得到主锯片的固有频率计算式为：

$$F=\frac{H}{b^2}\sqrt{\frac{\alpha E}{12\rho(1-\mu)}} \tag{2}$$

由式 2 可见，主锯片的固有频率主要决定于三个参数，即 b,H,a。因此，主锯片的固有频率随主锯片厚度 H 的增加将成正比地提高，而随主锯片半径的增大成指数下降，随特征值 a 增加成指数上升，而特征值又将取决于夹紧比 q。

实测锯片 $\phi 300\times30\times2.2\times96$，材料为 65Mn，弹性模量 $E=2.06\times10^{11}\ \text{N/m}^2$，密度 $\rho=7\ 850\text{kg/m}^3$，泊松比 $\mu=0.3$，夹盘直径为 118mm，特征值 α 见表 1。

表 1 中心夹紧，边缘自由运动的薄板圆盘参数 α 值（$\mu=0.3$）

节圆、直径	$q=a/b$						
	0.10	0.20	0.25	0.30	0.35	0.40	0.45
0	18.8	27.6	34.7	44.9	59.7	81.7	115.5
1	13.7	24.4	32.5	43.8	60.0	83.7	119.7
2	32.2	42.7	51.7	64.7	83.3	110.7	152.1
3	166.4	162.2	167.0	177.5	195.9	225.3	271.9
4	590.4	523.0	507.1	502.0	509.3	532.3	577.6

将已知条件代入式 2 中，经计算得各阶固有频率值。详见表 2。

表 2 计算值与实测值比较

节圆、直径	计算值 F_0/Hz	实测值 F/Hz	$\delta = \frac{F - F_0}{F_0}$/%
0	218.2	191	−12.5
1	220.8	214	−2.6
2	253.9	248	−2.3
3	362.3	360	−0.6
4	556.7	552	−0.8

实验测试采用激振方法，由传感器电荷放大器将接收到的信号送入到磁带机内，然后用动态信号分析仪进行频谱分析，由模态分析得到各阶固有频率值，见表 2。图 5 为主锯片频响函数和相干函数。

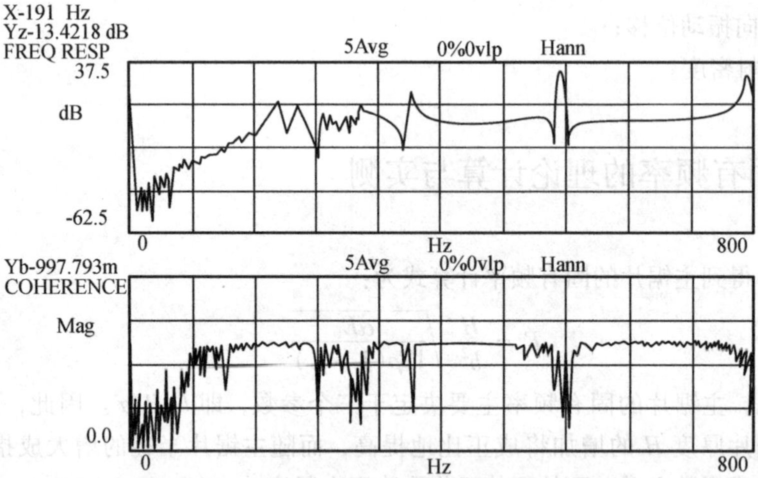

图 3 主锯片 62 点的频响函数及相干函数

由表 2 可见，运用式 2 计算主锯片固有频率的理论计算值和实测值比较接近，除最低阶固有频率外，误差在 3% 以内。

用式 2 计算的主锯片固有频率是在假设锯片没有残余应力的情况下计算的，实际上木工锯片往往都要进行适张度处理，试验表明，合理适张度可使锯片 $N \geqslant 2$ 模态的固有频率提高 20% ~40%，但 $N=0$ 和 $N=1$ 这两个低阶固有频率会有不同程度降低。

5 结束语

本研究在计算主锯片固有频率时，采用的是弹性力学理论中，求解薄板的自由振动微分方程的方法，这种计算方法计算出来的理论值和实测值比较接近，误差在 5% 之内。在实际工程结构中，遇到的力学问题，往往载荷情况比较复杂，因此，能够用弹性力学经典理论得到解析解的问题并不很多，即很难用解析法求得解答，只能使用数值解法。20 世纪 70 年代以来，随着电子计算机的发展和广泛应用，采用有效的数值解法处理工程实际问题，已越来越占据着重要位置，有限单元法就是其中的一种。

有限单元法是一种获得工程实际问题近似解的数值计算方法。它的理论基础牢靠，物理概念直观，应用范围广泛，解题效率高。现在除了能用于解决固体力学的问题外，已成功地用于解决流体力学、电磁场和热传导等领域的问题，成为求微分方程数值解的一种有效方法。美国和法国的有关学者采用有限元法计算圆锯片的固有频率，已获得成功。目前，已研制出相应的商用软件，采用该软件可以在很短的时间内计算出圆锯片的固有频率，并且精度较高，在这里不作为重点进行研究。

木工压刨床空运转振动状态的研究

木工压刨床是木材机械加工中使用数量最多，应用范围最广泛的一类机械设备，它不仅用于林业生产，而且在建筑、轻工等其他行业中的使用也很普遍，木工压刨床的结构比较简单，但其工作台面上的振动影响了木材表面加工精度，强烈噪声又危害着操作者的身心健康。因此，研究木工压刨床工作台面振动，探讨机内产生振动的原因，对优化机床产品的结构设计具有重要意义。

1 木工压刨床的振动测试

1.1 测试对象

选取牡丹江木工机械厂生产的 MB106A 型单面木工压刨床，被测机床运行状态良好，各项技术性能指标均符合试验要求，该机床的主要性能指标详见表 1。

表 1 测试样机的主要技术性能指标

最大刨削宽度/mm	630	刀片数目/片	4
刀轴转速/（r/min）	5 140	切削圆直径/mm	128
最大刨削工件厚度/mm	200	进料辊筒直径/mm	90
最小刨削工件厚度/mm	10	进给速度/（m/min）	7～23
最小刨削工件长度/mm	290	主电机功率/kW	5.5
最大刨削量/mm	8	质量/kg	1 450

1.2 测试及分析仪器

木工压刨床振动测试及分析所用仪器主要有：YD－1 型加速度传感器；ZK－2 型阻抗变换器；GZ－2 型六线测振仪；XR－510C 型磁带记录仪；325 型阴极射线示波器；2034A 型动态信号分析仪配 2313 型图表记录仪；JX－1 型加速度校准仪等。

1.3 测点布置

在木工压刨床的工作台面上，共布置了 27 个测点，以便测试台面上各点处的振动量分布及寻找机内振源，测点布置如图 1 所示。

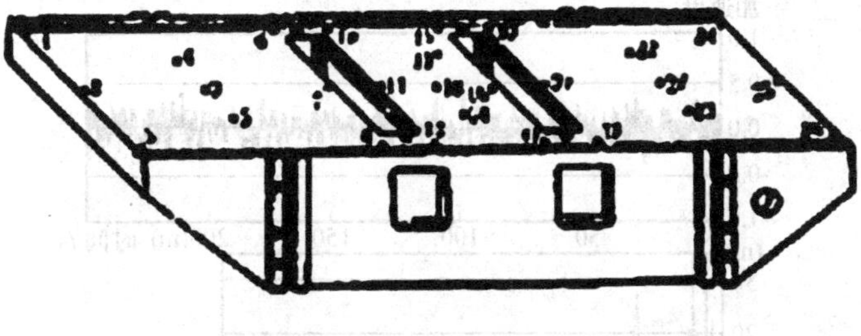

图1 工作台面测点布置

1.4 测试及分析过程

首先对测试系统进行预调试及标定，然后开动木工压刨床，待空运转速稳定后，开启磁带记录仪记录下各测点的时间历程信号。经测试数据检验后，在信号分析仪上进行数据处理。

1.5 测试及分析结果

木工压刨床振动测试及分析结果见图2、图3、图4和图5。

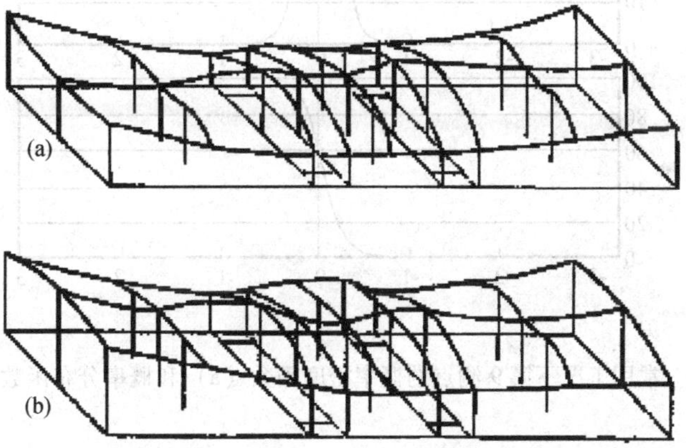

图2 工作台台面振动量分布

（a）主刀轴转速为5 140r/min；（b）主刀轴转速为6 140r/min

2 木工压刨床振动信号特点及振动量分析

工作台面上各测点振动信号有较大的随机性，但也含有某些周期分量。图2（b）表明，台面振动量最大值发生在测点2的6 140r/min下，其量值为0.592g（g为重力加速度）。台面的两个悬臂端和台面进料辊的安装孔边缘呈现较大的振动量，其量级为0.3～0.4g。

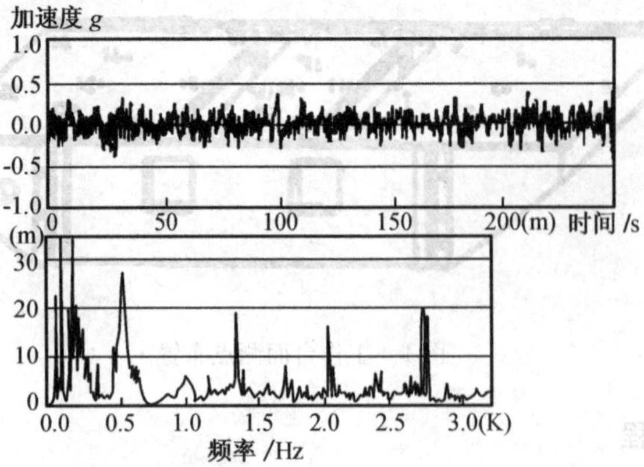

图 3　常用工况下第 9 测点的时间历程曲线（上）和自功率谱（下）

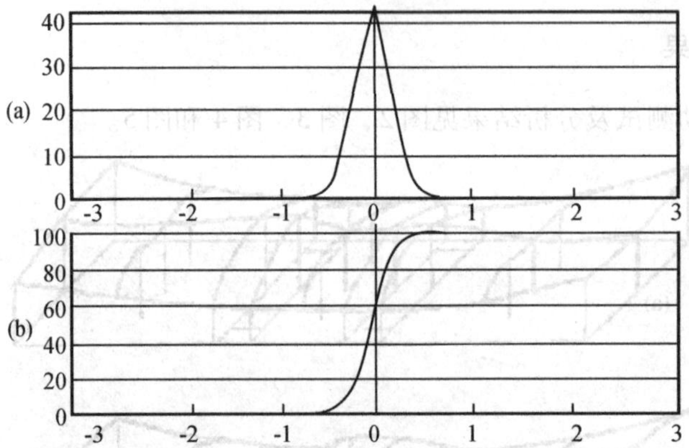

图 4　常用工况下第 9 测点的概率密度函数（a）和概率分布函数（b）

3　木工压刨床机内振源的识别

MB106A 型单面木工压刨床主要由切削机构、工作台、压紧装置、进给机构、传动机构、机身和操纵机构等组成。机内回转件（刀轴部件、电动机的皮带轮）的不平衡和因制造上的缺陷所产生的离心惯性力是机内主要振源；由滚动轴承、皮带传动、齿轮和链轮传动、导轨与台面接触相互撞击以及高速旋转件搅动空气等造成的振动也不能忽视。

通过各测点的自功率谱分析表明，MB106A 型木工压刨床主要振动能量集中在 600Hz 以下，其中 48Hz 峰值频率是主电机在额定转速下的转频，152Hz，200Hz 是其高次谐波；88Hz 峰值频率是主刀轴部件的转频，而 176Hz，252Hz 是其高次谐波。在频谱图上还有其他一些高频分量是由于台面与导轨间周期性的撞击所致。

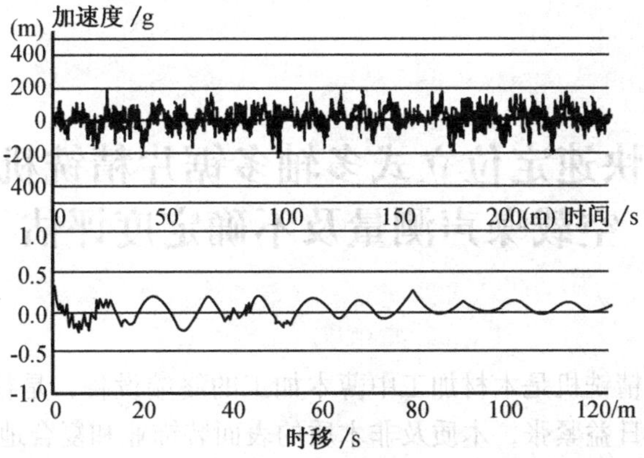

图5 常用工况下第6测点的时间历程曲线（上）和自相关函数（下）

4 结论

木工压刨床的最大振动量及较大值发生在静刚度较弱的台面悬臂端和进料辊安装孔周围。为减少振动可适当考虑加大这些地方的静刚度。

本文揭示了MB106A型木工压刨床台面振动信号特点，并指出刀轴部件及主电机皮带轮的不平衡偏心质量产生的离心惯性力是机内主要振源。为了减少台面的振动，从而提高木材加工精度、节省木材，关键是做好旋转部件的动平衡。同时还应注意机床的维修保养。

本文提出的木工压刨床振动测试及分析方法，也可用于其他类型木工机床的振动测试与分析，从而为木工机床产品的动态设计，提供科学依据。

快速定位立式多轴多锯片精铣机空载噪声测量及不确定度评估

立式多轴多锯片精铣机是木材加工中薄木加工的终端设备，是精细加工设备的一种。随着我国木材资源的日益紧张，木质及非木质的表面装饰业和复合地板得到了前所未有的发展，立式多轴多锯片精铣机加工的装饰面板及复合地板面板有其应用的坚实基础。该机在节约木材的基础上，尽可能提高木材的综合利用率和生产率，设计中采用以锯代刨，减少锯路损失，在与国内的其他同类机床相比（如旋切机、刨切机等），有表面质量好、木材损失小的独特优势，因此在家具生产企业、复合地板生产企业及装饰业得到广泛应用。

但这种机床在锯切过程中产生的噪声污染极为严重，空载噪声 80 ~ 96dB（A），负载噪声 90 ~ 105dB（A），其噪声传播距离远，且非常刺耳，令人烦躁。为了保护操作者的身体健康，保护环境不被噪声污染，中华人民共和国卫生部于 2002 年 4 月 8 日颁布的 GBZ1—2002《工业企业设计卫生标准》中规定工作场所操作人员每天连续接触噪声 8h，噪声声级卫生限值为 85dB（A）。GB12557—2000《木工机床安全通则》中规定多锯片木工圆锯机的最大声压级限值≤90dB（A）。进行快速定位立式多轴多锯片精铣机噪声测量及不确定度评估，旨在提高噪声测量质量，促进降噪工作的开展。

1 测量方法

在环境温度为（10 ± 2）℃，相对湿度为（60 ± 5）%，大气压为（1 ± 10）% × 101.3kPa 的环境下，对快速定位立式多轴多锯片精铣机的噪声进行测试，该机的主参数见表 1。

表 1 测试样机的主要参数

序号	名称	参数	序号	名称	参数
1	锯片直径/mm	180 ~ 205	6	锯轴转速/（r/min）	4 500
2	最大加工宽度/mm	100	7	主轴电机功率/kW	15
3	最大加工厚度/mm	300	8	送料电机功率/kW	1.5
4	最小加工长度/mm	300	9	压辊升降电机功率/kW	0.55
5	送料速度/（m/min）	4 ~ 13	10	机床外形尺寸/mm	2 000 × 1 600 × 1 100

测试时的测量环境满足 ZBJ65015—89《木工机床噪声声（压）级测量方法》的要求。被测试的机床距离四周墙面均大于 2m，各测试点上的背景噪声（A 声级）均比被测

机床相应的声（压）级低 10dB（A）以上。测试时机床已正常、稳定、连续运转 15min，机床的转速为4 396r/min。

测试时的测量位置满足 ZBJ65015—89《木工机床噪声声（压）级测量方法》的要求，如图 1 所示。测点与被测机床的轮廓表面的垂直距离为 1m，距地面 1.5m，绕被测机床一周，测量 8 点，在各测量位置中，以测得最大噪声级作为测量结果。

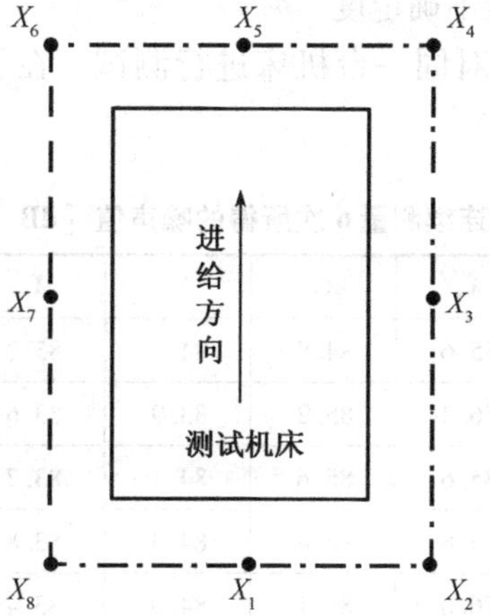

图 1　噪声测试方位图

2　噪声不确定度分析和计算

噪声测量中常用的仪器是声级计，它是根据国际标准和国家标准按照一定的频率计权和时间计权测量声压级的仪器，声压级的传声器把声信号转换成交流电信号，前置放大器进行阻抗变换，计权放大器将微弱信号放大，并按要求进行频率计权，有效值检波器将交流信号检波整流成直流信号，最后以数字的形式在指示器上直接显示被测声级的分贝数。

测量仪器要求准确度为Ⅱ型（包括Ⅱ型）以上的积分式声级计或噪声统计分析仪，其性能符合 GB3785—1983 的要求。本次测试采用的是 HS5660A 精密脉冲声级计。

2.1　数学模型的建立

噪声检测结果可直接显示，所以数学模型为：

$$Y = X$$

式中：X——被测机床的噪声读出值；

Y——被测机床的噪声测定值。

2.2　不确定度的来源及各量的关系

不确定度是与测量结果相联系的参数，表征合理地赋予被测量值的分散性。不确定度表达的是一个定量的概念，噪声测量影响不确定度的因素包括：测量仪器准确度引入的不确定度、测量方法的不确定度、测量环境条件的影响、操作人员的影响等。

检测仪器准确度引入的不确定度可以从其鉴定证书中查找；按照标准方法中规定条件进行测试，环境条件影响可忽略；人员操作的影响体现在测量的重复性中。因此噪声测量影响不确定度的主要来源是测量仪器准确度引入的不确定度和测量的重复性。

2.3 标准不确定度分量的评定

2.3.1 测量重复性引入的标准不确定度

用同一台精密脉冲声级计对同一台机床进行测试，在相同的条件下重复连续测量6次，测量结果如表2所示。

表2 连续测量6次所得的噪声值［dB（A)］

次 数	X_1	X_2	X_3	X_4	X_5	X_6	X_7	X_8	本底
第1次	82.6	82.9	85.6	84.8	84.0	83.7	85.2	82.9	42.1
第2次	83.3	82.5	86.3	85.2	83.9	83.6	85.2	83.4	42.3
第3次	83.9	82.6	85.6	85.6	84.1	83.7	84.9	83.0	41.8
第4次	83.2	82.4	85.8	85.4	84.3	83.8	85.3	84.0	41.7
第5次	83.0	82.8	86.0	85.1	84.0	83.4	85.4	83.6	42.5
第6次	82.9	82.3	86.3	85.3	83.8	83.1	85.5	83.2	41.9

按照标准要求，每次测量的8点中，只取最大值作为本次测量的测量结果。所以，6次测量结果的平均值为：

$$\overline{H} = \frac{85.6 + 86.3 + 85.6 + 85.8 + 86.0 + 86.3}{6} = 85.9\text{dB(A)}$$

测量的标准不确定度为：

$$U_a = \sqrt{\frac{1}{n(n-1)}\sum_{i=1}^{n}(H_i - \overline{H})^2} = 0.155\text{dB(A)}$$

自由度为：

$$V = n - 1 = 6 - 1 = 5$$

2.3.2 精密脉冲声级计准确度引入的标准不确定度

根据黑龙江省计量检定所对该声级计（型号为：HS5660A）进行检定结果表明：Ⅱ型合格，其扩展不确定度为0.5dB（A)，置信水平 $p = 95\%$。查置信水平 p 与包含因子 k 之间的关系表，确定 $k = 1.96$。

所以声级计准确度引入的标准不确定度为：

$$U_b = \frac{0.5}{1.96} = 0.255\text{dB(A)}$$

2.4 合成标准不确定度的计算

由于测量重复性引入的不确定度分量和声级计准确度引入的不确定度分量相互独立，所以合成不确定度为：

$$U_c^2 = U_a^2 + U_b^2$$

$$U_c = 0.3\text{dB}(\text{A})$$

2.5 扩展不确定度的评定

扩展不确定度 U 为合成标准不确定度 U_c 与包含因子 k 的乘积，取置信概率为95%，$k=2$，则

$$U = k \times U_c = 0.6\text{dB}(\text{A})$$

2.6 测量不确定度的表示

当给出完整的测量结果时，一般应报告其测量不确定度，报告应尽可能详细，以便使用者可以正确地利用测量结果。

用 HS5660A 精密脉冲声级计测定机床噪声时，当平均值为 85.9dB（A）时，测量结果及不确定度为：（85.9 ±0.6）dB（A）（置信概率为95%）。

3 结论

通过对快速定位立式多轴多锯片精铣机空载噪声的测量及不确定度评估，得到以下结论：

（1）立式多轴多锯片精铣机空载噪声主要是由锯片旋转产生的，当转速为4 396r/min时，其空载噪声为（85.9 ±0.6）dB（A）（置信概率为95%），符合 GB12557—2000《木工机床安全通则》中规定多锯片木工圆锯机的最大声压级限值≤90dB（A）的要求。

（2）本文所介绍的噪声测量方法，适用于大多数木工机床空载噪声的测量。在使用声级计测量木工机床噪声时，均可按本文的计算方法评定不确定度。

由于检测仪器、测量方法、测量环境条件、操作人员的影响等都可以引入不确定度，因此加强仪器校准和维护，正确使用检测方法，提高检测水平是十分必要的。掌握了与不确定度有关的因素，可以更好地避免不确定因素的引入，降低不确定度，提高分析结果的准确度。

精密裁板锯降噪途径的探讨

精密裁板锯是人造板及实木家具生产线的重要设备。主要用于对胶合板、刨花板、纤维板、贴面板、层积板、细木工板、拼接实木板及塑料板等进行纵剖、横截或成角度的锯切加工，以获得尺寸符合规格的板件。20 世纪 80 年代初期，我国引进了精密裁板锯，经过 20 多年的消化、吸收和发展，精密裁板锯技术得到了不断完善。现在，国内已有数百家企业批量生产此类产品，为板材加工业创造了良好的经济效益和社会效益。但精密裁板锯和其他木工机械一样在运转工作中会发出很大的噪声，我们知道噪声对人体的健康有着不良影响，在 90dB（A）以上或略低于 90dB（A）的较强的噪声环境中长时间工作，人们都会感到刺耳难受，导致听觉逐渐迟钝，生理机能失调，甚至耳聋，以及人体神经系统、内分泌系统、心血管系统的某些疾病。为了保护操作者的身体健康，国家质量技术监督局于 2000 年 6 月 1 日实施了 GB12557—2000《木工机床 安全通则》，其中规定了锯片直径小于 630mm 的单锯片木工圆锯机的最大空载噪声应小于等于 85dB（A），锯片直径大于等于 630mm 的单锯片木工圆锯机的最大空载噪声应小于等于 90dB（A）。本文通过对 11 台精密裁板锯噪声检测结果的综合分析，找出了影响精密裁板锯空载噪声的主要因素，同时提出了一些降低精密裁板锯噪声的方法，为精密裁板锯的设计和制造提供了可靠的依据。

1　精密裁板锯的噪声机理

在谈论精密裁板锯的噪声时，一般从两个方面加以讨论，即空运转时的噪声（空载噪声）和切削时的噪声（负载噪声）。空载噪声主要包括结构振动噪声和空气动力性噪声；切削噪声除了包括结构振动噪声和空气动力性噪声外，还包括被加工件的振动所引起的噪声。本文主要讨论精密裁板锯的空载噪声。

1.1　结构振动噪声

结构振动噪声主要由以下四部分组成：

（1）主锯片和副锯片旋转运动时产生的振动。旋转轴通常由于材质不均匀、毛坯的缺陷、热处理变形、加工或装配误差等原因，使其质心和旋转轴心有一定偏心，当轴旋转时，产生离心惯性力，从而使其产生振动和噪声。

（2）机械零件之间接触产生的噪声，固体之间接触相互作用产生噪声。

（3）在力的传递过程中产生噪声。在力的传递中除了因摩擦、滚动、冲击产生噪声外，由于力的传递不均匀也会使机械零件振动而产生噪声。

（4）电机工作时本身产生的噪声。

1.2 空气动力性噪声

空气动力性噪声的产生，主要是由于锯片旋转时在其周围的区域里形成了流动场，流动场和锯齿及锯片本身相互作用。流动速度变化时，锯片及锯齿周围气体产生紊流、涡流等现象，使气体发生振动，从而形成空气动力性噪声。旋转的圆锯片发射的空气动力性噪声同时具备单源、偶极子源和四极子源的声源特性。因此，圆锯片在旋转中发射的空气动力性噪声乃是几种不同特性的声源同时起作用的结果，因而是一个复杂的发声过程。

2 测量仪器与试验设备

测试时所用的测量仪器为 HS5660A 型精密脉冲声级计，它是一种便携式声学测量仪器，由电表及液晶显示器同时读出测量结果。可以用来测量和分析环境或机床的噪声，特别是它的脉冲特性可以精确地测量脉冲声和短持续时间的噪声。它的灵敏度为（-32 ± 3）dB/Pa，测量范围为 32 ~ 138dB（A）。该仪器符合 EC651《声级计》标准及 GB3785《声级计的电、声性能及测试方法》中对 1 型声级计的要求。该仪器通过黑龙江省计量检定所鉴定合格，并在有效期内。

被测试的设备为各企业生产的 MJ90 型精密裁板锯，它是由床身、固定工作台、移动工作台、切削部分和导向装置等组成，如图 1 所示。精密裁板锯的主要结构特点是使用两个锯片，即主锯片和划线锯片。当进行切削加工时，划线锯提前进行锯切，在被加工板件的底面先锯划出深度为 1 ~ 2mm 的沟槽，以保证主锯片切削时锯口边缘不会撕裂，从而获得良好的锯切质量。主锯片的转速一般为3 000 ~ 6 000r/min，主锯片与划线锯片的间距一般为 100mm 左右。

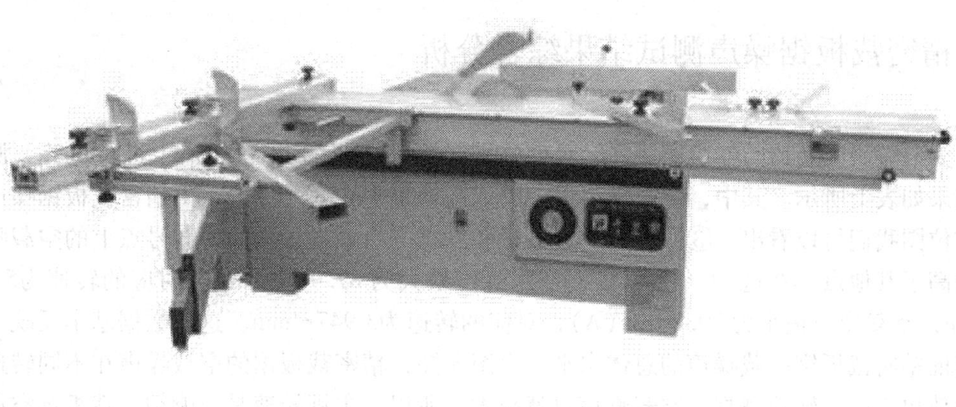

图 1　MJ90 型精密裁板锯

3 精密裁板锯噪声的测试方法

测量是按照 JB/T9953—1999《木工机床噪声声（压）级测量方法》标准进行的。被测量机床的轮廓表面距离四周墙面均大于 2m，并且在这一范围内没有大的反射面和障碍物。各测试点上的背景噪声（A 声级）均比被测机床相应的声（压）级低 10dB（A）以上。机床连续运转 15min 以上，以保证被测机床处于平稳正常的工作状态。如图 2 所示，测点与被测机床轮廓表面的垂直距离为 1m，距地面的垂直距离为 1.5m。绕被测机床一周，测量 8 点找出最大噪声位置。在各测量位置中，以测得的最大噪声级作为测量结果。

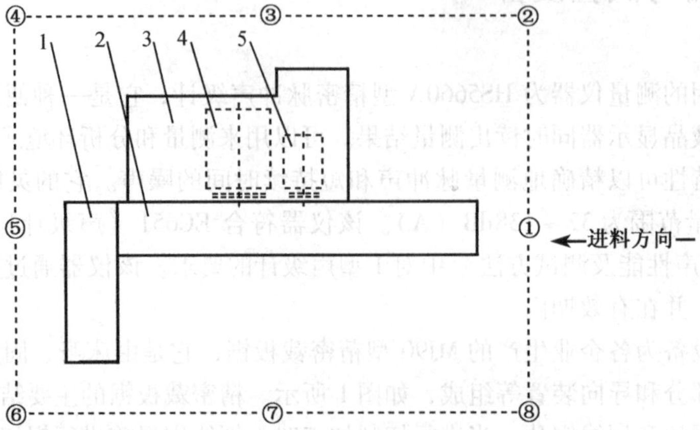

图 2 精密裁板锯噪声测试方位图

1. 托板台；2. 移动工作台；3. 固定工作台；4. 主锯电机；5. 副（画线）锯电机

4 精密裁板锯噪声测试结果综合分析

为分析研究转速与噪声的关系，我们分别在不同转速的 11 台机床上进行试验，测得的结果如表 1 所示。其中，空载噪声最大的点基本集中在③号点上，由精密裁板锯噪声测试方位图我们可以看出，③号点离主锯电机和副锯电机最近，从而使③号点上的空载噪声普遍高于其他点。在这 11 台机床中，空载噪声最大为 87.4dB（A），对应的转速为5 500 r/min；空载噪声最小为 79.0 dB（A），对应的转速为3 947r/min。这些数据基本反映了我国目前精密裁板锯空载噪声的总体水平。由图 3 知，精密裁板锯的空载噪声在不同转速时噪声值也不同，转速越高，空载噪声也就越大。所以，主锯转速是影响精密裁板锯空载噪声的最主要因素。

表 1　精密裁板锯空载噪声测试结果 [dB (A)]

序号	测试点								主锯转速 / (r/min)	测试结果
	①	②	③	④	⑤	⑥	⑦	⑧		
1	81.6	83.8	87.4	82.6	80.2	81.1	87.4	80.4	5 500	87.4
2	80.5	82.8	85.0	82.4	79.1	79.7	84.3	80.2	5 500	85.0
3	84.4	84.1	85.0	83.9	84.7	83.7	83.7	84.2	5 424	85.0
4	80.8	82.9	84.8	83.7	81.2	82.6	83.5	79.7	5 300	84.8
5	83.2	84.4	84.6	84.2	81.9	82.7	84.3	78.7	5 273	84.6
6	80.8	82.7	83.0	82.9	81.2	81.5	83.0	79.3	5 229	83.0
7	81.8	82.9	83.0	82.7	82.1	81.5	81.6	80.0	5 094	83.0
8	77.7	80.5	82.3	81.3	77.1	79.9	81.6	78.0	4 153	82.3
9	79.1	81.0	81.0	79.5	76.6	78.8	80.1	78.8	4 000	81.0
10	76.6	77.5	80.6	72.4	75.1	76.8	78.1	74.8	3 980	80.6
11	74.9	76.0	79.0	78.6	76.1	72.5	72.8	71.2	3 947	79.0

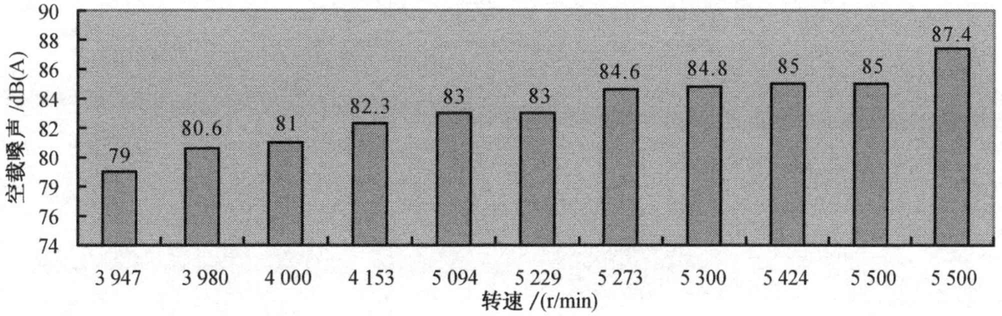

图 3　转速与空载噪声的关系

5　降低精密裁板锯噪声的途径

精密裁板锯空运转时发射的噪声主要包括结构振动噪声和空气动力性噪声，这两者发声的机理是完全不同的，因此减少空载噪声必须从这两方面入手。

结构振动噪声是由于主锯片系统的不平衡、主轴不同心、轴承松动等因素产生的。因此，保证主轴的同心度、主轴轴承的装配质量，使主锯片保持平衡，无疑都是有利于减少噪声的措施。此外，锯齿的刃磨也必须保证使锯片保持平衡，因为圆锯片处于高速旋转状态，在锯齿的刃磨处理中产生的任何不平衡，都可能导致锯片在旋转中激振力的加大，增加振动噪声。

空气动力性噪声是由于主锯片高速旋转时在其周围的区域形成了流动场，流动场和锯齿及主锯片本身的相互作用导致波动力场，这个波动力场产生空气动力性噪声。影响空气动力性噪声发射的主要因素有主锯片的旋转速度、锯齿齿数、锯齿及锯齿间隙的几何形状及尺寸参数等。因此，降低锯片转速、尽量采用齿数多的锯片等都会减少精密裁板锯的噪声。

6　结束语

综合以上对精密裁板锯噪声问题的探讨，我们可以得出以下结论。

（1）精密裁板锯所发射的噪声是多种噪声源起作用的结果，这些噪声发射的机理不同，在考虑减少噪声途径时，应从诸方面着眼，仅仅某一方面的措施未必能取得令人满意的效果。

（2）空运转时，精密裁板锯的噪声随主锯转速的增加而增高，因此，为了减少噪声，在满足加工要求的前提下，锯片的转速应尽可能地降低。

（3）在装配时，保证主轴的同心度，使旋转的锯片保持平衡，这也是减少噪声的有效措施。

木工机械整机检测的规则及方法

1 概述

木工机械是指从原木锯解到加工成木制品的整个加工过程中所使用的各种机器。按照国家标准 GB7635 的规定，木工机床、人造板及木质纤维加工设备、木材处理机械（包括木材进行干燥、防腐等的设备）均属于木工机械范畴。

依据我国现行标准，将木工机床分为 12 个检验项目，分别是：

（1）附件与工具的检验；

（2）外观质量检验；

（3）参数、尺寸、标志、符合检验；

（4）机床结构检验；

（5）机床的空运转试验；

（6）机床负荷试验；

（7）机床振动试验；

（8）机床刚度检验；

（9）机床精度检验；

（10）机床的工作试验；

（11）寿命检验；

（12）其他检验。

我国现行标准将人造板机械分为 9 个检验项目，分别是：

（1）外观检验；

（2）参数、尺寸检验；

（3）附件和工具检验；

（4）空运转试验；

（5）负荷试验；

（6）精度检验；

（7）振动检验；

（8）刚度检验；

（9）其他检验。

木工机床和人造板机械的整机检验项目的项次虽然不同，但其检验的基本内容是相同的。

2 木工机械检验及方法

2.1 准备工作

设备检验前，必须将设备安置在适当的基础上，并按照制造厂的说明书调平。

为了润滑和温升在正常工作状态下评定设备，在检验时，应根据使用条件和制造厂的规定将设备空运转，使设备零部件达到适当的温度。

几何精度的检验可在设备静态下或空运转后进行。当有加载规定时，应按加载规定进行。

2.2 外观检验

我国将外观检验的检验项目，木工机床分为 11 条，人造板机械 9 条，其内容基本是相同的。

要求：

（1）外观表面不应有图样为规定的凸起、凹陷、粗糙不平和其他缺陷。

（2）防护罩应平整，不应翘曲、凸出和凹陷。

（3）零部件外露结合面的边缘应整齐、匀称，其错边量及不允称量不应超过表 1 的规定。

门、盖与设备的结合面应贴合，除产品标准或技术文件另有规定外，其贴合缝隙值不应大于表 1 的规定。

表 1 错边量及不匀称量、缝隙值及不均匀值 mm

结合面边缘及门、盖边长尺寸	≤500	>500～1 250	>1 250～3 150	>3 150
错边量	1.5	2	3	4
错位不均匀量	1	1	1.5	2
贴合缝隙值	1	1.5	2	–
缝隙不均匀值	1	1.5	2	–

注：当结合面边缘及门、盖边长尺寸的长、宽不一致时，可以按长边尺寸确定。

（4）外露零件表面不应有磕碰、锈蚀，螺钉、铆钉、销子端部不得有扭伤、锤伤等缺陷。

（5）金属手轮轮缘和操纵手柄表面应有防锈层。

（6）镀件、发蓝件、发黑件色调应一致，防护层不得有褪色、脱落现象。

（7）电气、液压、润滑、冷却、调供胶和热力系统的外露管道，应布置紧凑、排列整齐，便于操作和维修，必要时应用管夹固定。

（8）外露零件未加工表面应涂以油漆。符合 ZBJ50011（LY/T1379）等有关标准和技术文件的规定。

（9）各种标牌应清晰耐久，铭牌应固定在明显位置。标牌的固定位置应正确、平整牢固、不歪斜。

（10）外露的焊缝应修整平直、均匀。（木工机床）

（11）装入沉孔的螺钉不应突出零件表面，其头部与沉孔之间不应有明显的偏心。固定销一般应略突出于零件表面。螺栓尾端应略突出于螺母端面。（木工机床）

2.3 型号、名称和参数检验

2.3.1 型号的编制

（1）木工机床型号的编制

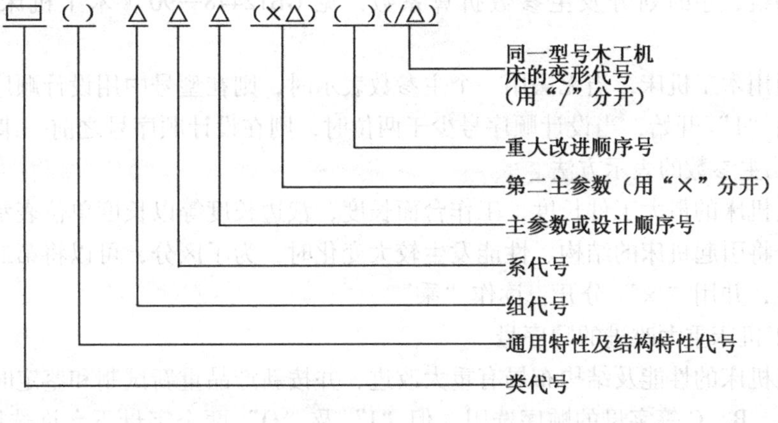

图1 木工机床型号的编制

①木工机床分类及其代号

木工机床分13类，用大写的汉语拼音字母表示如表2。

表2 木工机床分类及其代号

类别	木工锯机	木工刨床	木工铣床	木工钻床	木工榫槽机	木工车床	木工磨光机	木工联合机	木工接合组装和涂布机	木工辅机	木工手提机	木工多工序机床	其他木工机床
代号	MJ	MB	MX	MZ	MS	MC	MM	ML	MH	MF	MT	MD	MQ
读音	木锯	木刨	木铣	木钻	木榫	木车	木磨	木联	木合	木辅	木提	木多	木其

②木工机床的特性代号

木工机床的特性代号分为通用特性代号和结构特性代号。

木工机床的通用特性代号表示如表3。

表3 木工机床的通用特性代号

通用特性	自 动	半自动	数 控	数 显	仿 形	万 能	简 式	轻 型
代号	Z	B	K	X	F	W	J	Q
读音	自	半	控	显	仿	万	简	轻

为了区分主参数相同而结构不同的木工机床，在型号中加结构特性代号予以区分。

结构特性代号用大写的汉语拼音字母表示，但“I”、“O”两个字母不能作为结构特性代号。当通用特性代号与结构特性代号的汉语拼音出现相同时，结构特性代号用带括号的汉语拼音字母表示。在型号中结构特性代号应排在通用特性代号之后。

③木工机床的组、系代号及主参数

每类木工机床分为九个组，每个组又划分为十个系，用两位阿拉伯数字组成，位于类代号或特性代号之后。

型号中的主参数用折算值表示，位于组、系代号之后。当折算数值大于1时，则取整数，前面不加“0”。

机床的组、系的划分及主参数折算系数，见GB12448—90《木工机床型号编制方法》。

某些通用木工机床，当无法用一个主参数表示时，则在型号中用设计顺序号表示，设计顺序号由“1”开始，当设计顺序号少于两位时，则在设计顺序号之前一律加“0”。

④ 第二主参数的表示方法

当木工机床的最大工件长度，工作台面长度，裁边长度等以长度单位表示的第二主参数的变化，将引起机床的结构、性能发生较大变化时，为了区分，可以将第二主参数列于主参数之后，并用“×”分开，读作“乘”。

⑤ 木工机床重大改进的顺序号

当木工机床的性能及结构布局有重大改进，并按新产品重新试制和鉴定时，才在原型号之后按A、B、C等字母的顺序选用（但“I”及“O”两个字母不允许选用），以区别原型号。重大改进后的产品应代替原来的产品，是一种取代关系，两者不应长期并存。

⑥ 同一型号木工机床的变形代号

某种用途的通用木工机床。需要根据不同的加工对象，在基本型号的基础上，仅改变木工机床的部分性能结构时，则加变形代号。这类变形代号可在原型号之后加1，2，3，…等阿拉伯数字顺序号，并用“/”分开，读作“之”，以便与原型号区分（如图2所示）。

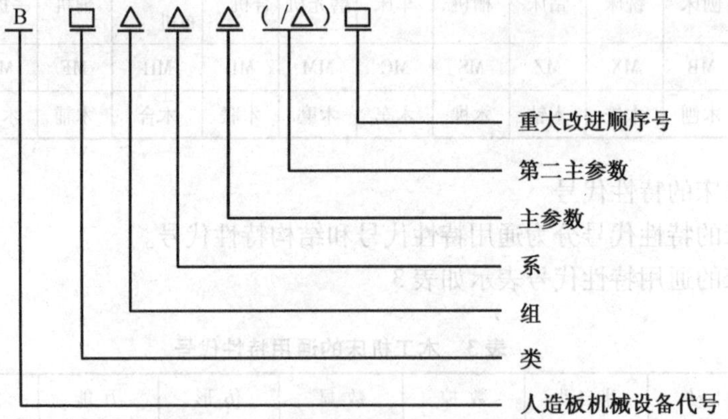

图2 人造板机械型号的编制

（2）人造板机械型号的编制

① 人造板机械设备的分类及类代号

人造板机械设备代号，用汉语拼音字母 B 表示。

人造板机械设备共分 39 类，类代号见表 4。

表 4　人造板机械设备的分类及类代号

序号	类别	代号	序号	类别	代号	序号	类别	代号
1	削片	X	14	刨切机	B	27	料仓	LC
2	铺装成型机	P	15	剪板机	J	28	分离器	FL
3	干燥机	G	16	挖孔补节机	K	29	电磁振动器	ZD
4	压机	Y	17	拼缝机	PF	30	磁选装置	CX
5	裁边机	C	18	组坯机	ZP	31	升降台	SJ
6	砂光机	SG	19	磨浆机	M	32	堆拆垛机	DD
7	施胶机	S	20	后处理设备	H	33	计量称	JL
8	专用运输机	ZY	21	横截机	HJ	34	浸渍干燥机	JG
9	分选机	F	22	装卸机	ZX	35	磨刀机	MD
10	剥皮机	BP	23	分板机	FB	36	容器	R
11	定心机	D	24	冷却翻板机	LF	37	浓度调节器	TJ
12	旋切机	XQ	25	垫板处理设备	CL	38	拼接板机	PB
13	卷板机	JB	26	木片清洗机	QX	39	其他	QT

② 人造板机械设备组、系代号

人造板机械设备组、系代号用一位阿拉伯数字表示，见 GB/T18003—1999《人造板机械设备型号编制方法》。

③ 主参数的表示方法

型号中的主参数用折算值表示，位于系代号之后。当折算值大于 1 时，前面不加“0”；当折算值小于 1 时，则取小数点后第一位数，并在前面加“0”。

主参数的计量单位，长度以 mm 计，压力以 MPa 计，功率以 kW 计，质量以 kg 计，容积以 m^3 计，速度以 m/min 计，线压力以 N/cm 计，生产能力以 m^2/h，m^3/h 或 t/h 计。

第二主参数置于主参数之后，用“/”分开。

④ 人造板机械设备重大改进顺序号

当人造板机械设备的性能及结构布局有重大改进时，在原型号之后按大写英文字母 A，B，C 等顺序标注（但“I”“O”两个字母不允许选用），加在原型号的尾部。

2.3.2　检验

要求：型号、名称应符合 GB12448（GB/T18003）的规定。

参数应符合相应机械参数标准的规定，其中重点是机械的主参数。

2.4 附件和工具的检验

要求：

机械应具备保证基本性能和安全操作的附件和工具，安装调整的附件和拆、装用的特殊工具应配齐，并随机供应。扩大机械使用性能的特殊附件，应根据用户要求，按协议供应。附件和工具一般应标有相应的标记或规格。

机械的附件和工具，应保证连接部位的互换性和使用性能。

2.5 空运转试验

空运转试验是在无负荷状态下运转机械，检验各机构的运转状态、安全性、温度变化（木工机床）、功率消耗、操纵机构动作。

要求：

动作试验

（1）检验启动、停止、制动、反转和点动等动作是否灵活、可靠；

（2）检验自动工作系统的调整和动作是否灵活、可靠；

（3）检验变速机构的动作是否灵活、准确、可靠；

（4）检验转位、走位机构的动作是否灵活、可靠；

（5）检验调整机构、夹紧机构、读数显示装置和其他附属装置的动作是否灵活、准确、可靠；

（6）手动进给操作：检验手动进给动作是否灵活、可靠。（木工机床）

安全防护、连锁、保险装置的检验

（1）按 GB12557（GB15760）和相应机械标准的规定检验安全装置是否齐全、灵活、可靠；

（2）检验连锁装置是否灵活、可靠；

（3）检验保险装置是否可靠；

（4）检验操纵机构的操纵力是否符合表 5 的规定。

表 5 操纵力 N

使用情况	操纵力
>25 次/班	40
5~25 次/班	60
<5 次/班	120

空载噪声检验

空载噪声的检验分为噪声声（压）级测定和噪声声功率级测定两种方法。

（1）测量仪器

a）应使用Ⅰ型声级计；

b）使用的 1/1 和 1/3 倍频程滤波器应符合 GB/T3241 的要求；

c）测量仪器和声级校准器应按国家有关规定定期检定；

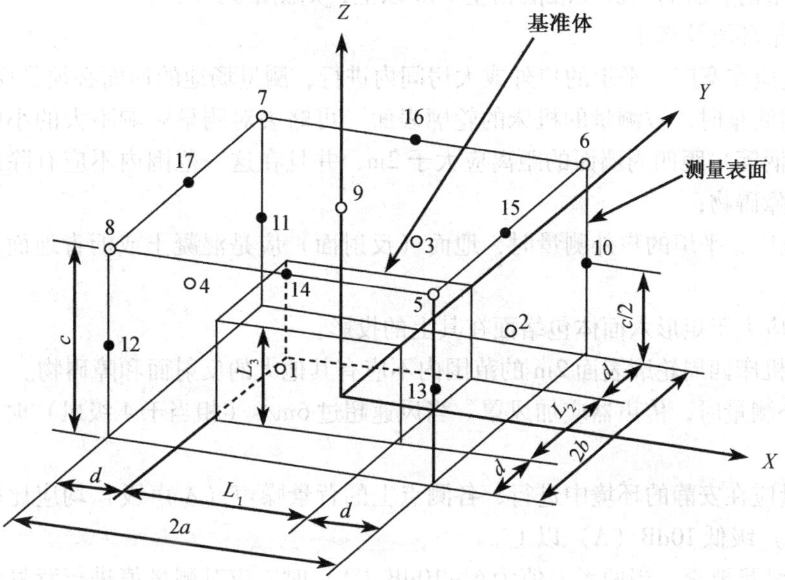

图3 噪声声功率级测定示意图

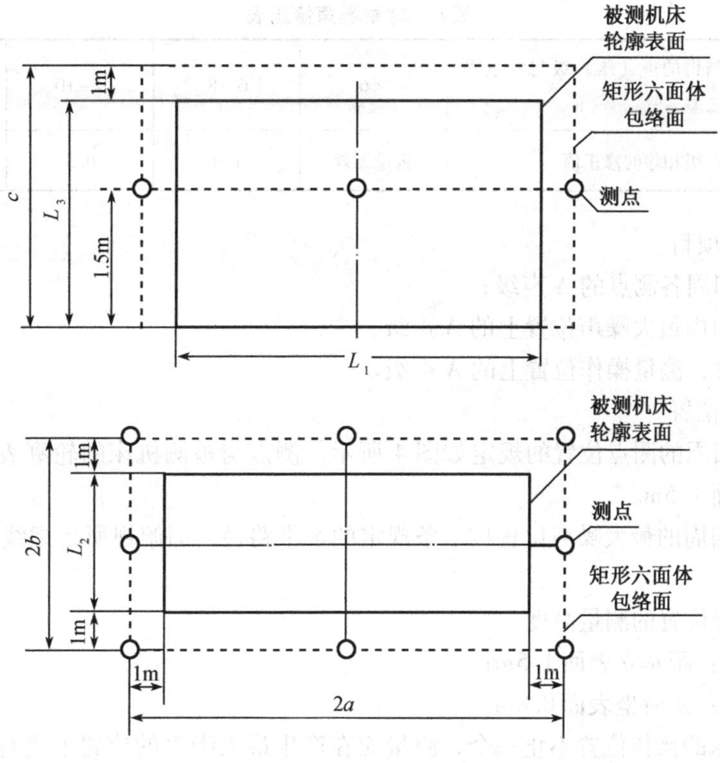

图4 噪声声（压）级测定示意图

d）每次测量前、后应使用准确度优于 ±0.5dB 声级校准器对包括传声器、延伸电缆在内的整个测量系统进行校准。

若在测量前、后的两次校准值相差 1dB 以上，则测量无效。

（2）测量环境及修正

a）测量应在宽广、平坦的户外或大房间内进行，测量场地的地面必须是反射面；

b）室内测量时，被测量的机床的轮廓表面（可略去对测量影响不大的小的突出部分如手轮、手柄等）距四周墙面的距离应大于 2m，并且在这一范围内不应有除地面以外大的反射面和障碍物；

c）在宽广、平坦的户外测量时，地面（反射面）应是混凝土或沥青地面，也可以是土地面。

反射面应大于矩形六面体包络面在其上的投影。

距被测机床四周轮廓表面 2m 的范围内不应有其他大的反射面和障碍物。

d）户外测量时，传声器应加风罩。当风速超过 6m/s（相当于 4 级风）时，不应进行测量。

e）测量应在安静的环境中进行，各测点上的背景噪声（A 声级）均应比被测机床相应的声（压）级低 10dB（A）以上。

若不能满足要求，当两者差值为 6~10dB（A）时，应对测量值进行背景噪声影响的修正，背景噪声修正值按表 6 规定。

表 6 背景噪声修正表 dB（A）

被测机床运转时测得的声（压）级与背景噪声的声（压）级之差	<6	6~8	9~10	>10
从测得的声（压）级扣除的修正值	测量无效	1.0	0.5	0

（3）测量项目

a）机床四周各测点的 A 声级；

b）机床四周最大噪声位置上的 A 声级；

c）需要时，测量操作位置上的 A 声级。

（4）测点位置

a）机床四周的测点位置的规定如图 4 所示。测点与被测机床的轮廓表面的垂直距离为 1m，距地面 1.5m。

b）机床四周的最大噪声位置按上条规定的水平路径，即俯视所示虚线上的 A 声级最大的一点。

c）操作者位置的测量高度

站姿操作：距站立表面 1.5m；

坐姿操作：距所坐表面 0.8m。

d）若机床的操作位置不止一个，测量应在产生最大噪声的位置上进行，其位置应处于操作者进行操作所经过的有效路径上。

空运转功率检验（抽检）

在机械主运动机构各级速度空运转至功率稳定后，检验主传动系统的空运转功率。对于进给运动与主运动分开的机床，必要时还要检查进给系统的空运转功率。检验结果不得超过有关标准的规定。

电气系统检验

电气系统检验有一单独讲座，这里不再重复。

液压、气动、冷却、润滑、调供胶和热力系统检验

（1）液压系统应符合 GB/T3766 的有关规定。（标准规定较多，作为木工机械的整机检验，检验其工作的可靠性及密封性就可以）

（2）气动系统应符合 GB/T7932 的有关规定。（标准规定较多，作为木工机械的整机检验，检验其工作的可靠性及密封性就可以）

（3）冷却系统应保证冷却充分、可靠，密封无泄漏。

（4）润滑系统应符合 GB/T6576 的有关规定。应有观察供油情况的装置和指示油位的油标。应保证机械润滑良好。

（5）调供胶系统应有可靠的计量装置，并满足生产工艺要求。

（6）热力系统应具有密封、隔热设施，并按生产工艺要求稳定供热。

生产线联动（人造板机械）

在确认每台机械合格后，进行生产线联动，联动时间不应少于 2h。检验各机械工作节拍是否匹配，各机构动作是否协调、可靠。

温升检验（木工机床在空运转试验时检验，人造板机械在负荷试验时检验）

在轴承达到稳定温度时，检验轴承的温度和温升，其值不应超过表 7 的规定。

表 7　轴承的温度和温升　℃

轴承形式	温　度	温　升
滑动轴承	60	30
滚动轴承	70	40

2.6　负荷试验

负荷试验是检验机械在负荷状态下运转时的工作性能和可靠性，以及温度变化、噪声、润滑和密封等状况。

2.6.1　试验条件

（1）负荷试验应在空运转试验合格后进行；

（2）试验应按设计的工艺参数在加工对象（原料或半成品）达到相应质量要求的条件下进行。

2.6.2　要求

（1）所有机构，电气、液压、冷却、润滑、调供胶和热力系统以及安全防护装置等均应正常工作。

（2）生产线应检验各机械工作节拍是否匹配，各机构的动作是否协调、可靠。

（3）最大功率检验：选择适当的工艺参数，使机械承受最大负荷，检验机械的最大功率。检验机械的结构稳定性以及电气系统等工作是否可靠。（抽检）

（4）负荷噪声测定：其测定方法同空载噪声测定，标准中暂无负荷噪声规定值。

（5）主传动系统扭矩试验（木工机床）。

试验时，在小于、等于机床设计范围内选一适当转速，逐渐改变进给量或切削深度，使机床达到规定扭矩。检验机床传动系统各传动元件和变速机构是否可靠，以及机床是否平稳和运动是否准确。

2.7　精度检验

2.7.1　几何精度的检验

（1）直线度检验

直线度的几何精度检验包括：

a）在一平面内一条线或在空间一条线的直线度；

b）零部件的直线度；

c）直线运动。

① 平尺、量块和塞尺检验：在被检表面线上放置两等高量块，平尺支承于其上（图5）。用另一略低于该等高量块的量块和塞尺检验被检线与平尺检验面之间的间隙，在测量长度上所测到的间隙的最大差值为直线度数值。

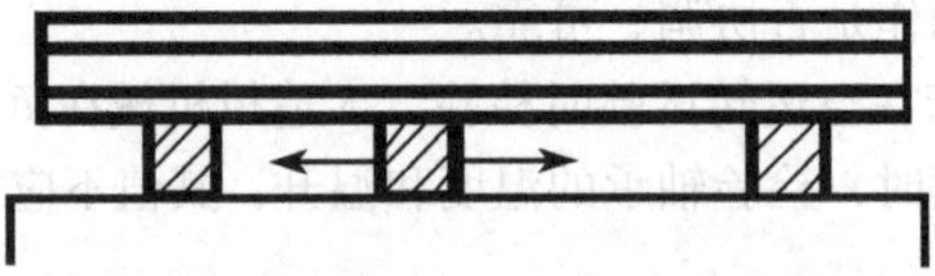

图5　平尺、量块和塞尺检验

② 平尺（或刀口尺）和塞尺检验：将平尺（或刀口尺）直接与被检表面接触（图6）并使得被检线两端点与平尺（或刀口尺）之间的间隙相等，用塞尺检验被检线与平尺检验面（或刀口尺）之间的间隙，在测量长度上所测得的最大间隙为直线度数值。

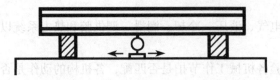

图6　平尺和塞尺检验

③ 平尺、量块和指示表检验：将两等高量块置于被检面上，平尺支承于其上。装有指示表的表座与被检线接触，指示表测头垂直触及平尺的检验面上（图7），沿被检线移动表座。在测量长度上指示表读数的最大差值为直线度数值。

图7　平尺、量块和指示检验

④ 精密水平仪检验：被检线为近似水平时，将水平仪放置在跨距为 d 的桥板上，沿

被检线作检验（图 8），纪录水平仪的读数，求其直线度数值。

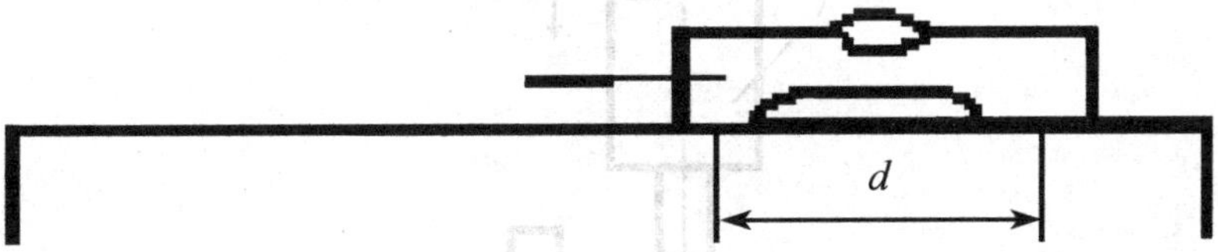

图 8　精密水平仪检验

⑤ 自准直仪检验：将反射镜放在被检线上，自准直仪固定于被检件外的支架上，移动反射镜（图 9）作检验，纪录自准直仪的读数，求其直线度数值。

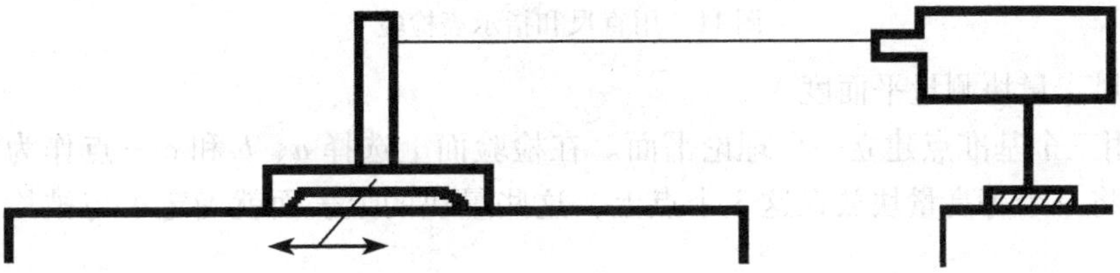

图 9　自准直仪检验

⑥ 平尺和指示表检验：检验与运动部件运动方向垂直平面内的运动直线度时，将平尺沿运动部件的运动方向放置在一固定部件（检验时不移动的部件）上，在测量行程内调整平尺两端与该部件的间隙相等，指示表固定在运动部件上，其测头垂直触及平尺的检验面。按规定的测量长度移动运动部件，指示表读数的最大差值为运动直线度数值（图 10）。

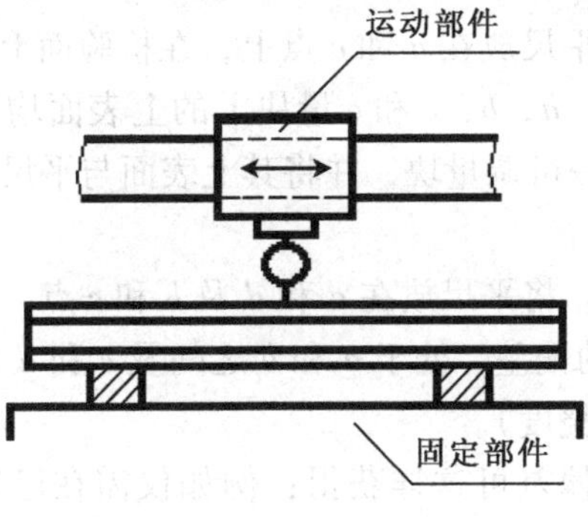

图 10　平尺和指示表检验

⑦ 用角尺和指示表检验：将角尺沿运动部件的运动方向放置在一部件（B 部件）上，指示表固定在另一部件（A 部件）上，其侧头垂直触及角尺的检验面（图 11）。调整角尺，使得在被检运动部件测量行程的两端时指示表的读数相等。按规定的测量长度移动运动部件，指示表读数的最大差值为运动直线度数值。

（2）平面度检验

进行平面度检验时，被检表面周边被截面离被检表面四周距离一般取 0. 05 L 。

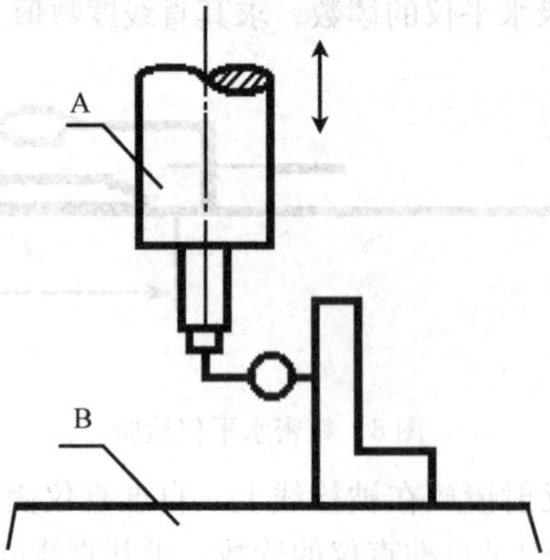

图 11　用直尺和指示表检验

① 平尺、量块测量平面度

首先用三个基准点建立一个理论平面。在检验面上选择 *a*、*b* 和 *c* 三点作为零位标记（图 12），将三个等高量块放在这 3 个点上，这些量块的上表面就确定了与被检面作比较的基准面。

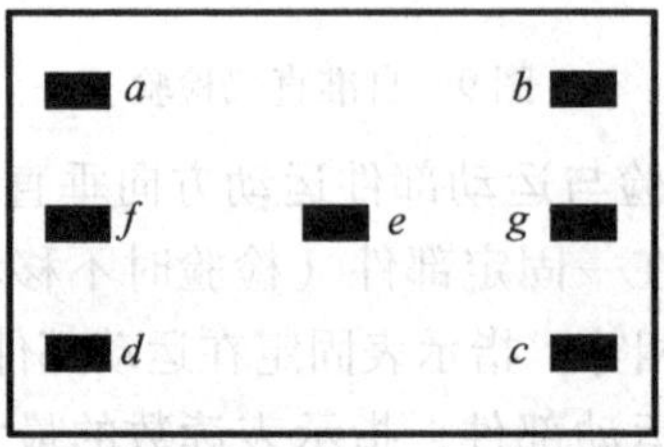

图 12　平面度检验

基准面内 *d* 点选定。将平尺放在 *a* 和 *c* 点上，在检验面上的 *e* 点放一可调量块，使其与平尺的下表面接触。这时，*a*，*b*，*c* 和 *e* 量块上的上表面均处在同一平面内。在将平尺放在 *b* 和 *e* 点上，在 *d* 点放一可调量块，并将其上表面与平尺下表面接触，这时 *d* 点亦在给定平面内。

基准面内其他各点选定。将平尺放在 *a* 和 *d* 及 *b* 和 *c* 点，即能找到被检面上处于 *a* 和 *d* 之间及 *b* 和 *c* 之间的各点的偏差。处于 *a* 和 *b* 之间及 *c* 和 *d* 之间的偏差可用同样的方法找到（必要时，应考虑平尺挠度）。

矩形和正方形内的点的偏差可这样获得：例如仅需在已知的 *f* 和 *g* 点上放置可调量块，将可调量块调到该点距基准面的准确高度，平尺置于其上，用可调量块既可测量出该表面与平尺之间的偏差。各测点间的最大差值即为该面的平面度数值。

② 精密水平仪测量平面度

用水平仪检验平面度时，被检面一般按网格布点（如图 13）。*OX* 和 *OY* 最好能选择成互相垂直并平行于被检平面的相应轮廓线。在这种情况下，在同一方向各截面的测量应按同一个测量基准进行（如水平仪任意一个基准刻度）。检验从被检面上的交点 *O* 开始按 4.2.1.2.3 中规定的方法测量 *OA* 截面和 *OC* 截面，而后测量 *O′A′*，*O″A″*，*CB* 各截面，获

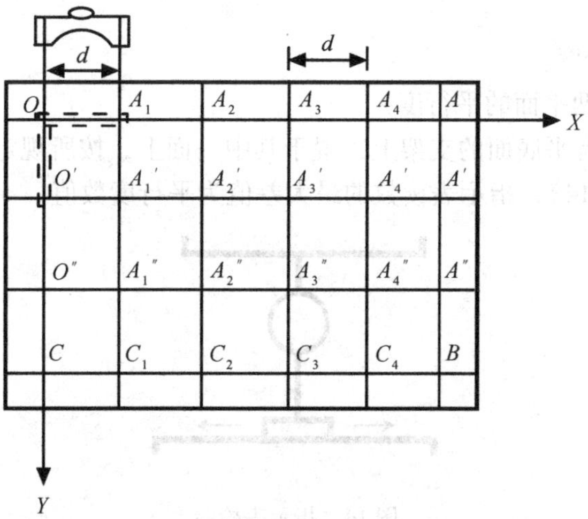

图 13　水平仪检验平面度

得各测点相对读数（格）。如果必要可沿 A_1C_1，A_2C_2，A_3C_3 等截面作辅助检验，以验证上述测量结果。

然后，可按下式求得各截面上的各测点对通过相应截面的起始测点的测量基准平面的累计线值高度差（如 $O'A'$截面的测量起点为 O' 点）

$$\delta H = \lambda d_n \sum_{i=1}^{n} a_i$$

式中：λ ——水平仪的分度值，如$\frac{0.02}{1\ 000}$，rad；

d_n——测量平面 n 时水平仪每次移动的距离（桥板跨距）；

i——测点序号；

α_i ——第 i 测段上的水平仪读数（格）；

n——测量截面序号（或代号）。

而后，再求得各测点相对于经过整个平面的测量起始点 O 的测量基准平面的累计高度差 ΔH_i。例如对于 A'点：

$$\Delta H_{A'} = \delta H_{A'}^{O'A'} + \Delta H_{O'}^{OC}$$

最后通过旋转法，是被检表面上三个交点（即基准点，如 O，A，C）的数值为零，可求得。

各测点相对于评定基准面的平面度偏差 Δ_1。如被测表面绕 OY 轴转过 ΔH_A 而使得 A 点的数值为零，并沿测量方向按比例修正各测点的数值；再绕 OX 轴转过 ΔH_C 使得 C 点的数值为零，再次沿旋转方向按比例修正各测点的数值，而获得各测点的平面度偏差 Δ_1。

所求出的各测点的平面度偏差的最大代数差（ $\Delta_{max} - \Delta_{min}$ ）为该平面的平面度数值。

（3）平行度、等距度、同轴度和重合度检验

这些测量包括以下内容：

a）线和面的平行度；

b）运动的平行度；

c）等距度；

d）同轴度或重合度。

①指示表检验（两平面的平行度）

指示表安装在具有平底面的支架上，置于其中一面上，按所规定的范围移动，测头垂直触及第二平面（图 14），指示表读数的最大差值为平行度数值。

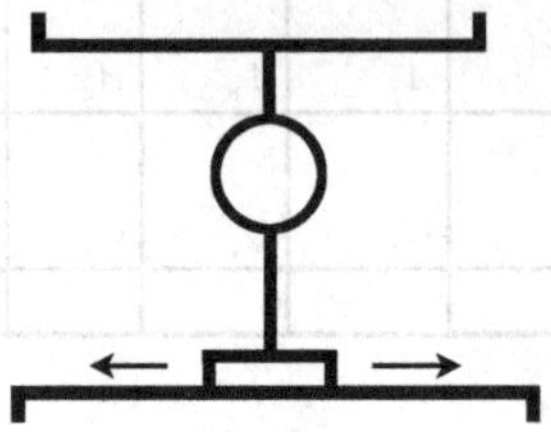

图 14　指示表检验

②指示表和检验圆盘检验（两平面的平行度）

如其中一个平面为旋转平面（图 15）中的锯片平面时，应用检验圆盘代替旋转平面，用指示表按上述方法检验，然后使检验圆盘随旋转轴旋转，在每隔 90°的位置上重复上述检验，误差以 4 次检验结果中的最大值计。

③精密水平仪检验（两平面的平行度）

将水平仪分别放置在各自平面的桥板上，在规定的范围内进行测量，水平仪读数的最大差值为平行度数值（图 16）。

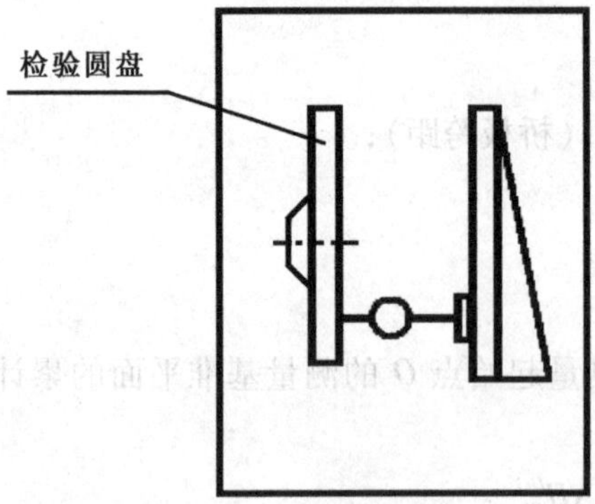

图 15　指示表和检验圆盘检验

图 16　精密水平仪检验

④指示表检验（两轴线的平行度）

指示表安装在具有相应形状基面的支架上，支架沿代表其中一轴线的圆柱面滑动，测头垂直触及代表第二根轴线的圆柱面，指示表读数的最大差值为平行度数值。

为了测定任意点两轴线间的最小读数，应将指示表在垂直于轴线的方向上慢慢地摆动（图 17）。必要时，测量中可考虑圆柱体在其必须承受的重量下所产生的挠度。

⑤水平仪和平尺（或专用桥板）检验（两轴线的平行度）

左右两轴线在同一水平平面内时，可将一平尺放置于代替轴线的两圆柱面上，在平尺上放一水平仪来做相对理论平面的检验。如左右两轴线不在同一水平面内，则可使用一个专用桥板（图 18）。

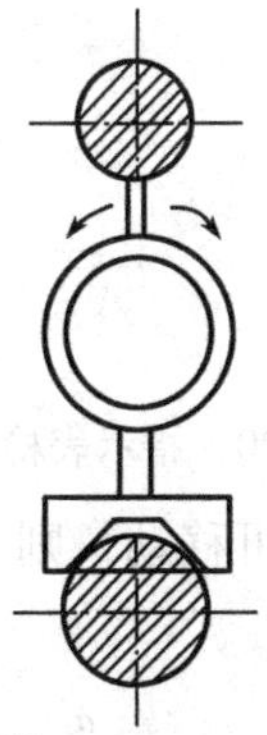

图 17　指示表检验

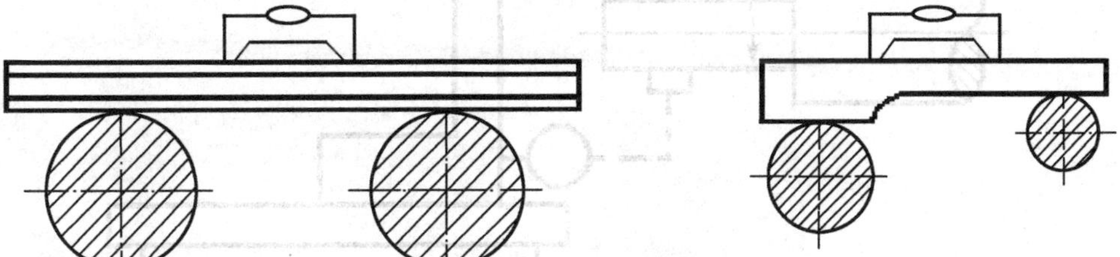

图 18　水平仪和平尺

⑥指示表检验，或用指示表和检验棒检验（轴线对平面的平行度）

指示表装在平基面的支架上，使支架沿该平面按规定的范围移动，测头沿圆柱面表面滑动（图 19）。指示表读数的最大差值为平行度数值。

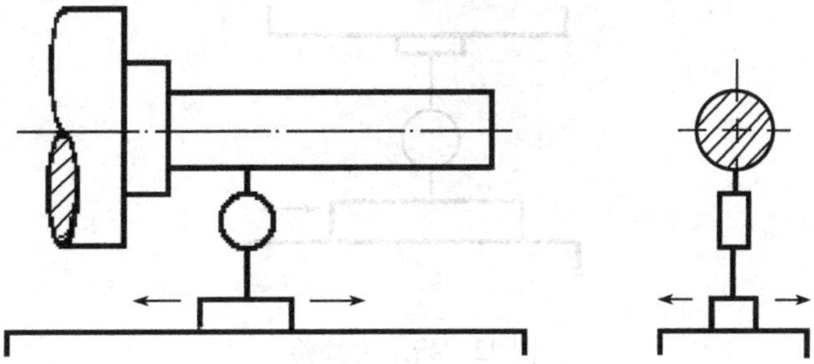

图 19　指示表检验，或用指示表和检验棒检验

当被检验轴线为内表面时，应使用检验棒代替轴线。在每一测点上，通过在垂直于该轴线的方向上慢慢移动指示表来找到最小距离。在轴线位置能摆动的情况下，在中间位置和两极限位置检验即可（图 20）。

⑦指示表和角尺检验（轴线对平面的平行度）

在平面上，正对轴线方向放置一角尺，指示表支架固定在代替轴线的圆柱面上，测头触及在离轴线一定距离的 a 点上，旋转 180°在 b 点上测取数值。指示表在 a，b 两点读数

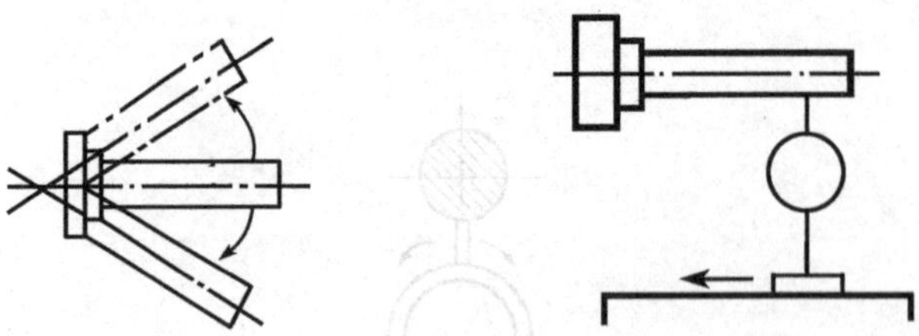

图 20　指示表检验

的差值为平行度数值（图 21）。若轴线可移动，则一般应在其行程的两端和中间进行上述检验。

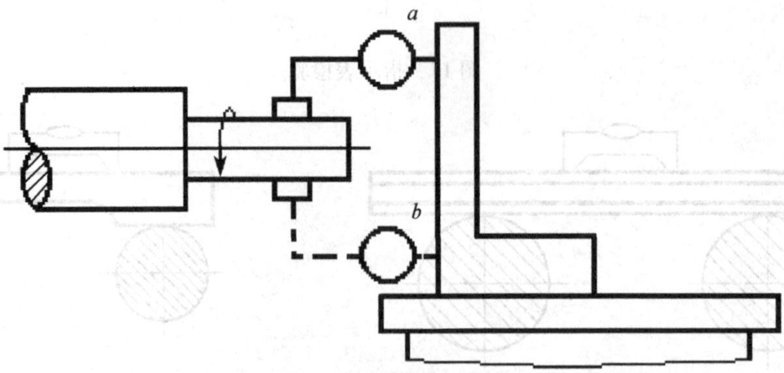

图 21　指示表和角尺检验

⑧指示表检验（运动轨迹和平面的平行度）

指示表固定在机床的固定部件上，使其测头垂直触及被测面，按规定的范围移动运动部件（图 22），指示表读数的最大差值为平行度数值。

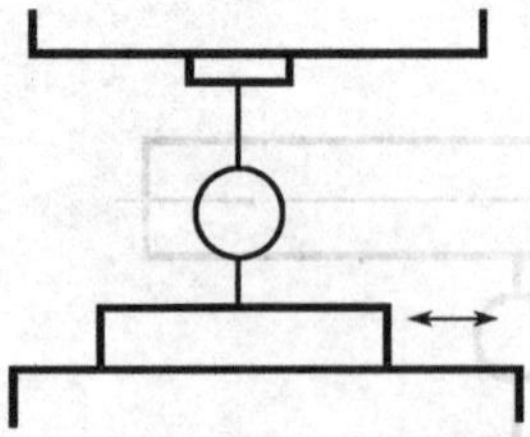

图 22　指示表检验

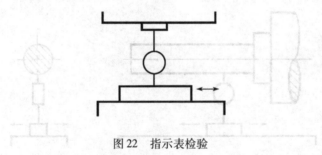

⑨指示表检验（运动轨迹对轴线的平行度）

指示表固定在运动部件上，随运动部件一起按规定的范围移动，测头沿代表轴线的圆柱面或检验棒上滑动（图 23），指示表读数的最大差值为平行度数值。

对于轴线转动情况，应使其处于平均位置。

⑩等距度检验

两轴线（或由一轴线回转而形成的两轴线）对一平面等距度的检验实际是平行度检验。这个检验首先是检查该两轴线是否平行于该平面，然后，用一直是其在代表两轴线的圆柱体上，检查它们与该平面的距离是否相等（图 24）。

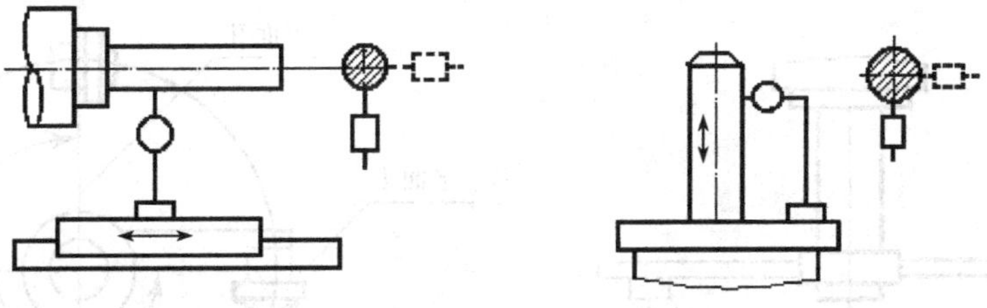

图 23　指示表检验

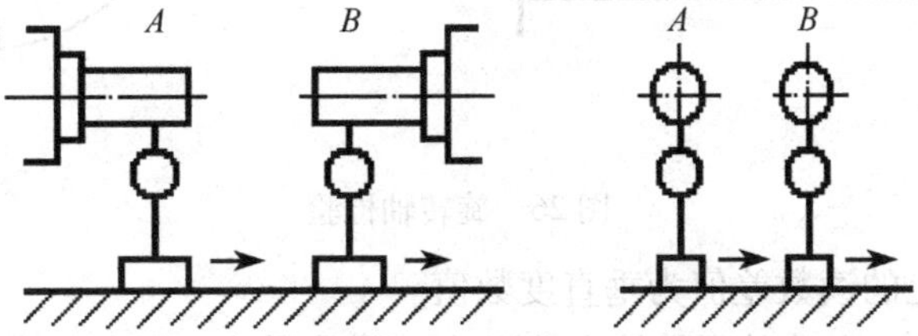

图 24　等距度检验

如果这两圆柱体不相同，则应把被检验截面的半径差值计算进去。

⑪同轴度或重合度检验

指示表装在一个支架上，并围绕着一轴线回转 360°，使指示表的测头触及代替第二根轴线圆柱体的规定截面 A 上（图 25），指示表读数的最大差值为同轴度误差的 2 倍，还应于 A 截面距离为 L 处的 B 截面进行检验，取 A 与 B 测量结果中大者为测定值。

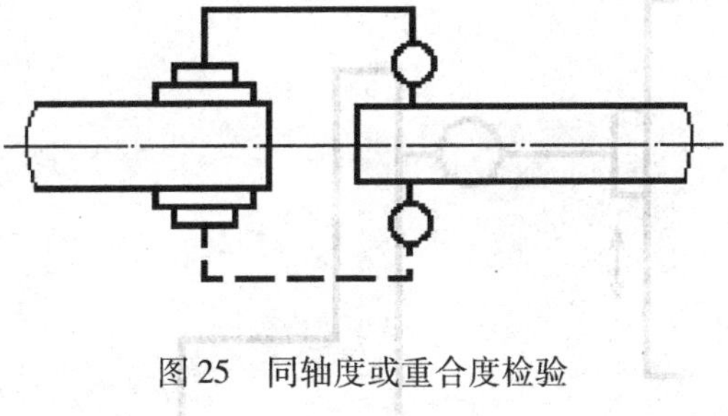

图 25　同轴度或重合度检验

(4) 垂直度检验

垂直度检验包括：

直线和平面的垂直度；

运动的垂直度。

① 旋转轴检验

对于旋转的轴可以采用如下的方法：

将带有指示表的表杆装在主轴上，并将指示表的测头调至平行于旋转轴线。当主轴旋转时，指示表便画出一个圆，其圆平面垂直于旋转轴线。用指示表测头检验平面，就可确定该平面与被检平面间的平行度偏差，这个偏差要表明指示表的旋转圆的直径（图 26）。

a) 如果没有规定测量平面，将指示表旋转 360°，取指示表读数的最大差值为垂直度数值；

b) 如果规定了测量平面（如平面 Ⅰ 和平面 Ⅱ），则应分别在每个面内纪录指示表在相

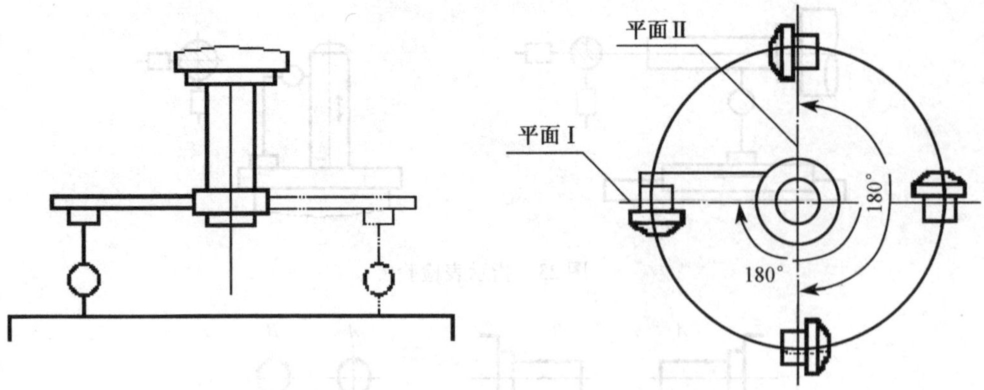

图 26 旋转轴检验

隔 180°的两个位置上的读数差值为垂直度数值。

为了消除主轴轴向窜动对测量精度的影响，可采用具有两个相等臂杆的夹具，以便在相隔 180°处安装两个指示表，取它们读数的平均值。

也可仅用一个指示表进行检验。在第一次检验后，将检验工具相对于主轴转过 180°再重复检验一次。

② 角尺和指示表检验（两平面间的垂直度）

将标准角尺放在一个被检平面上（图 27），用指示表按有关平行度的检验方法，检验角尺长边对另一被检平面的平行度，取指示表读数的最大差值为垂直度数值。

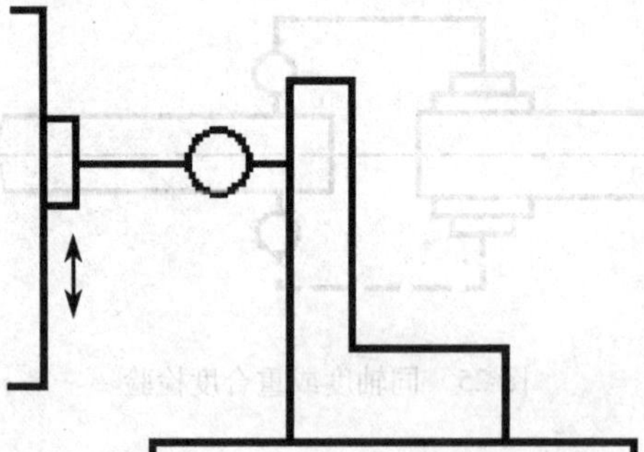

图 27 角尺和指示表检验

③ 角尺和塞尺检验（两平面间的垂直度）

将标准角尺放在一个被检平面上（图 28），使角尺长边的检验面靠在另一被检平面上，用塞尺检验其间隙，所测得的最大间隙为垂直度数值。

④ 两轴线间的垂直度（两轴线均为固定的轴线）

将具有 V 形基座的角尺放在代表其中的一条轴线的圆柱面上（图 29），按有关平行度的测量方法测量角尺悬边和第二条轴线间的平行度。

⑤ 两轴线间的垂直度（其中一轴线是旋转轴线）

将指示表装在与代表旋转轴线的检验棒相配合的一个角形表杆上，并使它和代表另一

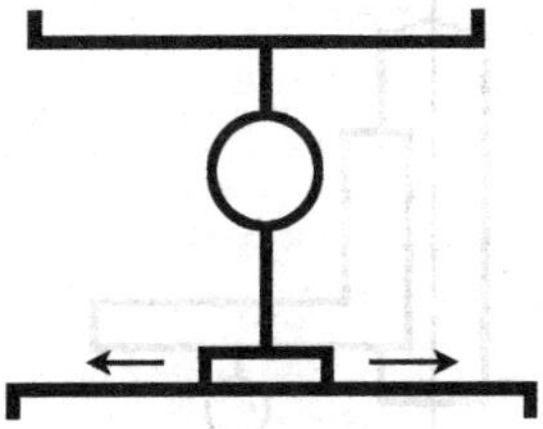

图 28　角尺和塞尺检验

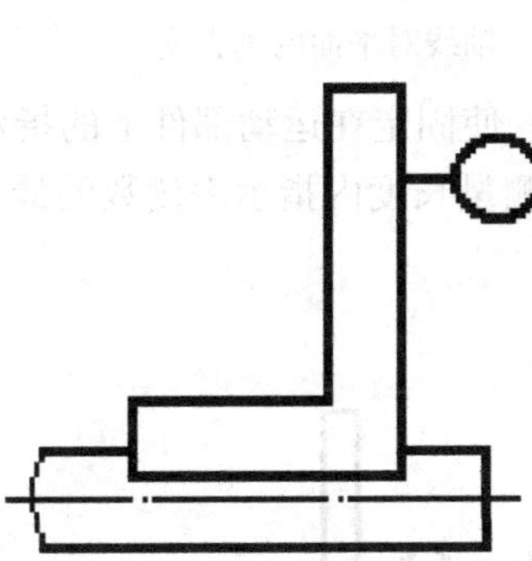

图 29　两轴线间的垂直度

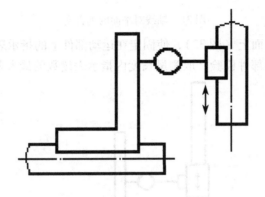

轴线的圆柱面上的 A 和 B 两点接触（测头应垂直另一轴线），指示表在 A 和 B 读数的最大差值为垂直度数值（图 30）。

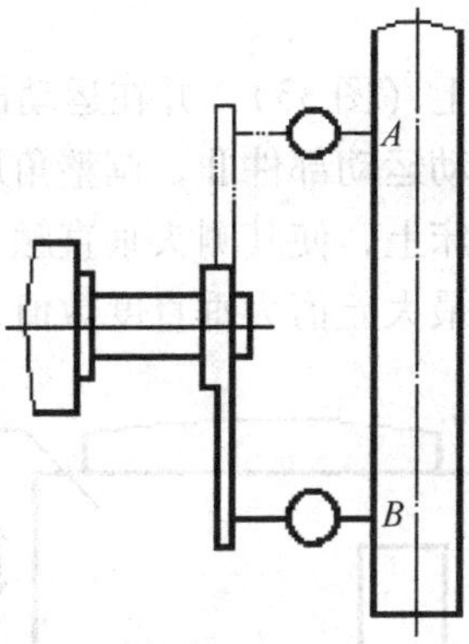

图 30　两轴线间的垂直度

如果第二条轴线也是旋转轴线，则使代表该轴线的圆柱面在测量平面内处于径向跳动平均位置，按有关平行度的测量方法测量。

⑥ 轴线对平面的垂直度

将具有 V 形基座的角尺靠在代替该轴线的圆柱面上（图 31），然后将指示表装在支架上，并在平面上按所规定的范围移动，指示表测头则沿着角尺长边检验面滑动，所测得指示表读数的最大差值为垂直度数值。

⑦ 一点的轨迹和一平面的垂直度

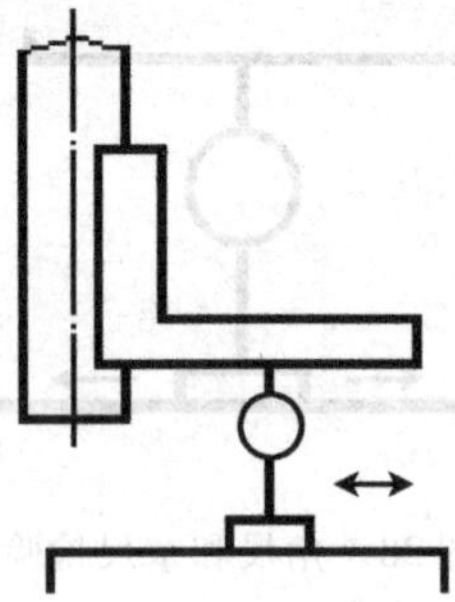

图 31　轴线对平面的垂直度

将角尺放在被检平面上（图 32），使固定在运动部件上的指示表测头垂直触及角尺长边检验面上，移动运动部件检验，取测量长度内指示表读数的最大差值为垂直度数值。

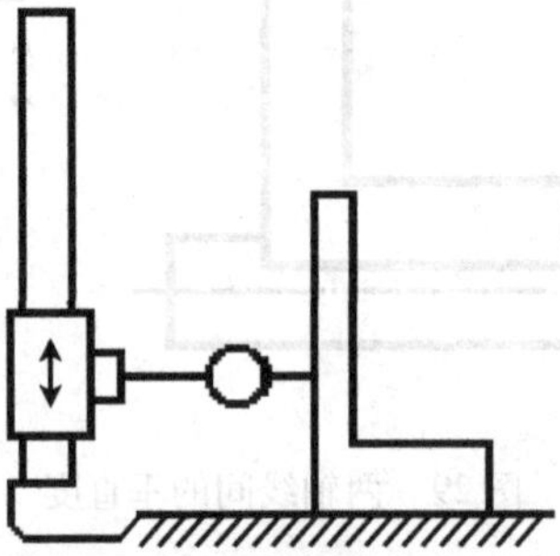

图 32　一点的轨迹和一平面的垂直度

⑧ 两个运动部件的垂直度

将角尺平放在被检运动部件Ⅰ上（图 33），并在运动部件Ⅱ上安装一指示表。使其测头垂直触及角尺长边检验面上。移动运动部件Ⅱ，调整角尺使之长边平行于运动部件Ⅱ的移动方向。然后将指示表固定在机床上，使其测头垂直触及角尺另一检验面，并按规定范围移动运动部件Ⅰ，指示表读数的最大差值为垂直度数值。

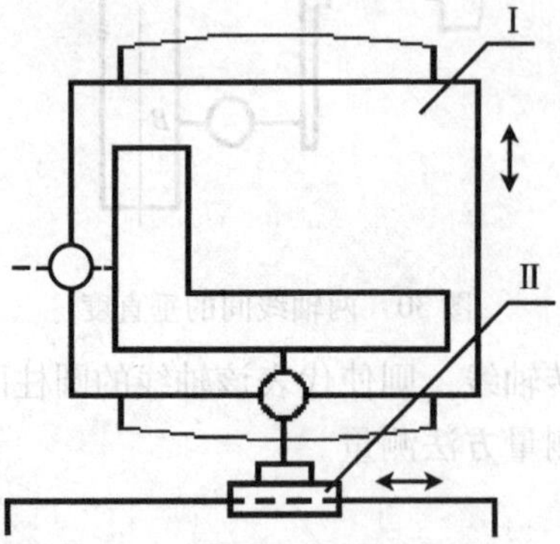

图 33　两个运动部件的垂直度

(5) 旋转

这些与旋转有关的测量包括以下内容：

a）径向圆跳动；

b）周期性轴向窜动；

c）端面圆跳动。

①径向圆跳动

外表面的检验：

将指示表的测头垂直触及被检验的旋转表面，使主轴缓慢地旋转，指示表读数的最大差值为径向圆跳动数值（图 34）。

在检验主轴锥面的径向圆跳动，当主轴有任何轴向移动时，则被检验圆的直径就会变化，这时在锥面上测得的数值较实际大（图 35）。因此，只有当锥度不大时，可直接在锥面上测取径向跳动的误差，否则应考虑主轴的轴向窜动对测量结果的影响。

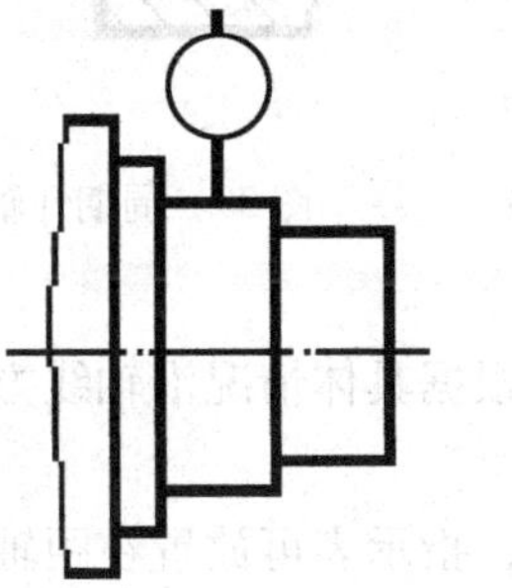

图 34　外表面的检验①

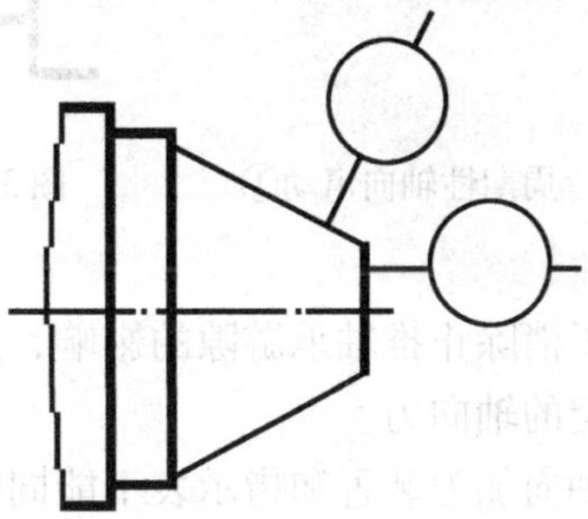

图 35　外表面的检验②

内表面的检验：

当圆柱孔或锥孔不能直接用指示表检验时，则可在该孔内装入检验棒，用检验棒伸出的圆柱部分按外表面的检验进行检验。

这种检验一般应在规定长度的 A 和 B 两个截面上检验（图 36）。

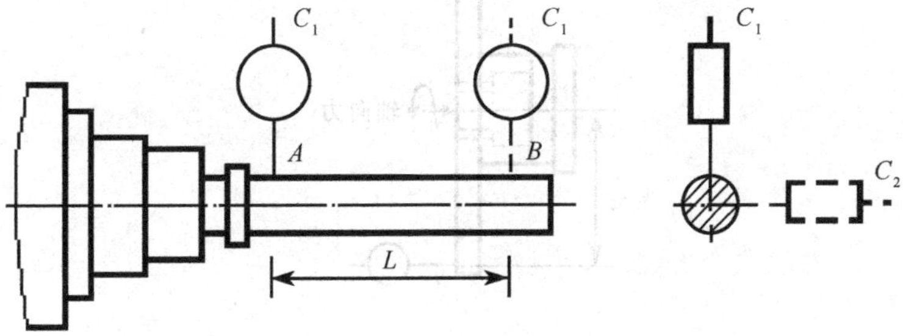

图 36　内表面的检验

如果仅在检验棒的一个截面上检验，则应规定该截面与轴端的相对位置。

为了消除插入孔内（特别是锥孔内）时检验棒的安装误差，每测量一次，需将检验棒相对于主轴孔旋转 90°重新插入，至少测量四次，误差以四次读数的算术平均值计。

每次检验应在垂直的轴向平面内和水平的轴向平面内分别进行（图 36）。

②周期性轴向窜动

将指示表测头垂直触及前端面的中心，并对准旋转轴线，将主轴慢速旋转，指示表读数的最大差值为轴向窜动数值。

如主轴是空心，则应安装一根带有垂直于轴线平面的短检验棒。将球形测头触及该平面进行检验（图37）。

也可用一根带球面的检验棒和平测头来检验（图38）。如主轴带中心孔，可放入一个钢球，用平测头触及其上检验（图39）。

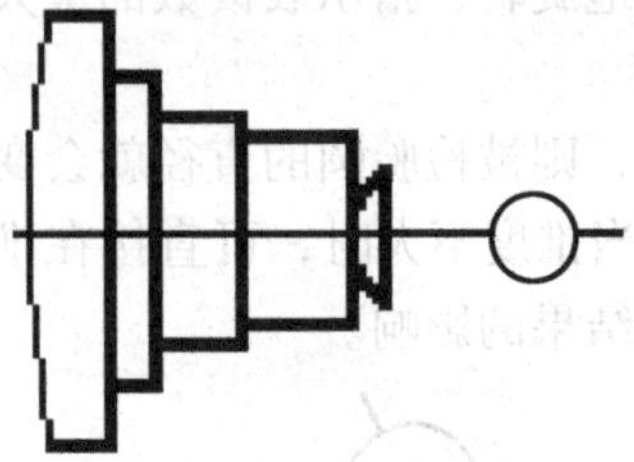
图37 周期性轴向窜动①

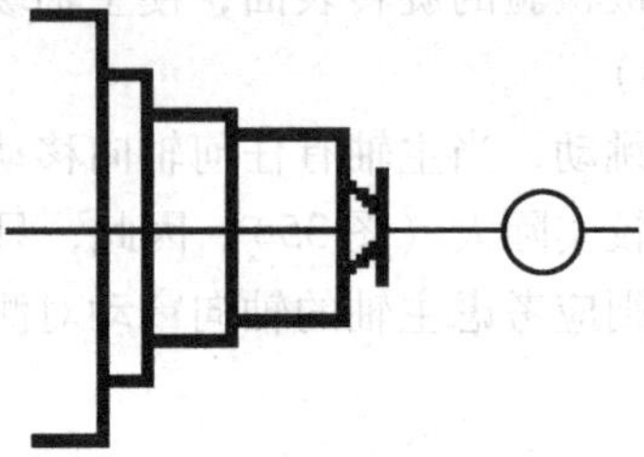
图38 周期性轴向窜动②

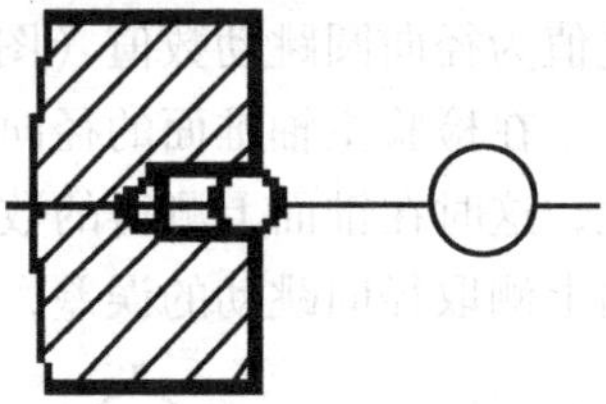
图39 周期性轴向窜动③

为了消除止推轴承游隙的影响，进行上述检验时应根据具体情况沿轴线方向对主轴施加一规定的轴向力。

当轴向加力装置和指示表不能同时安装在轴线上时，指示表可放置在距轴线很小的距离处，在相隔180°的两个位置上测取轴向窜动的近似值，两次读数的算术平均值为轴向窜动数值。

③端面圆跳动

在被检端面上使指示表测头垂直触及距旋转中心规定距离R处的A点上，低速旋转主轴（图40），指示表读数差值的最大值即为端面圆跳动数值。

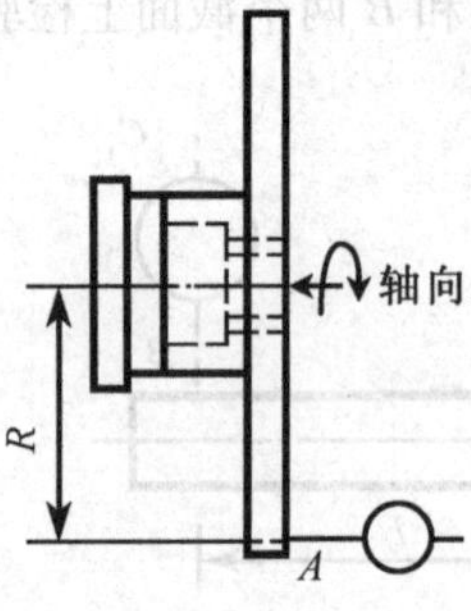

图40 端面圆跳动

2.7.2 工作精度检验

工作精度检验项目包括：

（1）试件直线度检验；

（2）试件平行度检验；

（3）试件垂直度检验；

（4）试件厚度均匀度检验；

（5）试件长度、宽度检验。

2.7.2.1 试件直线度检验

将平尺靠在工件被测面上，并使被测面两端与平尺距离相等，用塞尺测量其间隙，取最大间隙值作为直线度数值（图41）。

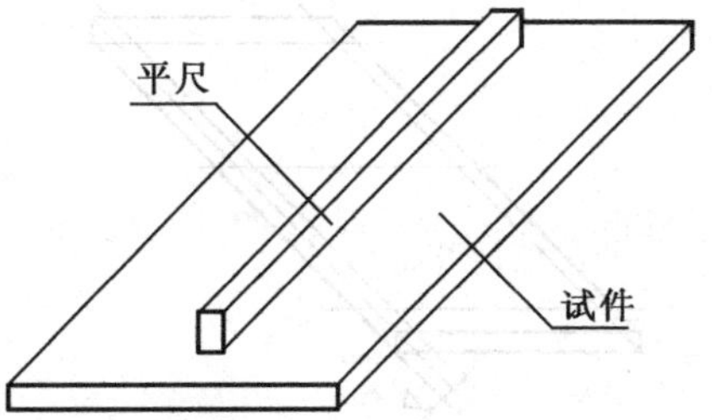

图41 试件直线度检验

2.7.2.2 试件平行度检验

用游标卡尺（钢卷尺）在被检面的全长的若干位置（至少在中间和两端的三个位置）上测取切削面与基准面（或另一切削面）这两个平行面之间的距离，取最大差值为平行度数值（图42）。

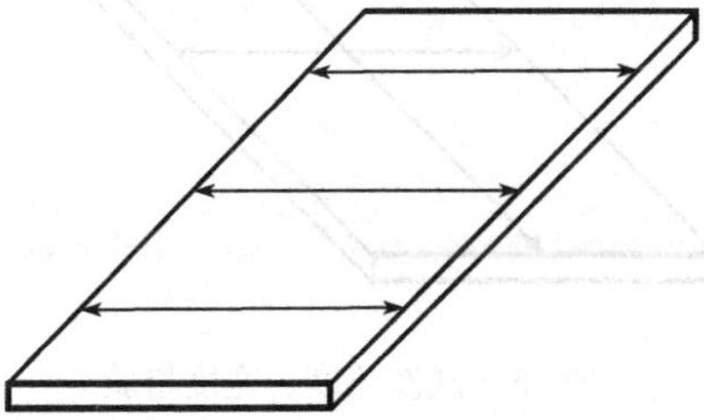

图42 试件平行度检验

2.7.2.3 试件垂直度检验

将工件基准面和角尺贴靠平尺，工件被测面与角尺相接触，用塞尺测量工件与角尺的间隙，其最大间隙为垂直度数值（图43）。

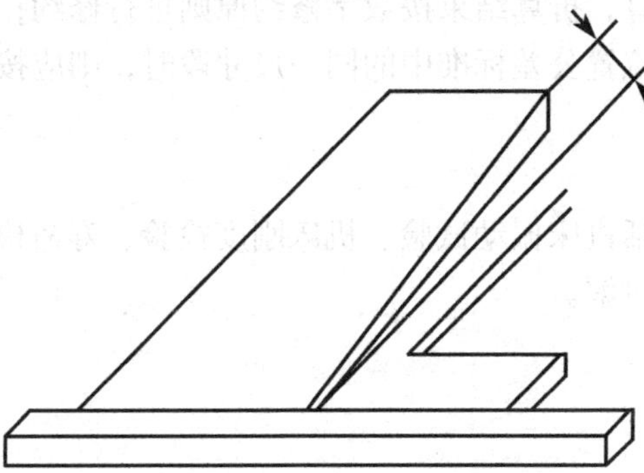

图43 试件垂直度检验

2.7.2.4　试件厚度均匀度检验

用千分尺（卡尺）在试件周边检验规定点的厚度，取最大差值为厚度均匀度读数值（图44）。

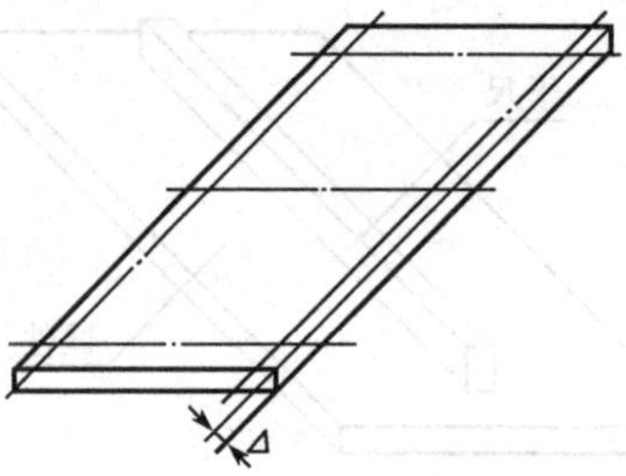

图44　试件厚度均匀度检验

2.7.2.5　试件长度、宽度检验

用游标卡尺（钢卷尺）测取试件中部的长度和宽度，其值为测定值（图45）。

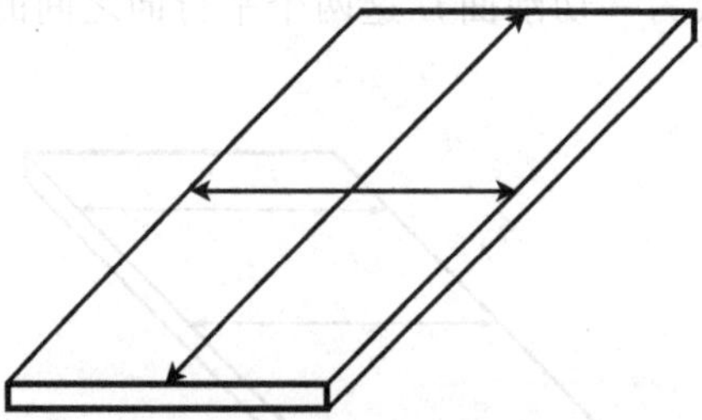

图45　试件长度、宽度检验

2.7.3　测量范围的选择

当实际的测量范围与规定的测量范围不同时，应采用下列规则。

（1）当实际的测量范围比规定的测量范围大时，可在实际的测量范围内任意选取规定的测量范围进行检验。如选取困难，可参照下条执行。

（2）当实际的测量范围比规定的测量范围小时，若处于形状和位置公差标准中同一尺寸段时，公差应按比例折算，折算结果按数字修约原则进行修约；若实际测量范围与规定的测量范围不处于形状和位置公差标准中的同一尺寸段时，则应按同等精度原则推算。

2.8　其他检验

其他类型的检验，包括机床振动试验、机床刚度检验、寿命检验在木工机械的现行标准中均无规定，这里不再讲解。

铺装机板坯容重均匀度检测方法的探讨

铺装机板坯容重均匀度，不仅是铺装机工作精度的主要指标和评价铺装机整机质量的主要指标，而且是成品板评价密度均匀度的决定性因素，其成品板密度均匀度的调整均是依靠调整铺装机的板坯容重均匀度来完成的。近年来，随着中密度纤维板和刨花板的广泛应用，铺装机板坯容重均匀度的检测得到生产厂家的广泛重视。因此，如何有效地检测铺装机板坯容重均匀度，具有很大的实用价值。

1 标准中铺装机板坯容重均匀度的检测方法

我国现有对铺装机板坯容重均匀度的检测方法是GB/T5051—2000《刨花铺装机通用技术条件》中4.4节规定的，其内容如下。

用边长为120mm的正方形铝（或铁）制容器（容积误差小于2%）若干组，按图1布置于成型运输带上，用单一树种、含水率不超过10%、未施胶的刨花进行铺装（铺装名义厚度为19mm），将铺装时落入容器内的刨花进行称重，并按下列公式计算板坯容重均匀度。

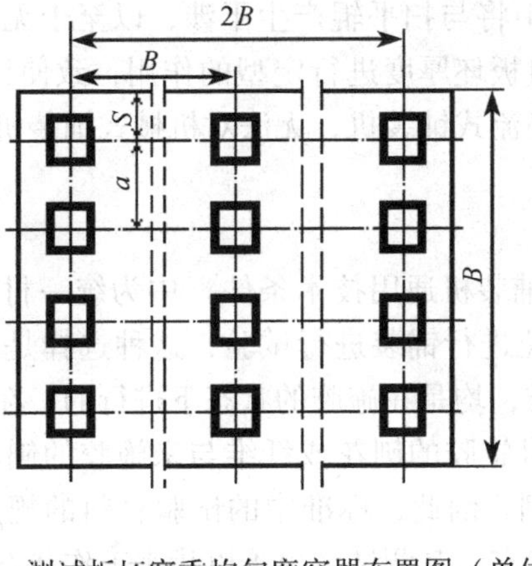

图1 测试板坯容重均匀度容器布置图（单位：mm）

B—铺装宽度；$a\approx 200\sim 500$；$S\approx 180\sim 450$

横向容重均匀度 P_h：

$$P_h(\%) = \frac{\overline{W_x} - \overline{W_x}}{\overline{W_x}} \times 100$$

$$\overline{W_x} = \frac{\sum W_x}{n}$$

式中：W_x ——在每组容器中单个容器内刨花的质量，g；

$\overline{W_x}$——在每组容器中单个容器内刨花的平均质量，g；

n ——每组容器的容器数。

纵向容重均匀度 P_z：

$$P_z(\%) = \frac{\overline{W_i} - \overline{W_i}}{\overline{W_i}} \times 100$$

$$\overline{W_i} = \frac{\sum W_i}{n_1}$$

式中：W_i ——在若干组容器中，一组容器内刨花的质量，g；

$\overline{W_i}$——在若干组容器中，一组容器内刨花的平均质量，g；

n_1 ——每组容器的容器数。

计算结果 P_h 在 ±5% 之间视为合格，P_z 在 ±4% 之间视为合格。

2 标准中铺装机板坯容重均匀度检测方法存在的问题

2.1 应用范围受到很大限制

我国现在普遍使用的机械式铺装机均采用扫平辊对板坯厚度进行定型（即密度均匀度进行分配），按上述检测方法中采用边长为 120mm 的正方形铝（或铁）制容器（容积误差小于 2%），在测试过程中将与扫平辊产生干涉，以至于无法进行试验。如人为抬高扫平辊，扫平辊将无法起到对板坯厚度进行定型的作用，致使该测试变得无意义，因此，上述的试验方法，仅适用于气流式铺装机，无法对机械式铺装机进行测试。

2.2 试验材料选择不正确

GB/T5051—2000《刨花铺装机通用技术条件》中为统一材料，选用单一树种、含水率不超过 10%、未施胶的刨花进行铺装进行试验，这种选择是不正确的。铺装机在实际工作中，不论是刨花还是纤维，均是在施胶的状态下进行的，在施胶的状态下，刨花或纤维的含水率均在 40% 以上，且施胶的刨花或纤维与未施胶的刨花或纤维在铺装机中下落的速度和状态均有很大的差别。因此，标准中的试验材料的规定与实际工作状态差别很大，无法真正体现实际工作状态，其测试结果难以代表工作状态的板坯容重均匀度。

2.3 数据处理不科学

成品板密度均匀度，是指成品板各点密度与成品板平均密度的差异，其极值与平均密度的差异为密度均匀度的技术指标。而在铺装机纵向容重均匀度的数据处理上，采用“组”为计量单位，每“组”的质量与平均“组”的质量差异，以极限“组”与平均“组”的差异为技术指标，因此其概念与成品板密度均匀度概念不同，其结果难以代表密度均匀度的真实情况。

3 铺装机板坯容重均匀度的新型检测方案

为解决上述问题，新型检测方案将对正常工作的铺装机，采用经铺装机铺装成型后的板坯直接抽取试样，并对试样进行检验的方法。

在 GB/T 4897—2003《刨花板》标准中，对成品板密度均匀度的试样抽取方案如图 2 所示。

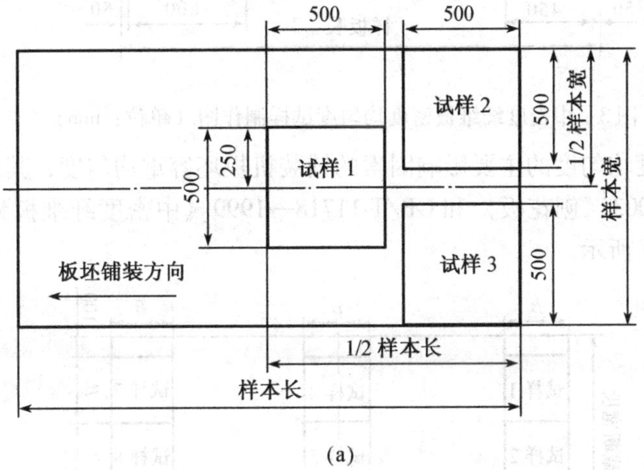

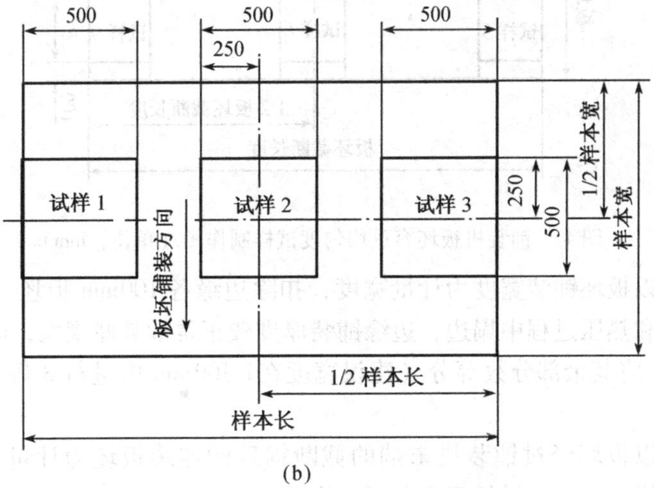

图 2 刨花板密度均匀度试样制作图（单位：mm）

（a）铺装方向与样本长度方向一致；（b）铺装方向与样本长度方向垂直

在 GB/T 11718—1999《中密度纤维板》标准中，对成品板密度均匀度的试样抽取方案如图 3 所示。

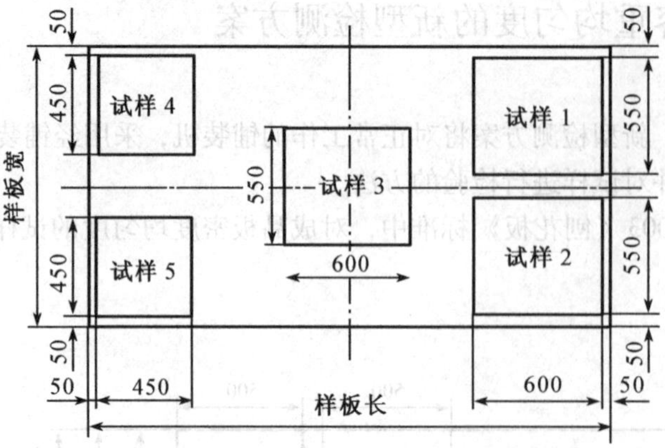

图 3 中密度纤维板密度均匀度试样制作图（单位：mm）

作为成品板密度均匀度的主要影响因素的铺装机板坯容重均匀度，其试样抽取方案应覆盖 GB/T 4897—2003《刨花板》和 GB/T 11718—1999《中密度纤维板》的试样抽取方案，具体方案如图 4 所示。

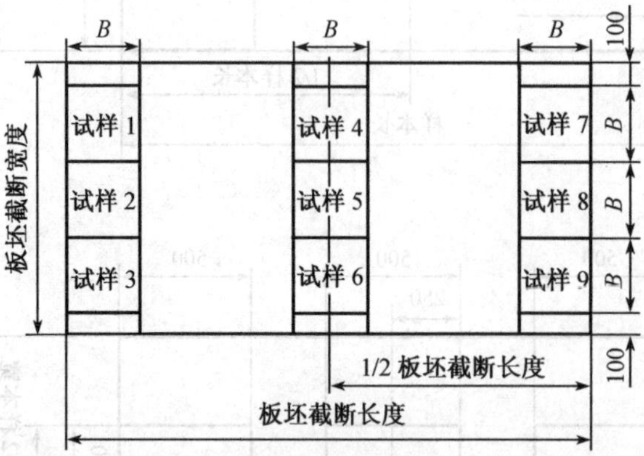

图 4 铺装机板坯容重均匀度试样制作图（单位：mm）

宽度方向，以板坯铺装宽度为计量宽度，扣除边缘各 100mm 板坯（生产过程中，为防止板坯在运输和热压过程中塌边，边缘铺装厚度较正常铺装厚度大，因此该部分在抽取试样时应扣除），将其余部分数等分（建议宽度在1 300mm 内进行 3 等分），每等分宽度 B 为试样宽度。

长度方向，以板坯经过铺装机末端的截断锯后的连续板坯为计量长度，在板坯前、中、后部提取试样，每个试样长度截取尺寸为 B。

试样提取完成后，将每个试样分别称重，并按下列公式计算铺装机板坯容重均匀度 P：

$$P(\%) = \frac{G_i - \overline{G}}{\overline{G}} \times 100$$

$$\overline{G} = \frac{\sum G_i}{n}$$

式中：G_i ——单个试样质量，g；

$\overline{G}$——试样的平均质量，g；

n ——试样总数。

计算结果 P 在 ±5% 之间视为合格。

4 结论

（1）采用对铺装成型的板坯直接抽取试样的方法，有效地解决了机械式铺装机中板坯容重均匀度的检验问题，为其在刨花板和纤维板生产中的应用提供了行之有效的方法。该方法适用于我国目前在刨花板和纤维板生产中所有的气流铺装机和机械式铺装机板坯容重均匀度的检验，并为成品板密度均匀度提供了可靠的数据。

（2）采用对铺装成型的板坯直接抽取试样的方法，操作十分简单，便于日常生产中的监控，即在正常生产中铺装不同厚度的板坯时随时调整铺装机。同时，因该方法所抽取试样各点覆盖成品板密度均匀度抽取试样各点，所以对板坯容重均匀度成品板密度均匀度的反应更为直接。

（3）对板坯容重均匀度的数据处理方法采用与成品板密度均匀度相同的数据处理方法，因板坯容重均匀度和成品板密度均匀度均为极值点与平均值的相对误差，所以板坯容重均匀度的结果即代表成品板密度均匀度的结果。

浅淡机床噪声的测量校准与方法

机床设备的噪声，不仅影响操作者身心健康和周围环境，而且是机床整机制造精度、装配精度的综合反映。

世界主要工业化国家对机床噪声的测量，从标准角度予以重视，大约始于1920年，国内则是从20世纪70年代末开始这方面工作。目前，无论金属切床或木工机床均已把机床噪声列入产品质量分等规定，特别在机床出口时，噪声指标更在必检之列，成为评价机床内在质量的主要指标。

现就国外机床噪声测量的标准规定的同异性，及检测过程中需要注意的问题作一阐述。

1 各国机床噪声测量标准制定情况

1.1 美国

美国机床制造商协会于1969年成立了专门委员会，并于1970年制定了“机床噪声测量方法”标准。1975年，对此标准进行了重新修订。

1.2 英国

英国于1970年由英国标准学会（BSI）成立专门委员会，并于1972年制定了测量机床噪声的英国标准BS4813。

1.3 苏联

苏联于1973年颁布ГОСТ 8.055“确定噪声特性的测量方法”国家标准，同时对金属切削机床噪声频谱规定了极限值。

1.4 德国

德国的DIN45635“机床噪声测量”于1972年颁布，它是1962年制定DIN45632“电机噪声测量”标准的进一步发展。

1.5 日本

日本贯彻机床噪声测量标准较早，所见“机床噪声的测量方法”即JISB6004于1962年制定。

1.6 中国

我国于1978年由机械部分颁布JB2281“金属切削机床噪声测量”标准，成为以声压级评价机床噪声的基础标准；其后制定了GB425和GB3370两个国标，分别规定了金属切削机床和木工机床的声功率级测量方法。但因为无各类机床对应数量限值，至今一般仍采用声（压）级评价而不采用声功率级测量方法。1989年木工机床噪声（压）级测量方法标准ZBJ65051也已颁布。另外，JB/GQ·F1001~1049—86金属切削机床质量分等规定与JB/GQ·F4001~4001—86木工机床质量分等规定分别对各类机床的优等品、一等品、合格品噪声声（压）级指标进行限定［本文亦以声（压）级测量标准为说明对象］。上述各国机床噪声测量标准均以国际标准化组织（ISO）于1968年发表的ISO/R495“机床噪声试验通则编制工作的一般要求”所提出的基本准则为前提。

2 各国机床噪声测量标准分析、比较

2.1 背景噪声

2.1.1 美国

传声器在所有测量位置上所测得的机床噪声超出10dB以上，否则应作以下修正。

dB（A）

两噪声级差值	3	3~6	6~9	≥10
修正值	-3	-2	-10	

2.1.2 英、德国

传声器在所有测量位置所测得的机床噪声值均应比背景噪声超出10dB以上，否则应作以下修正。

dB（A）

两噪声级差值	3	4~5	6~9
修正值	-3	-2	-1

2.1.3 苏联

其规定数值与英德相同，但所用声级为B声级，即以dB（B）为测量单位。

2.1.4 日本

机床噪声应比背景噪声大8dB，否则按以下规定进行修正。

dB（A）

两噪声级差值	2	3	4~5	6~7
修正值	-4	-3	-2	-1

2.1.5 中国

背景噪声应比机床噪声至少低10dB，若相差小于3dB时，测量无效。当差值3～9dB之间时，其修正值与英、德标准相同。

故测试应尽量在背景噪声较小时进行。

2.2 测量包络线与测点位置

2.2.1 美国

测量包路线距机床投影1m，且应包括机床辅助设备（如风动、油泵、气泵）；测点距地面高1.5m，测点数应足够多，且必须在操作位置布点。

2.2.2 英国

测量包络线距机床投影面1m，测点高1.5m点数不少于5点，且应包括最大值。对操作位置及操作者经常活动位置测值应单独报告，且不计入平均值，辅助设备远离机床时应单独试验。

2.2.3 西德

测量距离一般为1m，（不是1m应说明），高度1.5m，每平方米布1点，至少5点，当最大与最小测值之差小于测点数时，则说明测点数足够。

2.2.4 苏联

测量包路线距机床周边1m，距地面高1.5m，测点数应保证相邻点声压级差不大于5dB，当最大测值与平均值之差超过5dB时，则测点数应加倍。

2.2.5 日本

测量时传声器距机床0.5m，测点高度依机床而定，水平面内测点应布置于机床前后左右方的中央位置，电机、同机、冷却设备等单独测量记入备注，操作者耳位可设为测量位置。

2.2.6 中国

测量迹线距机床本体：机床外形尺寸≤1m时为0.5m；机床外形尺寸＞1m时为1m（外形尺寸不计手柄、手轮行装突出部件），高度为1.5m；辅助设备与主机间距离大于2m时应各自测量。否则一并记入主机噪声，对测量点数及分布未作说明。

机床的辅助设备往往构成机床设备的主要声源，为全面准确评价整机噪声，寻找出主要噪声源，故以英国、日本标准中分别测量的提法较妥，而对测量点未作规定则是我国标准欠缺。

2.3 测量环境条件

2.3.1 美国

机床外围9.15m（30ft）内主要反射面，如墙壁柜子等应予以说明，并注出反射材料。

2.3.2 英国

外区测点距声源≥3m；外区测点与内区测点之间平均声压级的衰减应大于5dB。

2.3.3 西德

测量面距离墙或另一机器的测量面至少比测量面到被测机器表面距离大1倍；或者，

测量时室内空间体积（以 m^3计）在数值上比被测表面面积（以 m^2计）大 100 倍。

2.3.4　苏联

机器外表面距四击 2m 以内不得有反射物体如墙壁、柜子、机床等。

2.3.5　日本

只说明要注意周围反射面及风压影响，无具本规定。

2.3.6　中国

规定与墙距离应大于 2m，机床周围不应放置障碍物。

2.4　测量的工作条件

2.4.1　美国

（1）按要求的生产率或专门加工条件测量；

（2）有专门工装时，机床在无负荷下依所发出最高噪声的转速运转测量；

（3）多用机床按模拟负荷（一个或多个）运转。

2.4.2　英国

机床在空运转及负荷条件下测定。机床应从冷态预热到正常状态。

2.4.3　西德

一般在工作温度下进行负荷测量。若噪声与负荷无关或负荷影响已知，可在空运转状态下测量，应作特殊规定，记入报告。

2.4.4　苏联

机床在空转时测量，所测转速为产生最大空载噪声状态。

2.4.5　日本

测量空载噪声，并依主轴在高中低三种转速情况下分别测定。

2.4.6　中国

只进行空载噪声测量，所有运动部件（包括辅助设备）均应运动，并按规定带有刀具；有变速功能的机床应按各级速度逐级测量。

机床噪声与其工作状态、转速、切削与否及削条件相关密切。由于加工材料、形状、尺寸大小及切削量等不定因素影，分析负荷噪声是比较困难的，除非研究需要，一般比较性试验仍以空载测量居多。

一般来说，转速越高，噪声越大，且熟态比冷态噪声能高出 0.5 ~ 1.5dB，故在测量时对转速及预热加以说明是必要的。

2.5　测量仪器

2.5.1　美国

测量前后对仪器各校验 1 次，差值大于 1dB 以上时，测量结果失效。仪器每年应计量一次。

2.5.2　英国

使用符合标准规定的精密声级计及倍频滤波器。试验前后对仪器应予校准。

2.5.3　西德

使用 DIN45633B_1，B_2规定的精密声级计或精密脉冲声级计。长时间测量应在测量过程中反复校验，至少每年计量仪器精度一交。

2.5.4 苏联

使用标准规定的Ⅰ级及Ⅱ级声级计，配合倍频滤波器，一般在两年内计量仪器一次。

2.5.5 日本

原则上使用JISB61004规定声级计，其频率范围是31.5~8 000Hz。

2.5.6 中国

使用精确度±0.7dB测量无效。

2.6 测量数据及处理

2.6.1 美国

以测量位置上的最高声压级作为主数据，其他数据可作补充，以评价声场的均匀性。

2.6.2 英国

计算平均噪声级和倍频程各频带平均声压级。

2.6.3 西德

用以下机器噪声特性值：

（1）测量面声压级和所属的测量面尺寸；

（2）“A”声功率级；

（3）操作位置的“A”声压级；

（4）选出测点的声谱。其中，第（1）、（2）项为时间、空间的平均值。

2.6.4 苏联

以读数最大结果为评价值，计算倍频程声压级的平均值，用“B”计数网络。

2.6.5 日本

未作说明（日本工机械噪声测定方法JISB6521）确认测值的加权平均值为评价值：

$$\overline{L} = 10\log_{10}\sum_{i=0}^{n}10^{Ll/10} - 10\log_{10}n$$

2.6.6 中国

以测量点中所得最大值为评价值。

测量数据的评价问题。与测量目的相关。从评价上看，应求最大噪声级；从听力保护角度看，则应测量工作区域内8h工作的当量连续声压级，而倍频程声压级分析有助于弄清噪声频率成份，进而分析其产生原因。

通过以上介绍，可大致了解各国关于机床噪声测量的一般规定。特别是对国内标准规定未详之处，可作借鉴、参考。以下就机床噪声测量中经常遇到的几个问题作些说明。

3 机床噪测量中的一些问题

3.1 声级计的选择与使用

3.1.1 选择

声级计一般按精度分作 0，1，2，3 四个档次对应的固有误差分别是 ±0.4dB；±0.7dB；±1.0dB；±1.5dB。其中 O 型用作定标；1 型为精测；2 型为普通测量；3 型为普及型。国内外常用精密型声级计其型号、厂家如表 1 所示，可供机床噪声测量选用。

表 1 国内外常用精密型声级计其型号、厂家

型号 / 厂家	型号	备注
江西红声器材厂	ND1	
	ND2	
湖南衡阳电表厂	JS-1	
无锡仪表二厂	JMS-1	
丹麦 B&K 公司	2215	
	2203	
	2206	
日本 GeRand 公司	MA-60	
美国	1981 B	只有 A 计权

对于冲击式噪声，即脉冲噪声，则另可选用江西红声厂 ND6 型 \ 丹麦 2209，2210 型或美国 1982，1988 型。

3.1.2 校准

声级计校准是保证测量准确的前提，首先应检查电池电压充足；然后用活塞发生器或声级校准器在测量前后分别校准，前者可用 NX6 型活塞发生器，校正精度 ±0.2dB。声级计频率计权档位应置于线性或“C”档（不可置于“A”，“B”档）以保证频率响应的直线性。后者多用 ND9 型声级校准器，校正精度 ±0.3dB。校正与频率计权档位无关，校准方便。

3.1.3 使用

3.1.3.1 时间特性选择

声级计多带有时间计权的“快”、“慢”两档；脉冲声级计还有“脉冲”和峰值“保持”档。对稳态噪声快慢场无差异，当测量时表针摆动超过 3dB，则应采用“慢”特性、“保持”特性有利于测量变化噪声的最大值。

3.1.3.2 衰减器使用

衰减器有黑白二旋钮，黑色指示 70～130dB；白色指示 30～60dB，使用时应先把白钮各旋到底，使输出衰减器处于最大衰减状态。而只转动黑色旋钮至适当位，只有低于dB 的噪声方用白钮。

量程选择应先放高档，以免测量时声压级过高使表针偏转超出量程损坏仪器。

3.1.3.3 读表的技术处理

读表者是测量经验直接体现，是产生测量误差的主客观因素汇交点。读数误差甚至可能掩盖仪器固有误差。

在保证不过载前提下，要使表针在 0 ~ 10dB 格值内摆动（不是 -10 ~ 0dB）提高刻度精度和仪器灵敏度。

当表针摆动较大，使用“慢”档测量时，应特别注意平均时间概念。摆动范围小于 3dB，读数取上下限的平均值：$\overline{L}=\frac{L_{上}+L_{下}}{2}$；表针摆动在 3 ~ 10dB 时平均值由下式计算得出：$\overline{L}=L_{上}-\Delta L$，其中 ΔL 由表 2 给定。

表 2 表针摆动在 3 ~ 10dB 时平均值 dB

$L_{上}+L_{下}$	1	2	3	4	5	6	7	8	9	10
ΔL	0.5	0.9	1.2	1.5	1.7	1.9	2.15	2.3	2.4	2.55

表针摆动范围大于 10dB，则属脉冲噪声。

3.1.3.4 维护

声级计的电容器最为娇嫩易损，应特别当心加以保护。用时装上，用后即卸下。电容传声器膜片切忌手摸。户外测量（特别在冬季）冷热交替易凝结水珠，用完要及时烘干放在干燥缸内。

3.2 室内测量时对周围障碍物的考虑

机床测量以室内进行居多，依 JB2281 规定，被测机床距墙应大于 2m。此区域内应无障碍，以免声反射加大误差。但实际情况有时却难于满足标准条件。此时应对测值进行修正，设声源距墙壁为 A；传声器为 B；传声器与声源间距为 C，且设 $R=\frac{A+B}{C}$，称 R 为路程距离比，则因墙壁反射引起的声级增值如表 3。实测值应扣除增值 ΔL 的影响。

表 3 墙壁反射引起的声级增值 dB

R	1	1.2	1.5	2	2.5	3	3.5	4	5	6
ΔL	3	2.2	1.6	1	0.7	0.48	0.65	0.27	0.15	0.8

对无法搬移的障碍，则应该用吸声系数较大的材料如海绵，泡沫塑料、纤维板等加以覆盖。特别应防止测量环境场内有易产生共振的金属薄板等物体的存在。

3.3 室外测量时的考虑

有时机床噪声只能在室外（露天仓）进行。此时最应考虑的是自然风的影响。以免风压过高引起电容传声器上膜片压力变化，在 3 级风（5 ~ 6m/s）以上的风速条件下即不能考虑户外测量。

3.4 关于最大测量值的考虑

国内机床噪声声压级目前仍习惯用最大值评价，因此测量时该值具有本质意义，而其他测值只能作为参考，因此需特别注意由于测量标准中只规定测量包络线位置，而未具体规定测点数量及方位，所以我们一般无法预知最大值的准确点位。经验性做法是当测量值在相邻位置时超过 2dB 时，应插值加点测量。特别对最大值测点，以求更大。

总之，随着机床行业产品质量工作的加强，机床噪声测量已为科研、生产、使用、商检等许多部门所重视。这里所介绍的一些情况和做法，仅供有关人士参考，对于其中不确之处，恳请指正。

压板大平面的平面度测试方法初探

热压机是人造板制造中的主机，它的性能直接影响人造板质量，压板是热压机的关键部件，对于像压板这类属于大平面平面度的测试是各生产厂最难解决的问题，这里就压板大平面的平面度测试方法加以探讨。

1 压板大平面的平面度测试方法

压板大平面平面度测试方法归纳起来有三种：平尺百分表法，对角线法，网格法。

1.1 平尺百分表法

这种方法利用百分表进行测试，布线如图 1 所示，把平尺依次放置于 aa',bb',cc',dd',ee',ff' 测量线，两端用等高垫块垫起，把百分表放置在平尺上，触头接触压板，在平尺上移动百分表，找出百分表读数值的最高值和最低值，两值之差即为测定值。

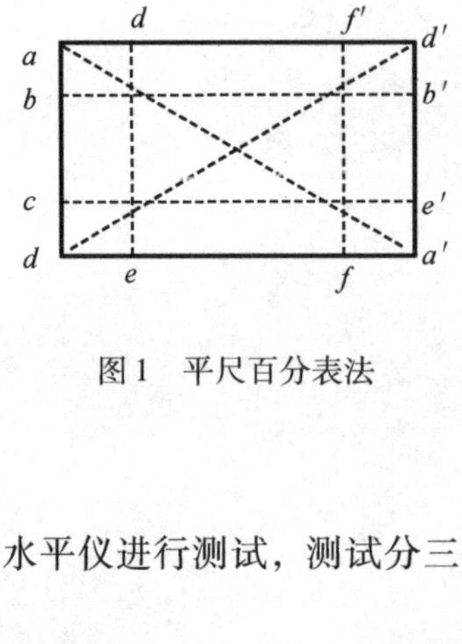

图1 平尺百分表法

1.2 对角线法

这种方法采用可调桥板和水平仪进行测试，测试分三个步骤：布点、测量和数据处理。

（1）布点。布点在测量前进行，在压板上画一定数量的纵向、横向测量线，各测量线间等距平行。要求纵向和横向测量线数目一定是奇数，且相等，画斜线，得出 4 线交点 c，标出布点见图 2（a）。

（2）测量。将可调桥板放置到 a_1b_1 线段上，调节桥板使长度等于 a_1b_1，按箭头方向测量 f 线（见图 2b），利用同样方法，可按箭头方向测出 g 线。再将可调板放置到 a_1a_2 上，调节桥板使长度等于 a_1a_2，按箭头方向测出 m 线，以此类推，可按箭头方向测出 k，l，h，i，j 线，记录所有读数。

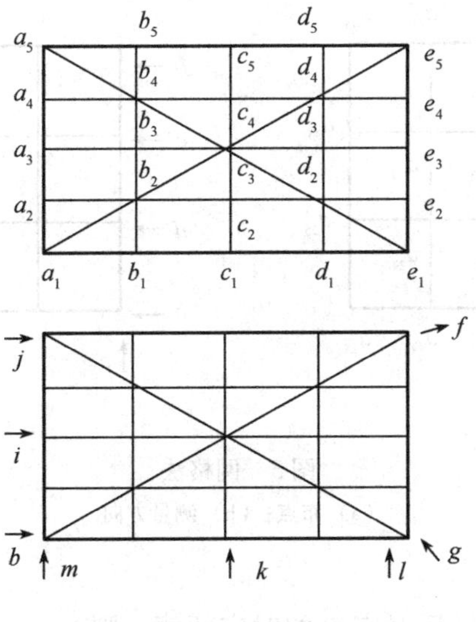

图2 对角线法

（a）布点；（b）测量方向

（3）数据处理。采用这种方法，水平仪读出的数据是相对读数，当取第1点为定值，第2点只是相对于第1点读数，其数值是比第1点定值高或者低多少。C_3 为 f，g，i，k 4条测量线的共同交点，最好将 C_3 取为0值，则上述4条线上的每点值都可根据水平仪的读数值直接确定，读数值为每点实际值0对 j，h，m，l 测量线上的各点值需经过转换，首先将 h，m 测量线上所有的点值转换成相对 a_1 点值；把 j，l 测量线上所有点值转换成相对 C_3 点值；然后再通过 a_1，e_3 点值转换成相对 C_3 点值；这样可得出 j，h，m，l 4条线上各点的实际值，上述值中的最大值与最小值之差，即为此平面的平面度值。

1.3 网格法

这种方法采用固定桥板和水平仪进行测试，测试分三个步骤：布点、测量和数据处理。

（1）布点。布点在测量前进行。在压板上划纵、横向相等的方格，方格边长与桥板测量的有效长度相等，标出布点［见图3（a）］。

（2）测量。将水平仪放置在桥板上，按箭头方向测量 b，c，d，e，f 线，记录所有读数。

（3）数据处理。采用这种方法 b，c 两条测量线为测量基准线，其余各测量线相对于 b、c 两条测量基准线进行转换。如同对角线法，水平仪的测量值为相对数值。因此，b，c 两条基准线的交点 a_{11} 为起始点，定为0点，水平仪上的各读数值为沿箭头测量方向上后一点对前一点的相对值，数据处理的步骤如下：

①计算横向平均值 $\overline{X}$ 和纵向平均值 $\overline{Y}$

$$\overline{X}=\frac{\sum\limits_{i=1,j=1} a_{ij}}{i(j-1)};\quad \overline{Y}=\frac{\sum\limits_{i=1} a_i}{i}$$

式中：i——行数；

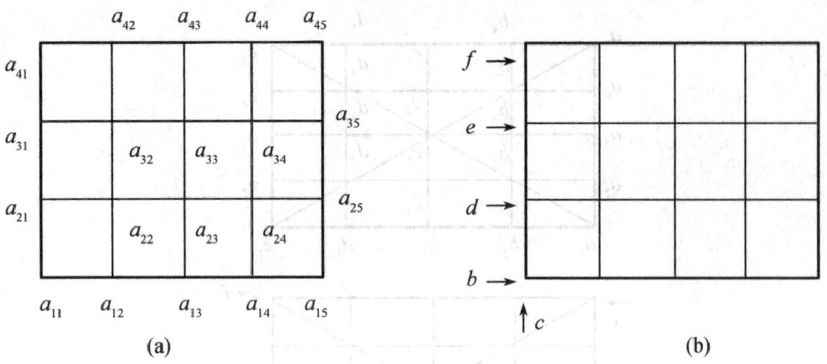

图3 网格法

(a) 布点；(b) 测量方向

j——列数。

②平均旋转设定 t_{ij} 为旋转后对应 a_{ij} 的对应新值，则 $t_{i1}=a_{i1}-\bar{y}$；$t_{ij}=a_{ij}-\bar{x}$（其中 $j>1$）。

③转换成对 $a_{i1}=0$ 的实测值，设定 P_{ij} 为相对于 $a_{i1}=0$ 的实测值，则 $p_{ij}=P_{i(j-1)}+a_{ij}$（其中 $j>1$）；$p_{i1}=p_{(i-1)1}+t_{i1}$。

④在所有 p_{ij} 的实际值中找出最大值和最小值，其差即为此平面的平面度值。

2 对各种测试方法的探讨与评价

采用平尺百分表法测试，其操作最简单，得出数据直接、速度快，但准确性是三种方法中最低的，误差率有时高达30%。采用这种测试方法误差率高的主要原因是大平面和小平面的平面度误差分布有很大不同，小平面的平面度误差基本集中在马鞍形和掉角两种状态，这时采用平尺百分表法测试是合适的，这种方法也正是这种情况而采用的。对于大平面来说，由于纵向长度较长，平面度误差主要是波浪形误差，这种方法很难测定最高波谷和最低波谷。

目前很多生产厂都应用对角线法测试，这种方法的测量操作和数据处理要比平尺百分表法复杂的多，但它充分考虑到大平面平面度误差的特点，在各面上均匀布点，使其布点多、密，更趋于合理，误差率较低。

网格法是测试大平面平面度的实用方法，它充分考虑到大平面平面度的特点，布点多、布点容易，能排除因操作方法所带来的误差，网格法采用固定桥板测量，这比利用可调桥板测量具有更大的优越性。因为大多数可调桥板是轨道式的，它通过拉伸和压缩轨道来达到桥板可调的目的。而轨道本身是间隙配合，必然引起间隙配合误差，同时可调桥板多用螺钉紧固定位，螺钉压紧桥板会引起桥板变形误差，这些误差必然引入测量中，采用网格法的桥板跨距比采用对角线法的桥板跨距小，桥板跨距大小直接影响测量的精度。采用对角线法的定值中点是根据对角线来测定的，而对角线恰是桥板跨距最大之处，桥板跨距的增大将使两跨脚间越过一个波峰和波谷，从而影响测量的准确性。根据各生产厂的实践证明，桥板跨距最好在200mm左右，网格法测试能满足这点要求。

3 结论

（1）平尺百分表法测试平面的平面度是最先实行的方法，其操作简单，得出数据快，但误差率最高，这种方法只适用于小平面的平面度测试。

（2）对角线法测试大平面的平面度是很多生产厂采用的方法，它充分考虑了大平面平面误差的特点，布点均匀，测量精度较高，但可调桥板的间隙配合误差和桥板变形误差对测量有影响。

（3）网格法测试大平面的平面度是最新方法，其布点比较容易，布点充分考虑到大平面平面度误差的特点，排除了因操作方法带来的误差，测量精度高，但这种方法布点数量比较多，从而使需要进行处理的数据增多，计算量加大，但在计算机已经大大发展的今天，通过计算机处理数据是很容易实现的。

笔者曾利用网格法测试大平面的平面度，实践证明，采用这种方法测平面度优于其他两种方法，建议推广应用。

木工机床平面度检测中测量基准变换对检测结果的影响

1 问题的提出及试验目的

在许多木工机床标准中，平面度检测都作为主要几何精度检测项目加以规定。其中以“三点法”测量应用最为普遍。这一检测方法引自JB2670《金属切削机床检验通则》，并与ISO/R230《机床检验通则》、并与ISO/R230《机床检验通则》关于平面度检测方法的规定相符，具体阐述如下：在被检平面上选择 a，b 和 c 三点作为基准点。图1将三块等厚的量块放在这三点，这些量块的上表面就是用作与被检平面相比较的基准平面，将平尺放在 a，c 点上，在被检平面上的 P 点放一可调量块，使其与平尺下表面接触，这时 a，b，c 和 p 量块的上表面都在同一平面内。再将平尺放在 b 和 p 点上，在 d 处放一可调量块，使其与平尺下表面接触。将平尺放在 a 和 b，a 和 d，d 和 c，b 和 c 上，即可测得被检面上各点的偏差。

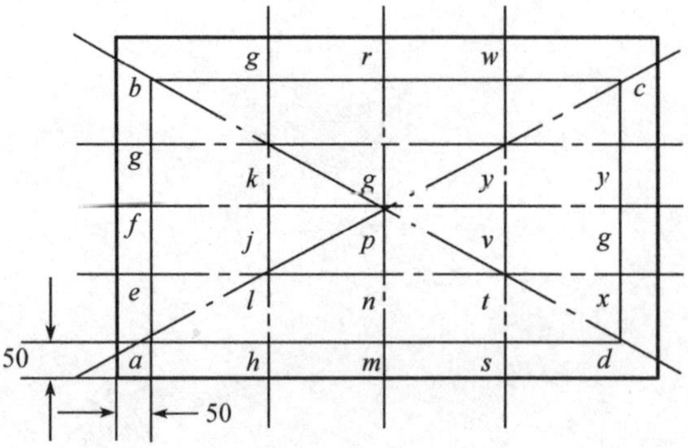

图1 检面上各点的偏差

在这一检测方法中，只规定以角上四点中的三点作为测量、评价基准，而在实际检测中基准点的选择有随机性，即：abc，abd，bcd 中任意一组均可构成符合标准要求的测量基准。其中必然存在一组测量前无法预知的。比较接近于最小条件的测量基准。当由于基准不同而引起的测量结果差异足够大时，就会对检测结果产生影响，即把测值接近允差极限但尚未超差的合格品判定为不合格，因此，将设计本试验，以求确定检测基准作为单一要素发生变动时对于检测结果影响的大小，以及在实际检测工作中如何考虑这一影响因素。

2 试验设计

为使试验结论能有一定代表性，本试验在长方形工作台面的 MB504 木工平刨和方形工作台面的 MX2116 单头直榫开榫机上进行。平刨工作台尺寸（$L\times B$）分别为1 170mm×410mm，770mm×410mm，开榫机工作台尺寸（$L\times B$）为760mm×600mm。

前面提到，对于检测结果产生的变动，其影响因素并不唯一，而且比较复杂。为突出测量基准变换这个单一影响因素，试验中力求使其他因素的影响降至最低。这是我们考虑的要点。

2.1 影响平面度检测结果的因素分析

（1）人员操作误差：不同人员操作，由于检测实施中的区别（如测量力不同）而引起的测值变化；

（2）仪器误差：检测仪器的不同或精度不足引起的测值变化及测量误差；

（3）测量点位置误差：在重复测量中，由于每次所确定的测点位置偏差而引起的测值变化；

（4）测量顺序误差：由于"三点法"测量时，除三个基准点之外，对其他各点测量取值的先后并未统一规定，因此产生的测值变化。

2.2 对剔除各影响因素的考虑

（1）人员因素：采取试验全过程由一人操作，另一人作记录的方法，并在检测中有意识地控制测量力的变化。

（2）仪器因素：所选用两支平尺长度为1 000mm，1 200mm；精度均为 00 级，所用可调垫块精度为：最大绝对误差0.000 5mm；最大相对误差为：十万分之六整个测量过程中，检测仪器不作更换 .

（3）测量位置因素：在工作台四角确定 a，b，c，d 四点，分别距机床边缘 50mm，打格确定 25 中其余各点准确位置。测量时使可调垫块中心点与测点重合。

（4）测量顺序因素：这里主要考虑如何更多地利用直接基准，而少用间接基准，以便减少累积误差。

由 abc，bcd，cad，dab 四组构成零平面称作 0 基准；当以 0 基准构成的测量线所测得的点作为间接基准点时，称为第一基准；同理，第二基准即由第一基准点构成的测量线测出，设以及 abc 为 0 基准，则测量顺序及各基准如表 1 所示（参见图 1）。

表 1 测量顺序及各基准

测量顺序	基准点	所得测点	测量基准线
1	a b c	E f g J r w	$A\sim b$ $b\sim c$ $a\sim c$

续表 1

测量顺序	基准点	所得测点	测量基准线
2	*a b c* *f r p*	*K t d* *J u y* *Q n m*	*b~p* *f~p* *r~p*
3	*a b c* *f r p* *d*	*H s* *X z*	*a~d* *c~d*

注：*O* 基准点 *a*、*b*、*c* 得到第 1 基准点 *f*、*r*、*p*；又得到第 2 基准点 *d*。

3　试验结果

经对 MB504 木工平刨前后工作台和 MX2116 单头直榫开榫机工作台的平面度四种基准的分别检测，其具体数据如下表所列。为避免赘述，只绘出平刨前工作台平面度实测数据（表 2）对于平刨后工作台和铣床工作台测试数据列表从略，而仅绘以统计结果。

表 2　平刨前工作台平面度实测数据

基准＼测点	*a*	*b*	*c*	*d*	*e*	*f*	*g*	*h*	*i*	*j*	*k*	*l*	*m*
A b c	0	0	0	0	−0.01	0	−0.06	−0.01	+0.05	+0.025	−0.02	+0.04	+0.115
B c d	−0.08	0	0	0	−0.07	−0.09	−0.02	−0.02	−0.06	0	+0.02	+0.04	0
C d a	0	+0.07	0	0	−0.055	+0.01	+0.02	+0.045	+0.01	+0.045	−0.02	+0.05	+0.12
D a b	0	0	−0.085	0	0	0	−0.05	±0.05	−0.02	+0.03	+0.02	−0.05	+0.08
基准＼测点	*n*	*p*	*q*	*r*	*s*	*t*	*u*	*v*	*w*	*x*	*y*	*z*	
A b c	+0.045	+0.095	+0.07	+0.055	+0.14	+0.13	+0.06	+0.105	+0.09	−0.04	+0.02	+0.01	
B c d	+0.045	+0.06	+0.05	+0.055	+0.13	+0.07	+0.10	+0.085	+0.09	−0.05	+0.01	+0.01	
C d a	+0.05	+0.08	+0.07	+0.065	+0.15	+0.12	+0.11	+0.10	+0.03	−0.05	+0.01	+0.01	
D a b	+0.04	+0.06	+0.03	+0.02	+0.14	+0.11	+0.08	+0.05	+0.025	−0.02	−0.08	−0.06	

为便于分析，现将检测结果归纳统计，列入表 3。由于木工机床标准中对平面度检测分别有以下三种形式的规定，即对整个测量平面统一要求；对纵向、对角线方向提出要求，而对横向另提要求；对纵、横向提出要求，而对于对角线方向另提要求；为使试验结论具有普遍性，在统计表中分别对纵、横、对角线及全平面的平面度（或为最大直线度）测值分别统计；其绝对变化量为测值与各测值的平均之差；由此可以分析基准变换所产生的测值波动幅度及方向；其相对变化量则为绝对变化量与平均值之比的百分数，由此可分析各类机床在以“三点法”进行测量时可能产生的相对误差的大小，以便确定以允差为基础的“试验值”，统计表见表 3。

表 3 检测结果归纳统计

		纵向	横向	对角线	面	相对变化量/%				绝对变化量			
						纵	横	对角	面	纵	横	对角	面
木工平刨床前工作台	*abc*	0.17	0.08	0.15	0.20	11.9	24.5	13.8	11.5	-0.023	-0.026	0.024	-0.026
	bcd	0.21	0.13	0.14	0.22	8.8	22.6	19.5	2.7	-0.017	+0.024	-0.034	-0.006
	cda	0.23	0.10	0.26	0.26	19.2	5.7	49.4	15.0	-0.037	-0.006	+0.086	+0.034
	dab	0.16	0.115	0.145	0.225	17.1	8.5	16.7	0.4	+0.033	+0.009	-0.029	-0.001
	平均值	0.193	0.106	0.174	0.226	14.25	15.33	24.85	7.4				
		纵向	横向	对角线	面	相对变化量/%				绝对变化量			
						纵	横	对角	面	纵	横	对角	面
木工平刨床后工作台	*abc*	0.06	0.06	0.05	0.06	20.0	30.2	23.1	40.6	-0.015	-0.026	-0.015	-0.041
	bcd	0.09	0.09	0.05	0.12	20.0	4.7	23.1	18.8	+0.015	+0.004	-0.015	+0.019
	cda	0.75	0.12	0.10	0.12	0	39.5	53.8	18.8	0	+0.034	+0.035	+0.019
	dab	0.75	0.075	0.06	0.105	0	12.8	7.7	4.0	0	-0.011	-0.005	+0.004
	平均值	0.75	0.088	0.65	0.101	10.0	21.80	26.93	20.55				
		纵向	横向	对角线	面	相对变化量/%				绝对变化量			
						纵	横	对角	面	纵	横	对角	面
单头直榫开榫机	*abc*	0.28	0.28	0.14	0.28	40.0	12.0	22.2	3.5	+0.08	+0.03	-0.04	-0.01
	bcd	0.18	0.25	0.14	0.25	10.0	0	22.2	13.8	-0.02	0	-0.04	-0.04
	cda	0.19	0.26	0.21	0.30	5.0	4.0	16.7	3.5	-0.01	+0.01	+0.03	+0.01
	dab	0.16	0.22	0.22	0.32	20.0	12.0	22.2	10.3	-0.04	-0.03	+0.04	+0.03
	平均值	0.20	0.25	0.18	0.29	18.75	7.0	20.83	7.8				

4 试验结论

经过对两种机床、三个工作台面分别以四种基准进行测量，表明基准变换对于平面度测量的最终评价值具有明显影响。由表 3 相对变化量中各值说明，其宏观波动范围可达 15% ~20% 。这就是说，当测值超差在标准允差值为 15% ~20% 时，具有因测量基准选择不当而发生误判的可能。亦或可以这样规定，以各种机床平面度允差为“试验值”，当测值未超过允差时即判定其平面度合格；当测值超出“试验值”时即判定为“绝对超差”，平面度即为不合格。上述两种情况比较简单，均不涉及重新测量，但是当测试结果已超出允差，尚未超出其相应的“试验值”时，则不要轻易断言平面度超差，而应慎重地重选测量基准，以避免“假性超差”——因人为的基准选择不当造成超差。重选的次数可依检测性质和实际检测数据而定。

这种做法的理论依据是：“三点法”测量平面度在测量的其他条件不变而仅变换测量

基校舍准时，根据“最小条件”原理，其测值应以较小的为真。

以平刨前工作台为例，因其纵向和对角线方向的合格品差为0.30mm，横向的合格品允差为0.10mm，则“试测值”相应为0.36mm和0.12mm；对于仲裁、评优等各种检测；对于其他各类木工机床，都可以依此由相应的允差确定其较为合理的试验值，以免产生人为的检测失实。

检测条件的“等价转换”

——单板干燥机检测中问题两则

同一设备，同一检测项目，由于检测条件不同，会产生不同检测结果。因此，许多标准除规定检测项目及允差外，还应对检测条件加以必要限定。

在检测过程中，经常遇到实际检测条件偏离标准规定或难于满足标准要求的问题。这时，需要对检测结果依标准条件进行转换，或对标准规定允差，依实际检测条件折算。为对转换折算结果能够进行统一评价，转换需要以标准规定的条件和允差为前提这就是“等价”的含义。

例如，规定某木工机床导板与工作台面垂直度允差为300∶0.15，导板高度为100mm，实测值0.04mm，则评价可照以下两种方式进行：100∶0.04 = 300∶0.12，因为0.12 < 0.15的结论为合格；也可以用300∶0.15 = 100∶0.05，而0.04 < 0.05，同样得出合格结论，这是“等价转换”中较为浅显的例证。

现就单板干燥机生产率和干燥机侧壁板保温性能检测中的两个问题，谈谈看法。

1 单板初含水率对单板干燥机生产率的影响及等价转换

单板干燥机是胶合板生产的主要设备。一般情况下：其生产率低于胶合板生产线上其他设备的生产率。因此，许多胶合板厂单板干燥机总是开3班，满负荷工作。这说明，干燥机生产率是该设备最主要的综合性能指标。

最近，通过的“单板干燥机产品质量分等”标准，对生产率（干燥能力）指标提出了具体要求（表1）。

表1 生产率（干燥能力）指标 m^3/h

分等	4	6	8
合格品	0.5	0.8	1
一等品	0.6	0.9	1.1
优等品	0.7	1	1.2

应当指出，表1中数值是对8节干燥机而言的，当工艺条件、生产情况不变时，生产率与干燥机的干燥节数具有正比关系。

另外，干燥机的生产率，必须满足一定的干燥质量，即单板终含水率应达到规定值。在上述标准中，规定干燥后单板含水率为（8 ±2)%。关于影响生产率的因素，可分两类：一是单板自身因素，如材种、单板厚度、单板初含水率；另一种是生产工艺参数，如：网带速度、喷风风速、机内温度、蒸气压力等。后者可随前者的不同加以调整所以在测量单板干燥机生产率时，主要应使单板自身具有同一条件，以便比较评价。其中，材种因素影响不太明显，单板厚度对生产率有双重影响，厚度增加，相同幅面单板的材积增加，但干燥速度却相应降低。可以认为，单板初含水率是考核干燥机生产率的主要因素。

按规定的生产率指标，是以单板初含水率等于85%为条件的。当实际初含水率偏离规定时，如何等价转换？如水运材或长期在贮水池浸泡的原木旋出的单板，初含水率均高于100%。干燥机温度一般在120～180℃。据有关资料介绍，单板含水率在20%～100%的条件下，干燥机达到规定温度时，其水分呈线性速度蒸发，即单位时间内水分蒸发量基本相同，与含水率变化无关。依此，可导出下式：

$$Q = K \cdot Q' \quad (\mathrm{m^3/h}) \tag{1}$$

式中：Q——单板干燥机生产率；

Q'——未经折算的实测生产率；

K——初含水率影响系数。

$$Q' = (P/r)/t \quad (\mathrm{m^3/h}) \tag{2}$$

式中：P——干燥后单板总重量，kg；

r——干燥后单板容重，可查表，$\mathrm{kg/m^3}$；

t——干燥受检单板所需时间，h。

$$K = (W_1 - W_2)/(W - W_2) \tag{3}$$

式中：W——标准规定单板初含水率（$W = 85\%$）；

W_1——实测单板初含水率；

W_2——干燥后单板终含水率［要求$W_2 = (8 \pm 2)\%$］。

可知，当$W > W_1$即$W_1 < 85$时，$K < 1$，$Q < Q'$；当$W_1 > 85$时，$K > 1$，$Q > Q'$。

则 $$Q = K, Q' = (W_1 - W_2)/(W - W_2) \cdot P/r \cdot t \tag{4}$$

例：桦木单板，试件平均初含水率108%，干燥后单板终含水率9.07%，干燥后质量132.5kg，相应容重630kg/m³，干燥时间0.218h，则未经“转换”的实测生产率为：

$$Q' = P/r \cdot t = 132.5/630 \times 0.218 = 0.965\mathrm{m^3/h}$$

若干燥机为8节、6ft，其生产率指标属1等品，把含水率作为检测因素加以考虑，则实际的单板干燥机生产率为

$$Q = K \cdot Q' = \frac{W_1 - W_2}{W - W_2} \cdot Q'$$

$$= [(108 - 9.07)/(85 - 9.07)] \times 0.965$$

$$= 1.25\mathrm{m^3/h}$$

即该机生产率指标已超过优等品。

2 干燥机内温度对侧壁板保温性检测的影响及"等价转换"

GB6201—86"单板干燥机制造与验收技术条件"对干燥机的壁板保温性提出具体要求，规定如下：加热4h，当机内温度达到140℃，环境温度为20℃时，检测各上壁板四周及中央共5个点，要求平均温度不超过40℃（图1）。

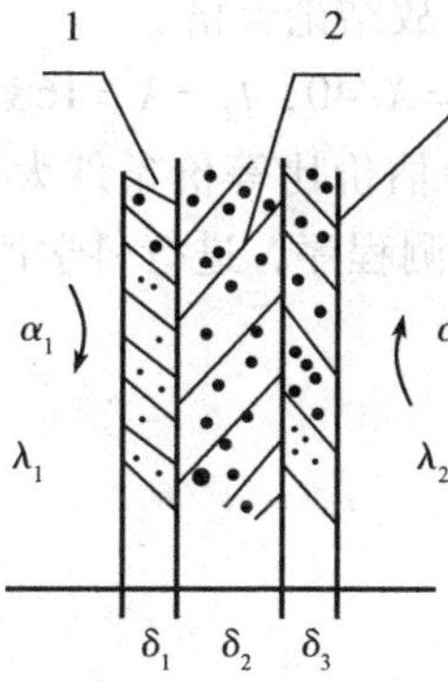

图1

1. 保温层内壁；2. 保温绝热充填材料；3. 保温层外壁

显见，环境温度对壁板温度影响较小，与机内温度影响相比可忽略不计。问题在于不能保证对壁板温度起主要作用的机内温度恰好在140℃（图内干燥机温度一般在120~180℃）。如何根据机内实际温度来修正机壁板平均温度允许值？

设干燥机内壁、绝热层、外壁厚度分别为 δ_1，δ_2，δ_3，各材料导热系数为 λ_1，λ_2，λ_3，设干燥机内蒸汽与内壁、干燥机外壁与室内空气之间的放热系数分别为 α_1，α_2，则根据传热学的热阻叠加原理，单位面积上的总散热量 q 与内外壁的总温差 Δt 正比，与总热阻 K 成反比。

即
$$q = \Delta t/k \tag{5}$$
其中
$$\Delta t = t_1 - t_2 \tag{6}$$
式中：t_1——干燥机内蒸汽温度；

t_2——机壁外侧板温度。

$$K = 1/\alpha_1 + \delta_1\lambda_1 + \delta_2\lambda_2 + \delta_3\lambda_3 + 1/\alpha_1 \tag{7}$$

对于已定干燥机，无论其机内温度变化与否，只要保温材料及干燥结构、保温层厚度、导热系数不变，即 δ_1，δ_2，δ_3 和 λ_1，λ_2，λ_3 不变，外界空气放热系数 α_2 也基本不变。查表可知，当室温为20℃时，$\alpha_2 = 10$ kcal/（m^2·h·℃）；当机内蒸汽温度为120~180℃时，对应放热系数 $\alpha_1 \approx 270 \sim 450$kcal/（$m^2$·h·℃）。因为 $\alpha_1 \geqslant \alpha_2$，所以 $1/\alpha_1 \leqslant 1/\alpha_2$。在（7）式中，对于 K 值而言，由于 $1/\alpha_2$ 约存在，使 $1/\alpha_1$ 的变化影响也可忽略不计，即机内温度变化时 $K \approx$ const。

对于标准要求机壁外侧板温度不超过定值，可以理解为要求机壁保温性、散热量恒定，即 $q =$ const。

由 $q = 4t/K$ 知，要求机内温度化 Δt 为定值。

则 $\Delta t = t_1 - t_2 = \text{const}$。

故 t_1 发生变化，可规定 t_2 随之调整，使等价条件：$\Delta t = \text{const}$ 成立。上述理论推导，经实验证明后，也可采用插值计算法。如实测机内温度 168℃，壁板温度 47℃，求机壁板保温性能是否符合标准要求。

据上述理论，标准规定：$\Delta t = t_1 - t_2 = 140℃ - 40℃ = 100℃$，等价条件为 $\Delta t = 168℃ - 68℃ = 100℃$。

因壁板实测温度为 $47℃ < 68℃$，故结论合格。

若采用线性插值法，则 $168/140 = X/40$，$t_2 = X = 168 \times 10/140 = 48℃$。

同样 $47℃ < 68℃$ 也合格，但这种估价比等价条件太偏于保守。只要注意检测条件转换对检测结论的等价性，就可简化检测程序，进行科学评价，才能得出符合客观的结论。

跑车带锯机摇尺精度的测量条件及误差评价问题初探

跑车带锯机是我国制材生产的主要设备，其摇尺精度是影响锯材质量和出材率的关键。如何科学地确定摇尺精度的测量条件；合理地评价摇尺误差是个比较复杂的问题。

现行的标准JB3170—82《木工带锯机和跑车精度》，虽然对摇尺精度作了±1mm的规定，但对于测量次数、测量车桩的数目、预选尺寸的数目及大小等测量条件都没作出规定。因此，在对跑车带锯进行检验评价时，采用了不同的测量条件，使测量结果差异很大。往往会影响到检测及评价结论的客观性。

自1988年10月1日我国开始实行了新国家锯材标准，从而使新的锯材公差与旧的跑车摇尺精度之间的矛盾更加突出。制定新的跑车带锯精度标准已成为当务之急。

1 关于摇尺精度的测量条件

1.1 测量的仪器及方法

目前国内在测量摇尺误差时，基本上采用两种方法。

（1）深度卡尺测量法，见JB3179—82《木工带锯机和跑车精度》；

（2）量块组合预选尺寸，百分表测量法，见日本工业标准JISB659—1979《带锯机和跑车检验方法》。

测量精度的要求不能脱离测量误差实际数量级，即公差值。目前我国摇尺精度在±1mm左右（指出厂精度）。考虑到近期发展，较好的可达±0.7mm，最高在0.4～0.5mm。采用精度为0.02mm或0.05mm的深度卡尺测量，其仪器精度与测量允差之比在：(0.02/1～0.05/0.4)%×100%=2%～12.54%。完全满足《木工精度检验通则》中关于该比值应小于33%的规定。使用百分表或精度更高的千分表，以0.01～0.001mm的精度衡量±1mm左右的误差，并不能提高摇尺精度。

深度卡尺测量简便易行；没有间接误差；不易损伤仪器；测量速度快。而用组合块规对表，则在车桩与表头之间加入了手扶块规这个不易平衡的影响因素，将部分抵消仪器的精度。而且国产百分表量程多为10mm（或5mm），千分表量程仅1mm；当发生误操作使实际进尺值大于预选给定值时，车桩容易把表撞坏。使用块规作预选尺寸基准，对表时也不可避免地要降低块规精度。尤其用这种方法测量多个数据时，由于辅助工作时间太多而影响测量工作效率。

深度卡尺测量法受国产深度卡尺量程限制（多为200～500mm）不能对车桩全行程进行检测，可用加工长度相当的垫铁来解决。由于测值是相对差值，垫铁只是相当于测深杆的外延加长，其加工精度对测量精度并无影响。如对60″，48″，42″的跑车带锯，车桩有效行程是1 250mm，1 000mm，800mm，相应条状垫铁长度可以加工成800mm，500mm，300mm。

在制定国家标准中在考虑测量方法和选用测量仪器时，应结合国情，而不盲目照搬日本标准，以采用深度卡尺测量法为益（表1）。

表1 深度卡尺测量法

序号	1	2	3	4	5	6
锯材长度/m	<1.2	1.2~1.5	1.5~2.5	2.5~3.5	3.5~4	>4
车桩组合形	1	1-2	2-3-4	1-2-3	2-3-4	1-2-3-4

1.2 测量车桩的数目

目前，有些单位测量一个车桩来评价跑车摇尺精度，实际上原木锯割过程中，很少以一个车桩定位的，而且各车桩独立安装，步进齿条机构都是互相独立的，因此，所有的车桩都应测量。

根据调查，车桩组合的形式与锯材长度之间大致有如下对应关系。

一般多采用4，5，6三种形式，2，3较少，第1种情况很少。

从这个意义上看，4个车桩的摇尺误差均应测定，特别是2号、3号桩。

应该指出：目前最常用的同时测量4个车桩确定摇尺误差的方法，也仍然是将各车桩作为单一定位基准进行检测的。对于体现加工定位基准的车桩相互间的关联要素——车桩位移的同步性——每一时刻4个车桩的平面度并没有规定。

因此，为了保证连续进尺时，各车桩组成的定位基准面的平面度满足要求，在考查摇尺精度时，建议在标准中增加车桩相互间位移同步性指标。以保证连续进尺时，各车桩定位基准平面的平面度，具体做法及允差规定建议如下：

将车桩调整到同一基准面内，如退至起始位置，或各距车前端一定值，并分别将测值用深度卡尺测量记录，然后按20mm的预选尺寸连续进尺5次，用深度卡尺再次测量车桩定位面到车盘前端距离，二者之差即各车桩实际进尺值。要求各车桩实际进尺值的互相差不大于允差。

再以同样方式作预选尺寸50mm，100mm的测量，以三者互相差中的最大值作为车桩的同步位移误差。

在以上测量基础上，可任选1个车桩进行摇尺误差测量，来代表整个摇尺机构的定位精度。

这种方法的合理性在于：

(1) 既考虑了惯性误差、制动误差、电压波动误差、电气元件灵敏误差、刻度盘误差等等对各车桩摇尺精度具有相同影响的因素，也用各车桩位移同步性指标限制了对各车桩摇尺精度上个月不同影响的齿轮、齿条制造误差、车桩与车盘之间的装配误差。

(2) 这种测量方法看来多了一个检测项目，但却简化了实际摇尺精度检测。因为将测量4个车桩变成检测1个车桩，减少了检测次数和预选尺寸的个数，测量的工作量大大地减少了，而新增项目的检测量的总次数和检测车桩的数目减少了，并没有降低检测精度，而且更趋合理。

1.3 预选尺寸的选择

应考虑两个因素，一是尺寸的大小，二是尺寸的数目。

从实际原木加工情况出发，我们把国家锯材标准中划分锯材公差的尺寸段和常用锯材规格作为此项考虑的依据。

新的国家锯材公差及对应锯材规格见表2。

表2 新的国家锯材公差及对应锯材规格　mm

锯材规格	<20	21~100	>101
公差	±1	±2	±3

可依此尺寸段分别选大、中、小三个常用锯材规格作为预选进尺值，如15mm，60mm，150mm；或18mm，55mm，120mm等。对三个尺寸分别进行测量统计，取其中的最大误差。

由于锯材精度除受摇尺精度的影响外，还受锯机与跑车相对安装精度、锯条修磨、锯条张紧状态等许多因素影响。摇尺精度应远高于锯材精度。依实际经验并参照国外标准，两者之比应为40%，即要保证±1mm的锯材公差，跑车摇尺精度应控制在±0.6mm之内。

1.4 测量次数的选择

应该指出，摇尺精度是加工基准的定位精度。由于定位误差具有随机影响因素多、测值离散性大、测定重复性差等特点，在确定测量次数时，首先应考虑误差评价本身对测量次数的要求。其次，也应考虑便于数据处理、节省工时。

试验证明，摇尺误差是一个随机变量，符合正态分布。在消除系统误差后，随机变量的算术平均值$\overline{X}$可作为它的真值的无偏估计量。$\Delta\overline{X}=\pm3\delta/\sqrt{n}$随着测量次数$n$的增大而减小。所以，可从$n$对$\overline{X}$精度的影响，分析$n$的合理取值范围。

由表3统计值看出，当$n>20$后，如$n=25$比较$n=20$时，x的精度提高为(0.224～0.200)/0.224×100%的10%，故一般在确定$\overline{X}$时，可以取$n_{max}\leqslant20$。

表3 测量次数的选择

n	5	10	15	20	25	30	35	40	45
$1/n$	0.447	0.316	0.258	0.224	0.200	0.183	0.169	0.158	0.149

目前，国内评价跑车带锯机摇尺精度时采用的测量次数和一些文章中建议采用的次数，以10次居多。也有采用6次、15次、20次等。

综上分析，建议摇尺误差测量时，对每一预选尺寸测量10～15次。其中出厂精度检验允许偏下限执行。而科研鉴定，仲裁检验，优质产品评定则偏上限执行。当然，也可对测量次数作出唯一值的规定。

2 关于摇尺误差的评价

为了能够对跑车带锯的摇尺机构的精度作出准确判断。必须制定科学合理的评价标准。

2.1 对两种评价定义的评估

标准 JB3179—82 定义实际进尺值与理想进尺值（即预选值）之间的差值为摇尺误差。实测时取其中最大差值。

这一定义的不合理性主要有以下两点，首先，它没有把摇尺误差作为一种随机误差来处理，而把主要是由系统误差引起的测值偏离预选值作为评价结论。因此，它不反映测值的离散性，而只考查了它的准确性。第二，它用一个最大差值作为摇尺机构定位精度的总评价结论，具有不可避免的片面性。它既不能反映出这一最大差可能出现的概率，也不能算出绝大多数测值所反应的摇尺精度。

因此，用最大差值法确定摇尺误差是不合理的。标准 JTSB6509—1979 定义测值之间的互相差为摇尺误差，并用其中的最大差作为评估结论。它消除了属于系统误差的影响因素，即不考查测值与预选值的偏离程度而只关心测值的分布范围，用 $X_{max} - X_{min}$ “极差”定义摇尺误差。但是，它也只是以两个数据反映定位精度，没有把各测值全部反映出来。并未能说明结论的可信赖程度——置信度。因此，这种方法仍有其片面性。

2.2 用均方差定义摇尺误差的设想

摇尺误差是符合正态分布的随机误差。评价这类误差的理想尺度是均方误差——σ。

$$\sigma = \sqrt{\sum_{i=0}^{n} (\overline{X} - X_i)^2 / n - 1} \qquad (1)$$

式中：X_i——单次测值；

n——测量次数；

$\overline{X}$——测值的平均值。

$$\overline{X} = 1/n \sum_{i=1}^{n} X_i \qquad (2)$$

用 σ 来衡量摇尺误差具有以下优点：

（1）σ 的平方恰好是随机变量（摇尺测值）的数字特征之一“方差”，而且是服从正态分布的随机误差解析式中的一个参数，即：

$$f(x) = 1/\sigma \sqrt{2\pi} \cdot 1xp(-x^2/2\sigma^2) \qquad (3)$$

由（3）式可见，测值 X 的分布图形完全取决于 σ。

（2）σ 保持了对大的摇尺误差敏感的优点，而且弥补了前面两个标准中只用个别测值表征摇尺误差的片面性。因此这能够更加准确、全面地体现摇尺精度。

（3）σ 能够在说明结论置信度的前提下，给出误差分布的极限（极差）与均方误差

σ 的简明关系。

例如： $\delta_{\lim} = \pm 8\sigma$（99.7%）

即摇尺值分布在$\overline{X} \pm 8\sigma$ 的范围内的可能性不小于99.7%，同样有

$$\delta_{\lim} = \pm 2\sigma \text{（95.5%）}$$
$$\delta_{\lim} = \pm 2.5\sigma \text{（95.5%）}$$

由此可知，用均方差定义摇尺误差比用最大差值法、相对差值法都更为合理，更可信，即更具有客观性。

一般来说，应取 $\pm 3\sigma$ 作评价摇尺精度的指标。但以 9.7% 的置信概率所确定的极限误差作为评价结论，从实际运用情况看，却过于保守了。所以，建议采用 $\pm 2\sigma$（95.5%）作评价指标，以便于工作使评价与实际需要的可信赖程度相适应。因为，在1 000个测值中，有 955 个测值能落在由此确定的摇尺范围内，应该说，这一结论已足够可信了。

应该指出，用 σ 评价摇尺差也有不足之处。主要原因是（1）、（2）两式计算 σ 比较麻烦。另外，要计算 σ，n 值应选得比较大。

例如，n 为 15；选 3 个尺寸，则 4 个车桩需要测量 $15 \times 4 \times 8 = 180$ 次，但采用本文介绍的方法，只需测量 $15 \times 3 \times 1 + 4 \times 2 \times 3 = 69$ 次。只要利用小型计算器中的统计程序，就不难直接计算了。

另外，还可以利用简单的关系式表示出极差 $R = X_{max} - X_{min}$ 与均方误差 σ 近似关系。可以用下式由 R 估计 σ 之值：

$$\sigma = R/dn \tag{4}$$

其中，系数 dn 与测量次数 n 有关。

由表 4 可见，当 $n \leqslant 15$ 时 $dn = \sqrt{n}$。所以 σ 更加粗略的计算可用下式估计

$$\sigma = R/\sqrt{n} \tag{5}$$

表 4 用均方差定义摇尺误差的设想

n	dn	n	dn	n	dn	n	dn
1		6	2.534	11	3.173	20	3.73
2	1.128	7	2.704	12	3.258	25	3.93
3	1.693	8	2.847	13	3.336	30	4.09
4	2.059	9	2.970	14	3.407	35	4.22
5	2.326	10	3.078	15	3.472	40	4.41

木工机床保护接地电路的设计与测试

加入 WTO 后，中国的木工机床产品逐渐与国际接轨，同时促进了木工机床产品向着自动化，数字化方向发展。我们在产品的设计中不但要注重系统的性能指标和设备的先进性，产品的安全性也是不容忽视的，只有安全的产品才能进入市场，只有安全的产品才能占有市场。世界各国都制定了相应的法律、法规和标准对木工机床的安全性提出了强制要求。2002 年国家技术监督局发布了 GB5226. 1—2002《机械安全 机械电气设备第 1 部分：通用技术条件》，该标准对木工机床的保护接地有非常严格的要求。但是，由于企业的设计人员对标准理解不够准确，而且没有意识到保护接地电路的重要性，因此很多木工机床产品没有设置保护接地或者保护接地电路设计的很不规范。在 2008 年第二季度木工锯类机床国家监督抽查中，由于电气系统的问题导致产品不合格的占 78. 3%，其中绝大多数都是保护接地设计上的问题。保护接地是确保电气设备正常工作和安全防护的重要措施，合理的设计保护接地电路可以有效地保护人身和设备的安全。

1 接地的概念及分类

1.1 接地的基本概念

大地是可导电的地层，其电位通常取为零。电力系统和电气装置的中性点、电气设备的外露导电部分及装置外导电部分通过导体与大地相连，称作接地。接地的目的是使可能触及的导电部分降到接近地电位，当产生电气故障时，即使这些导电部分带电，其电位与人体所处位置的大地电位基本接近，可降低触电的危险。接地是保证人身及设备安全的措施。

1.2 接地的分类

1. 2. 1 保护接地

保护接地就是将电气设备正常情况下不带电的金属部分与接地体之间作良好的金属连接，即将电机、配电箱外壳和机床的金属框架等与接地体用 PE 线连接起来，但严禁将 PE 线与 N 线连接。

1. 2. 2 工作接地

工作接地是为了电路或设备达到运行要求的接地，如变压器低压中性点的接地。工作接地的目的是为了尽量减小绝缘失效时对人体安全，工业机械或加工件所产生的后果；为了尽量减小对灵敏电气设备工作干扰的后果。

2 各种供电系统下的木工机床接地

2.1 TN－S 系统（三相五线制）

供电系统由 380V 三相线、中性线 N 和接地线 PE 组成的三相五线制的系统（图 1）。木工机床的接地是将其接地端子与供电系统的接地线 PE 用导线连接。当木工机床发生漏电时，故障电流经设备的金属外壳形成相线对接地线的短路。这将产生较大的短路电流，令线路上的保护装置立即动作，将故障部分迅速切除，从而保证人身和设备的安全。

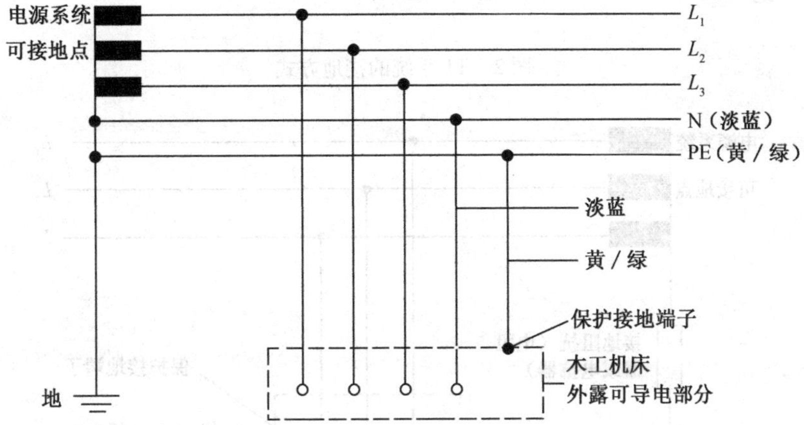

图 1 TN－S 系统的接地方式

2.2 TT 系统（三相四线制）

供电系统由 380V 三相线和中性线 N 组成的三相四线制的系统（图 2）。木工机床的接地是单独接地，与供电系统的接地无关。当木工机床发生漏电时，故障电流经木工机床的接地端子直接流入大地。如有人触及带电的外壳，由于保护接地装置的电阻远远小于人体的电阻，大部分的电流被接地装置分流，从而对人体起到保护作用。

2.3 IT 系统（三相三线制）

供电系统只由 380V 的三相线组成（图 3）。IT 系统的电源中性点是对地绝缘的或经高阻抗接地，而木工机床的金属外壳直接接地。当木工机床发生漏电时，由于人体的电阻远远大于接地电路的电阻，故障电流大部分通过接地电路流入大地，从而起到了保护的作用。

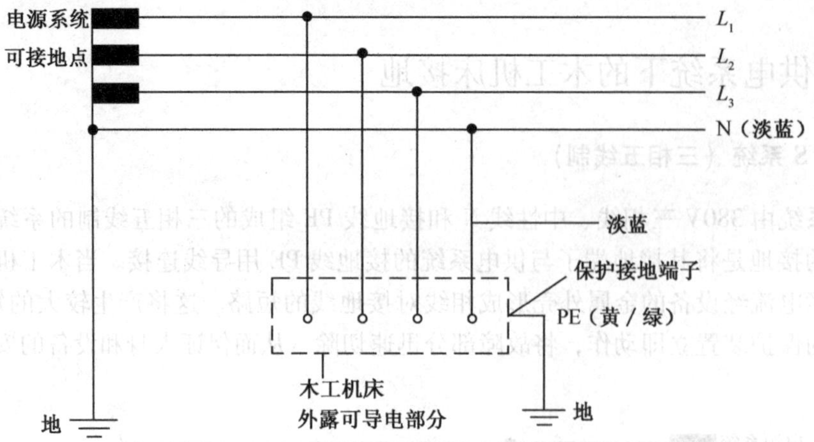

图2　TT系统的接地方式

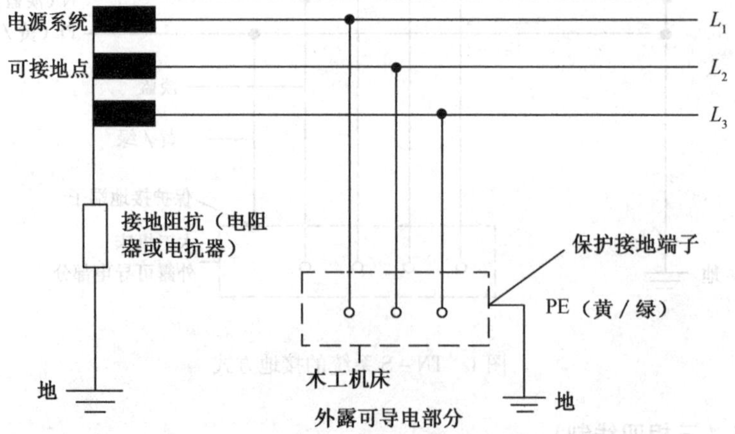

图3　IT系统的接地方式

3　木工机床保护接地电路的设计要求

3.1　保护接地电路的组成

木工机床保护接地电路由下列部分组成：PE端子；电气设备和机械的可导电结构部件；机械设备上的保护导线。

3.2　保护接地系统的端子和导线

木工机床的保护接地端子应设置在各引入电源有关相线端子附近，而且一个保护接地端子只能连接一根保护导线，如有多根保护导线需采用汇流排的形式进行连接。连接外部保护导线的端子应使用字母PE或图形符号⏚标志，图形符号优先，也可使用黄绿双色组合线标记。

保护导线应采用铜导线，其最小截面积应符合表 1 的要求。

表 1 保护导线的最小截面积

设备供电相线的截面积 S/mm²	保护导线的最小截面积 S/mm²
$S \leqslant 16$	S
$16 < S \leqslant 35$	16
$S > 35$	$S/2$

3.3 保护接地电路的连续性

木工机床的所有外露可导电部分都应连接到保护接地电路上。无论什么原因（如维修）拆移部件时，不应使余留部件的保护接地电路连续性中断。连接件和连接点应确保不受机械、化学或电化学的影响而削弱其导电能力。当外壳和导体采用铝材或铝合金材料时，应特别考虑电蚀问题。金属软管、硬管和电缆护套不应用作保护导线。但这些金属导线管和护套自身也应连接到保护接地电路上。电气设备安装在门、盖或面板上时，应确保其保护接地电路的连续性，并建议采用保护导线。

4 保护接地电路连续性的测试方法

当机械安装及电气连接完成时，通过回路阻抗测试可以检验保护接地电路的连续性。

测试方法：

（1）保护接地电路的连续性应通过引入来自 PELV（保安特底电压）电源的 50Hz 或 60Hz 的低电压、至少 10A 电流和至少 10s 时间的验证。该试验在 PE 端子和保护接地电路部件的有关点间进行。

（2）PE 端子和各测试点间的实测电压降不应超过表 2 规定的值。

表 2 保护接地电路连续性的检验

被测保护导线支路最小有效截面积/mm²	最大的实测电压降（对应测试电流为 10A 的值）/V
1.0	3.3
1.5	2.6
2.5	1.9
4.0	1.4
>6.0	1.0

5 结束语

随着科学技术的不断发展，木工机床产品的安全问题逐渐引起人们重视，尤其是电气安全。世界各国都在不断完善相应的法律、法规和标准来提高其产品的安全性。木工机床的接地是确保电气设备正常工作和安全防护的重要措施，因此在电气控制系统设计时，不仅要注重系统的性能指标和设备的先进性，同时也必须做好系统保护接地的设计。

木工机械安全与 CE 认证

1 前言

近年来，随着现代伤亡事故致因理论的研究和发展，人们越来越认识到，导致事故有两个主要方面原因，即“人的不安全行为”和“物的不安全状态”，后者更具有决定意义。就木工机械产品而言如果最大限度地提高其“本质安全性”则将大大减小人所面临的危险，即使在人的某种误操作情况下，或者机床出现了某种“失效”，人依然能处于某一可接受的风险水平之下，这是一种被称之为“高防护水平”的产品安全设计思想，其技术目标就是在产品的设计、开发、使用、维护的全寿命周期的各个阶段，都要求贯彻一种“防患于未然”的安全工程原则，利用“层层设防”的方法使现代木工机械产品的安全性上升到一个全新的水平，以期使原本针对人的某些苛刻的劳动保护条件，尽可能转化为对木工机械产品本质安全的严格要求。

木工机械产品的安全性就是指在产品的安全使用说明书规定的使用条件下，执行其功能和在运输、安装、调整、拆卸工作时不产生伤害或危害健康的能力。评价一种木工机械产品的优劣，除了考虑其自动化程度高低外，更应该注意的是该产品的安全性。从一台机床的设计、制造、使用过程中，安全是一个不可或缺的重要内容。在西方国家如欧盟、美国早已制定相关的法律、规范和标准，来保护任何机械的安全，规定任何一台进入欧洲市场的机械产品都必须施加 CE 标志，以证明这台机械产品符合“机械指令”达到安全方面的要求。所以说提高我国木工机械产品的竞争能力，突破西方国家的技术壁垒，木工机械产品的安全必须为我们所重视。

2 木工机械危害及其产生的原因

木材加工是指通过刀具破坏木材纤维之间的联系，从而改变木料形状、尺寸和表面质量的加工工艺过程。进行木材加工的机械称为木工机械。从原木采伐到木制品最终完成的整个过程中，要经过木材的防腐处理、人造板的生产、天然木和人造板机械加工、成品的装配和表面修饰等很多工序，而家具生产则包括了几乎全部工序。木材加工的各个环节都离不开木工机械，木工机械种类多，使用量大，广泛应用于建筑、家具行业，工厂的木模加工、单位木 制品维修以及家庭装修业等。木工机械种类繁多，按其工作原理、适用范围及性能结构可分为木工锯机、刨床、铣床、钻床、车床以及砂光机等。由于其操作大都是操作者用手工送料，两手与刀具较近，极易发生事故。再加上木材的燃点低，易发生火灾，在加工时，还会产生大量的木屑、粉尘、噪声，这些都是对人体健康有害的。木工机械危险与木工机械有害因素，简称木工机械危害。

2.1 木工机械加工中的危险

2.1.1 木工机床上的零件或刀具飞出的危险

机床上的零件发生意外情况造成破裂而飞出会造成伤害事故，例如锯机上断裂的锯条、砂光机上断裂的砂带、木工刨床上未夹紧飞出的刀片等。

2.1.2 加工时与工件接触的危险

在加工时，与加工的工件接触也会造成伤害。木工机械多采用手工送料，这是容易伤手的原因，当手推压木料送进时，遇到节疤、弯曲或其他异常情况，手会不自觉地与刃口接触，造成割伤甚至断指。例如，在木工车床上，被加工的高速回转的棒料缠住衣物等造成人体的伤害；在进给辊进给工件的机床上，会发生人手被工件牵连，又被拉入进给辊与工件之间的夹口而造成伤害。

2.1.3 操作人员违反操作规程带来的危险

许多伤害都是人为造成的。操作者不熟悉木工机械性能和安全操作技术，或不按安全操作规程作业，加之木工机械设备没有安装安全防护装置或安全防护装置失灵，都极易造成伤害事故。

2.1.4 接触高速转动的刀具的危险

木工机械的工作刀轴转速很高，一般都到2 500 ~ 6 000r/min，最高到20 000r/min，转动惯性大，难控制。操作者为了使其在电机停止后尽快停转，往往习惯于用手或木棒制动，常因不慎与锋利的刀具相接触造成伤害。

2.1.5 木屑飞出危险

若圆锯机没有装没装防护罩，锯下的木屑或碎块可能会以较大的速度（超过100km/h)飞向操作者脸部，给操作者造成严重伤害。

2.1.6 木材或木粉发生燃烧及爆炸的危险

木材是易燃物，加工时产生的木粉在空气中达到一定浓度范围时，会形成爆炸混合物。当木粉在车间堆积过多时，尤其在暖气片或蒸汽管上易引起阴燃。

2.1.7 由于制造原因产生的危险

与其他机械相比，大多数木工机械制造精度低，又缺乏必要的安全防护装置，或装置失灵，再加上手工操作多，易发生事故。

2.1.8 触电的危险

木工机床所用电机多为三相380V电源，一旦绝缘损坏易造成触电。

2.1.9 工件伤人的危险

在没有设置止逆器的木工压刨床、多锯片木工圆锯机上，易发生工件的回弹伤人危险。例如：单面压刨床的止逆器失灵，木料弹回伤人的现象时有发生。

2.2 木工机械加工中的有害因素

2.2.1 噪声

木工机械转速高、送进快、木质软硬不均，又加之木材传运快，所以加工时产生的噪声较大，操作人员长时间在此环境中工作，劳动强度大，易产生疲劳，感到烦躁，影响健康且易使操作者产生失误发生工伤事故。表 1 所列为常用木工机械的噪声级。

表 1 常用木工机械的噪声级 dB（A）

木工机床	噪声级	
	空转时	操作时
木工平刨床	80～90	85～100
木工压刨床	80～90	85～100
木工圆锯机	80～90	85～105
木工带锯机	80～90	85～110
木工铣床	80～90	85～100
木工钻床	80～90	85～100
木工砂光机	80～100	85～110
其他木工机床	70～85	85～100

2.2.2 粉尘

木工机械在操作时，产生的木屑高速飞扬，微小的粉尘大量悬浮于空气中，极易被人吸入，长期下去会对人的身体健康带来不良影响。表 2 为常用的木工机械的粉尘浓度。

表 2 常用的木工机械的粉尘浓度 mg/m^3

木工机床	粉尘浓度	木工机床	粉尘浓度
木工平刨床	4～5	木工铣床	5～7
木工压刨床	6	木工钻床	4～5
木工圆锯机	5～6	木工砂光机	8～10
木工带锯机	6～8	其他木工机床	4～6

2.2.3 振动

木工机床转速高、进料快，进料时会引起较强的局部振动。尤其当木质不均匀时，比如遇到节疤、弯曲或其他缺陷时更易产生振动，长时间的振动会给人体健康带来不良影响。

2.2.4 劳动强度大

木材加工多用手工上料，有时木料经常重达 30～50kg，在传送、堆放、运输和搬运时，常常需要高强度的劳动作业。

2.2.5 湿度及高温

一般来讲，在木材加工的工作区湿度都比较大，而给木材进行干燥的设备又会产生高温，这些都会给人带来不利的影响。

2.3 造成木工机械事故的原因

造成伤害事故的原因可归纳为人的不安全行为、设备的不安全状态和环境的不安全因素这三个方面。

所谓的人的不安全行为是指工作时操作人员注意力不集中，或思想过于紧张，或操作人员对机器结构及所加工工件性能缺乏了解，或操作不熟练及操作时不遵守安全操作规程，或不正确使用个人防护用品和设备的安全防护装置等。

设备的不安全状态是指机床设计和制造存在着缺陷，机床部件、附件和安全防护装置的功能退化等能导致伤害事故的状态。

环境的不安全因素是工作场地照明不良、温度或湿度不适宜、噪声过高、设备布局不合理、备件摆放零乱等。

把造成机械事故的原因分为直接原因和间接原因。但从根本上讲，所有的机械事故均是由人的原因引起的。机械的设计、制造、运输、安装、操作、维护、管理、拆除等各个环节都是由人来完成的，只要有一丝疏忽，就可能引发事故，造成伤害，因而，在分析事故原因时，无论是直接原因或间接原因，人的因素总是避免不了的。

2.3.1 直接原因

2.3.1.1 机械的不安全状态

（1）防护、保险、信号等缺乏或有缺陷。

①无防护。无防护罩，无安全保险装置，无报警装置，无安全标志，无护栏或护栏损坏，设备电气未接地，绝缘不良，噪声大，无限位装置等。

②防护不当。防护罩未在适当位置，防护装置调整不当，安全距离不够，电气装置带电部分裸露等。

（2）设备、设施、工具、附件有缺陷。

①设计不当，结构不合安全要求。制动装置有缺陷，安全间距不够，工件上有锋利毛刺、毛边，设备上有锋利倒棱等。

②强度不够。机械强国不够，绝缘强度不够，起吊重物的绳索不合安全要求等。

③设备在非正常状态下运行。设备带“病”运转，超负荷运转等。

④维修、调整不良。设备失修，保养不当，设备失灵，未加润滑油等。

（3）个人防护用品、用具如防护服、手套、护目镜及面罩、安全带、安全帽等缺少或有缺陷。

（4）生产场地环境不良。

①照明光线不良。包括照度不足，作业场所烟雾烟尘弥漫、视物不清，光线过强，有眩光等。

②通风不良。无通风，通风系统效率低等。

③作业场所狭窄。

d. 作业场地杂乱。工具、制品、材料堆放不安全。

（5）操作工序设计或配置不安全，交叉作业过多。

（6）地面滑。地面有油或其他液体，有冰雪。地面有易滑物如圆柱形管子、料头等。

（7）储存方法不安全。物品、物料等堆放过高、不稳等。

2.3.1.2 操作者的不安全行为

这些不安全行为可能是有意的或无意的。

（1）操作错误、忽视安全、忽视警告。包括未经许可开动、关停、移动机器；开动、关停机器时未给信号；开关未锁紧，造成意外转动；忘记关闭设备；忽视警告标志、警告信号；操作错误（如按错按钮，阀门、扳手、把柄的操作方向相反）；供料或送料速度过快；机械超速运转；工件、刀具紧固不牢等。

（2）造成安全装置失效。拆除了安全装置，安全装置失去作用，调整错误造成安全装置失效。

（3）使用不安全设备。临时使用不牢固的设施如工作梯，使用无安全装置的设备，拉临时线不符合安全要求等。

（4）用手代替工具操作。用手代替手工工具，用手清理切屑，不用夹具固定，用手拿工件进行机械加工等。

（5）物体（成品、半成品、材料、工具、切屑和生产用品）存放不当。

（6）攀、坐不安全位置（如平台护栏、吊车钓钩等）。

（7）机械运转时，加油、修理、检查、调整、焊接或清扫。

（8）穿不安全装束。在必须使用个人防护用品、用具的作业或场合中，未穿戴各种个人防护用品或忽视其使用。如在有旋转零部件的设备旁作业时，穿着过于肥大、宽松的服装，在操纵带有旋转零部件的设备时戴手套，穿拖鞋进入车间等。

（9）无意或未排除故障而接近危险部位。如在无防护罩的两个相对运动的零部件设备之间清理卡住物时，可能造成挤伤、夹断、切断、压碎或人的肢体被卷入等严重的伤害。除了机械结构设计不合理外，也是违章作业。

2.3.2 间接原因

几乎所有事故的间接原因都与人的错误有关，尽管与事故直接有关的操作人员并没有出错。这些间接原因可能是由于设计人员、设备制造、安装调试、维护保养等人所犯的错误。间接原因包括：

2.3.2.1 技术和设计上的缺陷

工业构件、建筑物（如室内照明、通风）、机械设备、仪器仪表、工艺流程、操作方法、维修检验等的设计和材料使用等方面存在问题。

（1）设计错误。预防事故应从设计开始。大部分不安全状态是由于设计不当造成的。由于技术知识水平所限，经验不足，可能没有采取必要的安全措施而犯了考虑不周或疏忽大意的错误。设计人员在设计时应尽量采取避免操作人员出现不安全行为的技术措施和消除机械的不安全状态。设计人员的实践经验越丰富，其设计水平和质量就越高，就能在设计阶段提出消除、控制或隔离危险的方案。

设计错误包括强度计算不准，材料选用不当，设备外观不安全，结构设计不合理，操纵机构不当，未设计安全装置等。即使设计人员选用的操纵器是正确的，如果在控制板上配置的位置不当，也可能在操作时被操作人员混淆而发生操作错误，或不适当地增加了操作人员的反应时间而忙中出错。

设计人员还应注意作业环境设计，不适当的操作位置和劳动姿势都可能使操作人员引起疲劳或思想紧张而造成错误。

（2）制造错误。即使设计是正确的，如果制造设备时发生错误，也会成为事故隐患。在生产关键性部件和组装时，应特别注意防止发生错误。常见的制造错误有加工方法不当（如用铆接代替焊接），加工精度不够，装配不当，错装或漏装了零件，零件未固定或固定不牢。工件上的刻痕、压痕、工具造成的伤痕以及加工粗糙可能造成应力集中而使设备在运行时出现故障。

（3）安装错误。安装时旋转零件不同轴，轴与轴承、齿轮啮合调整不好（过紧过松），设备安装不水平，地脚螺栓未拧紧，设备内遗留的工具、零件、棉纱忘记取出等，都可能使设备发生故障。

（4）维修错误。没有定时对运动部件加润滑油，在发现零部件出现恶化现象时没有按维修要求更换零部件，都是维修错误。当设备大修重新组装时，可能会发生与新设备最初组装时类似的错误。安全装置是维修人员检修的重点之一。安全装置失效而未及时修理，设备朝负荷运行而未制止，设备带“病”运转，都属于维修不良。

2.3.2.2　教育培训不够

未经培训上岗，操作者业务素质低，缺乏安全知识和自我保护能力，不懂安全操作技术，操作技能不熟练，工作时注意力不集中，对工作不负责，受外界影响而情绪波动，不遵守操作规程，都是造成事故的间接原因。

2.3.2.3　管理缺陷

（1）劳动管理制度不健全、不合理；

（2）规章制度执行不严，有章不循；

（3）对现场工作缺乏检查或指导；

（4）无安全操作规程或安全规程不完善；

（5）缺乏监督。

对安全工作不重视，组织机构不健全，没有建立或落实安全生产责任制；没有或不认真实施事故防范措施，对事故隐患调查整改不力等。所有这些在管理上存在的缺陷，均能引发事故，关键原因是企业管理人员不重视。

3　木工机械产品的本质安全性

3.1　安全

3.1.1　安全的概念

什么是安全？简单地说就是人或物在某一环境中不发生危险与不受到损害的状态。

安全有广义和狭义之分。狭义的安全是指人们在劳动生产过程中所面临的一种状态，这种状态，消除了可能导致人员伤亡、职业危害或设备、财产损失的条件，也就是通常所说的职业安全健康。广义的安全是指除了一个地方和单位的生产经营安全外，还包括这一地方和单位的治安安全、生活安全等。对于社会而言，还包括公众场所安全、旅游安全、消防安全、食品卫生安全、自然灾害的防范、家庭安全等。

3.1.2　安全性

实际上，在任何环境下都无绝对安全可言。人、物、环境都是在不断地变化之中，随着这种不断变化，安全也就变成相对的了。往往是这些变化到达某一个临界点时，不安全的状态就会出现，事故也就随之发生了。

发生的事故有大、有小，有的直接损害人的健康或物的应用。有的对人或物并无影响或影响轻微。有许多“事故”并不把它们作为事故，其原因就是这些“事故”对人或物的损害或损伤是非常轻微的，这种轻微的损害或损伤不足以引起人或物的不正常状态。换而言之，这些“事故”是大家都许可存在的、公认的可以不去考虑的。因而，所谓安全，只表明人或物在某一个环境中对危险和损伤所能承受的最大能力，即安全性。

3.2 本质安全性

3.2.1 基本安全因素

通常情况下，与安全问题相关者，一般可归纳为“人”“物”以及关联两者的“环境”三个因素，称为基本安全因素。这三个基本安全因素中的任一因素都能独立地成为实现安全与否的充分条件，即每一个因素都有可能导致危险状态的发生，并不需要另两个因素与之相适应。往往是其中的某一因素处于不安全状态是，其他两个因素的危险性也会随之发生变化。当然，绝大多数事故的发生往往是诸多因素联合作用的结果。

3.2.2 整体性因素

如果把人、物、环境三个基本安全因素构成的一个安全系统看作是系统的“整体性因素”，那么这个整体性因素再加上三个安全基本因素也可以看作是四个因素。整体性因素体现为前三个因素的协调作用，是一个复合性安全因素。现代安全工程学就是从实用角度探求安全系统在上述诸因素作用下的机理与结果。

3.2.3 本质安全

在实际的生产工作中，通过对上述四个因素作用的考察与分析，发现大多数事故的发生往往是其联因与耦合的作用结果。但是随着现代伤亡事故致因理论的研究和发展，人们逐渐认识到，在大多数情况下导致伤亡事故的两个最主要也是最直接的原因是“人的不安全行为”和“物的不安全状态”，而且后者往往更有决定意义。这是因为，一方面随着“物的不安全状态”的尽量避免，将大大减少所面临的危险；另一方面，如果能做到即使在人发生某种不安全行为时或是物在“失常”状态下，人在这种非预期的条件下，依然能处于某一可接受的风险水平之下，这无疑是一种比较理想的安全系统。这种安全系统不仅强调“物”安全因素的充分性，同时也强调其必要性，从而提出了一种“本质安全”的概念。

3.3 木工机械的本质安全

现代木工机械产品的安全技术的目标主要是追求和探讨包括软件在内的产品的本质安全性，具体的体现就是“安全第一，预防为主”的指导方针。也就是为了保证生产的安全，在机械设备的设计阶段就采取本质安全的技术措施，进行安全设计，经过对机械设备性能、产量、效率、可靠性、实用性、经济性、安全性等各个方面的综合分析，使机械设备本身达到本质安全。

3.3.1 机械设备本质安全的特征

具有“本质安全”品性的木工机械产品特征是：机器在预定使用条件下，除具有稳定、可靠的正常安全防护功能外，其设备本身还兼具有自动保障人身安全与设备安全的功能与设施，一旦发生人为误操作或判断错误时，人身不会受到伤害，生产系统和设备仍能保证安全。也就是当达到以下几点时，该机械产品具有“本质安全”。

（1）当机器发生非预期失效或故障时，能自动切除或隔离故障部位，安全地停止运行或到备用部分，同时发出报警；

（2）所有情况下，不产生有害的排放物，不会造成污染和二次污染；

（3）符合人类工效的原则，能最大限度地减轻操作人员的体力消耗和脑力消耗，缓解精神紧张状态；

（4）有明显的警示，能充分发出警示和表明遗留风险；

（5）一旦产生危害时，人和物可能产生危害的损失程度应当在可接受的水平之下（标准安全指标之下）。

3.3.2 考虑机械安全措施的原则

针对机械本质安全的特征要求，要求从机械产品的设计开发阶段，直到使用运输、安装、调试、维修乃至拆除阶段的整个寿命期内，都要充分考虑其安全性和防范措施。这就是当代对机械产品确立的一种被称之为“高级安全防护水平”的产品安全规定和设计思想。按照这种安全规定和设计思想考虑的机械安全措施的原则是：建立并贯彻防患于未然的安全原则，利用层层设防的方法，使现代机械产品的安全品质从生产安全系统中突出出来，上升到一个全新的技术水平，相应的减轻以往对人不得不附加多种劳动保护所带来的紧张情绪。

3.3.3 安全措施

安全措施一般包括：在设计开发阶段，由设计者根据机械产品的预定使用目标，进行危险识别及风险评价，综合考虑机械的各种限制，考虑采取的风险减小措施；在实用阶段，使用者根据机械产品的性能及使用环境的具体情况，考虑补充措施。

在设计阶段考虑减小机械风险的安全措施时，通用的一条重要原则是不能因此而影响机械正常的连续运转和妨碍预定的使用目的。在此同时，还应遵循如下的设计顺序。

（1）首先应规定机械的各种限制，例如使用限制、空间限制挤时间限制（寿命限制）等。

（2）在对机械的危险程度的识别与分析的基础上，进行风险的综合评价。设计者应尽可能地预见到可能导致损伤人体健康和危及生命财产安全的各种危险状态。为此，要认真考虑以下几点。

①人与机械在机械有效使用寿命阶段中的各个时间段内可能产生的各种相互作用。

②机械在正常运转状态下的预见，尤其是机械由于各种原因不能执行预定功能的预见。比如由于被加工材料或工件的性质、性能或尺寸发生变化，机械的一个（或多个）零、部件使用功能失效，机械受到来自外部的冲击、振动、电磁等干扰，操作者对机器失控等等。

③可能出现可预见的机器误用情况。

（3）利用本质安全设计技术最大限度地消除危险和减小风险。

这一目标可以通过本质安全设计技术，将决定风险的两个因素（发生损伤或危害健康的概率和最严重程度）中的每一个因素分别或通用时完全消除，或尽可能减少到可接受的程度来达到，如尽可能地采取机械化和自动化，将危险区域完全封闭等。

（4）采取安全防护措施。对不能通过本质安全设计避免的危险和充分减小的风险，利用安全防护装置进一步消除和化解。

（5）针对遗留风险，给出使用信息。对于通过本质安全设计和采用安全防护措施以后仍不能完全消除或避免的机械遗留风险，设计者应在机械使用说明书或警告中说明克服这种奉献的程序和操作模式，还要指明是否需要专门培训。如有必要，还应对个人防护条件及装备作出规定。

（6）附加预防措施。在这一步，设计者应确定是否需要另外安排与某些紧急状态有关的（或可能作为其基本功能扶助效应）改善安全的附加措施。例如警告、警示牌等。

（7）其他考虑。

①设计者在进行设计时，应尽可能为操作者确定对机械的各种不同运行模式所采取的相应干预程序，然后选用与这些模式和程序有关的安全措施，以预防操作者由于某种技术难度而采用危险的操作模式和干预技术。

②设计者根据规定所采用的各项安全措施不能完全满足机械的安全要求时，就必须由用户通过安全培训、规定安全的工作程序、制定安全工作制度和进行生产安全监督等方法加以弥补，并且指明这些军事用户的责任，不是设计者和制造方的责任。

③设计者还应考虑到机械有可能被未经先期培训的非专业人员使用的情况。因此，在机械的结构设计、安全防护装置的采用和使用信息的制定方面要尽可能考虑周全，使专业和非专业使用者都易于掌握，不致因误用而导致危险。

4　木工机械安全的基本要求

发生机械事故的原因是多方面的，机械安全技术就是要在各个方面消除机械设备存在的危险和有害因素。到目前为止，国家各级标准化技术委员会共制定了几百项机械安全标准，其中木工机械安全标准就有十几项，例如GB12557—2000《木工机床 安全通则》等，这些标准的制定和执行，在避免和减少事故、保证操作人员安全和健康方面起到了重要的作用，它们对机械设计、制造、使用和管理等各方面都提出了相关要求，是机械安全的最基本的要求，是必须遵照执行的。

除了要求符合格列标准规范外，根据机械设备的特点，对其在结构上、控制机构上以及防护装置等方面均有相关的要求。

4.1　对木工机械设备结构的要求

4.1.1　外形

在不影响正常使用的前提下，凡人体易接近的机械外形结构应平整、光滑、不应有易引起损伤的锐角、尖角、突出物、粗糙表面和可能刮伤身体、扯裂衣服的开口。尤其应该注意金属薄片的棱边必须倒钝、折边或修边，对开口和管端应进行包覆处理。

4.1.2　加工区

加工区又称为作业区，是指被加工工件放置在机器加工的区域。凡加工区易发生伤害事故的设备，均应采取有效的安全防护措施。这些安全防护措施可以用于避免操作人员所面临的多种危险，防止其身体的人一部分进入危险区或进入时设备能自动停止运行。这些防护措施包括：完全固定、半固定密封罩；机械或电器的连锁装置；自动或半自动给料出料装置；脱开装置；自动或手动紧急停车装置；限制导致危险行程的装置；防止误动作或误操作装置；警告或警报装置；其他防护装置等。

机械设备应单独或同时采用上述的防护措施。

4.1.3 运动部件

（1）凡易造成伤害事故的运动部件均应封闭或屏蔽，或采取其他避免操作人员接触的防护措施。

（2）以操作人员所站立平面为基准，凡高度在2m以内的各种传动装置必须设防护装置，高度在2m以上的物料输送装置和皮带传动装置应防护装置。

（3）为避免挤压伤害，直线运动部件之间或直线运动部件与静止部件包括墙、柱之间的距离，必须符合《机械安全 防治上肢触及危险区的安全距离》（GB12265.1—1997）、《机械安全 防治下肢触及危险区的安全距离》（GB12265.2—2000）、《机械安全 避免人体各部位挤压的最小间距》（GB12265.3—1997）中有关安全距离的规定，机械设计应保证按其标准设计。

（4）机械设备应根据需要设置可靠的限位装置。

（5）机械设备必须对可能因超负荷发生损害的部件设置超负荷保险装置。

（6）高速旋转的运动部件应进行必要的静平衡或动平衡试验。

（7）有惯性冲撞的运动部件必须采取可靠的缓冲措施，防止因惯性而造成的伤害事故。

4.1.4 工作位置

（1）机械设备的工作位置应安全可靠，并应保证操作人员的头、手、臂、腿、脚有合乎心理和生理要求的足够的活动空间。

（2）机械设备的工作面高度应符合人类工效学的要求。此工作面高度是指操作人员在正常操作中手或前臂的平面与地面之间的距离。

①坐姿工作面高度应在700～850mm；

②立姿或立－姿的工作面高度应在800～1 000mm。

（3）机械设备应优先考虑采用便于调节的工作座椅，以操作人员的舒适性并便于操作。工作座椅的要求参考《机械加工设备的一般安全要求》（GB12266—90）中的规定：

①工作座椅的尺寸、形状及可调性应根据工作位置和工作任务确定。

②靠背的高度应能调节到支撑人的腰凹部，即相当于人体的第4～5届腰椎高度。

③坐平面的高度应能调节到使整个脚能够放在地上或搁脚板上，大小腿的夹角小于90°；坐平面应使臂部至大腿全长的3/4的到支承；座椅椅面的前缘不要触及小腿；坐平面的倾角：若经常变换坐的姿势，坐平面应调节为水平；若坐姿为后倾时，坐平面应向后倾斜不超过6°。

④手应能调节到使前臂有尽可能大的搁置面积，而扶手的高度应调节到坐姿上臂自然下垂时的肘下缘部。

（4）机械设备的工作位置应保证操作人员的安全，平台和通道必须防滑，必要时设置踏板和栏杆，平台和栏杆必须符合国家标准《固定式工业防护栏杆安全技术条件》（GB4053.3—93）和《固定式工业钢平台安全技术条件》（GB4053.4—93）的要求：

①防护栏杆高度不得低于1 050mm。在疏散通道等特殊危险场所的防护栏杆可适当加高，但不应超过1 200mm。

②通行平台宽度应不小于700mm。竖向净空一般不应小于1 800mm，梯间平台宽度应小于梯段宽度，行进方向的长度不应小于850mm。平台一切敞开的边缘均应设置防护栏杆。平台铺板应采用厚度大于4mm 的花纹钢板或经防滑处理的钢板。栏杆和平台应全部采用焊接，其中栏杆在不便焊接时，也可用螺栓连接，但必须保证结构强度。

（5）机械设备应设有安全电压的局部照明装置。

4.1.5 紧急停车装置

（1）机械设备如存在下列情况，必须配置紧急停车装置。

①当发生危险，不能迅速通过控制开关来停止设备运行终止危险时；

②不能通过一个总开关，迅速中断若干个能造成危险的运动单元时；

③由于切断某个单元可能出现其他危险时；

④需要设置紧急停车装置的机械设备，应在每个操作位置和需要的地方都设置紧急停车装置。

4.1.6 噪声

机械设备的噪声应低于国家标准所规定的限值一般为85dB（A）。

4.1.7 其他要求

机械设备安全的一般要求、材料要求、防有害物质要求、防火防爆要求和电器装置的要求将在随后各章节中结合具体的情况进行介绍。

4.2 对控制机构的要求

控制机构有显示器、控制器和控制线路组成。

4.2.1 一般要求

（1）机械设备应设有防止意外启动而造成危险的保护装置，如脚踏开关的防护罩；

（2）控制线路应保证线路损坏后也不会发生危险；

（3）自动或半自动系统，必须在功能顺序上保证排除意外造成危险的可能性或设有可靠的保护装置；

（4）当设备的能源偶然切断时，制动、夹紧动作不应中断，能源又重新接通时，设备不得自动启动；

（5）对危险性较大的设备应尽可能配置监控装置。

4.2.2 显示器

显示器是用来显示所控制机械运行的状态参数。

（1）显示器应准确、简单、可靠。

（2）显示器的性能、形式、数量和大小及其度盘上的标尺应适合信息特征和人的感知特性。

（3）显示器的排列应考虑以下原则。

①最常用、最主要的视觉显示器应尽可能安排在操作人员最便于观察的位置；.

②显示器应按功能分区排列，区与区之间应有明显的区分；

③视觉显示器的排列应适合人的视觉习惯（即优先顺序是从左到右，从上到下）。

④视觉显示器应尽量靠近，以缩小视觉范围。

（4）显示器的显示应与控制器的调整方向及运动部件的运动方向相适应。

（5）危险信号的显示应在信号强度、形式、确切性、对比性等方面突出于其他信号，一般应优先采用视听双重显示器。

4.2.3 控制器

控制器及操纵器，是用来对机械进行启动、终止运行、换向等控制动作的装置。

（1）机械设备控制器的排列应考虑以下原则：

①控制器应按操作使用频率排列；

②控制器应按其重要程度进行排列；

③控制器应按其功能分区排列；

④控制器的排列应适应人的使用习惯。

（2）控制器应以间隔、形状、颜色或触感（光滑、粗糙或由网纹）、形象符号等方式使操作人员易于识别其用途，并便于操作。

（3）控制器应与安全防护装置联锁，是设备运转与安全防护装置同时起作用。

（4）控制器的不知应适合人体生理特征。

（5）控制器的操纵力大小应适合人体生物力学要求，各类生产设备，有操纵力标准的按标准的规定执行；无具体要求的可参考《生产设备安全卫生设计总则》（GB5083—1999）执行。

（6）对两人或多人操作的机械设备，其控制器应有互锁装置，避免因多人操作不协调而造成危险。

（7）控制开关的位置一般不应设在容易产生误动作的位置，防止无意中启动。

（8）控制器数量较多时，其安装和布置，应能保证正常的动作次序或在设备上给出明显指示正确动作次序的示意图。

4.3 对防护装置的要求

机械的防护装置包括安全防护装置和紧急停车开关。

4.3.1 安全防护装置（安全装置）

（1）安全防护装置应满足下列要求：

①使操作者触及不到运转中的可动零部件；

②在操作者接近可动零部件并有可能发生危险的紧急情况下，设备应不能启动或立即自动停机、制动；

③应能避免在安全防护装置和零部件之间产生接触危险；

④安全防护装置应便于调节、检查和维修，并不得成为新的危险发生源。

（2）安全防护装置应结构简单、布局合理，不得有锐利的边缘和突缘。

（3）安全防护装置应具有足够的可靠性，在规定的寿命期限内有足够的强度、刚度、稳定性、耐腐蚀性、抗疲劳性，以确保安全。

（4）安全防护装置应与设备运转联锁，保证安全防护装置未起作用之前，设备不能运转。

（5）防护罩、防护屏、防护栏杆的材料，及其至运动部件的距离应按《机械安全 防护装置固定式和活动是防护装置设计与制造一般要求》（GB/T8196—2003）执行。

（6）光电市、感应式等安全装置应设置自身出现故障的报警装置。

4.3.2 紧急停车开关

（1）紧急停车开关应保证瞬时动作时，能终止设备的一切运动。对有惯性运动的设备，紧急停车开关应予制动器或离合器联锁，以保证迅速终止运行。

（2）紧急停车开关的形状应区别于一般控制开关，其主要颜色应为红色。

（3）紧急停车开关的布置应保证操作人员易于触及，且不发生危险。

（4）设备由紧急停车开关停止运行后，必须按启动顺序重新启动才能开始运转。

4.4 安全标志和安全色

机械设备易发生危险的部位应有安全标志或涂有安全色，提示操作人员注意。安全标志和安全色应符合《机械安全色 指示标志和操作 第一部分：关于视觉、听觉和触觉信号的要求》（GB18209—2000）及《安全色》（GB2893—2001）的规定。

4.4.1 安全标志

常用的安全标志是警告标志、禁止标志和指令标志。

（1）警告标志。与机械安全有关的警告标志有：注意安全、当心触电、当心伤手、当心吊物等。常用的警告标志，其本特征：图形是三角形，黄色衬底，边框和图像是黑色。警告标志，使人们注意可能发生的危险。

（2）禁止标志。与机械安全有关的禁止标志有：禁止明火作业、禁止启动、禁止合闸、禁止触摸、禁止通行等。常用的禁止标志，禁止标志的基本特征：图形为圆形、黑色，白色衬底，红色边框和斜杠。禁止标志，表示不准或制止人们的某种行动。

（3）指令标志。与机械安全有关的指令标志有：必须戴防护眼睛、必须戴防尘口罩、必须系安全带、必须用防护装置等。常用的指令标志，指令标志的基本特征为圆形、蓝色衬底、图形是白色。指令标志，表示必须遵守，用来强制或限制人们的行为。

安全标志是由安全色、几何图形和图形符号构成，有时附以简短的文字警告说明，以表达特定安全信息为目的，并有规定的使用范围、颜色和形式。

4.4.2 安全标志应遵守的原则

（1）醒目清晰：一目了然，易从复杂背景中识别；符号的细节、线条之间易于区分。

（2）简单易辨；由尽可能少的关键要素构成，符号与符号之间易分辨，不致混淆。

（3）易懂易记：容易被人理解（即使是外国人或不识字的人），牢记不忘。

4.4.3 标志应满足的要求

（1）含义明确无误。标志、符号和文字警告应明确无误，不使人费解或误会；使用容易理解的各种形象化的图形符号应优先于文字警告，文字警告应采用使用机器国家的语言；确定图形符号应做理解性测试，标志必须符合公认的标准。

（2）内容具体且有针对性。符号或文字警告应表示危险类别，具体且有针对性，不能笼统写“危险”两字。例如，禁火、防爆的文字警告，或简要说明防止危险的措施（例如指示佩戴个人防护用品），或具体说明“严禁烟火”“小心碰撞”等。

（3）标志的设置位置。机械设备易发生危险的部位，必须有安全标志。标志牌应设置在醒目且与安全有关的地方，使人们看到后有足够的时间来注意它所表示的内容。不宜设在门、窗、架或可移动的物体上。

(4) 标志应清晰持久。直接印在机器上的信息标志应牢固，在机器的整个寿命期内都应保持颜色鲜明、清晰、持久。每年至少应检查一次，发现变形、破损或图形符号脱落及变色等影响效果的情况，应及时修整或更换。

4.4.4 安全色

《安全色》(GB2893—2001) 规定：为了使人们对周围存在的不安全因素环境、设备引起注意，需要涂以醒目的安全色，以提高人们对不安全因素的警惕。统一使用安全色，能使人们在紧急情况下，借助所熟悉的安全色含义，识别危险部位，尽快采取措施，提高自控能力，有助于防止发生事故。但安全色的使用不能取代防范事故的其他措施。

安全色有红色、黄色、蓝色、绿色、红色与白色相间隔的条纹、黄色与黑色相间隔的条纹、蓝色与白色相间隔的条纹。对比色有白色和黑色。

(1) 红色。表示禁止、停止、消防和危险的意思。凡是禁止、停止和有危险的器件、设备或环境，应涂以红色标记如禁止标志、消防设备、停止按钮和停车、刹车装置的操纵把手、仪表刻度盘上的极限位置刻度、机器转动部件的裸露部分（飞轮、齿轮、皮带轮的轮辐、轮毂）、危险信号旗等。

(2) 黄色。表示注意、警告的意思。凡是警告人们注意的器件、设备或环境，应涂以黄色标记。如警告标志、皮带轮及其防护罩的内壁、砂轮机罩的内壁、防护栏杆、警告信号旗等。

(3) 蓝色。表示必须遵守的意思，如命令标志。

(4) 绿色。表示通行、安全和提供信息的意思。凡是在可以通行或安全情况下，应涂以绿色标记，如机器的启动按钮、安全信号器以及指示方向的指示标志如太平门、安全通道、紧急出口、安全楼梯、避险处等。

(5) 红色与白色相间隔条纹。它比单独使用红色更为醒目，表示禁止通行、禁止跨越的意思。主要用于公路、交通等方面所用的防护栏杆及隔离墩。

(6) 黄色与黑色相间隔条纹。它比单独使用黄色更为醒目，表示特别注意的意思。常用于流动式起重机的排障器、外伸支腿、回转平台的后部、剪板机的压紧装置等。

(7) 蓝色与白色相间隔条纹。它比单独使用蓝色更为醒目，表示指示方向，主要用于交通上的指示导向标。

4.5 标牌

机械设备的标牌上应注明安全使用的主要参数。

4.6 随机文件

随机文件中应有设备的安全性能、安全注意事项以及检修的安全要求等方面的内容。

随机文件主要是指操作手册、使用说明书或其他文字说明（例如保修单等）。

5 木工机械产品的安全设计

木工机械产品的安全设计的总体目标是使机械产品在其整个寿命期即从制造、运输、安装、调试运行各个阶段内都是充分安全的，为此要从设计（包括制造）和使用两方面采取安全措施，为使机械达到本质安全，一般是凡是能通过设计解决的安全措施，绝不能留给用户解决，当设计确实无力解决时，可以通过使用信息的方式将遗留风险告知和警示用户。除了对机器的正常使用采取安全措施外，还要考虑合理预见各种误用情况下的安全性，另外取得各种安全措施均不能妨碍机械执行其正常使用功能。

5.1 木工机械产品的安全设计应遵循的基本技术原则

木工机械安全设计要遵循“安全第一，预防为主”的指导方针，所设计的机械设备要尽可能达到设备的本质安全，是机械设备具有高度的可靠性和安全性，杜绝或尽量减少安全事故，减少设备故障，从根本上实现安全生产的目的。为此，在进行机械安全设计时，应遵循的基本技术原则如下。

5.1.1 在危险识别的基础上进行风险评价

木工机械产品繁多，由于结构不同其风险程度也不同，其中最危险是机械危险包括：回转运动的危险；往复运动或滑动部分的危险；与加工件接触危险；加工件飞出的危险；机床刀具飞出的危险。

在进行木工机械产品的安全设计时，首先要对所设计的机器进行全面的风险评价（包括危险分析和危险评定），以使有针对性地采取适当有效措施消除或减少这些危险和风险。

风险评价就是以系统方式对机械有关的危险进行考察的一系列的逻辑步骤，其目的是通过对机械的设计、使用事件、事故和伤害中危险的分析，找出存在危险因素的原因，帮助设计者根据现有的工艺水平及一定的机械使用条件确定最合适的安全措施，是设计的机械产品达到所能达到的最高安全水平。

5.1.2 优先采用本质安全措施

（1）尽量采用各种有效的先进技术手段，从根本上消除危险的存在；

（2）使机器具有自动防止误操作的能力，使其不按规定程序操作就不能动作，即使动作也不会造成伤害事故；

（3）使机器具有完善的自我保护功能，当其某一部分出现故障时，其余部分能自动脱离该故障部分并安全地转移到备用部分或停止运行，同时发出报警并且做到在故障未被排除前不会蔓延和扩大。

5.1.3 符合人类工效学的准则

人—机匹配是安全设计的重要问题之一，设计时必须充分考虑人—机特性，使机器适合于人的各种操作，以使最大限度地减轻人的体力和脑力消耗及操作时紧张和恐惧感，从而减少因人的疲劳和差错导致的危险。

5.1.4 符合安全卫生要求

木工机械产品在工作时粉尘浓度大，必须设有吸尘装置；木工机械产品在工作时噪声大、振动大应采取改进刀具，采用阻尼措施等方法降低噪声减小振动；在整个使用期内不得排放超过规定的各种有害物质，如果不能消除有害物质的排放，必须配备处理有害物质的装置的措施。

5.2 木工机械产品的安全设计

木工机械产品的质量、性能和成本在很大程度上是由设计阶段的工作决定的。在进行机械产品的设计时，必须贯彻“安全第一，预防为主”的方针，把安全设计放到极其重要的位置。通过安全设计有效地节约能源、降低成本。使产品物美价廉的前提是产品的安全可靠。所以，木工机械产品的安全必须引起设计者的高度重视，因为这不仅是一个经济问题，而且是一个全社会都十分关心的社会问题。

木工机械的安全设计，需要综合考虑零件安全、整机安全、工作安全和环境安全四个方面。

5.2.1 零件安全

零件安全主要指在规定外载荷和规定时间内，零件不发生断裂、过度变形、过度磨损、过度腐蚀以及不丧失稳定性。为了保证零件安全，设计时必须要使其具有足够的强度、足够的刚度、必要的耐磨性和抗腐蚀性及受压时的稳定性。这些都是需要设计着非常重视且不允许出问题的地方。

5.2.2 整机安全

整机安全是指保证整个技术系统在规定条件下实现总功能。木工机械产品总功能的实现主要是功能原理设计决定的，同时还与零件安全等因素密切相关。往往因为零件的破坏或失效，而是整个技术系统的总功能难以实现，影响整机安全。

5.2.3 工作安全

工作安全指对操作人员的防护，保证人身安全和身心健康。要真正做到工作安全，必须把人类工效学的理论和知识运用到机械产品的设计中，使人和产品之间的关系合理协调，体现以人为本的设计理念。

5.2.4 环境安全

环境安全指对整个系统的周围环境和人不造成危害和污染，同时也要保证机器对环境的适应性。在产品设计中，为了降低成本，提高经济效益，容易忽视环境安全，这样有可能造成机器工作对大气的污染，对人的健康甚至生命带来危害。例如机械振动一起噪声，过大的噪声影响人的身心健康。由于噪声大，操作者易疲劳，可能导致事故的发生。噪声是机器质量的重要评价指标之一，降低噪声，防止噪声污染，是木工机械产品环境安全设计的重要内容之一。

机械产品安全设计的四个方面是一个整体，它们相互联系，相互影响。安全设计在很大程度上反映了产品设计的质量，因此设计者对它必须引起足够重视。

5.3 木工机械安全设计的主要内容

木工机械安全设计主要包括：机器结构的安全设计、消除和减少机械危险或风险的设计、机械控制系统安全部件的设计、机械安全装置的设计、机械的安全使用信息及机械的附加预防措施的设计等几部分的内容。

5.3.1 机器机构的安全设计

（1）设计机械零、部件的合理形状和相对位置的设计。

①在不影响使用的情况下凡是人体已接近的机械零、部件不应有易引起损伤的锐边、尖角、粗糙表面，凸出部分和可能刮伤身体，扯裂衣服的开口。

②为避免挤压和剪切危险，可增大运动件间最小距离以便人的身体可以安全进入，或减小运动件间最小距离使人的身体不能进入。

（2）限制运动件的质量和速度，以减小其动能和惯性作用导致的危险。

（3）对往复运动的机械零、部件除限制其合理的运动距离外还应限制其加速度，以免产生撞击危险和冲击危险。

（4）限制操纵器的操纵力，在不影响操纵机构使用功能的情况下应将其操纵力限制到最低值。

（5）限制机器的噪声和振动。

（6）合理规定和计算零件的强度和应力。为了防止零件的断裂或破碎引起的危险，机器的主要受力零件和高速旋转件的强度和所承受的应力必须仔细分析和计算，以确保其具有足够强度和安全系数。

（7）合理选用材料。用于制造机器的材料，在机器的整个寿命期的各个阶段都不能危害人的安全与健康，应考虑和注意的方面是：材料的力学性能，如强度、冲击韧性、屈服强限等；材料的化学性能，如耐腐蚀性、抗老化性等。

（8）采用本质安全的技术、工艺和动力源，有些在特殊条件下工作的机械产品，为了使其适应特定环境的安全需要，需采用与环境相适应的某些本质安全技术、工艺和动力源。如在易爆炸环境中工作的机械应采用全液压或全气动的控制系统和操纵机构，并在液压系统中采用采用阻燃液体或者采用本质安全的电气装置，以防止电火花或过高温度引起爆炸危险。另外在有些情况下需要采用低于“功能特低电压”，以防止产生电击危险。

（9）应用强制机械作用的原则，所谓强制机械作用是指一个零件的运动不可避免使另一个其直接接触或通过刚性连接的零件随其一到运动，而无延时和偏移，如机器的急停操纵装置，强制机械作用以实现快速停机。

（10）遵循人类工效学原则，应用人类工效学原则的基本要求是：要使所设计的机器具有良好的操作性，能减少操作者在操作时的紧张和体力消耗，从而减小因过分疲劳产生差错而导致的各种危险。

设计机器时应遵循的主要人类工效学原则是：

①注意人—机功能的分配。在初步设计阶段，凡能做到机械化和自动化的地方，都应尽可能采用机械化和自动化的技术装备，借此可以减小操作者的干预和介入。

②在确定机器有关尺寸和运动时应注意使之与人体尺寸和操作动作相适应，以避免操作者在操作时产生干扰、紧张和生理与心理学方面的危险。

③在设计人—机接口（如操纵器、显示器等）时，要使操作者和机器的相互作用尽可能清楚、明确。

④手动操纵装置的设计、配置和标记应明显可见，可识别和便于操作，不会引起附加

风险。

（11）提高机器及其零、部件的可靠性，减小因机器的故障、查找故障和维修引起的危险。应按照可靠性设计原则和规程设计机器及其零、部件，诸如应用以下原则：

①简单化原则，即保证产品和零部件功能的前提下，尽量简化结构和零部件的数量。

②成组化、模块化、标准化原则，即设计时尽量采用经过验证的标准件、组件和通用模块及其相应技术。

③合理选材原则，即严格材料管理，稳定工艺控制和注意高功能新材料的开发、应用。

④耐环境设计原则。应用这一原则设计有两种途径，一是对产品或零部件本身进行诸如防振、耐热、抗湿、抗干扰等耐环境设计；另一个是设计产品在极端环境下的保护装置。

⑤失效—安全设计原则，即依靠产品自身结构确保其安全性。

⑥防误设计原则，即使产品在使用者误操作情况下也不至于发生故障。

⑦维修性设计原则，即易于检查、维护和修理；便于观察；有良好的可接近性；易于搬动；北有适当的维修工位；零部件有较高的标准化程度和可互换性；尽量减少维修所需的专用工具和设备。

以上原则对于机器的动力系统、控制系统、安全功能和其他功能系统均适用。

（12）尽可能使维修、润滑和调整点位于危险区之外，以减小操作者进入危险区的必要。

5.3.2 机械安全防护装置的设计

木工机械产品的危险主要是回转运动的危险；往复运动或滑动部分的危险；与加工件接触危险；加工件飞出的危险；机床刀具飞出的危险。通过结构设计不能适当地避免或充分限制的危险，应采用安全防护装置（防护装置、安全装置）加以防护，有些安全防护装置可以用于避免人所面临的多种危险，例如防止进入危险区的固定式防护装置，同时也用于减小噪声和收集机器粉尘物排放。

5.3.2.1 防护装置和安全装置的选用

采用安全防护装置主要目的是防止运动件产生的危险。对木工机械产品的安全防护装置的正确选用应根据该种机械的风险评价结果来进行，并应首先考虑采用固定式防护装置，这样做比较简单，但一般只选用于操作者在机械运转期间不需进入危险区的应用场合，当需要进入危险区频次增加，因经常移开和放回固定式防护装置而带来不便时，应采用联锁活动防护装置或自动停机装置等。

5.3.2.2 防护装置和安全装置的设计与制造要求

在设计安全防护形式及构造方式的选择应考虑所涉及的机械危险及其他危险安全防护装置应与及其工作环境相适应，且不易被损坏。一般应符合以下要求：

（1）结构坚固耐用；

（2）不要妨碍操作者操作；

（3）不增加任何附加风险；

（4）其位置距离危险区应有足够距离；

（5）对生产过程的视线产生障碍最小。

5.3.2.3 防护装置的具体要求

各种防护装置的一般功能要求：能防止人进入被防护装置包围的空间；能容纳接收或遮挡可能由机器抛出或发射的材料、工件、木屑、噪声等。

固定防护装置的要求：永久固定（通过焊接方法等）或借助紧固件固定（若不用工具就不能使其移动或打开）。

可调式防护装置的要求：对危险区不能完全封闭地方可采取可调式防护装置，并应符合以下要求：开口位置和开口量应能根据需要调节开口部位，有危险的部位应保持充分的安全距离装置上的可调零件定位可靠，不易松脱和误置，可采用手动或自动调整。

打开防护装置有可能造成较大的伤害时该装置应与机床工作循环连锁；经常开启的遮盖运动部件的门，打开时若有一定的危险应将门内涂成黄色，门外做一个警告标志。

5.3.3 装夹和制动装置的设计

（1）具有机动夹具装置的机床当不夹紧时加工会造成危险，工作过程的接通必须与工件夹紧过程联锁，确保工件夹紧前机床不能启动机床工作时夹紧装置不能松开。

（2）紧固件和刀具用的机动装置，在加工过程中突然停止供电已机器压或液压传动装置的压力下降时应能可靠夹持工件和刀具。否则应设置自动退刀，断开进给和主传动的各种联锁装置。

（3）刀具的夹持装置必须能可靠的夹持刀具，确保在工作时刀具不会松动和飞出，可换的刀体应做出许用最大速度的标记旋转刀头和刀轴应进行动平衡。刀体及刀具紧固等安全应符合木工及刀具安全标准和各类木工机床结构安全标准的规定。

（4）切断动力后主轴惯性运动会造成危险的机床应设有可靠、有效的制动装置，其制动持续时间应符合有关标准的规定。

（5）安装、调整刀具时可能引起转动而造成伤害的机床主轴必须设计止动装置，该装置与机床控制系统联锁。若难以实现联锁则应在靠近操纵面板部位固定有警示标牌。

5.3.4 使用信息

使用信息是机器供应的一个组成部分，用来明确规定机器的预定用途及包括保证安全和正确使用机器所需的各种说明

5.3.4.1 一般要求

使用信息应通知和警示使用者有关无法通过设计来消除或充分见效的，而安全防护装置对其无效和不完全有效的遗留风险。使用信息中应要求使用者按其规定或说明合理使用机器，也应对不按使用信息中的要求而采用其他方式使用机器的潜在风险提出适当的警告。

使用信息不应用于弥补设计缺陷。

使用信息必须包括运输、交付试验运转（装配、安装和调整）、使用（设定、示教、运转、清理、查找故障和维修）的信息，如果需要的话还应包括解除指令，拆卸和报废处理的信息。这些使用信息可以是分述的，也可以是综合的。

5.3.4.2 使用信息的类别与配置

使用信息的类别与配置应根据以下因素确定：

（1）风险；

（2）使用者需要使用信息的时间；

（3）机器的结构。

使用信息或其中部分信息应给出在：

（1）机器本体上；

（2）随机文件中或以其他方式表明，如各种信号和文字警告等。

5.3.4.3　信号和警告装置

视觉信号（如闪亮灯）听觉信号（如报警器）可用于危险事件即将发生时（如机器启动或超速的报警）。

关于机器交付时运转的信息，例如：固定和缓冲要求；装配和安装条件；使用和维修的空间；允许的环境条件；机器与动力源的连接说明；关于废弃物清除或处理建议，如果需要对用户必须采取的防护措施提出建议。

关于机器本身的信息，例如对机器及其附件、防护装置和安全装置的详细说明，机器预定的全部应用范围，包括禁用范围，由机器产生噪声、粉尘等数据，电气装置有关数据。

有关机器使用信息，例如手动操纵器的说明；设定与调整的说明；停机的模式和方法（尤其是紧急停机）关于无法有设计者通过采用安全措施消除的风险信息。

5.3.4.4　随机文件应包括的内容

机械设备必须有使用说明书等技术文件，说明书内容包括：安装、搬运、贮存、使用、维修和安全卫生等有关规定，应该在各个环节对遗留风险提出通知和警告，并给出对策、建议。

（1）关于机器的运输、搬运和贮存的信息：机器的贮存条件和搬运要求；尺寸、质量、重心位置；搬运操作说明，如起吊设备施力点及吊装方式等。

（2）关于机器自身安装和交付运行的信息：装配和安装条件；使用和维修需要的空间；允许的环境条件（如温度、湿度、振动、电磁辐射等）；机器与动力源的连接说明（尤其是对于防止电的过载）；机器及其附件清单、防护装置和安全装置的详细说明；电气装置的有关数据；全部应用范围（包括禁用范围）。

（3）有关劳动安全卫生方面的信息：机器工作的负载图表（尤其是安全功能图解表示）；产生的噪声、振动数据和由机器发出的射线、气体、蒸气及粉尘等数据；所用的消防装置形式；环境保护信息；证明机器符合有关强制性安全标准要求的正式证明文件。

（4）有关机器使用操作的信息：手动操纵器的说明；对设定与调整的说明；停机的模式和方法（尤其是紧急停机）；关于由某种应用或使用某些附件可能产生特殊风险的信息，以及应用所需的特定安全防护装置的信息；有关禁用信息；对故障的识别与位置确定、修理和调整后再启动的说明；关于无法由设计者通过采用安全措施消除的风险信息；关于可能发射或泄漏有害物质的警告；有关使用个人防护用品和所需提供培训的说明；紧急状态应急对策的建议等。

（5）维修信息：检查的性质和频次；需要具有专门技术知识或特殊技能的维修人员或专家执行维修的说明；可由操作者进行维修的说明；提供便于维修人员执行维修任务（尤其是查找故障）的图样和图表；关于停止使用、拆卸和由于安全原因而报废的信息等。

5.3.4.5 对随机文件的要求

(1) 随机文件的载体。该载体一般是提供纸本印刷品，亦可同时可提供电子音像制品。文件要具有耐久性，能经受使用者频繁地拿取使用和翻看。

(2) 使用语言。该语言采用机器使用国家的官方语言；在少数民族地区使用的机器，其随机文件应使用民族语言书写，对多民族聚居的地区还应同时提供各民族语言的译文。

(3) 多种信息形式。该信息应尽可能做到图文并茂，注意给出相关的表图信息，插图和表格应按顺序编号。伴随的文字说明不应与插图和表格分离，采用字体的形式和大小应尽可能保证最好的清晰度，安全警告应使用相应的颜色、符号并加以强调，如急停手动操纵器用红色，以便引起注意并能迅速识别。

(4) 面向使用的有针对性。使用信息必须明确地与特定型号的机器相联系，而不是泛指某一类机器。面对所有合理的机器使用者，采用标准的术语和单位表达，对不常用的术语应给出明确的解释。若机器是由非专业人员使用，则应以容易理解并不发生误解的形式编写。

5.3.5 木工机械安全措施对策

安全措施包括由设计阶段采取的安全措施和由用户采取补充的措施。设计是木工机械安全的源头，当设计阶段的措施不足以避免或充分限制各种危险和风险时，则应由用户采取补充 的安全措施，以便最大限度减小遗留风险。

5.3.5.1 采取安全措施的原则

(1) 安全优先于经济。这是指当安全卫生技术措施与经济效益发生矛盾时，宜优先考虑 安全的要求。

(2) 设计优先于使用。这是指设计阶段的安全措施应优先于由用户采取的措施，因为设计是机械安全的源头。避免风险的决策应在机械的概念设计或初步设计阶段确定，以避免将危险遗留在使用中，还可以减少因安全整改造成的浪费或中途改变设计方案的不便。

(3) 设计缺陷不能以信息警告弥补。这是指不能以使用信息代替应由使用技术手段来解决的安全问题，使用信息只起提醒和警告的作用，不能在实质上避免风险。

(4) 设计应采取的措施不能留给用户。这是指设计采用的措施无效或不完全有效的那些风险，可通过使用信息通知和警告使用者在使用阶段采用补救安全措施，但应该由设计阶段采用的安全措施，绝不能留给使用阶段去解决。

5.3.6 选择安全技术措施的顺序

(1) 实现本质安全性。这是指采用直接安全技术措施，选择最佳设计方案，并严格按照标准制造、检验；合理地采用机械化、自动化和计算机技术，最大限度地消除危险或限制风险，实现机械本身应具有的本质安全性能。

(2) 采用安全防护装置。若不能或不完全能由直接安全技术措施实现安全时，可采用间接安全技术措施即为机械设备设计出一种或多种安全防护装置，最大限度地预防、控制事故发生。要注意，当选用安全防护措施来避免某种风险时，要警惕可能产生另一种风险。

(3) 使用信息。若直接安全技术措施和间接安全技术措施都不能完全控制风险，就需要采用指示性安全技术措施，通知和警告使用者有关某些遗留风险。

（4）附加预防措施。它包括紧急状态的应急措施，如急停措施、陷入危险时的躲避和援救措施，安装、运输、贮存和维修的安全措施等。

（5）安全管理措施。这是指建立健全安全管理组织，制定有针对性的安全规章制度，对机械设备实施有计划的监管，特别是对安全有重要影响的关键机械设备和零部件的检查和报废等，选择、配备个人防护用品。

（6）人员的培训和教育。绝大多数意外事故与人的行为过失有直接或间接的联系，所以，应加强对员工的安全教育，包括安全法规教育、风险知识教育、安全技能教育、特种工种人员的岗位培训和持证上岗，并要掌握必要的施救技能。

木工机械产品的复杂性决定了实现消除某一危险和减小某一风险往往需要采用多种措施，每一种措施都有各自的适用范围和局限性，要把所有可供选用的对策仔细分析，权衡比较，在全面周到地考虑各种约束条件的基础上寻找最好的对策，提供给设计者决策，最终达到保障木工机械产品安全的目的。

对于生产木工机械产品企业来说，努力提高其产品机械安全设计能力，采用木工机械安全标准，不断积累产品有关安全使用的信息与经验，加强有关机械安全性能的检验与测试手段，无疑是提高产品机械安全技术水平，获得“市场准入”的前提条件和扩大产品市场占有率的重要途径。

6 木工机械安全认证与 CE 认证

6.1 木工机械安全认证

随着木工机械产品的安全越来越被重视，世界上各个国家都制定相关的安全标准和安全规范。欧盟，作为目前世界上最大的经济自由区，已经把对机械产品上升到法律的高度，因此，随着木工机械技术的发展与日趋成熟，有关木工机械产品的安全性的一系列技术指标实际上已形成为木工机械安全指标的技术内容，并构成对木工机械产品执行符合性评定的基本依据。产品认证制度已成为国际上通行的产品安全和质量监督工作的基本形式，是控制本国、本地区产品和进入本国、本地区市场的外国产品质量和安全的基本手段，全世界所有发达国家和部分发展中国家都已实行了这一制度。对于一般产品，认证采用自愿性原则，凡是与安全、卫生、环境保护有关的及关系到国计民生的重要产品，任何国家都要实行强制性管理，通过立法，实行强制性认证。产品按何种法律、法规和标准体系开展认证，要由产品销往地区所执行的法律、法规和标准体系来决定。因此，销往欧洲市场的产品要符合欧盟法规、指令、协调标准和合格评定程序，主要依据欧盟协调标准进行检验才能取得 CE 认证——进入欧盟市场的通行证。

世界许多国家依据本国相关法律法令建立了相应的产品认证制度，尤其是对影响人身健康及安全的产品实施安全认证制，1997 年我国依据《中华人民共和国标准化法》《中华人民共和国产品质量法》及《中华人民共和国产品质量认证管理条例》等法律法规建立了机械安全认证制度，“标准化法”中规定“强制性标准必须执行，不符合强制性标准的产品禁止生产、销售和进口”木工机械安全认证的依据之一为国家强制性标准如 GB12557—2000《木工机床安全通则》等。

对开展机械安全认证的各类产品，中国机械安全认证中心根据 CCMS/MM2 中国机械安全认证管理办法制定安全认证实施细则，实施细则包括下列内容：

（1）实施机械安全认证产品的范围；

（2）依据的标准；

（3）申请认证的具体条件；

（4）认证程序；

（5）企业质量体系审核要求；

（6）抽样方法；

（7）认证后监督。

申请机械安全认证应具备的条件：

（1）中国企业应持有工商行政管理部门颁发的“法人营业执照”；

（2）产品符合相应的强制国家标准、行业标准及补充技术条件的要求；

（3）产品质量稳定，能批量生产；

（4）按照国家质量管理和质量保证标准及其补充技术条件要求建立质量体系。

机械安全认证程序：

（1）申请认证。申请认证企业须填写“中国机械安全认证申请书”，并提供有关文件和材料，同时缴纳产品认证申请费。

（2）审查申请材料。中国机械安全认证中心按有关规定审查企业提交的申请书及有关文件和材料。

（3）产品形式认可。中国机械安全认证中心根据规定要求，对申请认证产品的形式认可材料进行审查。申请书、有关文件和资料及产品形式认可材料经审查合格后，中国机械安全认证中心与申请认证企业签订合同。

（4）企业质量体系审核。中国机械安全认证中心组织审核组，依据有关要求对企业质量体系进行审核。

（5）产品安全性能检验。中国机械安全认证中心委托经国家技术监督局认可的检验实验室根据有关要求对产品的安全性能进行检验。

（6）批准认证，颁发认证证书和认证标志。中国机械安全认证中心对企业质量体系审核结果及产品安全性能检验结果进行审查，对符合认证要求的产品，经中国机械安全认证中心主任批准，由中国机械安全认证中心依据有关规定向获准认证企业颁发认证证书并准许使用认证标志。中国机械安全认证中心将获准安全认证的产品及其企业名称等报送国家技术监督局备案，并在有关刊物上予以公布。

（7）认证后的监督。在认证有效期内，中国机械安全认证中心根据有关规定安排对获准认证产品的生产企业进行质量体系监督检查和产品安全性能监督检验。

（8）增加安全认证产品及认证有效期满再次申请安全认证。

①已有产品获准安全认证的企业申请增加安全认证产品时，可区别情况简化部分认证程序；

②认证有效期满，企业可再次申请安全认证，再次申请安全认证应在有效期截止到日前三个月提出。

（9）认证证书和认证标志。

①认证证书有效期4年；

②认证证书和认证标志的领取、使用和管理按有关规定执行。

6.2 木工机械认证产品安全性能检验

木工机床安全认证产品检测项目及要求：

6.2.1 一般要求

（1）机床上有可能造成伤害的危险部位必须采取相应的安全措施或设置安全防护装置。

（2）有可能造成危险的传动装置应尽量设置向体内，否则必须设有安全防护装置，对其危险部位进行防护。

（3）外露旋转零部件的外表面不应有尖棱、夹角、毛刺等。

（4）机床上采用气压传动的装置应避免废气将切屑、灰尘吹向操作者。

（5）运动中有可能松脱的零部件必须采取有效措施，防止因启动、制动、冲剂等产生松动。

（6）高速旋转的零部件应按规定作动平衡或静平衡。

（7）机床上必须装有限制超载的保险装置。如果因结构上的原因不能防止超载，则必须在机窗上装有写明代表最大极限的标牌。

（8）有无安全操作要求与说明。

（9）锯片必须有正确的旋转方向，即旋转时产生的切削力应能保证把锯切工件压紧在支撑面上。用于手动进料的主切削刀具不允许顺切削。

6.2.2 安全防护装置的要求

（1）防护装置应结构简单、容易控制，不妨碍机床的调整和维修，不限制机床的使用性能，不影响工件加工质量。

（2）防护装置不应有造成夹伤、剪切等伤害的危险部位，不得给碎屑的排除造成困难。

（3）固定式防护装置在结构上应能防止人体接触机床的危险零部件，不借助于工具均不能被打开。若工件进给必须通过该防护装置，则应在棋上留有开口，但开口量与防护装置至危险点之间距离，必须遵守GB12557中的规定。

（4）可调式防护装置的开口量或开口位置应能根据需要调节，开口部位有危险的部件应保持充分的安全距离。装置上的可调零件定位应可靠，不易松脱和误置，调整和紧固时，不需要用扳手或螺丝刀等工具，如平刨床的防护装置。

（5）自调式防护装置必须保证工件加工前和加工后均能自动地封闭危险区，在工件加工过程中，危险区可由防护装置和工件或单独由工件来封闭。如圆锯机的防护罩。

（6）经常开启的遮盖运动部件的门，在打开时若有一定的危险，应将门内涂成黄色，门外按GB2894做一个警告标志。标志图形符号应符合GB10961规定。

（7）防护装置应有足够的强度、刚度和正确的几何尺寸，其防护功能必须可靠。防护装置表面应光滑，不得有锐边、尖角、毛刺。

6.2.3 各类机构安全要求

（1）操纵机构的数量、结构与设置应能方便、快速、准确、安全操纵机床；不妨碍对机床信号装置的观察。

①除台式机床外，操纵手柄离地面的高度应符合标准的规定。

②手轮、手柄操纵力不得超过标准的规定，液压系统的操纵力应符合 GB3766 的规定。

③操纵机构应按 GB10961 的规定装上表示功能、用途的标牌，并应保证标牌上的符号在距离 500mm 范围内读出。

④圆周速度超过 50m/min 或转速超过 20r/min 旋转轴上的手轮必须通过离合器与旋转轴脱开。

⑤不允许同时动作的运动部件，其操纵机构应联锁。在特殊情况下，不能联锁时，则应在靠近操纵机构的部位固定有说明情况标牌，并在机床使用说明书中加以说明。

⑥机床必须设有急停操纵机构，在多个操作站的机床上，各操作站上均必须有急停操纵机构，该机构应超控于任何操纵机构，并在完成急停动作之后不得自动恢复功能。

（2）进给机构和止逆器的要求。

①机动的刀具进给装置和机动的装载工件进给装置，必须设置限位开关、固定撞快、离合器等限位装置，必要时还应设有缓冲装置。

②用手推动的移动工作台，其空载操纵里不得超过 25N，且必须采用防止脱落的措施。

③手推工件进给的机床，应设有可靠紧固的导向板，导向板的长度和宽度必须能保证工件的安全进给。

④载有工件回弹危险的机床上，必须装有止逆器。

⑤止逆器必须有足够的刚度、强度和抗冲击能力，动作灵活，工作可靠，并为常闭式结构。当止逆器做成爪形，以挟入工件表面的形式防止工件回弹时，其楔角应取 30 ~ 40，爪部必须锐利、耐磨。机床上必须有防止止逆器超程反转的结构。

（3）装夹和制动装置的要求。

①具有机动夹具装置的机床当不夹紧时加工会造成危险，工作过程的接通必须与工件夹紧过程联锁，确保工件夹紧前机床不能启动机床工作时夹紧装置不能松开。

②紧固件和刀具用的机动装置，在加工过程中突然停止供电使机器压或液压传动装置的压力下降时应能可靠夹持工件和刀具；否则应设置自动退刀、断开进给和主传动的各种联锁装置。

③刀具的夹持装置必须能可靠的夹持刀具，确保在工作时刀具不会松动和飞出，可换的刀体应做出许用最大速度的标记旋转刀头和刀轴应进行动平衡。刀体及刀具紧固等安全应符合木工及刀具安全标准和各类木工机床结构安全标准的规定。

④切断动力后主轴惯性运动会造成危险的机床应设有可靠、有效的制动装置，其制动持续时间应符合有关标准的规定。

⑤安装、调整刀具时可能引起转动而造成伤害的机床主轴必须设计止动装置，该装置与机床控制系统联锁。若难以实现联锁则应在靠近操纵面板部位固定有警示标牌。

⑥大型木工机床隔离防护装置应保证安全距离，安全距离符合有关标准的规定。

6.2.4 吸尘与排屑

（1）工作时会产生大量木屑的机床应设置合理有效的排屑口。

（2）配有单独吸尘装置的机床上，工作时在操作者周围的粉尘浓度值应≤$10mg/m^3$。

（3）工作区产生的粉尘浓度超过标准规定的机床必须设置合理有效的吸尘罩或吸尘口，并在机床使用说明书中表明风压风量参数的要求，以确保机床工作区的粉尘浓度规定。

（4）吸尘罩的设计和制造应考虑防火防爆，应具有吸尘和防护刀具的双重作用。

6.2.5 噪声与振动

机床上应尽量采取降噪、减振措施，以降低机床的噪声和振动。在机床设计阶段就应考虑到降噪措施。在空运转条件下，机床的噪声最大声压级不得超过各类木工机床结构安全标准的规定。

6.2.6 安全色与安全标志

（1）机床及机床附件的注油位置和润滑点应有红色标志。供油开关，排气、排油的喷头，放油塞等应与主机颜色不同。

（2）运动的部件或附件，在工作时超过基础件较多且移动速度大于9m/min时，其端部应按GB2893的2.3涂以呈45°，同宽度的黄、黑相间的线条，线条宽度为20～50mm。当端面高度低于70mm时，允许全部涂成黄色，端面高度大于等于150mm时，允许在周边涂成黄色线条，线条宽度为20～30mm。

（3）机床上使用的安全色和安全标志应符合GB2893，GB2894的规定。

6.2.7 电气系统安全性检查（略）

参照GB5226.1—2002

木工机床实施安全认证产品目录

认证产品系列	产品认证依据的标准	对应国际标准
普通木工带锯机	GB12557—2000 木工机床安全通则 JB6108—1992 普通木工带锯机 结构安全	EN691
细木工带锯机	GB12557—2000 木工机床安全通则 JB5721—1991 细木工带锯机 结构安全	EN691
手动进给木工圆锯机	GB12557—2000 木工机床安全通则 JB5723—1991 手动进给木工圆锯机结构安全	EN691
单面木工压刨床	GB12557—2000 木工机床安全通则 JB5727—1999 单面木工压刨床安全	EN691 EN860
木工平刨床	GB12557—2000 木工机床安全通则 JB3380—1999 木工平刨床安全	EN691 EN859
其他木工机床 木工多用机床	GB12557—2000 木工机床安全通则 JB6107—1992 木工多用机床结构安全	EN691
木工刀具	GB18955—2003 木工刀具安全 铣刀、圆锯片	EN847

6.3 木工机械 CE 认证

随着我国社会主义市场经济的发展和加入 WTO，加速推动木工机械安全认证工作无疑是规范市场经济秩序、促进经济发展的重要手段，也是保障人身安全、增强对产品安全性监督刻不容缓的有力措施。同时随着中国加入 WTO ，与国际的产品认证接轨，克服贸易技术壁垒，了解和运用技术法规、标准及合格评定程序等已成为我国出口企业面临急需解决的课题。

2004 年 5 月欧洲联盟（ EU ）的成员国已由 15 个发展至 25 个，并且还将继续扩大成员过的数量。快速发展的中国也正在逐步成为全球的生产制造基地，中国与欧盟之间的贸易往来与日俱增。欧盟目前已成为我国的三大贸易伙伴之一。同时，欧盟作为发达国家的群体，在货物贸易的市场准入方面形成了一套完整的技术措施体系。在欧盟技术措施体系中，以“新方法指令”为主要表现形式的技术法规针对不同种类产品提出基本的安全质量要求。其目的在于保证进入欧盟市场的商品符合技术法规要求，这也成为其他国家商品进入欧盟市场必须逾越的门槛。

欧洲共同体国家之间为了建立一个没有边界的区域，在这一区域内商品、人员、服务和资本的自由流通市场，在机械设备方面制定了合理和清楚的要求，形成了“关于使各成员国有关机械设备的法律趋于一致的”98/37/EC 指令。这就是被大家俗称的机械指令。对于我国的木工机械产品而言，凡符合机械指令中所讲的“机械设备”且又要向欧洲共同体任何一个国家提供机械设备的话，此种机械设备就必须进行 CE 认证。

CE 指令随着时间的不断变化，迄今为止，CE 指令已经颁布了 20 多条，各个指令的认证要求各不相同。产品测试，现场审核（必要时）及技术文件评审是 CE 认证的基础。对于一些安全风险相对较小的产品，制造商可以根据指令要求不经过第三方认证，而进行“自我声明”。如果企业的自我声明不充分，那么该企业将会受到惩罚。通常的经济保险的做法，是由指定机构（ Notified Body ）进行合格评定，取得认证证书。

CE 标记认证是通过规定的模式，对产品符合欧盟指令或标准进行合格评定以满足市场要求的过程。产品贴附 CE 标记的过程可以为制造商降低商业成本，增强产品的安全性能，同时可以为市场监督机构，海关和消费者提供同意的检查程序。CE 认证是产品进入欧盟市场的必经之路。

因此，销往欧洲市场的产品要符合欧盟法规、指令、协调标准和合格评定程序，主要依据欧盟协调标准进行检验才能取得 CE 认证——进入欧盟市场的通行证。

6.3.1 什么是 CE 标志

CE 标志由“CE”符号及年度的最后二位数字组成。标志要清楚、笔画粗细相同，高度不小于 5mm。加贴 CE 标志的商品表示其符合安全、卫生、环保和消费者保护等一系列欧洲指令所要表达的要求。

6.3.2 字母 CE 代表什么意思

在过去，欧共体国家对进口和销售的产品要求各异，根据一国标准制造的商品到别国极可能不能上市，作为消除贸易壁垒之努力的一部分，CE 应运而生，因此 CE 代表欧洲统一。事实上，CE 还是欧共体许多国家语种中的“欧共体”这一词组的缩写，原来用英语词组 EUROPEAN COMMUNITY 缩写为 EC，后因欧共体在法文是 COMMUNATE EUROPEIA，意大利文为 COMUNITA EUROPEA，葡萄牙文为 COMUNIDADE EUROPEIA，西班牙文为 COMUNIDADE EUROPE 等，故改 EC 为 CE。当然，也不妨把 CE 视为 CONFORMITY WITH EUROPEAN（DEMAND）[符合欧洲（要求）]。

6.3.3 CE 标志有何重要意义

CE 标志的意义在于：用 CE 缩略词为符号表示加贴 CE 标志的产品符合有关欧洲指令规定的主要要求，并用以证实该产品已通过了相应的合格评定程序和制造商的合格声明，真正成为产品被允许进入欧共体市场销售的通行证。有关指令要求加贴 CE 标志的工业产品，没有 CE 标志的，不得上市销售，已加贴 CE 标志进入市场的产品，发现不符合安全要求的，要责令从市场收回，持续违反指令有关 CE 标志规定的，将被限制或禁止进入欧盟市场或被迫退出市场。

6.3.4 CE 标志有没有证明质量合格的含义

构成欧洲指令核心的“主要要求”，在欧共体 1985 年 5 月 7 日的（85/C136/01）号《技术协调与标准的新方法的决议》中对需要作为制定和实施指令目的“主要要求”有特定的含义，即只限于产品不危及人类、动物和货品的安全方面的基本安全要求，而不是一般质量要求，协调指令只规定主要要求，一般指令要求是标准的任务。产品符合相关指令有关主要要求，就能加附 CE 标志，而不按有关标准对一般质量的规定裁定能否使用 CE 标志，因此准确的含义是：CE 标志是安全合格标志而非质量合格标志。

一个带有 CE 标志的风筝，并不意味着能飞得好，而只表明该风筝符合安全规定。

6.3.5 当一个产品同时受多个指令覆盖时，如何使用 CE 标志

当一个产品同时受多个指令覆盖时，该产品只有在全部符合有关指令的规定后，才能加贴 CE 标志。例如：若对一个节能灯仅做安全检查（低电压测试），则不构成使用 CE 标志的充分条件，只有在低电压指令和电磁兼容指令同时满足后才能施加 CE 标志。

6.3.6 CE 标志的接受对象是谁

CE 标志的接受对象为欧共体成员国负责实行市场产品安全控制的国家监管当局，而非顾客，当一个产品已加附 CE 标志时，成员国负责销售安全监督的当局应假定其符合指令主要要求，可在欧共体市场自由流通。

6.3.7 谁对 CE 标志的正确性负责

制造商或其代理商，或欧盟成员国的进口商必须对 CE 标志的正确性负责。

6.3.8 谁授予 CE 标志

CE 标志并非由任何官方当局、认证机构或测试试验室核发，而应由制造商或其代理商自行制作和加贴。

6.3.9 CE 一致性声明有无标准格式

指令未规定固定格式，但许多认证机构均设计有自己的固定格式。

6.4 木工机械产品 CE 认证的程序

对某一产品要做 CE 认证，首先要进行路径确认，也就是先要确定产品是被哪个或哪几个指令所覆盖，然后在针对每项指令确定适用的标准。有的简单产品用的是单一标准，大部分产品并不能用一个标准将其覆盖，这就需要将几项标准拼接起来使用，也就是对相

关标准进行剪裁，最后形成针对该产品的检验或检测项目和限值。

6.4.1 明确顾客要求获取 CE 认证的目的与企业本身要求获取的目的

明确顾客要求获取的目的与企业本身要求获取的目的来确定认证计划，顾客要求您的产品一般有两种目的，第一种是法规的要求（通关用），该要求对获取方法、认证机构没有特殊的要求，您只要符合要求并提供宣告证书（DOC）即可；第二种是减少使用产品或销售该产品的安全风险，一般买家都会提出自己的建议，甚至会要求指定向那一家机构（如 SGS，TUV 等）提出申请。企业本身的要求获取来改善产品形象、增加贸易机会，可以避免因拿不出 CE 证书而丧失订单。

6.4.2 企业如何选择认证机构，国内外存在着许多大大小小的认证机构，企业该如何选择适合于企业未来发展的认证机构呢？可以从以下几点考虑：

（1）权威性。一家认证机构是否有长期良好的信誉，高度的公信力及足够的市场接受程度是其认证效力的立足点。因为产品连带责任的问题，买家均要求第三方认证机构对产品的安全及质量有严格的监控。信誉良好的认证机构提供的检验认证会受到普遍接纳，而不会受到某些买家的拒认。

（2）收费合理性。目前的收费没有统一的收费方法，各机构是根据产品的复杂程度等因素来确定它的费用，客户可根据买家的要求来确定价位，根据价格定位来确定认证机构。

（3）时效性。认证机构的效率性和快捷性。企业往往抱怨，认证时间太长，太麻烦。特别有时候，等着证书出货或参加交易会，而证书却迟迟签发不下来，其实，这里面有几个方面的原因：

①申请方自身技术方面的缘由；

②双方对采用标准的理解发生分歧；

③如果是通过咨询公司办理，则该咨询公司只是在中间传传话，其后果想必好不了；

④因为绝大部分认证机构发证送到国外去做，这样所花的时间当然很长。

6.4.3 木工机械产品施加 标志工作步骤

按相关法规规定，合格评定有多种模式，但可分为两种情况：其一，由制造商或其确定的在欧盟的授权代理自己进行；其二，由第三方参与合格评定。产品施加 CE 标志时，对于这两种情况，工作步骤不完全相同。

6.4.3.1 自己进行合格评定的产品

（1）步骤 1——达到指令的基本要求。产品达到指令所规定的基本要求是施加 CE 标志工作的核心。该步骤一般包括以下工作：

①弄清楚产品应遵循的有关指令及这些指令的基本要求。

②分析、核对该产品应满足的有关基本要求的条款。

③对产品进行危险分析，找出产品在使用中可能产生的各种潜在危险，以进一步判定产品应满足的基本要求条款和确定采取措施的方法。

④采取措施（包括设计和制造两个方面），消除产品的潜在危险，使产品满足指令所规定的基本要求。

⑤采取消除危险的措施可各种各样，但最好的方法是采用标准。为此，应分析、选定与产品相关的标准，并使产品达到这些标准的要求。

（2）步骤2——准备技术文件。开始准备技术文件后，你就进入了合格评定程序。通过技术文件的编制，就可评定产品是否符合相关指令所规定的基本要求。编写技术文件应符合相关指令的要求。该项工作是在完成步骤1工作的基础上进行的。这些技术文件应能证明产品符合相关指令的要求。技术文件要按相关指令的要求编写，并按规定保存，以备欧盟的市场监督机构随时查验。

技术文件一般包括产品的设计、制造和产品使用等方面内容，分以下几类：

①基本的技术文件（基本要求核对表、产品使用说明书、有关图样等）；

②每个危险的专门技术文件；

③成批生产的安全保障措施的技术文件。

（3）步骤3——编写EC合格声明。EC合格声明是制造商或其确定的在欧盟的授权代理用来声明产品符合相关指令所规定要求的文件。该文件由声明人正式签署。

（4）步骤4——施加CE标志。制造商或其确定的在欧盟的授权代理在编写并签署EC合格声明后，即可在产品上施加CE标志。施加有CE标志的产品，不仅证明产品符合所有相关指令的规定，而且表明制造商承担施加CE标志的所有义务。

除在产品上施加CE标志外，还应在产品上施加与产品、制造商有关的信息及其他必要信息。

6.4.3.2　有第三方参与合格评定的产品

有第三方（如该机械是涉及机械指令的附录Ⅳ的产品，该第三方机构必须是欧盟公告机构）参与合格评定时，产品施加CE标志的工作步骤是：

（1）步骤1——达到指令的基本要求。产品达到指令所规定的基本要求是加施CE标志工作的核心。该步骤一般包括以下工作：

①弄清楚产品应遵循的有关指令及这些指令的基本要求；

②分析、核对该产品应满足的有关基本要求的条款；

③对产品进行危险分析，找出产品在使用中可能产生的各种潜在危险，以进一步判定产品应满足的基本要求条款和确定采取措施的方法；

④采取措施（包括设计和制造两个方面），消除产品的潜在危险，使产品符合指令所规定的基本要求，同时也应符合指令所规定的其他要求（如以EN ISO 9000系列标准为基础的质量管理要求）；

⑤采取消除危险的措施可各种各样，但最好的方法是采用标准，为此应分析、选定与产品相关的标准，并使产品达到这些标准的要求。

（2）步骤2——准备技术文件。开始准备技术文件后，你就进入了合格评定程序。通过技术文件的编制，就可评定产品是否符合相关指令所规定的基本要求，该项工作是在步骤1工作的基础上进行的。这些技术文件应能证明产品符合相关指令的要求。技术文件要按相关指令的要求编写，其中有关部分，要供受理你申请的公告机构检验。文件应按规定保存，以备欧盟的市场监督机构随时查验。这里应特别说明，尽管产品经公告机构认证，并出具了证明，但制造商仍对产品的合格负责。

技术文件一般包括产品的设计、制造和产品使用等方面内容，分以下几类：

①基本的技术文件（基本要求核对表、产品使用说明书、有关图样等）；

②每个危险的专门技术文件；

③制造（必要时，包括设计）质量管理措施；

④准备向公告机构申请认证的有关技术文件。

（3）步骤 3——公告机构参与，完成合格评定程序。第三方的欧盟公告机构不是任意的检测、认证机构，它必须是由欧盟成员国认可，并经欧盟委员会在官方公告上发布的公告机构。有资格承担某一产品认证的公告机构可能会有若干个，你应当选择一个合适的公告机构。

按指令规定，一种产品的合格评定程序可能会有几种，你应当选择、确定一种适合你的合格评定程序。

确定了产品的合格评定程序和选定第三方认证机构后，应向第三方认证机构提出申请，就基本完成了合格评定程序，这意味着你的产品被认证合格，你可以发表 EC 合格声明。

（4）步骤 4——编写 EC 合格声明。EC 合格声明是制造商或其确定的在欧盟的授权代理用来声明产品符合相关指令所规定要求的文件。该文件由声明人正式签署。EC 合格声明签署后，合格评定工作全部完成。

（5）步骤 5——施加 CE 标志。制造商或其确定的在欧盟的授权代理在编写并签署 EC 合格声明后，即可在产品上施加 CE 标志。施加有 CE 标志的产品，不仅证明产品符合所有相关指令的规定，而且表明制造商承担施加 CE 标志的所有义务。除在产品上施加 CE 标志外，还应在产品上施加与产品、制造商有关的信息及其他必要信息。

6.4.4 何谓危险机械

在进行符合指令规范之步骤前，很重要的一点是，先要区分出你的机器是不是机械指令附录Ⅳ的机械。下列为机械指令附录Ⅳ所列之“危险机械”。

6.4.4.1 加工木材及类似材料或加工肉类似材料之单片或多片圆锯机

（1）操作时带有固定或刀具的锯木机，有一个以手押送料方式进给之固定床台或采用可拆卸式动力进给装置。

（2）操作时带有固定式刀具的锯木机，采用有手操作之往复运动锯木工作台或托架。

（3）操作时带有固定刀具的锯木机，采用内藏式工作进给装置及采用人工方式上下料。

（4）操作时带有移动式刀具的锯木机，采用机械式进给装置及人工方式上下料。

6.4.4.2 手押送式刨木机

（1）人工上、下料之本工用单面刨。

（2）加工木材及类似材料或肉类及类似材料，采用固定式或移动式床台及移式承架，以人工上下料之带锯机。

（3）由 1 至 4 点及第 7 点所提及加工木材及类似材料之机械所组合成之复合机械。

（4）手进给式多刀具夹持头之木工作榫机。

（5）加工木材及类似材料之立轴刨花机。

（6）木工用手提式链锯。

（7）采用人工上下料金属冷作加工用冲压床，包括折床，其移动之工作的行程超过 6mm，速度每秒超过 30mm。

（8）人工上下料式之塑料射出或压缩成型机。

(9) 人工上下料式之橡胶射出或压缩成型机。

(10) 下列地下工程用机器设备：

——轨道上之机械：动力车头及制动车。

——液压式隧道顶支撑设备。

——地下工程用机械所采用之内燃机。

(11) 安装有压缩机械，及采用人工收集装载家庭垃圾之卡车。

(12) 维护车辆用顶高机。

(13) 包括可能从 3 米以上垂直高度掉落之危险之人员举升装置。

(14) 制造烟火的机械。

6.4.5 何谓 EC 合格声明书

不论机器是不是机械指令附录Ⅳ的机器，有没有经过指定机构（Notified Body）的检验，你都需要草拟 EC 合格声明，以自行宣告你的机器已合乎必要安全卫生规范。EC 合格声明书的内容，在指令中有详细的说明，内容大约包含机器名称、生产序号、制造时间、地点。所参考的规范与标准，所符合的指令编号，以及厂商或你在欧体之代理商的签署。很重要的一点是，此份合格声明书必须以与原始操作说明书相同的语言撰写，而且必须并随以机器被使用国的（其中一种）官方语言撰写的译本。

6.5 欧盟指令 RoHS

欧盟电子电气设备中有害物质限制指令（简称 RoHS 指令）已于 2006 年 7 月 1 日开始实施，销往欧盟的产品如不符合指令要求，可能面临高额罚款并使企业名誉受损。不仅欧盟如此，美国、日本也提出了限制电子电气设备中有害物质的法规性要求。中国已在 2006 年 3 月 1 日由信息产业部会同国家发改委颁布了电子电器产品有害物质控制管理办法，管理目录将随时颁布，2007 年 3 月 1 日实行 CCC 强制认证。

6.5.1 什么是 RoHS

RoHS 是《电气、电子设备中限制使用某些有害物质指令》(*the Restriction of the use of certain hazardous substances in electrical and electronic equipment*) 的英文缩写。

6.5.2 有害物质是指哪些

RoHS 一共列出六种有害物质，包括铅 Pb、镉 Cd、汞 Hg、六价铬 $Cr6+$、多溴二苯醚 PBDE、多溴联苯 PBB。

6.5.3 为什么要推出 RoHS

首次注意到电气、电子设备中含有对人体健康有害的重金属是 2000 年荷兰在一批市场销售的游戏机的电缆中发现镉。事实上，电气电子产品在生产中目前大量使用的焊锡、包装箱印刷的油墨都含有铅等有害重金属。

6.5.4 何时实施 RoHS

欧盟已在 2006 年 7 月 1 日实施 RoHS，届时使用或含有重金属以及多溴二苯醚 PBDE、多溴联苯 PBB 等阻燃剂的电气电子产品将不允许进入欧盟市场。

6.5.5 RoHS 具体涉及哪些产品

RoHS 针对所有生产过程中以及原材料中可能含有上述六种有害物质的电气电子产品，主要包括：白家电，如电冰箱、洗衣机、微波炉、空调、吸尘器、热水器等；黑家电，如音频、视频产品、DVD、CD、电视接收机、IT 产品、数码产品、通信产品等；电动工具，电动电子玩具医疗电气设备。

6.5.6 目前 RoHS 进展情况

一些大公司已经注意到 RoHS 并开始采取应对措施，如 SONY 公司的数码照相机已经在包装盒上声明：本产品采用无铅焊接；采用无铅油墨印刷。

RoHS 目前只是指令，它还不是标准或法规，所以 RoHS 目前只有检测报告，没有证书。即使要有 RoHS 证书，也必须等 RoHS 检测标准出台以后才有。而且欧盟也没有指定任何公司在发所谓的 RoHS 证书；检测机构都是在提供 RoHS 检测报告，所以欧盟是没有指定任何一个实验室来做这个事情的。选择哪一家测试机构完全是由企业根据价格、服务等市场指数自主决定的；欧盟也不可能要求只承认谁的报告，因为它对任何出口产品都会做一个监管的动作。企业完全可根据测试费用高低、服务质量好坏、设备技术能力强弱等来自由选择满意的测试机构。

7 结束语

随着社会的进步和现代科学技术的不断发展，世界各国对人的健康、安全、环境和保护消费者利益问题越来越加重视。关于机械产品的安全性问题已从公众的普遍关注上升到国家有关产品质量立法当中，且摆到强制性管理的位置上。与此同时在国际贸易中反映在“市场准入”问题上有关产品安全品质的要求，也构成所谓技术性贸易壁垒所针对的主要内容，往往成为制约木工机械产品流通的重要技术限制。由此看来，提高木工机械产品在国内外两个市场的占有率，产品的质量好坏，固然是一个关键问题，这是因为产品质量不高就没有竞争力，但是，如果产品不具安全就没有进入市场的资格，也就失去了竞争权。因此近年来大多数工业发达的国家在努力发展机械产品技术的同时，也正积极加强有关机械产品安全技术法规、标准及安全认证方面的研究。

有关木工机械产品的安全认证或合格评定问题，国际上正在加快通行准则的制定和建立统一的工作程序与模式 ISO 目前已发布了许多有关合格评定的导则欧盟以颁布相关“指令”和加贴“CE”标志的办法作为机械产品在欧洲统一市场内流通的准许，在市场准入方面建立了协调、统一的法规、标准、安全认证技术监督体系，不但完备了机械产品的质量立法建设，同时也为机械产品的安全与质量提供了有效管理和控制手段。

木工机械产品安全不仅有利于生产者的人身安全，也有利于企业的持续发展，提高木工机械产品的整体竞争力。它是每个企业家和设计者必须考虑的具有较大社会效益的行为。我们相信，通过国家标准相继出台和认真贯彻实施、安全理念和安全技术越来越被人们广为重视和接受，对于我国木工机械制造业的持续发展，提升我国木工机械产品在国际上的竞争力，将起到举足轻重的作用。

第三部分

标准应用篇

我国木工机械标准化工作概况

木工机械标准化工作对于木工机械设计研究、生产使用、质量管理、计量检测、技术进步等，都有着十分重要的作用，是一项具有基础性的技术工作。

我国木工机械标准化工作起步较晚，至今不过十年多一点时间，但从总体来看，由于实行了正确的指导原则，虽起步较晚，但起点较高。许多标准在制定之初就是在可能条件下，尽量参照或等效采用国际标准或主要工业化国家标准。从检测项目、标准公差规定上都与之保持了相对一致，有些项目甚至规定得更严、更细。目前已经制定的各级、各类木工机械标准共有200余项。在这样短的时间里，完成如此繁重的标准制定、修订、试验、验证任务，是与该行业的众多科研机构、制造企业、大专院校和一大批从事标准化工作的同志的共同努力分不开的。

1　数量与分类

木工机械标准依照产品性质大概可分作两大类：木工机床标准（包括制材设备标准、细木工设备标准、木工铺机标准及木工刀具标准）和人造板机械标准（包括胶合板设备标准、纤维板设备标准、刨花板设备标准、二次加工设备标准），其标准化专业委员会分别为机电部（原机械部）下设的“全国木工机床与刀具标准化技术委员会”和林业部下设的“全国人造板机械标准化技术委员会”对木工机械的各级标准分别实行归口统一管理。目前已经颁布的人造板机械标准有107项，木工机床与木工刀具标准约100项，而且还有一批标准尚在修订与报批。

除了机电部与林业部之外，木工机械的生产部门尚有轻工部、建材部、乡镇企业局等。其中轻工部也曾制定过一批家具机械的部颁标准。

从标准分级情况看，目前木工机床标准以行业标准（原机械部部颁标准）为主，占现行标准总数的92.5%；但从正在拟定、修订的标准来看，国家标准所占比重在上升，这无疑将对这个多生产部门的产品标准化水平乃至产品质量的提高起到积极作用。

人造板机械标准与木工机床标准相比，由于产品生产历史更短，故产品标准也就更加近于空白起家。但由此也使之在标准化方面反而易于形成统一。在其全部标准中，国家标准占26%，专业标准占46%，部颁标准占28%。

木工机械标准主要是各类技术标准，即用以协调、统一木工机械产品的技术问题、技术方法、技术要求。依其使用对象又可分为以下几种：

1.1 基础标准

基础标准指在一定范围内作为其他标准的基础，具有广泛的指导意义。如ZBB97019—86《人造板机械分类名词定义》、GB12448—90《木工机床型号编制方法》、JB/ZQ4001·1—87《木工平刨床术语》等技术语言标准；LY/Z534—82《林机产品图样及其主要设计文件的完整性》等标准化工作指导性标准；各类木工机械参数标准；通用的质量保证和质量检验标准，如JB2731—80《木工机床通用技术条件》、JB/GQF4001—86《木工机床产品质量通用分等》标准、ZBB97027—88《人造板机械精度检验通则》。这类标准对于标准化工作具有特殊重要的意义。

1.2 产品标准

产品标准具体规定了产品的结构、规格、质量等级、检验方法、验收规则、包装运输等技术要求，是木工机械标准中数量最多的一类技术标准。如各类木工机械的精度标准、制造与验收技术条件、产品质量分等标准。它们在产品的具体生产、验收、销售、使用中起着技术依据的作用。

1.3 方法标准

方法标准指对木工机械的某些技术活动的方法所作的标准规定。包括试验、检测分析、计算及操作规程。如GB3770—83《木工机床噪声声功率的测定》、ZBJ65015—89《木工机床噪声声（压）级测量方法》。

1.4 安全、卫生与环保标准

安全、卫生与环保标准即以保护人身安全、卫生及维护环境（包括生态环境与工作环境）为目的而制定的标准，如JB3380—83《木工平刨床的结构安全》标准、正拟制定的《木工刀具安全技术条件》等。

2 木工机械标准化工作中的一些问题

就目前我国木工机械标准化程度及标准水平而言，与国际ISO标准或木工机械较发达的一些工业化国家的标准水平基本相当。个别标准可能更严更细。但是从木工机械实物质量水平而言，特别是人造板机械，其绝大部分与先进工业国产品具有明显的差距。就是说，我国木工机械产品的实物质量水平与标准要求之间基本上没有“精度储备”，有些企业甚至难于达到标准合格要求。这与木工机械制造业起步较晚、总体技术水平还比较低是分不开的，而且该行业生产部门较多，企业隶属关系复杂。各企业的生产规模、技术力量、设备能力、人员素质、管理水平都存在着很大差异，反映到产品质量上，必然产生很大的离散性。这也给标准制定、贯彻带来困难。要改变这种状况，既须企业下一番工夫，也要靠标准化工作跟上形势发展，积极引导产品质量流向。

从标准化工作自身分析，也有一些需要进一步加以完善的方向。大致可归纳为以下几点。

（1）对制造精度的标准要求，未能依据产品使用特性而分别给予不同考虑，如对于大型木材加工企业中使用的前级制材机械、对建材行业进行大批量木材加工的木工锯刨类设备，与仅作为个体手工业者进行少量短小木材加工台式木工多用机床，从精度上看几乎是同样要求。从标准的经济性角度分析，存在着不够科学之处。

（2）对于工艺性较强、设备结构特殊的一些人造板机械，某些检测项目在测试条件、测值评定等方面规定不详。由此造成检测结果难于比较，甚至丧失客观性。

（3）在整机安装完毕后难于检测的不应列入设备精度标准，而应列入制造成验收技术条件。

（4）一些标准的精度要求虽然很高，但是产品实物质量相对标准要求缺少精度储备。有些企业甚至难于达到合格，当然，这里并不是要提倡是放宽标准迁就企业，而是想说明，国外许多设备制造厂利用内控标准，使实物质量远高于通用标准，这是一种从有益于销售和出口考虑的标准政策，某些木工机械标准制定本身似乎未能从经济性角度考虑技术问题。所以，应当清楚地看到，一个行业的产品标准虽然部分反映该行业产品质量一般水平，却不能完全代表产品质量，应当花大力气在加强企业质量内控指标上下工夫。

（5）同一检测项目产品在不同标准中其检测方法与评定方法有待进一步统一。如已经制定了 JB4171—85《木工机床精度检验通则》中，关于木工机床工作台面的平面度检测，在不同的木工机床标准中其检测、评定方法有 3 ~4 种之多。

（6）有些检测项目的具体规定有待细化。如人造板机械产品种类繁杂，其空载噪声相差数十分贝，现仅有一个指标限定其不超过 80dB，这不仅不合理，而且也难于具体评价。

总之，木工机械的标准化工作是一项视若平常，实为艰辛的综合性技术工作，作为标准制定者，不仅要精通专业，熟悉产品结构、制造工艺、检测手段以及企业一般技术水平，还必须善于把握关键，平衡制造与使用双方在精度要求上的矛盾，从本国实际出发，注意要采用国际标准的同时，兼顾行业及产品特点，以细致求实的态度，使标准体现出科学性、技术性、经济性的高度统一。

我国木工机械安全认证及标准化

1 木工机械安全认证的重要性与紧迫性

随着科学技术的日益进步和生产的发展，各国政府对人的安全、健康和环境保护等问题越来越重视。保证人身安全与健康也是我们国家的一贯政策，国家标准化法也明确规定“保证人体健康、人身、财产安全的标准……为强制性标准”。因此，国家标准化主管部门——国家质量技术监督检验检疫局把制定、贯彻有关安全、卫生与环境保护标准放在十分重要的位置。

安全是指人员不会受到伤害，财产不会受到损失的状态或条件。它涉及人和物两个方面，即人有不安全行为和物的不安全状态。过去我们往往对人的安全行为比较重视，而对物的不安全状态或条件有时重视不够。实际上，物的安全状态或条件更有决定意义。如果物的安全状态很好，即使使用者或操作者由于一时疏忽，有些不安全的动作或行为也不致酿成大的伤害事故。当然，这不是说人的安全行为不重要。

木工机械是我国国民经济的主要装备，它涉及国民经济各部门和人们的日常生活。由于它的安全性不好，每年都要造成一些工伤事故和财产损失。据不完全统计，木材机械加工业中，由于机械安全防护不完备而引起和人身伤亡事故每年都达数十起。如我国生产的木工平刨床由于手动进料时的安全防护装置不完备或不可靠，每年都有很多操作者的手指被切断；又如台式木工多用机床，由于缺少必备的防护装置，使用砂轮磨刀时，因砂轮爆碎造成伤害操作者的事故每年都有多起。

木工机械产品安全水平和高低为不仅与人的安全与健康息息相关，而且对木工机械产品的国内外贸易也有十分重要的影响。有些国产设备，尤其是一些大型成套设备，由于安全方面的原因，国内用户不愿使用，而花费大量外汇去进口；同样，产品由于安全性不好，进入国际市场更困难。在国际贸易中，反映有关“市场”和各种规定中，对产品安全性的要求，则构成了贸易技术壁垒和重要内容。欧盟规定，自 1995 年 1 月起，凡进入欧洲市场的机械产品都要加贴旨在保证欧共体《机械指令》规定的基本安全与卫生要求和“CE”标志，否则，一律不准入境。这样，机械安全就成了影响机械产品贸易的主要障碍。

鉴于以上原因，木工机械安全认证已到了非抓不可的地步。

2 我国机械安全认证的现状

为了确保机械产品使用者的人身安全、财产安全和消费者的合法权益，同时也为了帮助机械产品生产企业在其产品进入国内、外市场时，能踏上一条流通的坦途，1997 年经国家质量技术监督局批准成立了“中国机械安全认证管理委员会”及中国机械安全认证中心（简称“认证中心”），并于同年正式开展了国内、外机械产品安全认证工作。“认证中心”是在“管理委员会”领导下的工作实体，是经国家质量技术监督局授权和独立对除农机以外的机械产品安全性进行第三方公正评价的机构。该机构采用完整、严谨的 ISO 第五种认证模式开展认证工作活动，依据相关产品标准和国家有关质量认证和法律、法规及规章，结合各类机械产品特点实施安全认证，到目前为止，国家质量技术监督局通过 1998 年 1 号公告和 1999 年 14 号公告正式发布了两批实施安全认证的机械产品目录，包括木工机械产品的 20 类，约 140 个品种的机械产品，国家质量技术监督局也将陆续发布没有列进公告和机械产品。

目前，我国已有数十家机械生产企业正在申请并已经获得了机械安全认证书和标志，就木工机械生产企业而言，虽有为数不多的企业有申请和意愿，但至今木工机械安全认证工作还未列入正式工作日程中，其主要原因还是企业负责人没有从思想上认识到木工机械产品安全认证和重要性。因此，还有待木工机械生产企业积极配合国家对该项工作的总体规划，加速开展木工机械产品认证工作。

3 健全木工机械安全标准化是安全认证的基础

要抓木工机械安全，首先就要有木工机械安全标准。我国近几年来，虽然各有关部门也组织制定了一些机械安全标准和少量木工机械安全标准，在保证人身安全方面起到了积极作用，但由于没有统一的归口管理和统一的机械安全基础标准，致使现有的机械安全标准不同程度上存在以下几个问题：

（1）内容比较杂乱。有些标准把一些基本要求、设计要求、使用中的劳动保护要求等统统放在一个标准中，目标不明确，使企业抓不住重点。

（2）各相关标准之间内容与要求不协调，有的甚至相互矛盾，给企业贯彻实施带来很多困难。

（3）现有机械安全标准过去都是根据国内情况并参考一个或多个国外标准制定的，与近年来发布国际或国外先进标准还存在着不少差距，不能很好地与国际标准或国外先进标准接轨，影响机械产品的出口贸易。

（4）现有机械安全标准数量很少，而且很不配套，远远满足不了企业的需要。

根据上述情况，急需制定一套与国际或国外先进机械安全标准接轨的国家机械安全基础标准和木工机械安全标准，用以指导我国机械安全标准的制定、修订，以使我国的机械安全标准尽快与国际和国外先进标准接轨，从而使我国机械产品（含木工机械）设计与制造的安全水平不断提高，增强其在国际市场上的竞争能力。

3.1 国外机械安全标准化的情况

近年来，各国都在考虑建立法规——标准体系。欧共体在这方面走得较快，为了消除各成员国之间技术规定（主要是安全技术规定）不统一而造成的贸易壁垒，欧共体理事会于1985年通过了“关于技术协调和标准化工作方案的决议”，决议提出了以下三条原则：

（1）各成员国对工业产品的安全技术规定应协调到一个大体相同的水平；

（2）在法律文件中只规定出最基本的安全原则与要求；

（3）由欧洲标准化组织（CEN）承担编写安全标准的任务，把法律条条文中有关安全的原则性规定具体化。

为了完成欧洲机械安全标准的制定工作，在CEN内建立了23个有关机械安全的标准化技术委员会（TC），其中CEN/TC114为“机械安全技术委员会”，负责机械安全基础标准和通用标准制定工作。其余22个是各专业机械产品的安全技术委员会，如CEN/TC142是木材加工机械安全技术委员会。

欧洲机械安全标准整体分为A，B，C三类。其中A类为机械安全基础标准；B类又分为B_1与B_2类，B_1是通用完全指标与有关安全原则类标准，B_2是有关通用安全防护装置标准；C类是各专业机械安全标准。

鉴于欧共体的行动，为便于与欧共体标准化委员会的联系与合作，ISO1991年1月成立了“机械安全技术委员会”，即ISO/TC199。ISO/TC199制定了机械安全标准分级体系，该体系对机械安全标准的分类与CEN的分类基本一致，即同样把机械安全标准分为A，B，C三类。

ISO/TC199的成立，对欧共体以外的各国机械安全标准化工作起到了积极推动作用，尤其是在一些发达国家，如美国、日本、俄罗斯等国都十分重视机械安全标准化工作。

3.2 国内机械安全标准化的情况及近期安排

近年来，我国各有关部门已组织制定了一些机械安全标准，据不完全统计，我国现有各类机械安全标准118个，其中属于基础、通用方面的标准12个（全部为国家标准）；属于各专业机械产品的标准96个（其中国家标准53个，行业标准43个）；属于工艺过程安全要求的标准10个（其中国家标准6个，行业标准4个）。

为加速我国机械安全标准化工作，1994后11月正式成立了全国机械安全标准化技术委员会（编号CSBTS/TC208），该委员会由国家质量技术监督局直接领导，秘书处设在机械工业部标准化研究所，该委员会与ISO/TC199直接对口，其工作范围与ISO/TC199及CEN/TC114相同，主要也是归口A类与B类标准的制定、修订工作，同时也协助标准化主管部门协调C类标准与A，B类标准之间的关系。

全国机械安全标准化技术委员会成立之后，已初步制定出我国机械安全标准体系表，机械安全标准类别的划分也采用国际标准的划分方法，分为A，B，C三类。体系表中包括A类标准9项，B类标准40~50项，C类标准没有提出具体数量，由各类专业机械标准化技术委员会提出。

我国机械安全标准化工作正处于起步阶段，各类标准尚不健全，计划在 3 ~5 年将主要的 A 类与 B 类标准都制定出来；C 类标准也要在 A 类与 B 类标准基础上，进行大量制定工作，使之尽快与国际及国外先进标准接轨。

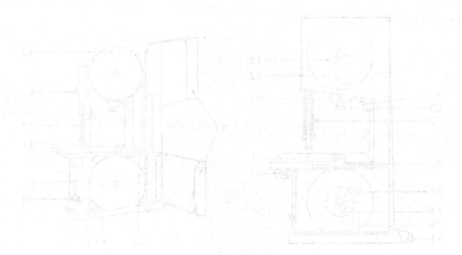

《木工机床　细木工带锯机术语和精度》标准的比较与检验方法探讨

1　细木工带锯机概述

细木工带锯机是带锯机的一种，是以带锯条为切削工具的木材加工机械。它主要用于锯切板材和方材，可根据要求进行直线、斜线或曲线锯切，其构造见图1。

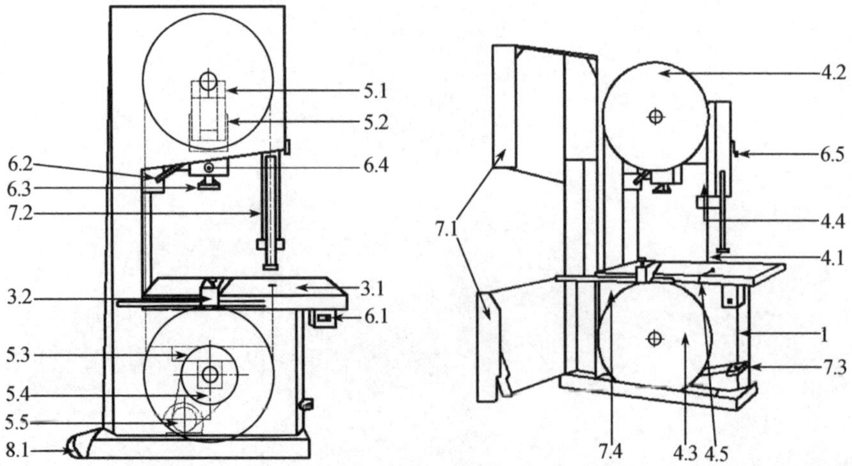

图1　细木工带锯机结构

1. 机身部分；2. 工件和刀具的进给部分；3. 工作的支承、夹紧和导向部分（包括3.1 工作台和3.2 导向板）；4. 刀夹和刀具部分（包括4.1 带锯条、4.2 上锯轮、4.3 下锯轮、4.4 上锯卡、4.5 下锯卡）；5. 加工头和刀具的传动部分（包括5.1 上锯轮轴承座、5.2 锯条张紧装置、5.3 下锯轮轴承座、5.4 下锯轮皮带轮、5.5 传动电机）；6. 操纵部分（包括6.1 启动按钮、6.2 锯条张紧调节装置、6.3 锯条张紧指示器、6.4 锯轮距调节装置、6.5 锯卡锁紧装置）；7. 安全防护装置（包括7.1 锯轮防护罩、7.2 锯条防护罩的调节装置、7.3 制动器及7.4 锯轮清洁装置）；8. 吸尘口等部分

2　细木工带锯机新旧标准的差异

我国细木工带锯机的国家标准 GB/T 13568—92 是在1992年由邵武木工机床厂朱光申起草的，在此之前有机械电子工业部的部颁标准 JB 3177—82《细木工带锯机精度》，新版国家标准 GB/T 13568—2008/ISO7007：1983《木工机床 细木工带锯机术语和精度》

（以下简称新版标准）是由福州木工机床研究所张震、郑莉主要起草，归口全国木工机床与刀具标准化技术委员会，代替了 GB/T 13568—1992 版本，成为现行新版国家标准，并于2008 年 10 月 1 日起实施。

2.1　新版标准特点

（1）等同采用 ISO 国际标准；
（2）增加术语；
（3）规范性引用文件的文字增加了；
（4）适用范围更加明确；
（5）几何精度检验项目做了调整；
（6）删除了工作精度检验；
（7）参照的标准不同；
（8）精度要求相对放宽。

2.2　新旧版本标准差异

新旧版本标准差异见表 1 和表 2。

表 1　新旧版本标准差异

序号	新版本 GB/T 13568—2008	旧版本 GB/T 13568—1992
1	等同采用 ISO 7007：1983	无
2	增加了术语	无
3	无工作精度检验	有工作精度检验
4	几何精度检验数值表示“允差”	几何精度检验数值表示“公差”
5	参照标准为 GB/T 17421. 1—1998	参照标准为 JB4171

表 2　几何精度检验项目差异

		新版本 GB/T 13568—2008	旧版本 GB/T 13568—1992
		允差	公差
检验项目	工作台面的平面度	a）和 b） $A \leqslant 630$ ：0.30 $630 < A \leqslant 1\,250$ ：0.40 $A > 1\,250$ ：0.50 c） $A \leqslant 630$ ：0.40 $630 < A \leqslant 1\,250$ ：0.50 $A > 1\,250$ ：0.60	a）和 b） $A \leqslant 630$ ：0.30 $A > 630$ ：0.40 c） $A \leqslant 630$ ：0.40 $A > 630$ ：0.50
	导向板对工作台的垂直度	0.20/100	0.10/100
	上下锯轮的平行度	$D \leqslant 630$ ：0.30 $630 < D \leqslant 1\,000$ ：0.40 $D > 1\,000$ ：0.50	$D \leqslant 630$ ：0.30 $D > 630$ ：0.40

续表 2

检验项目	锯轮的径向圆跳动	$D \leq 630$: 0.30 $630 < D \leq 1\,000$: 0.40 $D > 1\,000$: 0.50	$D \leq 630$: 0.05 $D > 630$: 0.07
	锯轮的端面圆跳动	$D \leq 630$: 0.30 $630 < D \leq 1\,000$: 0.40 $D > 1\,000$: 0.50	$D \leq 630$: 0.30 $D > 630$: 0.40
	锯条运动对锯条背面的平行度	$D \leq 630$: 0.40 $630 < D \leq 1\,000$: 0.60 $D > 1\,000$: 0.80	$D \leq 630$: 0.40 $D > 630$: 0.60
	锯卡移动轨迹对锯条的平行度	$D \leq 630$: 0.30 $630 < D \leq 1\,000$: 0.40 $D > 1\,000$: 0.50	$D \leq 630$: 0.30 $D > 630$: 0.40

3 检验项目与检验方法

细木工带锯机的设计与制造质量的检验应依据 GB5226.1—2002《机械安全 机械电气设备 第一部分：通用技术条件》；GB/T14384—1993《木工机床通用技术条件》和 GB12557—2000《木工机床安全通则》等标准及设计要求进行检验。检验项目主要包括：外观质量、配套性、一般要求、工作性能、可靠性与寿命、安全卫生、几何精度等。

3.1 外观质量检验

主要观察机床外观表面是否有未规定的突起、凹陷、粗糙不平和损伤；表面漆层是否牢固、美观、均匀、平滑；零部件接合面应整齐匀称，不应有明显错位，门、盖与机床结合面的缝隙和错边量不应超过 2mm；标牌应清晰，其固定位置应正确、牢固、不歪斜，并固定在明显位置等。

3.2 配套性检验

主要检查随机技术文件是否有使用说明书、合格证、装箱单；安装调整用的附件和工具，应按出厂技术文件配齐，附件和工具一般应标有相应的标记或规格，并且随机附件和工具的性能应符合有关标准和设计要求。

3.3 一般要求检验

主要检查机床型号是否符合 GB/T12448—1990 标准；参数是否符合相应参数要求；机床上的标牌内容是否符合 GB/T13306—1991 和有关标准规定；机床连续空运转 1h，用测温仪器测量其锯轮轴轴承温度不得超过 70℃，温升不得超过 40℃。

3.4　工作性能检验

机床连续空运转1h，检查机床工作机构运转是否平稳协调；用功率表测量机床空载功率不得超过规定值的40%。

3.5　可靠性与寿命检验

主要检查机床连续启动、停止锯轮运动10次，其动作的可靠性与灵活性，同时检查锯条张紧装置的可靠性；观察机床重要加工表面的接合面和外露表面不应有较大的砂眼、气孔、缩松孔等缺陷。

3.6　安全卫生检验

主要检查机床电气系统是否符合GB5226.1—2002标准的要求；机床是否设置便于用户安装吸尘装置的吸尘口；链轮及带轮是否有防护装置；要求单向旋转的机构应标出运动方向箭头；在机床8个不同方向，用噪声仪测量空运转噪声应≤83dB（A）。

3.7　几何精度检验项目与方法

几何精度检验项目与方法见表3。

表3　几何精度检验项目与检验方法

序号	检验项目	检验方法	简图
G1	工作台面的平面度： (a) 横向直线度； (b) 纵向直线度 (c) 对角线方向直线度	首先用一些基准点建立一个理论平面。在检验面上选择 a，b 和 c 三点作为零位标记，将三个等高量块放在这三点上，这些量块的上表面就确定了与被检面作比较的基准面。 然后选定位于基准平面内的第四点 d，利用一些高度可调的量块，将平尺放在 a 和 c 点上，在检验面上的 e 点放一可调量块，使其与平尺的下表面接触。这时，a，b，c 和 e 量块上的上表面均处于同一表面上。 再将平尺放在 b 和 e 点上即可找到 d 点的偏差；在 d 点放一可调量块，并将其上表面调到由已经就位的那些量块的上表面所确定的平面中。 将平尺放在 a 和 d 及 b 和 c 点，即能找到被检面上处于 a 和 d 之间及 b 和 c 之间的各点的偏差。处于 a 和 b 之间及 c 和 d 之间以及对角线 a 和 c 之间、b 和 d 之间的偏差可用同样的方法找到。其最大值差就是平面度数值	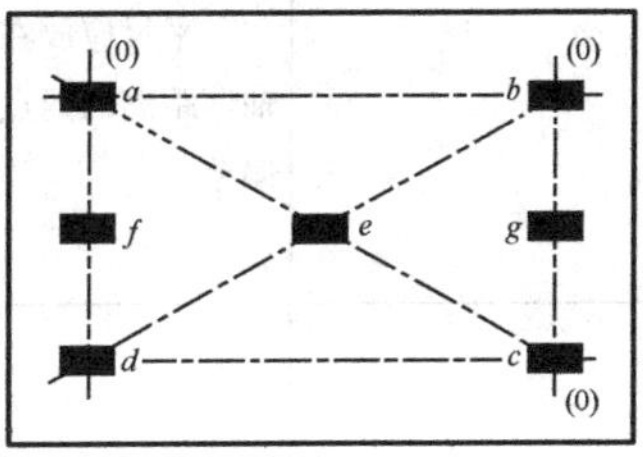

续表 3

序号	检验项目	检验方法	简图
G2	导向板对角线的直线度	在导板工作面上，按对角线位置放置平尺，用塞尺检验导板工作面与平尺检验面间的间隙。所测得的最大差值就是直线度数值	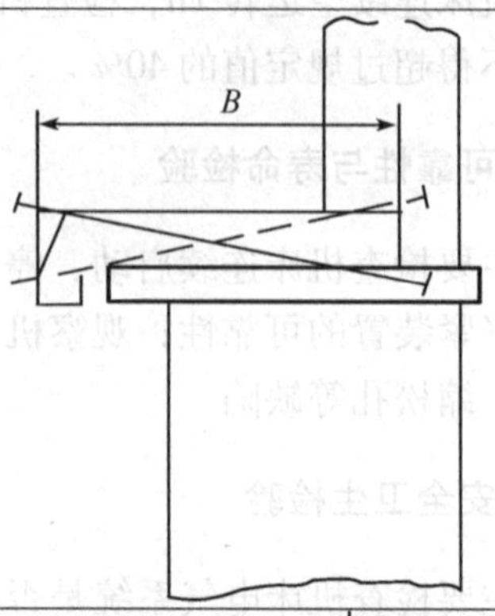
G3	导向板对工作台的垂直度	在工作台面上放置角尺，使角尺检验面靠在导板工作面上，用塞尺检验其间隙。测量多处，所测得的最大值就是垂直度数值	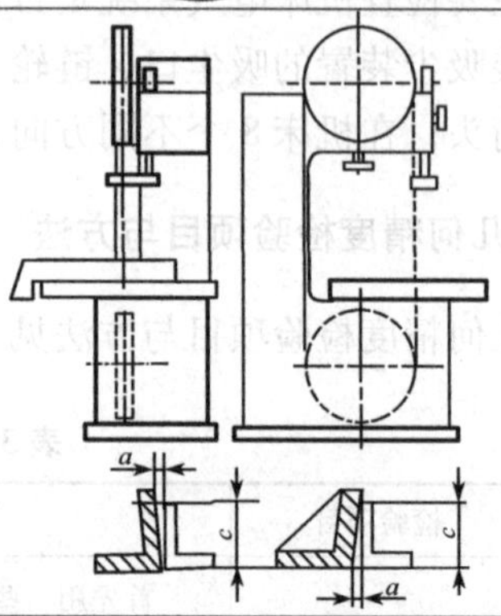
G4	上下锯轮的平行度	将专用尺或线坠靠在上下锯轮断面上与锯轮轴轴线等距的两侧，用塞尺检验专用尺检验面或线坠与上下锯轮端面间的间隙。所测得最大差值就是平行度数值。 平尺应放在两锯轮的前面，在垂直轴等距离的两点测量平尺和锯轮表面的偏差	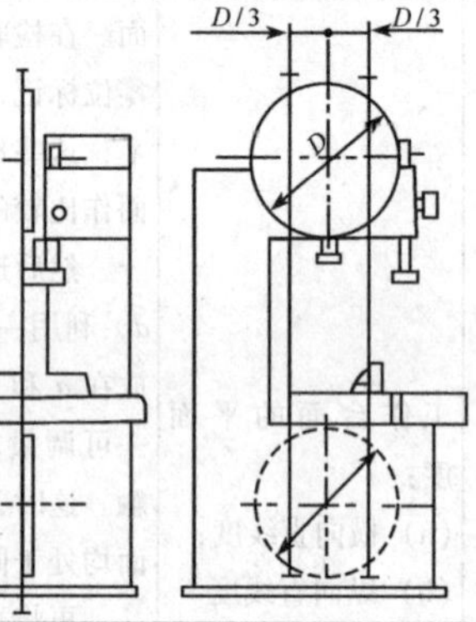
G5	锯轮的径向圆跳动	在机体上固定百分表，使触头顶在锯轮外径上，缓慢旋转锯轮进行检验。百分表读数的最大差值就是径向圆跳动数值	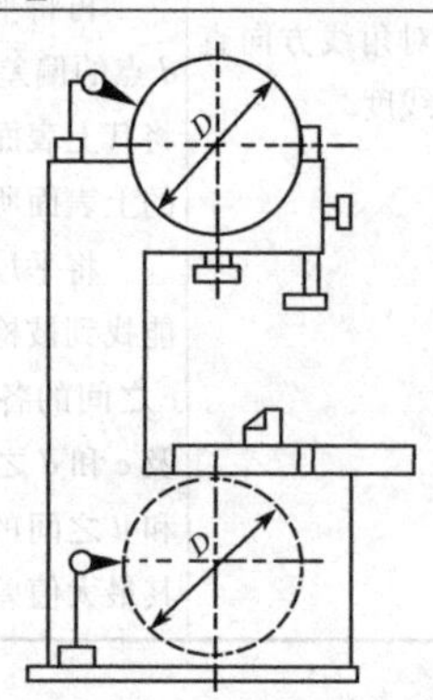

续表 3

序号	检验项目	检验方法	简图
G6	锯轮的端面圆跳动	在机体上固定百分表，使触头顶在锯轮端面最大半径处，缓慢旋转锯轮进行检验。百分表读数的最大差值就是端面圆跳动数值	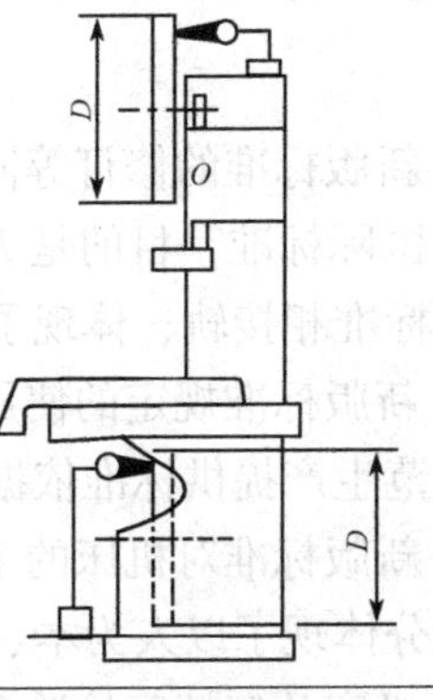
G7	锯条运动对锯条背面的平行度	在锯轮上挂一条检验锯条，在工作台上放置指示器使指针指在与检验锯条背面垂直的位置。缓慢运转检验锯条三周，观测误差，所测得读数的最大差值就是运转精确度数值	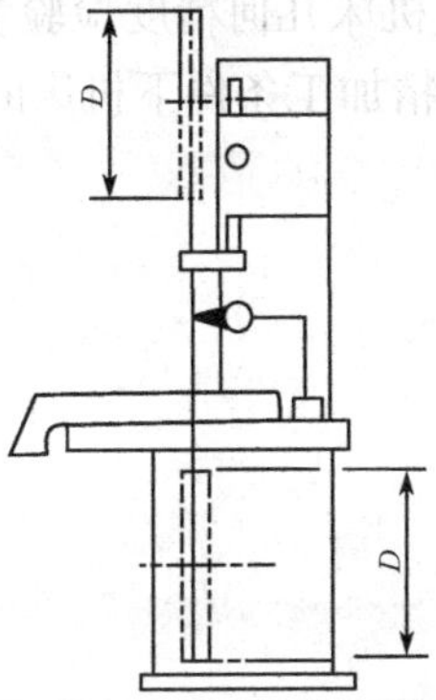
G8	锯卡移动轨迹对锯条的平行度	指示器应夹持在上锯卡上，使指针指在检验锯条侧面和背面。 指示器应在锯卡行程上、下两端 *E* 和 *F* 处读出数差值就是平行度数值	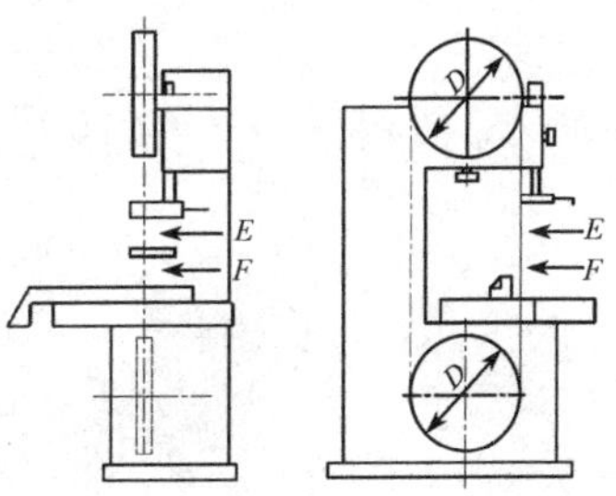
G9	锯条对工作台的垂直度	在锯轮上挂一条检验锯条，在其工作台上放置角尺，使角尺检验面分别靠在检验锯条的侧面和背面上，用塞尺检验其间隙。所测得的最大值就是垂直度数值	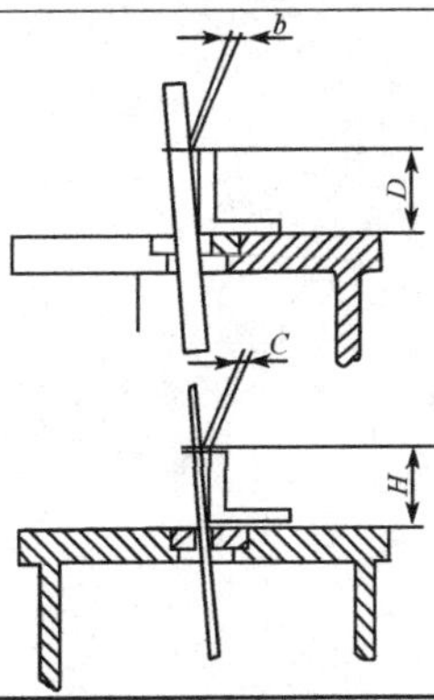

4 结论

（1）新版标准的修订等同采用了 ISO7007：1983《木工机床 细木工带锯机 术语和验收条件》国际标准，目的是力求与国际标准发展趋势保持一致，使我国木工机床国家标准与国际标准相接轨，体现了科学性。

（2）新版标准规定的使用范围更加明确，为细木工带锯机制造商在设计、制造过程中进行规范生产提供标准依据，为我国细木工带锯机床产品走向国际市场提供质量保障。

（3）新版标准对机床的工作精度检验没有做硬性规定，在检验项目的选择上由用户决定，充分体现了以人为本、用户至上原则。

（4）机床几何精度检验参照 GB / T17421.1—1998《机床检验通则》第一部分：在无负荷或精加工条件下机床的几何精度进行检验，检验方法更加规范。

GB5226.1—2002《机械安全　机械电器设备　第1部分：通用技术条件》的理解与实施

GB5226.1—2002《机械安全 机械电器设备 第1部分：通用技术条件》已于2003年10月1日实施的国家强制性标准，是等同采用IEC60204—1：2000。

这项标准适用范围广，涉及金属加工、轻工、纺织、印刷、包装、建筑、建材、食品机械、木工机械等数十个行业。标准规定了机械电气设备基本技术和安全要求，包括电气设备的选择、保护、实际运行环境、电击的防护、配线技术等。标准内容丰富、实用、可操作性强。认真实施这项国家标准定会使机电产品更安全和可靠。

现在，国内、外对产品的安全日益重视，只有安全的产品才能进入市场，这在国内、外相应的法律、法规中均作了规定。也就是说，只有安全的产品才会占有市场。我国加入WTO后，市场竞争日益激烈，要想不断开拓国内、外市场，保证产品的安全性是至关重要的。由于GB5226.1和欧洲标准EN60204—1均为等同采用IEC60204—1，亦即贯彻好国家标准GB5226.1—2002，也就同时满足了国际标准和欧洲标准对机械电气设备的安全要求。因此GB5226.1—2002的实施，有助于提高我国机电产品在国际市场上的竞争力。

GB5226.1—2002标准的技术内容多，技术性强，有些条文的技术要求要通过规范性引用文件来细化。GB5226.1仅规范性引用文件就有44大项，所以如何正确理解和应用这项国家标准尚有一定难度。为了满足用户设计的需要，使GB5226.1—2002对提高产品的安全起到更好的指导作用，我们举办了这次培训班，在这里和大家一起学习和讨论GB5226—2002的理解与实施。

1　概述

GB5226《机械安全 机械电器设备》系列标准包括如下部分。

第1部分：通用技术条件

第11部分：交流电压高于1 000V或直流电压高于1 500V但不超过36kV的通用技术条件

第31部分：缝纫机械、单元和系统的特殊要求

第32部分：起重机械通用技术条件

本部分为GB5226的第1部分，对应于IEC60204—1：2000《机械安全　机械电气设备　第1部分：通用技术条件》，本部分与IEC60204—1：2000的一致程度为等同。

1.1　本标准所代替标准的历次版本发布情况

JB2738—1980《机床电气设备技术条件 第一部分 普通机床电力传动及控制》，该标准由原第一机械工业部发布，1981 年 1 月 1 日起实施；

GB5226—1985《机床电气设备 通用技术条件》由国家标准局于 1985 年 7 月 19 日发布，1986 年 3 月 1 日起实施；

GB/T5226.1—1996《工业机械电气设备 第一部分：通用技术条件》由国家技术监督局于 1996 年 9 月 3 日发布，1997 年 7 月 1 日起实施。

1.2　本标准与 GB/T5226.1—1996 相比主要变化

序号	有差异项	GB/T5226.1—1996	GB5226.1—2002
1	标准性质	推荐标准	强制标准
2	标准名称	工业机械电气设备 第一部分：通用技术条件	机械安全 机械电气设备 第1部分：通用技术条件
3	适用范围	适用于工业机械电气设备，包括金属加工机械等 9 大类	适用范围扩大为机械电气设备而不只限于工业机械电气设备，包括金属加工机械、建筑机械、农林机械等 26 大类
4	与国际标准一致程度	等效采用 IEC60204—1：1992	等同采用 IEC60204—1：2000
5	湿度	电气设备应能正常工作在相对湿度 30% ~95% 范围内	当最高温度为 40℃，相对湿度不超过 50%，电气设备应能正常工作。温度低则允许高的相对湿度（如 20℃时为 90%）
6	电击防护	直接接触的防护、间接接触的防护	直接接触的防护增加用遮拦的防护和置于伸臂以外的防护
7	电气设备的保护	电气设备的保护	增加接地故障/残余电流保护、相序保护、闪电和开关浪涌引起过电压的保护
8	紧急操作	紧急停止	增加紧急断开
9	电路连续性丧失	未规定	增加电路连续性丧失
10	便携和悬挂控制站	未规定	增加便携和悬挂控制站
11	控制设备的防护等级	控制设备的外壳一般应具有不低于 IP54 的防护等级	控制设备的外壳的防护等级应不低于 IP22
12	汇流装置	未规定	对于汇流装置的构造及安装、触电防护等作出规定

续表

序号	有差异项	GB/T5226.1—1996	GB5226.1—2002
13	电动机铭牌	如果电动机的安装使得不能直接看到其铭牌，则应在电动机附近安装清晰可见的第二铭牌	未规定
14	电磁兼容性试验	该试验应按照 IEC801 进行	取消电磁兼容性试验

2　适用范围

本部分适用于机械的电气和电子设备及系统，而不适用于手提工作式机械和高级系统（如系统间通信）的电气和电子设备及系统。

本部分所论及的设备是从机械电气设备的电源引入处开始的。

本部分适用的电气设备或电气设备部件，其额定电压不超过1 000 Va.c. 或1 500 Vd.c.，额定频率不超过200Hz。

3　常用术语和定义

3.1　操动器

将外部操动力施加在操动系统上的部件。可用手柄、按钮、旋钮、滚轮、推杆等形式，操动器也称操动件。

3.2　遮拦

从各正常通道方向预防直接接触的部件。有些场合（如开关设备）遮拦也称作挡板。

3.3　控制电路

用于控制机械和动力保护电路的电路。换言之，控制电路有两个作用，即控制机械的运转和保护动力电路。

3.4　控制器件

连接在控制电路中用来控制机械工作的器件（如位置传感器、手控开关、继电器、电磁阀等）

3.5 直接接触

人或牲畜与带电部分的接触。

3.6 外壳

外壳为防护某些外来影响和防止任何方向直接接触而提供的设备防护部件。

外壳可以是:

(1) 安装在机械上或与机械分离的柜或箱;

(2) 由机械结构上的封闭空间构成的壁龛。

3.7 外露可导电部分

易触及的、平时不带电、但在故障情况下可能带电的电气设备的可导电部分。电气设备的导体件只有在故障状态下通过外露可导电部分才能带电，这种导体件不认为是外露可导电部分。

3.8 外部可导电部分

不是电气装置组成部分且易引入电位（通常是地电位）的导电部分。

3.9 防护装置

通过物体障碍方式专门用于提供防护的机械部分，按机构可称作壳、盖、屏、门、封闭保护装置等。

3.10 间接接触

人或牲畜与故障情况下变为带电的外露可导电部分的接触。

3.11 带电部分

正常工作时带电的导线或导体，包括中性导体 N，但规定不含 PEN。

3.12 中性导体（符号 N）

连接到系统中性点上并能提供传输电能的导体。

3.13 阻挡物

用于防止无意的直接接触，但不能防止故意直接接触的一种部件。

3.14 过电流

超过额定值的各种电流。就导线而言额定值指载流容量。过电流一般有过负荷电流和短路电流。

3.15 （电路的）过载

过载是指无故障情况下电路超过满载值时，电路内时间与电流的关系。过载只是过电流的一种起因，故两者不宜混用。

3.16　动力电路

从电网向生产性操作的电气设备单元和控制电路变压器等供电的电路。

3.17　保护接地电路

参与防护接地故障不良后果的完整的保护导线和导体件系统。

3.18　保护导线

防止电击措施中所需用的一种导线，用于下列部分之间的电气连接：
（1）外露可导电部分；
（2）外部可导电部分；
（3）总接地端子。

3.19　安全防护装置

在安全功能中保护人们免受现存或即将发生的危害所使用的防护装置或保护器件。

3.20　安全防护

由专门安全防护装置构成的那些安全措施，当危险不能在设计上合理排除或充分限制时，起保护人身安全作用。

3.21　短路电流

由于电路中的故障或连接错误造成的短路而引起的过电流。

3.22　开关电器

用于接通或断开一个或几个电路电流的电器。

3.23　端子

提供器件与外部电路进行电气连接的一种导体件。

4　基本要求

4.1　一般原则

4.1.1　风险评价

风险评价是分析机械和电气设备在使用中可能产生的危险，并对各种危险可能损伤或伤害人员和设备的程度及概率进行全面的评估，使设计者确定最合适的安全防护措施，使机械及电气设备的安全和性能保持在令人满意的水平。

4.1.2　电气危险

防止电击、短路和过载等危险，以免引起人员伤亡或设备损坏。

4.1.3　安全措施

安全措施包括设计阶段和要求用户配置的综合措施。

机械的设计应首先考虑消除或降低风险。在不能做到的场合应考虑安全防护及安全工作程序。

安全防护包括使用防护装置和认识办法。

4.2　电源

4.2.1　交流电源

电压：稳态电压值0.9~1.1倍额定电压

频率：0.99~1.01倍额定频率（连续的）

0.98~1.02倍额定频率（短时工作）

谐波：2~5次畸变谐波总和不超过线电压方均根值的10%；对于6~30次畸变谐波的总和允许最多附加线电压方均根值的2%。

不平衡电压：三项电源电压负序和零序成分都不应超过正序成分的2%。

电压中断：在电源周期的任意时间，电源中断或零电压持续时间不超过3ms，相继中断间隔时间应大于1s。

电压降：电压降不应超过大于1周期的电源峰值电压的20%，相继降落间隔时间应大于1s。

4.2.2　直流电源

由电池供电：

电压：0.85~1.15倍额定电压。

电压中断时间：不超过5ms。

由换能装置供电：

电压：0.9~1.1倍额定电压。

电压中断时间：不超过20ms，相继中断间隔时间应大于1s。

纹波电压（峰峰值）：不超过额定电压的0.15倍。

4.3　实际环境和运行条件

4.3.1　电磁兼容性（EMC）

电气设备产生的电磁骚扰不应超过其预期使用场合允许的水平，设备对电磁骚扰应有足够的抗扰度水平，以保证电气设备在预期使用环境中可以正确运行。（欧盟标准EN50081规定EMC通用发射限值和抗扰度限值）

电气设备采取下述措施，可以限制产生的骚扰：

（1）在信号源处抑制，通过采用电容器、电感器、二极管、齐纳管、压敏电阻、有源器件或这些元件的组合；

（2）设备采用有电气连接的导电外壳作屏蔽，以此构成对其他设备的隔离。

4.3.2　环境空气温度

电气设备应能正常工作在预期使用环境空气温度5~40℃。对于非常热的环境及寒冷环境，需提出额外要求。

4.3.3　湿度

当最高温度为40℃、相对湿度不超过50%时，电气设备应能正常工作。温度低则允许高的相对湿度（如20℃时为90%）。

应通过电气设备的正确设计防止偶然性凝露的有害影响，必要时，采用适当的附加措施（如内装加热器、空调器或排水孔）。

4.3.4　海拔高度

电气设备应能在海拔高度1 000m以上正常工作。

4.3.5　污染

电气设备应适当保护，以防固体物和液体的侵入。

4.3.6　振动、冲击和碰撞

应通过选择合适的设备，将它们远离振源安装或采取附加措施，以防止（由机械及其有关设备产生或实际环境引起的）振动、冲击和碰撞的不良影响。

4.4　人类工效学原则

机械、电气设计要遵循人类工效学原则，通过减少操作者的紧张和所需体力来提高安全性，并以此改善机械的操作性能和可靠性，从而减少机械使用各阶段的差错率。

5　引入电源线端接法和切断开关

5.1　引入电源线端接法

5.1.1　引入电源线端接应注意以下几点

（1）建议把机械电气设备连接到单一电源上。

（2）如果需要其他电源供电给电气设备的某些部分（如电子电路、电磁离合器），这些电源宜尽可能取自组成机械电气设备一部分的器件，例如变压器、换能器。

（3）大型复杂机械包括一些以协同方式一起工作且占用较大空间的机械可能需要多个引入电源，每个引入电源应装切断开关，切断开关应有连锁保护。

（4）除非电气设备采用插头/插座直接连接电源，否则建议电源线直接接在电源切断开关上。如果这样做不到，应为电源线设置独立的接线座。

（5）如果使用中线，应在安装图和电路图上指示清楚，为中线提供单独的绝缘端子并用字母N标志。

（6）电气设备内部，中线和保护接地电路之间不应相连，也不应使用PEN兼用端子。（例外：TN－C系统电源到电气设备的连接点处，中线端子和PE端子可以相连）

5.2　连接外部保护接地系统的端子

电气设备应根据配电系统和有关安装标准连接外部保护接地系统或连接外部保护导线，该连接的端子应设置在各引入电源有关相线端子的邻近处。

每个引入电源点，连接外部保护导线的端子应使用字母PE标识，其他接地电路的端子，应使用符号⏚或字母PE标识，图形符号优先，也可使用黄绿双色组合标记。

6　电击的防护

人身触电往往使人被电伤甚至死亡，所以必须做好人身触电的预防，在日常生活和工作中，注意安全用电，安全使用电气设备。

人因直接触及电气设备的带电部分而遭受电击称为直接接触的电击。

当电气设备由于绝缘失效出现接地故障时，人触及因故障变为带电的外露可导部分而遭受电击称为间接接触的电击。

6.1　电流流过人体的效应

电流流过通过人体对人造成的危害程度与通过人体电流的大小、持续时间、电压高低、频率以及人体阻抗、流经人体的途径等有关。

6.1.1　电流流过人体的效应

电流的效应由生理参数和电气参数决定。心室纤维颤动是电击引起死亡的主要原因。

交流为15～100Hz，直流为无纹波电流的生理效应如下：

（1）感知阈和反应阈。

通过人体引起任何感觉的最小电流称为感知阈。

通过人体引起肌肉不自觉收缩的最小电流称为反应阈。

交流电流反应阈的通用值为0.5mA，直流电流的反应阈约为2mA。

（2）摆脱阈。

手握电极的人能自行摆脱电极的最大电流值。

交流电流摆脱阈的平均值为10mA，直流电流没有确定的摆脱阈，只有在直流接通和断开时，才会引起肌肉疼痛和痉挛似的收缩。

（3）心室纤维性颤动阈。

通过人体引起心室纤维性颤动的最小电流称为心室纤维性颤动阈。

一般通过工频50mA。持续时间1s交流电流就可能使人死亡。换言之，使人致死的电击能量为50mA·s。

通常取8～10mA作为人身触电的极限安全电流。

6.1.2　电击的防护

电气设备应具备在下列情况下保护人们免受电击的能力。

（1）直接接触；

（2）间接接触。

6.2　直接接触的防护

6.2.1　概述

防护等级的标志由表征字母“IP”及附加在后的两个表征数字组成。表征数字的含义见表2和表3。

表2　第一位表征数字表示的防护等级（防止固体）

第一位表征数字	防护等级	
	简述	含义
0	无防护	无专门防护
1	防护大于50mm固体	能防止大面积的人体（如手）偶然或意外地触及或接近壳内带电或转动部件（但不能防止故意接触）。 能防止直径大于50mm的固体异物进入壳内
2	防护大于12mm固体	能防止手指或长度不超过80mm的类似物体触及或接近壳内带电或转动部件。 能防止直径大于12mm的固体异物进入壳内
3	防护大于2.5mm固体	能防止直进大于2.5mm的工具或导线触及或接近壳内带电或转动部件。 能防止直径大于2.5mm的固体异物进入壳内
4	防止大于1mm固体	能防止直径或厚度大于1mm的导线或片条触及或接近壳内带电或转动部件。 能防止直径大于1mm的固体异物进入壳内
5	防尘	能防止触及或接近壳内带电或转动部件。 虽不能完全防止灰尘进入，但进尘量不足以影响设备的正常工作

表3　第二位表征数字表示的防护等级（防止液体）

第二位表征数字	防护等级	
	简述	含义
0	无防护	无专门防护
1	防滴	垂直滴水应无有害影响
2	15°防滴	与垂直方向成15°角范围内的滴水应无有害影响
3	防淋水	与垂直成60°角范围内的淋水应无有害影响
4	防溅水	承受任何方向的溅水应无有害影响
5	防喷水	承受任何方向的喷水应无有害影响
6	防海浪	承受猛烈的海浪冲击或强烈喷水时，进水量应不达到有害的程度
7	防浸水	当侵入规定压力的水中经规定的时间后，进水量应不达到有害的程度
8	潜水	在规定的条件下能长期的潜水

数字后面的字母的含义：

A——手背　B——手指　C——工具　D——金属线

6.2.2 用外壳作防护

带电部件应安装在符合相关技术要求的外壳内，直接接触的最低防护等级为 IP2X 或 IPXXB

如果壳体上部表面是容易接近的，直接接触的最低防护等级应为 IP4X 或 IPXXD。

只有在下列的一种条件下才允许开启护壳（即开门、罩、盖板等）：

（1）必须使用钥匙或工具由熟练技术人员或见习员开启外壳；

（2）开启外壳之前先断电，由门与隔离器的连锁机构实现，只有隔离器断开后才能打开门，把门关闭后才能接通开关；

（3）只有当所有带电部分的防护等级至少为 IP2X 或 IPXXB 时，才允许不用钥匙或工具在不切断电源的情况下开启外壳。

6.2.3 用绝缘物防护带电部分

带电体应用绝缘物完全覆盖住，只有破坏性办法才能去掉绝缘层。在正常工作条件下绝缘物应能经得住机械的、化学的、电气的和热的应力作用。

油漆、清漆、喷漆和类似产品，不适于单独用作防护正常工作条件下的电击。

6.3 间接接触的防护

6.3.1 概述

间接接触防护用来预防带电部分与外露可导电部分之间万一绝缘失效时所产生的危险情况。

间接接触的防护采用下列措施：

（1）防止出现危险触摸电压；

（2）触及触摸电压可能造成危险之前自动切断电源。

6.3.2 防止出现危险触摸电压的措施

防止出现危险触摸电压有下列措施：

（1）采用Ⅱ类设备或等效绝缘；

（2）电气隔离；

（3）选择或设计电源系统。

Ⅱ类设备为设备的防触电保护不仅靠基本绝缘还具备双重绝缘或加强绝缘的附加安全措施。

6.3.3 用自动切断电源作防护

出现绝缘失效后，受其影响的任何电路的电源自动切断，用来防止来自触摸电压引起的危险情况。这种办法包括：

（1）把外露可导电部分连接到保护接地电路上；

（2）TN 或 TT 系统中，绝缘失效时用保护器件自动切断电源。

7　电气设备的防护

7.1　概述

电气设备应对下列各项进行防护：

（1）由于短路而引起的过电流；

（2）过载；

（3）失压或欠电压。

7.2　过电流保护

电气设备供方应在安装图上说明过电流保护器件的必要数据，如过电流保护器件的形式、特性、额定值和整定值。

机械电路中的电流如会超过元件的额定值或导线的载流能力，则应按下面的叙述配置过电流。

7.2.1　动力电路

每根带电导线应装设过电流检测和过电流断开器件。

7.2.2　控制电路

直接连接电源电压的控制电路和由控制电路变压器供电的电路，应配置过电流保护。

7.2.3　过电流保护器件

过电流保护器件应安装在受保护导线的电源引接处。

动力电路的过电流保护器件包括熔断器和断路器。

7.3　电动机的过载保护

额定功率大于0.5kW以上的电动机应配备电动机过载保护。

电动机的过载保护可以用过载保护器、温度传感器或电流限定器等器件来实现。

若过载是用切断电路的方法作为保护，则开关电器应断开所有通电导线，但中线除外。

7.4　对电源中断或电压降落随后复原的保护

如果电压降落或电源中断会引起危险情况、损坏机械或加工件，则应在预定的电压值下提供欠压保护。

应防止电压复原或引入电源接通后机械的自行重新启动，以免引起危险情况。

8　等电位接地

8.1　概述

大地是可导电的地层，其电位通常取为零。电力系统和电气装置的中性点、电气设备的外露导电部分及装置外导电部分通过导体与大地相连，称作接地。接地的目的是使可能触及的导电部分降到接近地电位，当产生电气故障时，即使这些导电部分带电，其电位与人体所处位置的大地电位基本接近，可降低触电的危险。接地是保证人身及设备安全的措施。

8.1.1 保护接地

为了防止人和牲畜触电，防止设备损坏而进行的接地。

保护接地通常将电气设备的外露可导电部分和电气设备的金属外壳接地；将非电气设备的导电部分如机械设备的外壳接地。

8.1.2 工作接地

为了电路或设备达到运行要求的接地，如变压器低电压中性点的接地。

工作接地的目的是为了尽量减少绝缘失效时对人体安全，工业机械或加工件所产生的后果；为尽量减小对灵敏电气设备工作干扰的后果。

8.1.3 等电位接地

等电位是将外露可导电部分、装置外可导电部分除自身的接地外相互间适当连接起来。即使有故障电流流过，人所能接触到的两个导体基本是等电位，避免触电的危险。

8.2 保护接地电路

8.2.1 概述

保护接地电路有下列部分组成：

（1）PE 端子；

（2）电气设备和机械的可导电结构部件；

（3）机械设备上的保护导线。

8.2.2 保护导线

应采用铜导线。在使用非铜质导体的场合，其单位长度电阻不应超过允许的铜导体单位长度电阻，并且它的截面积不应小于$16mm^2$。

8.2.3 保护接地电路的连续性

电气设备和机械的所有外露可导电部分都应连接到保护接地电路上。无论什么原因（如维修）拆移部件时，不应使余留部件的保护接地电路连续性中断。

金属软管、硬管和电缆护套不应用作保护导线。但这些金属导线管和护套自身也应连接到保护接地电路上。

电气设备安装在门、盖或面板上时，应确保其保护接地电路的连续性，并建议采用保护导线。

8.2.4 禁止开关电器接入保护接地电路

保护接地电路中不应接有开关或过电流保护器件（如熔断器），也不应接有这些器件的电流检测装置。

8.2.5 不必连接到保护接地电路上的零件

有些零件安装后不会构成危险，那么就不必把它的外露可导电部分连接到保护接地电路上，例如：

（1）不能大面积触摸到或不能用手握住和尺寸很小（小于 50mm ×50mm）的零件；

（2）位于不大可能接触带电部分的位置或绝缘不易于失效的零件。

这适用于螺钉、铳钉和铭牌等小零件，以及安装在电柜内的与尺寸大小无关的零件（如接触器或继电器的电磁铁、器件的机械部分）。

8.2.6　保护导线的连接点

所有保护导线应进行端子连接。每个保护导线接点都应有标记，采用⏚符号。另外，连接保护导线的接线端子可以用黄/绿组合双色标记。连接外部保护导线的端子用PE字母指明。

9　控制电路与控制功能

9.1　控制电路

9.1.1　控制电路电源

控制电路电源应由变压器供电。

用单一电动机启动器和不超过两只控制器件（如连锁装置、起/停控制台）的机械，不强制使用变压器。

9.1.2　控制电路电压

控制电压值应与控制电路的正确运行协调一致。当用变压器供电时，控制电路的额定电压不应超过277V。

9.2　控制功能

9.2.1　启动功能

启动功能应通过给有关电路通电来实现。

只有当安全防护装置全部就位并起作用后才能启动。

正确的启动顺序应通过连锁保证。

机械要求使用多控制站引发启动时：

每个控制站应有独立的手动操作的启动控制器件；

应满足机械运行要求的全部条件；

启动前，全部启动控制器件应处于断开位置。

9.2.2　停止功能

有下列三种类别的停止功能：

0类：通过立即切除机械致动机构的动力实现停机，是不可控停止；

1类：给机械制动机构施加动力去完成停车并在停车后切除动力，是可控停止；

2类：利用储留动能施加于机械制动机构的可控停止。

9.2.3　紧急操作功能

（1）概述。紧急操作包括下列单独的或组合的。

①紧急停止：要停止危险过程或危险运动的紧急操作，简称急停；

②紧急断开：要切断设备的全部或部分电源，避免电击危险或由电引起的其他危险的

紧急操作；

(2) 紧急停止。除上述停止功能的要求外，紧急停止功能还有下列要求：

①紧急停止功能应否定所有其他功能和所有工作方式的操作；

②尽快切除引起危险的机械致动机构的动力，且不引起其他危险；

③复位不应引发重新启动。

9.2.4 紧急开关

装置的任何部分，可能需要控制其电源以排除意外危险时，必须有紧急开关措施。

紧急开关必须置于可能直接作用于相关的电源线，其配置必须只有一个动作就能切断相关的电源。

9.2.5 启动与停止兼用的控制

启动和停止祝贺器件（如按钮和类似器件）交替控制运行的启动和停止，只能用在不会导致危险的情况。

9.2.6 电动机的控制

如果电动机再起动会引起危险，则电动机控制回路的设计必须防止电动机由于电压下降或失电而停机后的自动再启动。

9.3 连锁保护

9.3.1 连锁安全防护装置的复位

连锁安全防护装置的复位不应引发机械的运转和工作，以免发生危险情况。

9.3.2 超程限制

如果超程会发生危险的情况，则应配备位置传感器或限位开关引发适当的控制作用。

9.3.3 不同工作和相反运动间的连锁

机械控制元件的接触器、继电器和其他控制器件同时动作会带来危险时（例如启动相反运动），应进行连锁防止不正确的工作。

控制电动机换向的接触器应连锁，使得在正常使用中切换时不会发生短路。

10 控制板和安装在机械上的控制器件

10.1 位置和安装

为了适用，安装在机械上的控制器件应：

(1) 维修时易于接近；

(2) 安装得使由于物料搬运活动引起损坏的可能性减至最小。

手动控制器件的操动器应这样选择和安装：

(1) 操动器不低于维修台以上0.6m，并处于操作者在正常工作位置上易够得着的范围内；

(2) 使操作者进行操作时不会处于危险位置；

(3) 意外操作的可能性减至最小。

10.2　按钮颜色

按钮操动器的颜色代码应符合表4的要求。

表4　按钮操动器的颜色代码及其含义

颜色	含义	说明	应用示例
红	紧急	危险或紧急情况时操作	急停 紧急功能启动
黄	异常	异常情况时操作	干预制止异常情况 干预重新启动中断了的自动循环
绿	正常	启动正常情况时操作	
蓝	强制性的	要求强制动作的情况下操作	复位功能
白			启动/接通（优先） 停止/断开
灰	未赋予特定含义	除急停外的一般功能的启动	启动/接通 停止/断开
黑			启动/接通 停止/断开（优先）

按钮操动器颜色规定和标记如表5所示。

表5　按钮操动器颜色规定和标记

<table>
<tr><th>名称</th><th>应使用</th><th>优选</th><th>也允许</th><th>不允许</th><th>按钮标记</th></tr>
<tr><td>急停和紧急断开操动器</td><td colspan="2">红色</td><td></td><td></td><td></td></tr>
<tr><td>停止/断开操动器</td><td rowspan="4">白、灰、黑色</td><td>黑色</td><td>红色（但靠近紧急操作件则不允许）</td><td>绿色</td><td>○</td></tr>
<tr><td>起动/接通操动器</td><td>白色</td><td>绿色</td><td>红色</td><td>I</td></tr>
<tr><td>起动/接通与停止/断开交替操作的按钮，或称通/断按钮</td><td rowspan="2">白、灰、黑色</td><td rowspan="2"></td><td rowspan="2">红、黄、绿色</td><td>⦶</td></tr>
<tr><td>按动即运转而松开则停止的按钮</td><td>⊤⃝</td></tr>
<tr><td>复位按钮</td><td>蓝、白、灰、黑色</td><td></td><td></td><td></td><td></td></tr>
</table>

10.3 指示灯和显示器

10.3.1 使用方式

指示灯和显示器发出下列形式的信息。

指示信息：引起操作者注意或指示操作者完成某种任务。

确认信息：确定指令、状态或情况，或确认变化或转换周期的结束。

10.3.2 颜色

除非供方和用户另有协议，否则指示灯玻璃的颜色代码应根据机械的状态符合表6的要求。

表6 指示灯的颜色及其相对于机械状态的含义

颜色	含义	说明	操作者的动作
红	紧急	危险情况	立即动作去处理危险情况
黄	异常	异常情况 紧急临界情况	监视和（或）干预
绿	正常	正常情况	任选
蓝	强制性	指示操作者需要动作	强制性动作
白	无确定性质	其他情况	监视

10.4 急停器件

10.4.1 位置

急停器件应易接近；

急停器件应设置在各个操作控制站以及其他可能要求引发急停功能的位置。

10.4.2 形式

急停器件的形式包括：

——按钮操作开关；

——拉线操作开关；

——不带机械防护装置的脚踏开关。

它们应是自锁式的，并应强制（或直接）断开操作。

10.4.3 急停后正常功能的恢复

急停器件的操动器未经手动复位前应不可能恢复急停电路。如果在电路中设置几个急停器件，则在所有操动器复位前电路不应恢复。

10.4.4 操动器

急停器件的操动器应着红色。最接近操动器周围的衬托色则应着黄色。用按钮操作的急停器件的操动器应为掌揿式或蘑菇头式。

10.4.5 电源切断开关的本身操作实现急停

电源切断开关操作在下列情况下可起急停功能的作用：

——切断开关易于操作者接近；

——切断开关是10.4.2中所述的形式。

在这种使用条件下，电源切断开关应符合10.4.4的颜色要求。

11　控制设备：位置、安装和电柜

11.1 一般要求

所有控制设备的位置和安装应易于：

——接近和维修；

——防御外界影响和不限制机构的操作；

——机械及有关设备的操作和维修。

11.2　位置和安装

控制设备的所有元件的设置和排列应使得不用移动它们或其配线就能清除识别。对于为了正确运行而需要检验或需要易于更换的元件，应在不拆卸机械的其他设备或部件情况下就能得以进行（开门和卸罩盖除外）。

所有控制设备的安装都应易于从正面操作和维修。当需要专用工具拆卸器件时，应提供这些专用工具。为了常规维修或调整而需接近的有关器件，应安设于维修台以上0.4～2m。建议接线座至少在维修台以上0.2m，且使导线和电缆能容易连接其上。

除操作、指示、测量、冷却器件外，在门上和通常可拆卸的外壳孔盖上不应安装控制器件。

11.3　防护等级

控制设备应有足够的能力防止外界固体物和液体的侵入，并要考虑到机械运行时的外界影响，且应充分防止粉尘、冷却液和切屑。

控制设备的外壳的防护等级不应低于IP22。

下列为应用实例及由其外壳提供的典型的防护等级：

——仅装有电动机启动电阻和其他大型设备的通风电柜IP10；

——装有其他设备的通风电柜IP32；

——一般工业用电柜IP32，IP43，IP54（木工机械和人造板设备为IP54）；

——防细粉尘的电柜IP65。

11.4　电柜、门和通孔

制造电柜的材料能承受机械、化学和热应力以及正常工作中碰到的湿度影响。

建议电柜门适用垂直铰链，最好是提升拆卸形式，开角最小95°，门宽不超过0.9m。

外壳上所有通孔，包括通向地板或地基和通向机械其他部件的通孔，均应由供方封住以确保获得设备规定的防护等级。电缆的进口在现场应容易再打开。机械内部装有电器件的壁龛底面可提供适当的通孔，以便排出冷凝水。

12 导线和电缆

12.1 一般要求

导线和电缆的选择应适合工作条件（如电压、电流、电击防护等）和外界影响（如环境温度、存在水或腐蚀物质、燃烧危险和机械应力）。

12.2 导线

一般情况，导线应为铜质的。如果采用铝导线，截面积应至少为16mm²。

导线的分类见表7。1类导线主要用于固定的、不移动的部件之间的连线，也可用于极小弯曲的场合，条件是截面积小于0.5 mm²。易遭受频繁运动的所有导线，均应采用5或6类绞合软线。

表7 导线的分类

类别	说 明	用法/用途
1	铜或铝圆截面硬线，一般至少16 mm²	只用于无振动的固定安装
2	铜或铝最少股的绞芯线，一般大于25 mm²	
5	多股细铜绞合线	用于有振动机械的安装，连接移动部件
6	多股极细铜软线	用于频繁移动

12.3 绝缘

绝缘的类别包括（但不限于）：

——聚氯乙烯（PVC）；

——天然或合成橡胶；

——硅橡胶（SiR）；

——无机物；

——交联聚乙烯（XLPE）；

——丙烯橡胶（EPR）。

绝缘的介电强度应满足耐压试验的要求。对工作于电压高于50Va. c. 或120Vd. c. 的电缆，要经受至少2 000Va. c. 的持续5min的耐压试验。

12.4 汇流线、汇流排和汇流环

12.4.1 直接接触的防护

汇流线、汇流排和汇流环应这样的安装和防护，即当正常接近机械期间，通过采用下列一种保护措施将获得直接接触的防护：

——带电部分用绝缘防护，这是优先采用的措施；

——外壳和遮拦的防护等级至少为IP2X。

12.4.2 保护导体电路

如果汇流线、汇流排和汇流环作为保护接地电路一部分安装时，它们在正常工作时不应通过电流。因此保护导体（PE）和中性导体（N）应各自使用单独的汇流线、汇流排和汇流环。

12.4.3 汇流线、汇流排和汇流环的构造及安装

用于动力电路的和控制电路的汇流线、汇流排和汇流环应分开成组。

汇流线、汇流排和汇流环应能承受机械力和短路电流的热效应而不受损害。

13 配线技术

13.1 连接和布线

13.1.1 一般要求

所有连接，尤其是保护接地电路的连接应牢固，没有意外松脱的危险。

只有专门设计的端子，才允许一个端子连接两根或多根导线。但一个端子只应连接一根保护导线。

当器件或端子不具备端接多股芯线的条件时，应提供拢合绞心束的方法。不允许用焊锡来达到此目的。

13.1.2 导线和电缆敷设

导线和电缆的敷设应使两端子之间无接头或拼接点。

13.2 导线的标志

13.2.1 一般要求

导线应按照技术文件的要求在每个端部做出标记。

13.2.2 保护导线的标志

当只采用色标时，应在导线全长上采用黄/绿双色组合。保护导线的色标是绝对专用的。

13.2.3 中线的标志

如果电路包含有用颜色识别的中线，其颜色应为浅蓝色。

13.2.4 其他导线的标志

建议导线应使用下列颜色代码。

——黑色：交流和直流动力电路；

——红色：交流控制电路；

——蓝色：直流控制电路；

——橙色：有外部电源供电的连锁控制电路。

13.3 接线盒与其他线盒

用于配线目的的接线盒和其他线盒应易于接近和维修。这些线盒应有防护，防止固体和液体的侵入，并考虑机械在预期工作情况下的外部影响。

接线盒和其他线盒不应有敞开的不用的砂孔，也不应有其他开口，其结构应能隔绝灰尘、飞散物、油和冷却液之类的物质。

14 标记、警告标志和项目代号

14.1 概述

电气设备应标出供方名称、商标或其他识别符号，必要时还应标出认证标记。

警告标志、铭牌、标记和识别牌应经久耐用，经得住复杂的实际环境影响。

14.2 警告标志

不能清楚表明其中装有电气器件的外壳，都应标出黑边、黄底、黑色闪电符号。

警告标志应在外壳门或盖上清晰可见。

警告标志在下列情况可以省略：

——装有电源切断开关的外壳；

——人机接口或控制站；

——自带外壳的单一器件（如位置传感器）。

15 试验和检验

15.1 保护接地电路的连续性

试验方法：

——保护接地电路的连续性应通过引入来自 PELV（保安特底电压）电源的 50Hz 或 60Hz 的低电压、至少 10A 电流和至少 10s 时间的验证。该试验在 PE 端子和保护接地电路部件的有关点间进行。

——PE 端子和各测试点间的实测电压降不应超过表 8 规定的值。

表 8 保护接地电路连续性的检验

被测保护导线支路最小有效截面积/mm^2	最大的实测电压降（对应测试电流为 10A 的值）/V
1.0	3.3
1.5	2.6
2.5	1.9
4.0	1.4
>6.0	1.0

15.2 绝缘电阻检验

在动力电路导线和保护接地电路间施加500Vd.c.时测得的绝缘电阻不应小于1mΩ。

15.3 耐压试验

电气设备的所有电路导线和保护接地电路之间应经受至少1s时间的耐压试验。

试验电压应：

——具有2倍的电气设备额定电源电压值或1 000V，取其中的较大者；

——频率为50Hz或60Hz；

——由最小额定值为500VA的变压器供电。

我国现行标准在木工机械行业的应用

1　标准化基础知识

1.1　标准化的重要性

标准化是一门学科，同时又是一项管理技术，其应用范围几乎覆盖人类活动的一切领域。标准化是人类实践活动的产物，同时又是规范人类实践活动的有效工具，它通过制定和实施标准达到统一，以获得最佳秩序的社会效益，从而推动社会的发展和进步。人们对标准化的认识可以首先从它的产生和发展的历程来了解。

1.1.1　标准化的发展过程

人类的标准化活动一直伴随着人类的文明史的发展而发展。标准化的发展历程大致是从远古时代就潜在地、无意识地开始了。

随着生产力的发展以及计量器具和单位的出现引导和促使了古代标准化的进一步发展。秦始皇统一中国以后，用法律、政律对计量器具、文字、货币、道路、兵器等进行了全国规模的统一化，当时颁布的《工律》就规定“与器同物者，其大小短长广必等”，这样的律条实质上就是标准的规定，说明中国从秦开始，不但注意研究和使用标准化，也注意用法律手段保护和推进标准化。

到了北宋时代，毕昇于 1041 ~ 1048 年发明了活字印刷术，成功地利用了标准件、互换性、分解组合、重复性原理，成为那个时代最有代表性的标准化事例。

所有这些记载都表明在历史上，标准作为科学技术的基础，对社会的发展和进步起了重要的推动作用。

现代标准化是古代标准化的继承和发展，现代标准化是在大机器工业的基础上快速发展起来的。

现代大型工业生产的发展，需要标准化为其开辟前进的道路。其中最有代表性的事件发生在英国。一位叫斯开尔顿的英国钢铁制造商于 1895 年 1 月，在著名的《泰晤士报》上针对当时英国的桥梁设计师们不能采用统一的尺寸和重量标准设计桥梁，而使得钢铁厂不得不生产许多不必要的尺寸和规格的钢材的现状发表公开信，强烈呼吁设计师们改变这种不规则、不科学的做法。1900 年，他又把一份主张实行标准化的报告提交给英国铁业联合会，引起各方面的进一步重视。他的公开信和报告催生了世界上第一个国家标准化机构——英国工程标准委员会。在此之后不长的时间内，先后有 25 个国家成立了国家标准化组织，国家标准化组织有力地推动了全社会标准化活动的开展。全世界 150 多个国家和地区中已经有 100 多个建立了国家标准化组织。

1946 年当国际标准化组织（1SO）成立时，我国成为创始国之一。现在中国国家标准化管理局（对内称国家标准化管理委员会，英文缩写 SAC），代表我国在 ISO 和 IEC 两个国际标准化组织中开展工作。由于机械化大生产和科学技术的高度发展，客观上不仅对标准化提出了迫切的要求、积累了大量的经验，而且提供了系统的实验手段，从而使标准化进入了严格的以试验数据作依据、定量化的阶段，它使标准化的内容和作用都产生了质的飞跃。另外，现代工业的发展在组织分工、生产计划与实施、产品交流与贸易等方面都有了重大发展和进步。由此引发的全社会对标准化的需求更为强烈。在整个 20 世纪，标准化由最初的企业规模、国家规模，迅速发展为国际规模，标准化的领域不断扩大，制定标准的速度加快，特别是近几十年来随着关税与贸易总协定的确立，引发和推动了国际标准数量猛增，使积极采用国际标准制定本国标准已成为普遍趋势。标准化进入了国际的时代，成为推进技术进步，促进贸易发展，规范社会秩序的重要保证。

1.1.2 标准化的作用

标准化由于其涉及领域的广泛性、内容的科学性和制定程序的规范性使其在经济建设和社会发展中发挥了重要的作用。

1.1.2.1 标准化是生产社会化和管理现代化的重要技术基础

随着生产规模的扩大，科学技术的发展，专业化分工越来越细，生产协作越来越广，生产的社会化、集约化程度越来越高，要求产品各零部件、工程和服务各环节在技术和要求上实现高度的统一和协调。搞好标准化，便可以统一技术参数、统一要求、统一规范、统一程序，而通过对社会化大生产的统一协调，可为科学管理、信息传递提供技术保障。所以各发达国家为适应工业现代化的社会化生产的局面，早就开始有组织有计划地开展管理层面的标准化。通过制定和推行各种技术管理标准，来使企业和社会的技术活动简洁、科学和规范。

1.1.2.2 标准化是提高产品质量、保护人体健康、保障人身财产安全、维护消费者合法权益的重要手段

标准规定了各类产品，从原料、零部件、设备、系统直至整个产品的性能指标、技术要求，以及检测是否达到规定指标和要求的检验程序、规则和方法。因此，认真贯彻和实施标准是保证产品质量的前提。随着 ISO 9000 系列质量管理标准的推行，在生产组织、程序、管理方面通过标准化的文件要求和管理为产品的质量提供了保障。而各类标准对产品、工程、服务的主要质量性能和要求也做出了明确的规定，提供了衡量质量好坏的技术依据。

对于涉及人体健康、人身和财产安全的强制性的技术要求，工业发达国家还常常通过制定技术法规强制实施。在我国是通过制定和实施强制性标准来代替技术法规的，并通过行政手段强制执行，要求对不符合强制性标准的产品禁止生产、销售和进口。同时，我国还实施产品生产许可证、安全认证、国家监督抽查、安全监察等制度，引导督促企业实施标准。标准化成为保障国家和人民利益的有效手段。

1.1.2.3 标准化是发展市场经济，促进贸易交流的技术纽带

市场经济主体之间的各种商品交换和贸易往来，往往通过合同契约的形式来进行。在这些合同中，一般都是通过引用标准来约定质量的要求，并以此作为供需双方检测质量的依据。在国际贸易中，世界贸易组织已经形成了一套国际贸易规则，其中贸易技术壁垒协定，技术法规、标准，合格评定都有明确的规定。如果各方都按照规定执行同样的要求，

就可以消除贸易中的技术壁垒。因此，我们可以运用标准化手段，发展市场经济，促进国际贸易，维护国家利益。

标准化也是引进技术的重要因素，不论引进成套设备，还是引进先进技术，在提出引进项目的技术要求之前，就要认真地研究和分析与引进项目有关的标准，考查相应标准与我国现行标准的兼容性和差别，并把它作为应权衡的各种重要因素之一。

标准化在发展对外贸易过程中的作用是十分明显的。当前国际贸易竞争十分激烈，特别是我国已经加入 WTO，产品标准的先进与否将成为能否保住国内市场、占领国际市场的重要因素。如果我们不重视采用国际标准和国外先进标准，必将在国际上受到排挤。

1.1.2.4 标准化是构架现代技术发展的平台和通道，也是现代技术竞争的关键

标准化作为人类社会的一种特定活动，已经从过去主要解决产品零部件的通用和互换问题，正在更多地与知识经济和高新技术结合起来，成为现代技术发展的平台和通道，技术标准已经成为产业特别是高技术产业竞争的关键。一定意义上来说，技术标准的竞争，是对未来产品、未来市场和国家经济利益的竞争。正因为如此，技术标准越来越成为产业竞争的制高点。

今天，对于高新技术产业来说，经济效益更多地取决于技术创新和知识产权，技术标准逐渐成为专利技术追求的最高体现形式。

1.1.2.5 标准化是合理利用资源、节约能源的重要手段

我同人口众多、自然资源贫乏。合理利用自然资源和节约能源是我国一项长期的重要的技术经济政策，而标准化也是实现这一政策的重要手段。

1.1.3 展望标准化的来来

当前世界已经进入了知识经济快速发展的阶段，高新技术的发展、信息时代的到来极大地推动了标准化的发展。我国随着改革开放进一步的发展，经济实力大大增强，国际贸易迅速增加，高新技术、自主知识产权的新技术都在快速发展，我国已经成为世界大家庭中不可缺少的重要一员。在这种背景下，标准化就成为保证产品质量、沟通技术发展、促进国际贸易的重要手段，这种现实对标准化未来的发展产生了重大影响。

1.1.3.1 经济发展的国际化趋势，把标准的国际化问题提到了每个国家的日程

国际贸易的发展，尤其是世界贸易组织的建立，成为标准国际化的强大推进器。在1979年签订的《技术性贸易壁垒协定》中规定：在一切需要有技术法规和标准的地方，当已经有国际标准和相应的国际标准即将制定出来时，参加国应以这些国际的技术法规或标准的有关部分，作为制定本国技术法规和标准的依据。这一国际准则的确立，不仅促使国际标准化活动出现了空前活跃的局面，而且使全世界都认识到采用国际标准是商品进入国际市场的有力竞争武器，并成为一种世界潮流。

1.1.3.2 在信息技术的支持下，标准化工作模式将会发生巨大变化

科学技术的发展，传统的工业经济将逐步让位于信息经济、知识经济，传统的以工业生产为中心的标准化活动必将发生重大变革。未来的发展趋势是企业的组织形式和生产方式的柔性化，这就必须重新开辟标准化的领域，来适应这种新的生产方式的要求。从工业经济到信息经济、知识经济是划时代的转变，是社会经济技术发展的质的飞跃。一系列高新技术产业的出现，层出不穷的新产品，以及为适应市场需求而采取的全新的产品开发方式和生产组织形式，尤其是信息技术和计算机的迅速普及和广泛应用，都将促使传统的工

业标准化发生迅速改变。

新材料的开发对新技术发展起着支撑作用。此外，办公自动化的普及，柔性制造系统的应用，计算机辅助设计（CAD）、计算机辅助工程（CAE）、计算机辅助制造（CAM）、计算机辅助管理（CAPC）等现代化管理技术的广泛应用，也都将提出一系列紧迫的标准化课题。

可以预期在不远的将来，在信息技术的支持下标准化工作模式将会有巨大的变化。

1.1.3.3 在未来的社会发展中标准化将发挥重大作用

由于标准化工作的特点和方式决定了在未来的信息化社会、知识经济社会将有更多更难解决的问题需要通过标准化活动来解决。例如，在计算机技术和通信技术结合的基础上信息网络已经进入千家万户；保护环境提高人的生活质量；实现经济和社会的协调发展；以人为本，以社会的可持续发展为方向，大力开展和推进工效学、能源及资源等重要领域的标准化等等。标准化已成为为保护环境和提高人的生存质量提供科学合理手段的技术依据，必将在未来的社会中发挥重大作用

1.2 标准及标准化基本概念

标准化是人类在长期生产实践过程中逐渐摸索和创立起来的一门科学，也是一门重要的应用技术。随着社会的发展，标准化的对象、内容、工作方式也在不断地补充和变化。为了更好地从事标准化活动，人们都试图在标准化基本概念和理论的研究上有所突破，如1934年约翰·盖拉德撰写的《工业标准化原理与应用》、日本人松浦四郎的《工业标准化原理》、英国桑德斯的《标准化的目的与原则》，以及我国标准化专家李春田主编的《标准化概论》等都对标准及标准化的概念和内涵作了说明。

1.2.1 标准

标准的概念是：为了在一定的范围内获得最佳秩序，一致制定并由公认机构批准，共同使用的和重复使用的规范性文件。标准宜以科学、技术和经验的综合成果为基础，以促进最佳的共同效益为目的。

围绕以上定义和注解，我们对标准的内涵可以归纳为以下几点：

一是标准的出发点是为在一定范围内获得最佳秩序。这里的最佳秩序是就整体或全局而言的，不同级别的标准，其所对应的整体或全局的范围亦不相同。

二是标准是对活动或其结果规定共同的和重复使用的规则、导则或特性的文件。标准源于实践，高于实践，又必须回到实践中去指导实践才能发挥作用，才能得到检验和进一步发展。因此，只有具有共同的和重复使用特性的事物和概念，才能把以往的经验加以积累，才有制定标准的可能和必要。标准制定、修订的过程就是人类实践经验不断积累与不断深化的过程。

三是标准的本质特征是统一。标准的作用是在一定范围内共同使用。不同级别的标准是在不同范围内进行统一，共同使用是指不同类型的标准是从不同角度、不同侧面进行统一。不需要统一的客观事物，没有必要制定标准。

四是标准是以科学、技术和经验的综合成果为基础并经协商一致制定。标准的社会功能是固化和推广社会已积累的科学、技术和经验的综合成果，促进科学技术水平的进一步提高和生产的进一步发展。因此，标准所固化的内容应符合客观规律和具有普遍性。协商

一致必须以科学技术和实践经验的综合成果为依据，同时又促进标准更具有科学性、普遍性和权威性。标准的基础越扎实、牢固，标准越具有群众性、实践性和权威性。

五是标准必须经一个公认机构的批准。这旨在保证标准的质量和权威性。

所有的标准都应满足以下要求：

标准要有一定的科学性；

制定标准的目的是为了促进生产、加强管理、发展贸易、扩大交流；

制定、使用标准的动力是谋求利益的共同性；

标准的内容涉及的是技术（某些标准中也涉及一些管理性条款，但这些条款也是与技术条款配合使用的）；

标准要具备统一的格式；

标准必须由专家组成的技术委员会起草或审定；

标准必须经过特定的程序产生，这些程序一定要体现出充分的协商一致性；

标准必须经权威部门审批发布；

为了保障标准的科学性和实用性，标准要实施一系列的动态管理。

1.2.2 标准化

标准化的概念是为了在一定范围内获得最佳秩序，对现实问题或潜在问题制定共同使用和重复使用的条款的活动。上述活动主要包括编制、发布和实施标准的过程。标准化的主要作用在于为了其预期目的改进产品、过程和服务的适用性，防止贸易壁垒，并促进技术合作。

通过对标准化定义的理解和分析有以下要点需要注意：

一是标准化是在一定范围内的活动。因此，标准化按照范围可分为：国际标准化（所有国家有关机构都参加的标准化）、区域标准化（仅世界某个地理、政治或经济区域内的同家有关机构可参与的标准化）、国家标准化（在国家一级进行的标准化）和地方标准化（在一个国家的地区一级进行的标准化），还可分为行业标准化和企业标准化。

二是标准化不是孤立事物，而是活动的过程，即主要是制定标准、贯彻标准、修订标准的过程。这个过程不是一次就完结，而是不断循环、螺旋上升的过程。每完成一个循环，标准水平就提高一步。标准化的活动过程也体现了标准化的基本任务。

三是标准化的效果，只有当标准在社会实践中实施以后，才能表现出来。因此，在标准化活动中贯彻标准是重要环节。

四是由于近年来科学技术飞速发展和市场竞争日益激烈，产品和服务向多样化方向发展。以往那种单一品种大批量生产方式的标准化活动已不适于当今社会。因此，标准化的重要意义还在于改进产品、过程和服务的适用性。同时，经济全球化的发展趋势，要求在国际贸易中采用国际标准，作为消除贸易壁垒，促进技术进步的一种手段。

五是标准化不仅是对实际问题，也对潜在问题制定共同使用和重复使用的规则，以在一定范围内获得最佳秩序。这就要求认真开展标准化的学术研究，使标准化工作有前瞻性。

1.2.3 标准化对象

标准化对象是“需要标准化的主题”。这里提到的“主题”是指“产品、过程或服务”，含有对标准化对象的广义理解。

这里的“产品”可以是系统、分系统、设备、制造零部件、元器件、原材料。

这里的“过程”可以是管理，如质量管理；可以是实践，如环境试验；也可以是工程过程，如可靠性工程。

这里的“服务”除了生产服务之外，更包括信息服务、邮电服务、金融服务等。

1.2.4 标准化原理

标准化原理是标准化活动规律和本质的理论概括。本文重点介绍标准化工作最基本的、具有普遍指导意义的互换性原理及卡柯特原理。

1.2.4.1 互换性原理

互换性原理是指当若干产品的几何特性和功能特性相同或差异控制在允许的范围内，这些产品可以互相代替。

这里的几何特征主要指产品本身的结构形状、外形尺寸、安装尺寸等具有几何学意义的特性；功能特性主要是指产品的速度、功率、精度和对外输出的能力、对外界环境适应性。互换性原理不仅仅是组织工业产品成批生产的依据，也是指导原始的、传统的标准化工作的准则，如公差配合等标准制定的基础和依据就是互换性原理。更重要的是，它是以前曾作为原理和方法来阐述的简化及统一化、通用化、系列化、组合化和模块化的基础。

1.2.4.2 卡柯特原理

卡柯特原理是指产品的加工成本与其生产数量和批次成反比。因此，标准化应促使产品生产和其他标准化对象呈现尽可能多次的重复，以降低成本。

实践经验证明，人们重复进行一项工作时，第一次付出的代价最高，以后重复进行时，代价逐渐减少，最后趋于一个最小的极限值。这是因为一次工作时，要进行许多正式操作前的准备工作，即要付出准备时间和准备工作有关的成本，而且首次操作技术也最不熟练。随着加工批量的增加，摊到每个零件上的准备工作时间和成本也就不断降低，而且技术也会越来越熟练，效率不断提高，这些都会导致成本不断降低。这个规律是1939年法国标准协会主席艾伯特·卡柯特首先提出的，称为卡柯特原理。卡柯特原理针对标准化对象是重复性事物，强调了重复次数和成本的关系，是指导标准化工作的一项最具普遍性和基础性的规律。所以我们进行产品品种简化和统一化工作时除考虑互换性原理外，更重要的是为了增加同一品种的数量以降低成本。生产批量的增加可以促进加工方法的改进，有利于采用先进、高效的加工方法，从而使生产成本大大降低。

标准化实践是标准化理论的源泉。随着标准化实践的发展和深化，新的标准化理论必将丰富或取代行将过时的理论。社会主义市场经济的建立，国际经济一体化的发展趋势，信息技术的快速发展和广泛应用，都给标准化开拓了广阔的发展空间。同时要求相应的理论指导，这是21世纪标准化理论建设面临的新挑战。

1.2.5 标准的适用性

标准的适用性是指标准制定的目的，也是评价标准的指标，是目前大家十分关注的问题，所谓标准的适用性是指：“产品、过程或服务在具体条件下适合规定用途的能力。”它特别强调了标准为了解决这一问题，必须强调以下几个方面：

（1）标准制定必须要有明确的目的性；

（2）标准制定必须符合有关的法律法规；

（3）标准内容要与相关的国家标准相协调；

（4）标准内容应符合制定标准的三个原则，即必须满足目的性、性能特性和可验证性原则的要求；

（5）标准应贴近市场需求并及时修订；

（6）标准内容要积极采用国际标准，使其达到更广泛的适用性；

（7）标准的制定要和技术的进步相匹配，使标准成为推动技术进步的有力武器。

特别是随着市场经济和科学技术的快速发展，人们对于标准的适用性提出了更高的要求。要考虑标准是否满足生产的需要，标准是否贴近市场的需求，标准是否适当地采用了先进技术，标准是否通过社会多方参与和广泛协商等。

1.3 标准的分级与分类

1.3.1 标准的分级

按照标准的作用范围划分为不同层次的分级。按照这种方法，可以将标准划分为国际标准、区域标准、国家标准、行业（专业、协会和部门）标准、地方标准和企业标准。

国际标准是适用于世界范围的标准，主要由国际标准化组织（ISO）、国际电工委员会（IEC）、国际电信联盟（ITU）所制定的标准，以及被国际标准化组织确认并公布的其他国际组织所制定的标准。

区域标准是世界某个地理、政治或经济区域内国家的有关机构，为发展本地区经济，维护该地区国家的利益，协调各国标准，推行统一的认证制度而通过并公开发行的标准。例如，欧洲标准化委员会（CEN）所制定的欧洲标准（EN）就是区域标准。

国家标准是适用于一个国家行政区域内的标准，由主权国家标准化组织（官方、非官方或半官方）对需在本国范围内统一的对象制定的标准。

协会标准或行业标准是指行业协会、专业学会等非官方组织或政府主管部门对行业范围内需要统一的对象制定的标准。

地方标准是在国家的某个省或州，对需在该地区范围内统一的对象制定的标准。地方标准是在没有国家标准和行业标准时，在该地区有效的标准。

企业标准是指企业所制定的标准，用以规范该企业的各项业务活动。

1.3.2 我国标准的分级

按照《中华人民共和国标准化法》的规定，我国的标准分为四级：国家标准、行业标准、地方标准和企业标准。

国家标准是对全国经济技术发展有重大意义，必须在全国范围内统一的技术要求。国家标准一经发布，与其重复的行业标准、地方标准相应废止，国家标准是四级标准体系中的主体。

国家标准的内容包括：

（1）互换配合、通用技术语言要求；

（2）保障人体健康和人身、财产安全的技术要求；

（3）基本原料、材料的技术要求；

（4）通用基础件的技术要求；

（5）通用试验、检验方法；

（6）通用的管理技术要求；

（7）工程建设的重要技术要求；

（8）国家需要控制的其他重要产品的技术要求。

国家标准由国务院标准化行政主管部门编制计划，组织草拟，统一审批、编号、发布。工程建设、药品，食品卫生、兽药、环境保护的国家标准，分别由国务院工程建设主管部门、卫生主管部门、农业主管部门、环境保护主管部门组织草拟、审批；其编号、发布办法由国务院标准行政主管部门会同国务院有关行政主管部门制定。

对没有国家标准而又需要在全国某个行业范围内统一的技术要求，可以制定行业标准。行业标准由国务院有关行政主管部门制定，并报国务院标准化行政主管部门备案，在公布国家标准之后，该项行业标准即行废止。

对没有国家标准和行业标准而又需要在省、自治区、直辖市统一的工业产品的安全、卫生要求，可以制定地方标准。地方标准由省、自治区、直辖市标准化行政主管部门制定，并报国务院标准化行政主管部门和国务院有关行政主管部门备案。在公布国家标准或者行业标准之后，该项地方标准即行废止。

企业标准是指企业所制定的产品标准和企业内需要协调、统一的技术要求和管理、工作要求所制定的标准。企业生产的产品没有国家标准、行业标准和地方标准的应当制定企业标准，作为组织生产的依据。国家鼓励企业制定严于国家标准、行业标准或地方标准的企业标准，在企业内部使用。

1.3.3 标准的分类

标准分类的目的是为了研究各类标准的特点以及相互间的区别和联系，使之形成完整、协调的标准系统。随着科学技术的进步和社会化大生产的发展，标准应用的领域日益拓宽，因此需要按不同的目的和划分依据对标准进行分类。最常见的分类方法有两种。

1.3.3.1 按标准的属性分

按标准的属性分，我国标准分为强制性标准与推荐性标准。

按我国标准化法规定，保障人体健康，人身、财产安全的标准及法律和行政法规规定强制执行的标准是强制性标准；省、自治区、直辖市标准化行政主管部门制定的工业产品的安全、卫生要求的地方标准，在本行政区域内是强制性标准；其他标准是推荐性标准。强制性标准必须执行，不符合强制性标准的产品，禁止生产、销售和进口。国家鼓励企业自愿采用推荐性标准。

1.3.3.2 按标准的作用分

按标准的作用可分为基础标准、产品标准、方法标准、管理标准、卫生标准、安全标准、环境标准等。

2 标准化工作法律依据

2.1 标准化法的概念

2.1.1 标准化法的概述

标准化法有狭义和广义之分。狭义的标准化法，仅指标准化法典；广义的标准化法，则是指调整在标准化过程中发生的社会关系的法律规范的总称，包括标准化方面的法律、法规、规章及有关法律、法规引用或规定的强制性标准等。标准化法的含义通常应从广义理解。

2.1.2 标准化法的渊源

2.1.2.1 国内法渊源

（1）宪法。我国现行宪法中没有标准化方面的直接内容，但作为科技法的一部分，宪法中关于科技法的内容也适用于标准化工作。

（2）标准化法典。我国现行标准化法典是《中华人民共和国标准化法》（以下简称《标准化法》），由第七届全国人民代表大会常务委员会第五次会议于 1988 年 12 月 29 日通过，自 1989 年 4 月 1 日起施行。它是我国标准化法律的主要渊源。

（3）有关法律规定。指全国人大第七届常委会制定的其他法律中有关标准化的规定，如《中华人民共和国海洋环境保护法》《中华人民共和国大气污染防治法》《中华人民共和国水污染防治法》《中华人民共和国食品卫生法》《中华人民共和国药品管理法》等法律中都有标准化工作的规定。

（4）行政法规。指国务院颁布的有关标准化的规范性文件，如《中华人民共和国标准化法实施条例》。

（5）地方性法规。指地方人民代表大会及其常务委员会颁布的有关标准化的规范性文件，如《山东省实施〈中华人民共和国标准化法〉办法（修正）》等。

（6）部门规章和地方政府规章。国务院标准化主管部门、其他部门以及地方政府颁布的标准化方面的规范性文件、部门规章，如《国家标准管理办法》《行业标准管理办法》《地方标准管理办法》《企业标准化管理办法》《采用国际标准管理办法》《环境标准管理办法》等。

2.1.2.2 国际法渊源

我国缔结或参加的国际法规范性文件中有大量标准化方面的内容，成为我国标准化法的渊源，如 WTO/TBT（《技术性贸易壁垒协定》）。鉴于现代科技和贸易的发展呈全球化趋势，国际条约在标准化法律方面将会越来越占据重要位置。

2.2 标准化法的内容

2.2.1 目的、任务、范围、管理体制

2.2.1.1 《标准化法》的目的

《标准化法》第一条规定了本法制定的目的，是发展社会主义商品经济，促进技术进步，改进产品质量，提高社会经济效益，维护国家和人民的利益，使标准化工作适应社会主义现代化建设和发展对外经济关系的需要。

2.2.1.2 《标准化法》的任务

《标准化法》第三条规定了标准化工作的任务组织实施标准和对标准的实施进行监督。

2.2.1.3 标准制定范围是制定标准

需要统一的技术要求应当制定标准，包括工业产品的品种规格、质量、等级或者安全、卫生要求；工业产品的设计、生产检验、包装、储存、运输、使用的方法或者生产、储存、运输过程中的安全、卫生要求；有关环境保护的各项技术要求和检验方法；建设工程的设计、施工方法和安全要求；有关工业生产、工程建设和环境保护的技术术语、符号、代号和制图方法等，以及农业（含林业、牧业、渔业，下同）产品（含种子、种苗、种畜、种禽）的品种、规格、质量、等级、检验、包装、储存、运输以及生产技术、管理技术的要求和信息、能源、资源、交通运输的技术要求。

2.2.1.4 标准化管理体制

国家采用统一管理与分工管理相结合的标准化管理体制。

（1）国务院标准化行政主管部门统一管理全国标准化工作，包括组织贯彻国家有关标准化工作的法律、行政法规、方针、政策；组织制定全国标准化工作规划、计划；组织制定国家标准；指导国务院有关行政主管部门和省、自治区、直辖市人民政府标准化行政主管部门的标准化工作，协调和处理有关标准化工作问题；组织实施标准；对标准的实施情况进行监督检查；统一管理全国的产品质量认证工作；统一负责对有关国际标准化组织的业务联系。

（2）国务院有关行政主管部门分工管理本部门、本行业的标准化工作，包括贯彻国家标准化工作的法律、行政法规、规章、方针、政策，并制定在本部门、本行业实施的具体办法；制定本部门、本行业的标准化工作规划、计划；承担国家下达的草拟国家标准的任务，组织制定行业标准；指导省、自治区、直辖市有关行政主管部门的标准化工作；组织本部门、本行业实施标准；对标准实施情况进行监督检查；经国务院标准化行政主管部门授权，分工管理本行业的产品质量认证工作。

（3）省、自治区、直辖市标准化行政主管部门统一管理本行政区域的标准化工作。贯彻国家标准化工作的法律、行政法规、规章、方针、政策，并制定在本行政区域实施的具体办法；制定地方标准化工作规划、计划；组织制定地方标准；指导本行政区域有关行政主管部门的标准化工作，协调和处理有关标准化工作问题；在本行政区域组织实施标准；对标准实施情况进行监督检查。

（4）省、自治区、直辖市政府有关行政主管部门管理本行政区域内，本部门、本行业的标准化工作。贯彻国家和本部门、本行业、本行政区域标准化工作的法律、法规、规章、方针、政策，并制定实施的具体办法；制定本行政区域内，本部门、本行业的标准化工作规划、计划；承担省、自治区、直辖市人民政府下达的草拟地方标准的任务；在本行政区域内组织本部门、本行业实施标准；对标准实施情况进行监督检查。

（5）市、县标准化行政主管部门和有关行政主管部门，按照省、自治区、直辖市政府规定的各自的职责，管理本行政区域内的标准化工作。

2.2.2 标准的制定

2.2.2.1 原则

《标准化法》对标准的制定原则有明确的规定：

（1）制定标准应当有利于保障安全和人民的身体健康，保护消费者的利益，保护环境；

（2）制定标准应当有利于合理利用国家资源，推广科学技术成果，提高经济效益，并符合使用要求，产品的通用互换，做到技术上先进，经济上合理；

（3）制定标准应当做到有关标准的协调配套；

（4）制定标准应当有利于促进经济技术合作和对外贸易。

2.2.2.2 体系

《标准化法》规定的我国标准体系由作为主体的国家标准和作为补充的行业标准、地方标准和企业标准构成。

（1）国家标准是由国务院标准化行政主管部门编制计划、组织草拟、统一审批、编号、发布的在全国范围内统一使用的技术要求。其中，药品、兽药的国家标准，分别由国务院卫生主管部门、农业主管部门审批编号、发布；食品卫生、环境保护国家标准分别由卫生主管部门、环境保护主管部门审批，国务院标准化行政主管部门编号、发布；工程建设国家标准，由工程建设主管部门审批，出国务院标准化行政主管部门统一编号，由国务院标准化行政主管部门和工程建设主管部门联合发布。

（2）行业标准是由国务院有关行政主管部门编制计划，组织草拟，统一审批、编号、发布，并报国务院标准化行政主管部门备案的，没有国家标准而又需要在全国某个行业范围内统一的技术要求。制定行业标准的项目由国务院标准化行政主管部门确定的行业标准主管部门确定。行业标准在相应的国家标准实施后，自行废止。

（3）地方标准是由省、自治区、直辖市人民政府标准化行政主管部门编制计划，组织草拟，统一审批、编号、发布，并报国务院标准化行政主管部门和国务院有关行政主管部门备案的，没有国家标准和行业标准而又需要在省、自治区、直辖市范围内统一的工业产品的安全、卫生要求。制定地方标准的项目，由省、自治区，直辖市人民政府标准化行政主管部门确定。法律、行政法规对地方标准的制定另有规定的，依照法律的规定执行。地方标准在相应的国家标准或行业标准实施后，自行废止。

（4）企业标准是企业生产的产品没有国家标准、行业标准和地方标准，而由企业组织制定，或者是已有国家标准、行业标准或地方标准，而由企业制定的严于国家标准、行业标准或地方标准在企业内部适用，作为生产依据的技术要求。企业产品标准要求按省、自治区、直辖市人民政府的规定备案。

企业生产的产品，必须执行相应的标准，即有国家标准、行业标准或地方标准的，必须执行；没有国家标准、行业标准或地方标准的，应当制定企业标准作为组织生产的依据。组织生产依据的标准，除合同另有规定的外，应是交货和监督检查所依据的标准。

2.2.2.3 效力

《标准化法》中标准的效力可以从两个角度进行考察。

（1）前述国家标准、行业标准、地方标准和企业标准按照降序，其法律效力构成由高到低的阶梯。

（2）国家标准、行业标准和地方标准都有强制性标准与推荐性标准之分。

①强制性标准。保障人体健康，人身、财产安全的标准和法律、行政法规规定强制执行的标准是强制性标准，省、自治区、直辖市标准化行政主管部门制定的工业产品的安全、卫生要求的地方标准，在本行政区域内是强制性标准。

②推荐性标准。强制性标准以外的标准是推荐性标准，国家标准、行业标准和地方标准中都可以有推荐性标准，对于其效力，《标准化法》第十四条规定国家鼓励企业自愿采用。但由《标准化法》第六条规定的标准制定序位来看，对于某一技术要求，没有国家标准方可制定行业标准，没有国家标准和行业标准方可制定地方标准，关于该技术要求的

国家标准公布之后原行业标准即行废止，关于该技术要求的国家标准或者行业标准公布之后原地方标准即行废止，说明推荐性标准之间也是有效力位阶的。而企业标准的制定见于两种情况：一是在没有国家标准、行业标准和地方标准的情况下应当制定；二是已有国家标准、行业标准或地方标准的，可以制定严于国家标准、行业标准或地方标准的企业标准，在企业内部适用。另根据国务院《标准化法实施条例》第三十二条，企业未按规定制定标准或未按规定要求将产品标准上报备案的（即通常所说的“无标生产”），都要承担法律责任。

2.2.2.4　主体

国家标准、行业标准和地方标准分别由国务院标准化行政主管部门、国务院行业行政主管部门、省级地方政府部门组织由用户、生产单位、行业协会、科学技术研究机构、技术检验机构、学术团体及有关部门的专家组成的标准化技术委员会，负责标准的草拟，参加标准草案的审查工作。企业标准由企业组织制定。

标准实施后，为了保证其适用性，制定标准的部门应当根据科学技术的发展和经济建设的需要适时进行复审，以确认现行标准继续有效或者予以修订、废止。标准复审周期一般不超过 5 年。

2.2.3　标准的实施

2.2.3.1　标准实施的方式

我国的标准作为技术依据在传统上是具有法律效力的，也即在性质上属于法律规范，但现行《标准化法》按照标准是否为强制性标准，实施的方式不同。

（1）对于强制性标准，任何单位和个人从事科研、生产、经营，包括企业研制新产品、改进产品和进行技术改造，都必须严格执行。在国内销售的一切产品（包括配套设备）不符合强制性标准要求的，不准生产和销售；不符合强制性标准要求的产品（包括配套设备），不准进口。

（2）推荐性标准，企业自愿采用，国家采取优惠措施予以鼓励。但推荐性标准一旦纳入指令性文件，将具有相应的行政约束力。

（3）对于出口产品的技术要求，则有不同于上的规定：只要不是单独制定出口标准，合同要求可以用我国的标准、进口国标准、第三国的标准或国际标准，也可以是其他技术要求。

（4）企业研制新产品、改进产品和进行技术改造，应当符合标准化要求。

2.2.3.2　产品质量认证制度

为了促进标准的实施我国实行产品质量认证制度，企业对有国家标准或者行业标准的产品，可以向国务院标准化行政主管部门或者国务院标准化行政主管部门授权的部门申请产品质量认证，即依据国家标准或行业标准，经认证机构确认证明某一产品符合相应标准和要求，包括合格认证和安全认证。认证合格的，由认证部门授予认证证书，准许在产品或者其包装上使用规定的认证标志。已取得认证证书的产品不符合国家标准或者行业标准的，以及产品未经认证或者认证不合格的，不得使用认证标志出厂销售。

2.2.3.3　实施监督

（1）行政监督县级以上政府标准化行政主管部门负责对标准实施进行监督：

①国务院标准化行政主管部门统一负责全国标准实施的监督。国务院有关行政主管部

门负责本部门、本行业的标准实施的监督，可以根据需要和国家有关规定设立检验机构。

②省、自治区、直辖市标准化行政主管部门统一负责本行政区域内的标准实施的监督。省、自治区、直辖市人民政府有关行政主管部门分工负责本行政区域内，本部门、本行业的标准实施的监督。

③市、县标准化行政主管部门和有关行政主管部门，按照省、自治区、直辖市人民政府规定的各自的职责，负责本行政区域内的标准实施的监督。

（2）技术监督。县级以上政府标准化行政主管部门，可以根据需要设置检验机构，或者授权其他单位的检验机构，对产品是否符合标准进行检验和承担其他标准实施的监督检验任务；其检验数据，作为处理有关产品是否符合标准的争议的依据。国家检验机构由国务院标准化行政主管部门会同国务院有关行政主管部门规划、审查。地方检验机构由省、自治区、直辖市人民政府标准化行政主管部门会同省级有关行政主管部门规划、审查。

（3）社会监督。国家机关、社会团体、企事业单位及全体公民均有权检举，揭发违反强制性标准的行为。

2.2.4 法律责任

2.2.4.1 民事责任

行政相对人因违反《标准化法》而受到处罚，不能免除由此产生的对他人的损害赔偿责任，受到损害的人有权要求责任人赔偿损失。

2.2.4.2 行政责任

（1）行政主体责任。标准化工作的监督、检验、管理人员有下列违法失职行为之一的，由有关主管部门给予行政处分：

①违反本条例规定，工作失误，造成损失的；

②伪造、篡改检验数据的；

③徇私舞弊、滥用职权、索贿受贿的。

（2）行政相对人责任。

①一般标准责任。有下列情形之一的，由标准化行政主管部门或有关行政主管部门在各自的职权范围内责令限期改进，并可通报批评或给予责任者行政处分：企业未按规定制定标准作为组织生产依据的；企业未按规定要求将产品标准上报备案的；企业的产品未按规定附有标识或与其标识不符的；企业研制新产品、改进产品和进行技术改造，不符合标准化要求的。

②强制性标准责任。生产、销售、进口不符合强制性标准的产品的，由法律、行政法规规定的行政主管部门依法处理，如违反有强制性标准内容的《药品管理法》《食品卫生法》《环境保护法》等，分别由药品管理部门、卫生部门和环保部门等行政主管部门做出责令停止生产、行政处分等处理，或由县级以上政府标准化行政主管部门或工商行政管理部门依职权做出其他行政处罚。

生产不符合强制性标准的产品的，应当责令其停止生产，并没收产品，监督销毁或作必要技术处理；处以该批产品货值金额20% ~50%的罚款；对有关责任者处以5 000元以下罚款。

销售不符合强制性标准的商品的，应当责令其停止销售，并限期追回已售出的商品，监督销毁或作必要技术处理；没收违法所得；处以该批商品货值金额10% ~20%的罚款；对有关责任者处以5 000元以下罚款。

进口不符合强制性标准的产品的，应当封存并没收该产品，监督销毁或作必要技术处理；处以进口产品货值金额20% ~50%的罚款；对有关责任者给予行政处分，并可处以5 000元以下罚款。

科研、设计、生产中违反有关强制性标准规定的，责令限期改进，并可通报批评或给予责任者行政处分。

③认证责任。县级以上标准化行政主管部门对已经授予认证证书的产品不符合国家标准或者行业标准而使用认证标志出厂销售的，责令停止销售，并处以违法所得2倍以下的罚款；情节严重的，由认证部门撤销其认证证书。对产品未经认证或者认证不合格而擅自使用认证标志出厂销售的，责令停止销售，处以违法所得3倍以下的罚款，并对单位负责人处以5 000元以下罚款。

④履行处罚责任。当事人逾期不申请复议或者不向人民法院起诉又不履行处罚决定的，由做出处罚决定的机关申请人民法院强制执行。

2.2.4.3 刑事责任

（1）生产、销售、进口不符合强制性标准的产品，造成严重后果构成犯罪的，对直接责任人员依法追究刑事责任。

（2）标准化工作的监督、检验、管理人员有下列行为之一构成犯罪的，由司法机关依法追究刑事责任：

①违反本条例规定工作失误，造成损失的；

②伪造、篡改检验数据的；

③徇私舞弊滥用职权、索贿受贿的。

2.2.5 法律救济

（1）当事人对没收产品、没收违法所得和罚款的处罚不服的可以在接到处罚通知之日起15日内，向做出处罚决定的机关的上一级机关申请复议；对复议决定不服的，可以在接到复议决定之日起15日内，向人民法院起诉。当事人也可以在接到处罚通知之日起15日内，直接向人民法院起诉。

（2）行政相对人因违反标准化法而造成对他人损害的，受害人要求责任人赔偿损失时，赔偿责任和赔偿金额纠纷可以由有关行政主管部门处理，当事人也可以直接向人民法院起诉。

2.3 国家标准、行业标准、地方标准管理办法

现行《国家标准管理办法》《行业标准管理办法》和《地方标准管理办法》是由原国家技术监督局根据《标准化法》和《标准化法实施条例》的有关规定，于1990年8月24日颁布实施的标准化行政规章。这些规章的共同特点是把各类标准的管理工作纳入我国标准化的总体框架中，规定了完整的标准制定、修订管理体系，建立了标准激励机制；同时根据各种标准的不同具体情况，又有相应针对性设置。

2.3.1 国家标准管理办法

国家标准是需要在全国范围内统一的技术要求。《国家标准管理办法》中关于国家标

准的范围、强制性国家标准的范围、国家标准制定的原则和主体，与《标准化法》及其实施条例的规定相一致；其不同之处在于对国家标准的制定和修订管理程序的详细规定。此外，该办法中还突出了国家标准另外两个特点。

（1）国家标准的编号由国家标准的代号、发布顺序号和发布的年号构成。国家标准的代号由大写汉语拼音字母构成，如强制性国家标准代号为“GB”，推荐性国家标准代号为“GB/T”。

（2）产品质量标准，凡需要而又可能分等分级的，应做出合理的分等分级规定。

2.3.2 行业标准管理办法

行业标准是需要在全国某个行业范围内统一的技术要求所制定的标准。

2.3.2.1 行业标准的特点

根据《行业标准管理办法》的规定，行业标准具有以下特点。

（1）行业标准的编号由行业标准代号、标准顺序号及年号组成。行业标准代号由国务院标准化行政主管部门规定。

（2）行业标准不得与有关国家标准相抵触。

（3）有关行业标准之间应保持协调、统一，不得重复。

（4）产品质量行业标准，凡需要而又可能分等分级的，应出合理的分等分级规定。

（5）行业标准在相应的国家标准实施后，即行废止。

2.3.2.2 行业标准体制

（1）体制。行业标准由行业标准归口部门统一管理。行业标准的归口部门及其所管理的行业标准范围，由国务院有关行政主管部门提出申请报告，国务院标准化行政主管部门审查确定，并公布该行业的行业标准代号。行业标准归口部门在制定行业标准计划时，必须与有关行政主管部门进行协调，以建立科学，合理的标准体系。

（2）主体。

①管理主体。在制定行业标准工作中，行业标准归口部门履行下列职责：制定本行业的行业标准计划；负责协调有关行政主管部门行业标准项目的分工；组织制定本行业的行业标准；统一审批、编号、发布本行业的行业标准；办理行业标准的备案；组织本行业行业标准的复审工作。

②标准计划建议主体。全国专业标准化技术委员会或专业标准化技术归口单位负责提出本行业标准计划的建议，组织本行业标准的起草及审查等工作。全国专业标准化技术委员会或专业标准化技术归口单位提出的行业标准计划建议，经行业标准归口部门与有关行政主管部门进行协调、分工后，由各有关行政主管部门分别下达实施。

③其他主体。制定行业标准应当发挥行业协会、科学研究机构和学术团体的作用。制定标准的部门应当吸收其参加标准起草和审查工作。

2.3.3 地方标准管理办法

地方标准是需要在省、自治区、直辖市范围内统一的技术要求。地方标准的编号，由地方标准代号、地方标准顺序号和年号三部分组成，其代号为汉语拼音字母“DB”加上省、自治区、直辖市行政区划代码前两位数再加斜线，组成强制性地方标准代号。再加“T”，组成推荐性地方标准代号。如山西省强制性地方标准代号为 DBl4/T，山西省推荐性地方标准代号为 DBl4/T。

2.4 企业标准化管理办法

企业标准化工作的基本任务，是执行国家有关标准化的法律、法规，实施国家标准、行业标准和地方标准，制定和实施企业标准，并对标准的实施进行检查。

企业标准是企业范围内需要协调、统一的技术要求、管理要求和工作要求，是企业组织生产、经营活动的依据。《企业标准化管理办法》主要涉及以下内容。

2.4.1 种类

企业标准有以下几种：

（1）没有国家标准、行业标准和地方标准时制定的企业产品标准；

（2）严于国家标准、行业标准或地方标准的企业产品标准；

（3）对国家标准、行业标准的选择或补充的标准；

（4）工艺、工装、半成品和方法标准；

（5）生产、经营活动中的管理标准和工作标准。

2.4.2 企业标准遵循的原则

2.4.2.1 合法原则

以强制性国家标准、行业标准和地方标准为前提和地方有关的方针、政策、法律、法规。

2.4.2.2 安全原则

保证安全、卫生，充分考虑使用要求，保护消费者利益，保护环境。

2.4.2.3 协调原则

本企业内的企业标准之间应协调。

2.4.3 制定

企业标准由企业制定，由企业法人代表或法人代表授权的主管领导批准、发布，由企业法人代表授权的部门统一管理。

制定企业标准与前述制定国家标准、行业标准和地方标准的一般程序大致相同，包括编制计划、调查研究、起草标准草案、征求意见、对标准草案进行必要的验证、审查、批准、编号、发布等环节，只是在具体操作上有其特殊规定。

2.4.4 备案

企业标准具体备案办法，按省、自治区规定办理。重要内容包括以下几方面。

2.4.4.1 企业申报

企业产品标准，应在发布后30日内办理备案。一般按企业的隶属关系报当地政府标准化行政主管部门和有关行政主管部门备案。国务院有关行政主管部门所属企业的企业产品标准，报国务院有关行政主管部门和企业所在省、自治区、直辖市标准化行政主管部门备案。国务院有关行政主管部门和省、自治区、直辖市双重领导的企业，企业产品标准还要报省、自治区、直辖市有关行政主管部门备案。企业产品标准复审后，应及时向受理备案部门报告复审结果。修订的企业产品标准，重新备案。

2.4.4.2 备案材料

报送企业产品标准备案的材料有：备案申报文、标准文本和编制说明等。

2.4.4.3 登记

受理备案的部门收到备案材料后即予登记。当发现备案的企业产品标准，违反有关法律、法规和强制性标准规定时，标准化行政主管部门会同有关行政主管部门责令申报备案的企业限期改正或停止实施。

2.4.5 标准的实施

企业生产执行国家标准、行业标准、地方标准或企业产品标准，应当在产品或其说明书、包装物上标注所执行标准的代号、编号、名称。国家标准、行业标准和地方标准中的强制性标准，企业必须严格执行；不符合强制性标准的产品，禁止出厂和销售。推荐性标准，企业一经采用，应严格执行；企业已备案的企业产品标准，也应严格执行。

企业生产的产品，必须按标准组织生产，按标准进行检验。经检验符合标准的产品，由企业质量检验部门签发合格证书。

企业研制新产品、改进产品、进行技术改造和技术引进必须进行标准化审查。

企业标准化人员对违反标准化法规定的行为，有权制止，并向企业负责人提出处理意见，或向上级部门报告。对不符合有关标准化法要求的技术文件，有权不予签字。企业或上级主管部门对贯彻标准不力，造成不良后果的，应给予批评教育；对违反标准规定，造成严重后果的，按有关法律、法规的规定，追究法律责任。企业应当接受标准化行政主管部门和有关行政主管部门，依据有关法律、法规对企业实施标准情况进行的监督检查。

2.4.6 企业的标准化管理

企业根据生产、经营需要设置标准化工作机构，配备专、兼职标准化人员，负责管理企业标准化工作。贯彻国家标准化工作方针、政策、法律、法规，编制本企业标准化工作计划；组织制定、修订企业标准；组织实施国家标准、行业标准、地方标准和企业标准；对本企业实施标准的情况，负责监督检查；参与研制新产品、改进产品、技术改造和技术引进中的标准化工作，提出标准化要求，做好标准化审查；做好标准化效果的评价与计算，总结标准化工作经验；统一归口管理各类标准，建立档案，搜集国内外标准化情报资料；对本企业有关人员进行标准化宣传教育，对本企业有关部门的标准化工作进行指导；承担上级标准化行政主管部门和有关行政主管部门委托的标准化工作任务。

2.4.7 激励机制

企业标准属科技成果，企业或上级主管部门，对取得显著经济效益的企业标准，以及对企业标准化工作作出突出成绩的单位和人员，应给予表扬或奖励。

3 我国现行标准在木工机械行业的应用

3.1 我国现行木工机械标准

3.1.1 我国现行木工机械标准的分级

按《中华人民共和国标准化法》的规定，我国的木工机械标准分为四级：国家标准、行业标准、地方标准和企业标准。

木工机械国家标准是对全国木工机械行业经济技术发展有重大意义，必须在全国范围内统一的技术要求。国家标准一经发布，与其重复的行业标准、地方标准相应废止，国家标准是四级标准体系中的主体。

国家标准的内容包括：

（1）互换配合、通用技术语言要求；

（2）保障人体健康和人身、财产安全的技术要求；

（3）基本原料、材料的技术要求；

（4）通用基础件的技术要求；

（5）通用试验、检验方法；

（6）通用的管理技术要求；

（7）国家需要控制的其他重要的技术要求。

木工机械国家标准由国务院标准化行政主管部门编制计划，组织草拟，统一审批，编号、发布。

对没有国家标准而又需要在木工机械行业范围内统一的技术要求，可以制定行业标准。行业标准由国务院有关行政主管部门制定，并报国务院标准化行政主管部门备案，在公布国家标准之后，该项木工机械行业标准即行废止。

对没有木工机械国家标准和行业标准而又需要在省、自治区、直辖市统一的工业产品的安全、卫生要求，可以制定地方标准。地方标准由省、自治区、直辖市标准化行政主管部门制定，并报国务院标准化行政主管部门和国务院有关行政主管部门备案。在公布国家标准或者行业标准之后，该项地方标准即行废止。

木工机械企业标准是指企业所制定的产品标准和企业内需要协调、统一的技术要求和管理工作要求所制定的标准。企业生产的产品没有国家标准、行业标准和地方标准的应当制定企业标准，作为组织生产的依据。同时国家鼓励企业制定严于国家标准、行业标准或地方标准的木工机械企业标准，在企业内部使用。

3.1.2 我国木工机械标准的分类

木工机械标准分类的目的是为了研究各类标准的特点以及相互间的区别和联系，使之形成完整、协调的标准系统。随着科学技术的进步和社会化大生产的发展，标准应用的领域日益拓宽，因此需要按不同的目的和划分依据对标准进行分类。最常见的分类方法有两种。

3.1.2.1 按标准的属性分

按木工机械标准的属性分，我国木工机械标准分为强制性标准与推荐性标准。

按我国标准化法规定，保障人体健康，人身、财产安全的标准及法律和行政法规规定强制执行的标准是强制性标准；省、自治区、直辖市标准化行政主管部门制定的工业产品的安全、卫生要求的地方标准，在本行政区域内是强制性标准；其他标准是推荐性标准。强制性标准必须执行，不符合强制性标准的产品，禁止生产、销售和进口。国家鼓励企业自愿采用推荐性标准。

3.1.2.2 按木工机械标准的作用分

按木工机械标准的作用可分为基础标准、产品标准、方法标准、管理标准、卫生标准、安全标准、环境标准等。

3.2 我国现行标准在木工机械行业的应用

3.2.1 我国现行国家标准在木工机械行业的应用

我国在木工机械行业应用的国家标准很多，其中包括基础标准、电气标准、液压标准等。

我们按标准的属性把国家标准分成强制性国家标准和推荐性国家标准。

（1）与木工机械行业相关的强制性国家标准必须执行，如 GB5226.1—2002《机械安全机械电气设备第一部分：通用技术条件》、GB12557—2000《木工机床安全通则》、GB191—2000《包装储运图示标志》等。

（2）与木工机械行业相关的推荐性国家标准在执行中就比较复杂，企业有选择执行或不执行的权利。

①如声明执行该推荐性国家标准，则必须严格执行，其中包括该标准所引用的标准（强制性标准和推荐性标准）。

②如不执行该推荐性国家标准，则必须声明执行何标准，如企业标准、欧盟标准、合同等，不允许企业无标生产。

3.2.2 我国现行木工机械行业标准的应用

我国现行木工机械行业标准也分为强制性行业标准和推荐性行业标准。

（1）强制性行业标准必须执行，如 JB3380—1999《木工平刨床安全》、JB6113—92《木工机用刀具安全技术条件》等。

（2）推荐性行业标准执行与否可选择。

①如声明执行该推荐性行业标准，则必须严格执行，其中包括该标准所引用的标准（强制性标准和推荐性标准）。

②如不执行该推荐性行业标准，则必须声明执行何标准，如企业标准、欧盟标准、合同等，不允许企业无标生产。

3.2.3 木工机械行业企业标准应用

如企业声明不执行相关的推荐性国家标准、推荐性行业标准或该企业产品无推荐性国家标准和推荐性行业标准，则企业可执行本企业或其他企业制定的有效的企业标准，但必须明示——在使用说明书或机床（设备）明显位置标明。

企业标准属强制性标准，企业必须执行。

企业标准的制定须遵循《企业标准管理办法》的有关规定。

3.2.4 如果企业按需加工木工机械产品，则必须备有合同等相关文件

3.3 标准化法存在的问题及其走向

3.3.1 标准化法制定的背景及其历史地位

我国标准化法律制度的建立以 1988 年颁布的《标准化法》为标志，这一标准化的基本法律与后来颁行的《标准化法实施细则》以及其他相关法律法规中涉及标准的内容共同构成了标准化法律体系。该法出台的时候我国虽然已不再是完全的计划经济，而是有计划的商品经济，但原有政治经济体制的惯性在很大程度上仍然左右着国家的实际运作，因此标准化工作沿用了全部由国家统一管理的由上到下的模式。这种模式对于当时较低的技

术水平的提高、较差的产品质量的改进，起到了直接而明显的作用，在当时的历史条件下积极促进了社会的发展，在改革开放初期可谓“功不可没”。

但近年来社会迅速发展，市场经济目标和依法治国方略得以确立，特别是入世以后，WTO/TBT 等国际公约也在不同程度上成为我国技术标准法律的渊源，使我国政治经济环境都有了明显的变化，现有技术标准法律体系已无法满足全球一体化浪潮中的对外开放与自我保护的需要，其局限性日益突出。

3.3.2 目前标准化法存在的问题

3.3.2.1 标准化法的任务是全面控制产品质量

从《标准化法》第三条“标准化工作的任务是制定标准、组织实施标准和对标准的实施进行监督”的规定中可以知道，我国标准化法制定运行的立足点都是政府对标准化法工作的全面监管，这是一种对标准化事务不做区分、对各种主体间不同权利不做划分的思路，体现了较强的计划色彩。

3.3.2.2 标准化工作与市场运行相分离

（1）具有强制效力的标准是由行政主体而非市场主体制定。我国确立了政府主导标准化工作的体制。从体制上看，各级行政部门按照分工与权限管理标准化工作；从标准的制定上看，《标准化法》确定的我国现行四级标准中，国家标准、行业标准和地方标准都是由行政主管部门制定。专业标准化技术委员会是制定国家标准、行业标准和地方标准的主体，政府的行业主管部门掌握着大部分技术委员会的归口管理权，决定技术委员会的设置和委员会的人员组成。虽然技术委员会的人员构成要求社会各界多方参与，但是目前大部分成员依然以大专院校和研究机构的专家为主，企业成员不够，且尚未形成完善的运行机制和良好的外部环境。

（2）标准制定、修订管理以行政方式进行。国家标准、行业标准和地方标准制定、修订管理十分强调计划性。标准立项、起草和报批过程中的许多环节都要经过技术委员会、行业主管部门和国家标准主管部门的审查和批准，标准的实施也依赖于政府行政手段，企业处于被动的地位，缺乏应有的积极性。

（3）企业标准的行政属性。标准化法允许企业自行制定企业标准，但是要求企业标准进行备案，政府有权按照企业标准对企业进行监督，并且这种监督是没有范围限制的，这与作为市场主体所必备的企业自主经营权相冲突。

3.3.2.3 标准化工作与科技创新相分离

技术与标准在现代经济中已经在相当程度上融合了，但我国标准化工作与科技创新呈分离状态。首先，标准化与科技创新体系之间没有协调机制，从科技项目立项开始到成果鉴定、验收与标准化不够衔接，致使很多技术成果需要形成或可以形成标准的内容未能进入我国的标准化程序；其次，标准化未建立市场中的技术创新体系，专业标准化技术委员会的组成大部分还都是大专院校和研究机构的代表，而逐渐成为科技进步重要力量的企业代表不够，企业很难参与国家层面的标准化工作；再次，标准的制定与有效的科学实验和适用性分析没有关联，采用国际标准制定国家标准时，必要的国内适用性分析和科学实验验证一般进行不充分。技术标准本身反映我国自主技术的含量低，有些被采用的国际标准不适应我国的产业发展状况。

由以上特点可以知道，我国现行标准化法与经济发展已在相当程度上存在着错位。

3.3.3 标准化法改革思路

从发达国家的情况来看，把标准的强制性内容纳入法规、运用TBT的有关条款提高标准的防范能力、充分吸纳本国的先进技术、技术法规和标准全面覆盖内销和外销产品、积极使本国标准成为国际标准是重要而行之有效的方法。而WTO/TBT则给出了法律应规制的范围：有关保护国家安全、保障人体健康和人身财产安全、保护环境、保护动植物生命健康和安全的技术要求，以及防止欺诈的要求等。这些内容正是我们可以借鉴的经验，而根据上面的分析，可以总结出我国标准化法改革两方面的关键内容。

（1）我国《标准化法》中对技术性事项赋予强制效力的内容只限于安全与经济秩序等方面，国家对标准化事务的监督管理只限于此，以在法律规范中引用标准内容为手段促进技术进步，其余均为市场主体充分自主的范围，以调动其创新积极性，并使不同主体间利益达到合理平衡。

（2）国际上对照WTO/TBT，消除技术法规、标准和合格评定程序方面存在的差距，改善由于我国主导制定的国际标准太少而导致的市场缺乏防护的问题，扬长避短。一方面积极采用国际标准，参与经济全球化；另一方面也要立足于我国这个具有全球性影响的大市场，合理利用TBT给发展中国家的特殊待遇台阶和过渡保护期内的条件，积极制定有自主知识产权的标准，阻挡外国企业长驱直入，保护我们的民族工业和我国经济的发展。

4 标准的编写

4.1 基本概念

4.1.1 学习、理解GB/T 1.1—2000要掌握的基本思想

在GB/T 1.1—2000中，突出强调要区分“规范性（normative）”和“资料性（information）”的不同。因此，引入“规范性要素”和“资料性要素”；“规范性引用文件”和“资料性引用文件”；“规范性附录”和“资料性附录”。

所谓规范性，就是如要声称符合标准就必须要遵守的。

所谓资料性，就是提供的一些辅助的信息。

为此，整个标准都围绕着必须遵守还是仅提供一些信息这样一个基本思想，并以此确定标准中具体的规定。

4.1.2 规范性要素和资料性要素

（1）规范性要素，是指要声明符合标准而应遵守的条款的要素，分为一般要素和技术要素。它实际上就是GB/T 1.1—1993中标准要素的概念。

（2）资料性要素是指标志标准、介绍标准、提供标准的附加信息的要素，分为概述要素和补充要素。

（3）规范性要素中的内容，都应遵守，在规范性要素中可以有资料要素的内容。如规范性技术要素中的“注”和“脚注”。而在资料性要素中，不应包含规范性要素。

4.1.3 规范性引用文件和资料性引用文件

（1）规范性引用文件是标准中的一个可选要素，即在标准中引用了一些文件，在这些文件一经引用，就成为标准应用时不可缺少的文件。在执行标准时也必须要执行这些引用文

件的内容（全文或章、条等）。此时被引用的文件，就是标准的一部分。

(2) 资料性引用文件是指引用的一些文件是作为参考、提供信息、介绍等作用而引用的。资料性引用的文件不列入“规范性引用文件”一章的一览表中。

4.1.4　规范性附录和资料性附录

(1) 规范性附录是标准中规范性技术要素的一部分。当标准中某部分必须要执行的内容放在标准中使标准的结构显得不太匀称时，可以将这部分内容单独列出来放在标准正文后面，作为一个规范性附录。

(2) 资料性附录是资料性补充要素的一部分内容。它给出对理解或使用标准起辅助作用的附加信息。

4.1.5　必备要素和可选要素

某些要素是标准中必须存在的，如封面、前言、名称、范围等。这些要素在所有的标准中都要出现，不论其是资料性要素还是规范性要素。这些是必备要素。

某些要素在标准中可能不一定出现，如规范性引用文件，当标准中没有可以引用的规范性文件，这一章就没必要存在，这些就是可选要素。

4.1.6　条款与陈述、指示、推荐、要求

条款是规范性文件内容的表述方式。

陈述是表达信息的条款。

指示是表达应执行的行动的条款。

推荐是表达建议或指导的条款。

要求是表达遵守准则的条款。

以上各类条款的形式以其所用的措辞来区分。句中用“应……”则表示为要求；句中用“宜……”则表示为建议；句子为祈使句，则表示为指示。通过句子表述的形式，可以看出句子的性质。

4.2　基本原则

GB/T 1.1—2000 的第4章为“总则”。这一章对标准编制过程中所要遵循的基本原则进行了全面描述。

4.2.1　要求

这是对编制标准提出的最基本的要求。

(1) 要保证标准在其范围所规定的界限内按需要力求完整；

(2) 要清楚、准确、相互协调；

(3) 充分考虑最新技术水平。一般讲，标准所应用的是成熟的技术，是能够被大多数用户所接受的技术，因此，它不一定是最先进的和最新的技术水平。但是标准化工作很重要的目的之一就是要推动技术进步和发展。因此在标准内容的选择上，一定要充分考虑最新的技术水平，以保证所制定的标准可以推动技术的发展。

(4) 为未来技术发展提供框架。一项好的标准，不仅对现阶段的技术工作提供了依据和保证，也会对未来技术的发展提供一种框架。

(5) 能被未参加标准编制的专业人员所理解。一项标准编制得是否成功，很大程度上取决于是否通俗、易懂，能够被大多数未参加标准编制的专业人员所理解，会应用。

4.2.2 统一性

（1）系列标准或同一标准的各部分，其标准结构、文体和术语应保持一致；

（2）在系列标准或同一标准的各部分，甚至扩大到在同一个领域中一个概念应用相同的术语表达，而尽可能避免使用同义词。

4.2.3 标准间的协调性

标准的协调性从总体上讲，是两个方面的内容，即标准与相关法律法规的协调及标准间的协调。在 GB/T 1.1—2000 的总则中，则是从标准间的协调这个角度来提出要求。

（1）依据我国现行体制，我国的标准由国家标准、行业标准、地方标准和企业标准四级组成。在这之中，行业标准不能违背国家标准的规定，地方标准不能违背国家标准和行业标准的规定，企业标准要遵循以上三级标准的规定。

（2）保证标准整体达到协调，所有的标准在制定中都要考虑现行基础标准的内容，在 GB/T 1.1—2000 中，列出了要考虑如下 14 个方面可能涉及的基础标准：

——标准化术语；

——术语的原则和方法；

——量、单位及其符号；

——缩略语；

——参考文献；

——技术制图；

——图形符号；

——极限和配合；

——尺寸公差和测量的不确定度；

——优先数；

——统计方法；

——环境条件和有关试验；

——安全；

——化学。

虽然不是所有的标准起草人都会遇到以上需要协调的内容，但是所有的标准起草人都应该有意识地考虑这些内容是否会影响正在起草的标准。

（3）GB/T 1.1—2000 的附录 A 给出了以上 14 个方面具体的标准号及标准名称。

4.2.4 不同语种版本的等效性

为了便于国际交往和对外技术交流，积极参与国际标准化工作，尤其是我国加入世界贸易组织后，用不同语种提供我国的标准，已是必然趋势。特别是英文版本的我国标准将越来越多。这些版本与中文版本应保证结构上和技术上的一致。

以多语种出版的国家标准，应在前言中说明以中文文本为准。

4.2.5 适用性

标准的内容一定要考虑可操作性。某些标准技术上虽然很先进，但我们目前还做不到（如不具备设备等），即使经过一定的努力，但仍可能存在执行上的困难，这就要考虑在什么范围内或在多长的过渡期之后才能实施的问题。制定标准时要考虑标准的实施问题，要和现有的技术条件、设备状况、人员水平、资金投入等诸多因素联系起来。

4.2.6 计划性

这一内容表达了三层含义。

(1) 制定标准时，要严格按照标准制定的程序。

(2) 针对某一个标准化对象制定标准之前，就要事先考虑标准结构的安排和内容划分。避免一边制定标准一边确定结构和内容的情况。

(3) 如制定的一项标准分为多个部分，则就将每部分的名称、内容、关系、顺序等事先做好安排。在制定的过程中不宜随意增加或删减内容，以保证标准的完整性和可操作性。

4.2.7 采用国际标准

采用国际标准的规则应遵循 GB/T 20000.2，这个标准将详细论述采用国际标准的原则和方法。

4.3 资料性概述要素的编写

资料性概述要素包括标准的封面、目次、前言和引言四个要素。其中标准封面给出标准的标志、标准名称、编号、分类号、标准性质以及批准、发布、实施等方面的信息；标准目次中给出标准的主要内容介绍及结构框架信息；标准的前言给出了标准产生的背景情况、制修订说明以及该标准与其他标准的关系等信息；标准的引言中给出了编制该标准的原因以及有关标准技术内容的特殊信息或说明。

标准的资料性概述要素中，封面和前言是必备要素，是每一项标准都必须具备的；而目次和引言是可选要素，应根据标准的具体情况决定是否选取这两个要素。

4.3.1 封面

封面是标准的必备要素。标准封面按其所包含的内容可分为上、中、下三部分。

标准封面上部的内容包括：

——标准的类别；

——标准的标志；

——标准的编号；

——代替标准编号；

——国际标准分类号（ICS 号）；

——中国标准文献分类号；

——备案号（除国家标准外，行业标准、地方标准、企业标准应注明备案号）。

标准封面中部的内容包括：

——标准的中文名称；

——标准的英文名称；

——与国际标准一致性程度的标志。

标准封面下部内容包括：

——标准的发布及实施日期；

——标准的发布部门或单位。

要点：

(1) 标准的类别和代号。

（2）标准编号。

（3）代替标准编号。

（4）国际标准分类号（ICS 号）。

（5）中国标准文献分类号。

（6）备案号。

（7）标准名称：

①标准的中文名称；

②标准的英文名称。

（8）与国际标准一致性程度的标识。

（9）标准的发布和实施日期以及标准的发布部门或单位。

4.3.2 目次

目次是标准内容基本划分单元的索引，具有了解标准的结构框架、引导阅读、方便检索等功能。目次是可选择的概述要素。是否设置目次，需根据标准的具体情况来决定。一般来说，如果标准的内容较长，结构较复杂，篇幅较多时，为方便使用者迅速了解标准的整体结构，应设置目次。设置目次，应位于封面之后，用“目次”作标题。

4.3.3 前言

前言为资料性的概述要素的重要组成部分，是标准的必备要素。每一个标准都应有前言，位于标准封面之后（如果有目次，则在目次之后），用“前言”作标题。前言作为资料性的概述要素，不应包括含要求、图和表。

标准中的前言一般由特定部分和基本部分组成。分别表述标准的基本信息和有关责任组织。对于强制性标准，前言中除包含特定部分和基本部分外，还应在前言的第一段写明强制的形式及内容。

（1）特定部分。

①标准本身结构说明；

②采用国际标准的说明；

③标准代替或废除的全部或部分其他文件情况的说明；

④与标准前一版本的重大技术变化的说明；

⑤说明标准与其他标准或文件的关系；

⑥标准附录性质的说明。

（2）基本部分。

①标准的提出机构；

②标准的批准部门；

③标准的归口单位；

④标准的起草单位；

⑤标准的主要起草人；

⑥所代替标准的历次版本发布情况。

（3）前言中有关强制性标准的编写要求。

（4）关于是否保留国际标准前言的问题。

4.3.4 引言

引言中对“前言”中有关内容的特殊补充或对标准中有关技术内容的特殊说明、解释，以及制定该标准原因的特殊信息或说明。引言是可选的概述要素。

4.4 规范性一般要素的编写

4.4.1 范围

“范围”是标准中的第一章。无论是标准的起草人员还是标准的应用人员，首先要对标准范围了解清楚。它是所要规范的标准化对象的边界。在这个边界之内的内容，可能就是这个标准所要确定的，而在这个边界之外的，本标准将对它无任何约束。因此人们在初步用名称检索到一项标准后，要想了解这项标准是否是所关注的，首选就要察看标准的范围。因此范围编写得是否准确、合理、直接关系到这项标准的应用。

4.4.2 规范性引用文件

为了保证所编制的标准的结构总体上看是协调的，即不是某一章特别庞大；标准本身比较简练；和有关的标准相一致。标准中有可能要引用一些标准或文件。在引用时，要仔细考虑两个特点：

——是全部引用还是仅引用其中某一部分内容；

——被引用的文件是作为规范性引用文件（这些文件一经引用便成为标准应用时不可缺少的文件），还是作为资料性引用文件（引用这些文件仅为介绍或提供一些信息）。

掌握这两个特点对于掌握“规范性引用文件”这一内容并正确应用是重要的。

4.4.2.1 要点

(1) 凡是在标准规范性引用了某些标准或文件，就要在这一章内列出被规范性引用文件的一览表。如果在标准中不是被规范性引用，而仅作为资料性引用某些标准或文件，在这一章中列出文件的一览表中就不要列入这些标准或文件的名称。

(2) 判定规范性引用的文件名称后是否标注日期。当引用的是完整的文件或标准的某个部分，并且当引用的这个文件（或标准的某个部分）将来发生变化（如被修订），也能够被接受时，则在文件名称的后面不注日期。

当引用的是其他文件中特定的章、条、表或图时，则应在文件名称的后面注日期。

因此，在这一章中所列的规范性引用的文件一览表中，既有注日期引用文件，也有不注日期引用的文件。所注日期应是4位年号。

(3) 引用文件原排列顺序为：国家标准、行业标准、地方标准（适用于地方标准编写）、国际标准、国内的相关文件、国际有关文件。

国家标准按标准顺序号排列，行业标准、国际标准先按标准代号的拉丁字母顺序排列，再按标准顺序号排列。

(4) 在引用文件一览表前，应加上固定的导语：

“下列文件中的条款通过本标准的引用而成为本标准的条款。凡是注日期的引用文件，其随后所有的修改单（不包括勘误的内容）或修订版均不适用于本标准，然而，鼓励根据本标准达成协议的各方研究是否可使用这些文件的最新版本。凡是不注日期的引用文件，其最新版本适用于本标准。”

根据这段导语，应理解如下几点：

①注日期引用的文件，其后发布针对此文件的勘误表适用于本标准，而其他的修改单或修订版，均不适用于本标准；

②被引用的文件被修订后，如果没有公告说明其被废止，原文件仍然是有效的；

③对注日期引用的文件，也鼓励应用方研究其最新版本，并考虑可否使用最新版本；

④不注日期引用的文件，其所有修改单或最新版本均适用于本标准；

⑤编写标准中的某部分，其规范性引用文件导语中的第一句话改为："下列文件中条款通过 GB/T××××的本部分的引用而成为本部分的条款……"（即将本标准改为本部分）

(5) 规范性引用文件的一览表不包括：

①非公开的文件；

②资料性引用文件；

③标准编制过程中参考过的文件。

上述三类文件可列入参考文献。

(6) 文中"引用"时的具体表述方法见标准。

(7) 引用国际标准（文件）。

(8) 引用了尚未正式出版的国际标准。

(9) 将引用的内容直接写在标准中时。

(10) 引用后标准的性质问题。

如果一项全文强制标准中或条文强制的条款中规范性引用了推荐性标准的内容，则被引用的推荐性标准的具体内容便构成了强制执行内容的一部分，因此这项推荐性标准被引用的内容强制在标准适用的范围内，应具有强制性的约束力。

如果推荐性标准引用了强制性标准中应强制执行的内容，强制性标准的内容仍然应强制执行。

4.4.2.2 编写中易出现的问题

(1) 易混淆规范性引用和资料性引用；

(2) 难以确定是否注日期。

一般来讲，被引用的如果是整个标准，该标准被修订或修改，只能是越来越完善。如果引用这个文件，其更加完善后，肯定也将会被引用。在这种情况下，引用时就不用注日期。

但如果仅是引用了某个标准中具体的章、条、图、表，这个标准一旦被修改章、条、图、表的编号就有可能改变，在这种情况下就一定要对引用的文件注日期，表明引用仅针对具体哪一版的哪一部分内容，一旦修订之后，相应的内容可能不再是引用的内容了。

4.4.2.3 重复引用

有些起草人出于好心，将引用标准列入一览表中，告诉读者引用了哪些标准，同时把具体内容又写在标准中。关于这种情况，取其一便可。或仅将标准号和标准名称列入一览表中，具体内容让读者见被引用文件。如果内容不多，将具体内容写入标准中，被引用文件的编号及名称，就不要再出现在引用标准一章中，即"规范性引用文件"一章的一览表中。

4.4.2.4 漏掉引用标准

4.4.2.5 引用标准有误

4.4.2.6 引用关系不清

除国家标准可以引用行业标准是个特例之外，都是只能引用上级标准和同级标准，不能引用下一级标准。

4.5 规范性技术要素的编写

规范性技术要素中的各章，是标准中对确定标准化对象进行规范、提出要求的章，也是标准的核心内容。

4.5.1 术语和定义

术语标准的编写形式主要有两种：

（1）可单独制定成术语标准，单独的术语标准形式有：词汇、术语集或多语种术语对照表；

（2）编制在其他标准中的“术语和定义”一章中。

4.5.2 符号和缩略语

符号和缩略语的内容为可选要素，当要准确理解标准需要符号和缩略语的解释时就需要列出或解释有关内容。

4.5.3 要求

要求为可选要素，但一般情况下这一内容是读者关心的核心，它将体现编写该项标准的主要目的。由于所针对的标准化对象不同，有的标准确定“要求”的内容仅一项或几项简短、明确的指标，有的标准则规定大量的内容，这就要根据标准所确定的范围来决定。在标准所确定的范围内，应全面、完整、精练地表达要求。

4.5.4 抽样

生产中可以用多种方式进行产品质量控制，不论用何种方式都要能够保证产品的质量达到标准所提出的要求。而抽样就是监督、检验产品是否达到预期要求的一种方法。为此，它是标准中的可选要素。

4.5.5 试验方法

试验方法是对产品的质量特性指标是否符合要求而进行检测的方法、程序以及手段等所作的统一规定。试验所得的结果用以作为评价产品质量的依据。只有通过统一的试验方法，才能使试验结果具有可靠性和可比性。

试验方法为可选要素，必要时应指出试验是形式（定型）试验、常规试验还是抽样试验等。

4.5.6 分类和标记

该要素是为符合规定要求的产品、过程或服务建立一个分类、标记和（或）编码体系。

标准中的分类一般只规定分类原则和结果，以及分类的表示方法，而不涉及质量特性要求。

该章只有标准内容需要时才出现，如需要也可制定单独的分类标准。

4.5.7 标志、标签和包装

标志是指产品或包装等物品上的一种识别符号。通常使用图形、文字、颜色等喻示产品的某些特性或要求的记号。标签是标志的载体，其上携带着相关信息。包装的主要目的是方便储运，有利于销售。

该章内容为可选要素，需要时应编写。

4.5.8 规范性附录

规范性附录为可选要素。在编写标准时，需要根据标准的具体条款要求确定是否要设置这类附录。它给出的是标准正文的附加条款，在使用该标准时，这些条款应被同时使用。它是标准中规范性要素的一个组成部分，与标准正文构成不可分割的一个整体。

4.6 资料性补充要素的编写

4.6.1 资料性附录

资料性附录是可选要素，是否要设置这类附录，要根据标准条款的具体需求来确定。

4.6.2 参考文献

参考文献为可选要素。要根据标准的具体情况来确定是否需要

4.6.3 索引

索引作为可选要素，主要在术语标准中用于术语条溯源，准确定义和条目检索用。

4.7 其他资料性要素的编写

其他资料性要素主要包括标准中条文的注及条文的脚注。

4.7.1 条文的注

标准条文的注应只给出对理解或使用标准起辅助作用的附加信息，不应包含需要遵守的条款，即条文的注不应包含陈述、指示、推荐和要求等内容的条款。

4.7.2 条文的脚注

条文的脚注是用来对标准条文中的某些词或句子加以解释，或为读者提供一些便于理解标准条文的附加信息。条文的脚注与条文的注不同，它只是对条文中某个词、句子或符号进行注释，因此在编写标准中应尽量少用脚注。

4.8 一般规则和要素

编写标准的一般规则和要素，也是标准编写者所要了解和遵循的。主要规则有条款表述所用的助动词的使用规则；组织机构的全称和简称，缩略语的使用规则；商品名称的使用规则；以及标准中的图、表、引用文件，数和数值的表示方法，量、单位、符号、数学公式、尺寸和公差的表示等的使用规则和表示方法。

4.8.1 条款表述所用的助动词

标准条款中所用的助动词是识别标准不同程度要求的词。一个标准中的要求，有些条款是要严格遵守的，有些条款是可以选择的，为此，在 GB/T1.1—2000 附录 E 中明确规定了助动词的使用规则，这些规则规范了中译英或英译中时助动词的严格含义，也明确了使用这些助动词对于执行标准的严格程度，推荐使用的用词，允许使用的要求用词，不能和能够使用的要求用词。

4.8.1.1 应严格遵守要求

用于表达要严格遵从才能符合标准要求，不允许使用与其要求的偏离的词，要求用下

列助动词。

助动词 在特殊情况下使用的等效表达用词

应（有必要 要求 要 只有……才允许）

不应（不允许 不准许 不许可 不要）

4.8.1.2 推荐使用的要求

在标准中用于表达在几种可能中被推荐作为特别使用的一种，不提及也不排除其他可能性，或表示某个行动步骤受到推荐是首选的但也未必是所要求的，或表示不赞成但是也不禁止某种可能性或行动步骤，通常使用下列推荐助动词。

助动词 在特殊情况下使用的等效表达用词

宜（推荐 建议）

不宜（推荐不 推荐……不 建议不 建议……不）

4.8.1.3 允许使用的要求

在标准界限内所允许使用的行动步骤，通常允许使用下列助动词。

助动词 在特殊情况下使用的等效表达用词

可（允许 许可 准许）

不必（不需要 不要求）

在“允许”的情况下，不用“可能”或“不可能”

在“允许”的情况下，不用“能”代替“可”

4.8.1.4 可能和能够的使用要求

由于陈述有材料的、生理的或某中原因导致的可能和能够，通常使用下列助动词：

助动词 在特殊情况下使用的等效表达用词

能（能够 有……的可能性）

不能（不能够 没有……的可能性）

4.8.2 组织机构

标准中组织机构的全称、简称和缩略语是经常出现的，应按标准中规定的规则书写。

标准中使用的组织机构的全称和简称（或缩写）应这些组织机构所使用的汉语和英语的全称和简称相同，不得随意使用组织机构的全称和简称。

缩略的使用要慎重，只有在不引起混淆的情况下才能使用。

4.8.3 商品名称

商品名称的使用，在标准中会经常出现，特别是产品标准出现较多，在编写标准应正确使用商品名称。

4.8.4 图

标准中的图是表达标准技术内容的重要方法之一，是标准的重要的组成部分，特别是产品标准，试验方法及分类标准中经常使用图。如产品结构、工作原理图、测量装置示意图、量值关系图、特性曲线图、电路图及工作流程示意图等。图具有简明、直观和信息量大等优点，在用图表达标准内容时，一定要遵守准确、规范和简明易懂的原则。

4.8.5 表

在编写标准时通常用表来表达技术内容，特别是工业技术、产品标准的内容用表来表达，可以提供更大的信息量，用表表达有时比用文字叙述更直观、简洁、鲜明，并且易于对比。

4.8.6 引用

关于标准中的引用，通常应采用引用文件中特定条文的方法，而不要重复抄录需引用的具体的内容。这样，可避免重复抄录要能产生的错误或矛盾，也可避免增加标准的篇幅。

4.8.7 数和数值

标准中数值的表示必须正确、准确、科学、规范。

4.8.8 量、单位、符号

在编写标准的过程中，有关量、单位及符号是经常要用到的，特别是工业技术标准，有时会用大量的符号、单位来表示技术内容。因此，如何正确使用量、单位、符号，对标准编写者是十分重要的。

4.8.9 数学公式

数学公式在编写标准时会经常用到的。特别是某些参数的确定或试验测试结果要用计算公式表达，则要列出数学公式，公式的表达要科学、规范，符合标准的规定。

4.8.10 尺寸和公差

尺寸和公差的表示在标准 GB/T 1.1—2000 有明确的规定，尺寸和公差应以准确无歧义的方式表示，数字后紧跟单位。

4.8.11 规范字和标点符号

标准中应使用规范字，如简化汉字，而不应使用非简化汉字或异体字。所使用的简化汉字必须以国务院公布的简化汉字为准。起草标准时不能随意编造简化汉字。

4.8.12 标准的终结线

编写标准时，在标准的最后一个要素之后，应有标准的终结线，以示标准完结。

标准的终结线为居中的粗实线，长度为版面宽度的1/4。

木工机床标准中的平面度检测评价问题分析

木工机床中的绝大多数，如圆锯、台式带锯、平刨、铣床、钻床都是以工作台面作为加工基准。所以，国内外这类木工机床标准中，均有关于工作台平面度的要求。又由于这些机床的台面尺寸不大，故一般不用准直仪、水平仪等角值化线值的间生产接测量法；而采用平尺、量块、塞尺等易量具时行直接测量。

在各国的木工机床相关标准中，对于平面度检测的评价，在规定上差异程度很大。国内原机械工业部木工机床标准，由于起草单位不同，也未形成结平面度检测、评价方法的统一论述。

所以，本文将对目前各国有关木工机床平面度检测、评价的标准规定给以概括说明，在此基础上，分析各自的合理成份与质的差异，特别就其内涵所涉及和应该引起注意之点提出一些看法，其目的是为了探讨适合木工机床平面度检测特性，并且使测值尽可能接近“最小条件”的简便易行的检测，评价方法。

1 平面度的两类定义

平面度，就其几何学定义而言，是指一个表面的平直程度，即“实际表面对于理想平面的变动量”。其公差带是“距离为公差值的两平行平面之间的区域”（见 GB1183 形状与位置公差术语及定义）。在这类定义中，并不涉及如何寻找并确定这个“变动量或”“区域”。

与检测相联系，则把平面度定义为：“在规定测量范围内，被检面上和各点，到平行于该面总轨迹的基准平面（几何平面）的垂直距离的变化”（见 ISO/R230 机床检验通则和 JB2670 金属切削机床检验通则）。关于寻求、确定其测值的具体方法，在 ISO/R230 5. 322 和条款中都作了详述。（以下将转引）

这里，有两个问题需要提出：

（1）所谓“平行于该平面总轨迹”，这里的总轨迹是指过被检面上最高、最低点的距离为最小的二平行平面；

（2）检测确定的平面度误差是指“垂直距离变化”中的最大变化量，以此与标准允差比较，当该值小于标准规定，则认为平面是平的。

平面度检测的实质，就是测定这个“区城”和“最大变化量”。因此就需建立一个评价基准。对木工机床平面度检测来说，这个基准平面是由平尺表面或移动平尺所得的一组直线来体现出。

2　国外木工机床标准中对平面度检测的几种不同规定

2.1　国际 ISO 标准

国际木工机床标准，如 ISO/DIS7553 单面压刨床的术语和验收条件、ISO7009 单轴铣床的术语和验收条件等，对于平面度检测方法均不作专门论述，而一律引用 ISO/R230 5.322 条款，原文如下：

“首先确定基准平面，一些基准点将落在该平面上。”为此，在被检面上选择 *a*，*b*，*c* 三点作为零位标记（见图1）。将三个等厚的量块放在这三点上。这些量块和上表面就确定了与被测面作比较的基准面。然后选定位于基准平面内的第四点 *d*：利用一些高度可调的量块；将平尺放在 *a*，*c* 点上，被检面上的 *e* 点放置可调量块，使其与平尺下表面接触。这时，*a*，*b*，*c* 和 *e* 量块上表面场处于同一个平面上。再将平尺放在 *b* 和 *e* 点上即可找到 *d* 点。在 *d* 点放可调量块并将其上“表面调到由已就位的那些量块的上表面所确定的平面中，将平尺放在 *a* 和 *d*，*b* 和 *c*，*a* 和 *b* 及 *c* 和 *d* 上，即可测得被检面上各点偏差”。

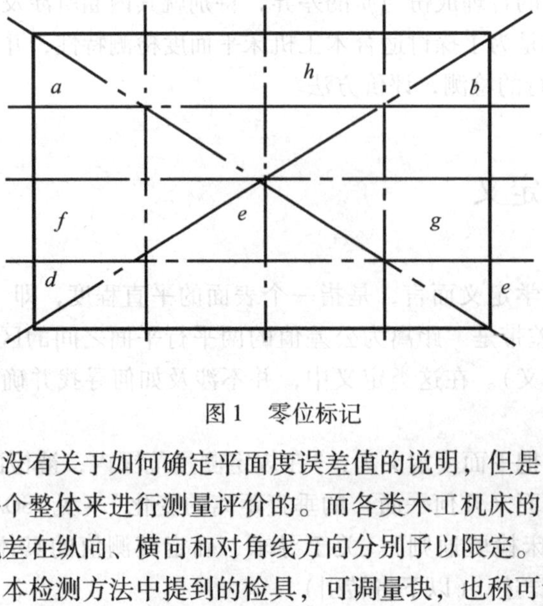

图1　零位标记

在上述规定里，没有关于如何确定平面度误差值的说明，但是，由方法本身可知，它是把被检平面作为一个整体来进行测量评价的。而各类木工机床的国际标准，凡涉及平面度检测，则都对其允差在纵向、横向和对角线方向分别予以限定。

还需说明一点，本检测方法中提到的检具，可调量块，也称可调垫块，国内目前没有专门生产厂家，少数木工机床厂是靠自行或外委加工把它作为专用量具的。所以，用块规和塞尺代替可调量块，仍依上述方法测量，则在测量精度和测试原理上都是可行的。

2.2　英国 BS 标准与法国 NF 标准

英国木工机床标准，如 BS4361—68pt · 2sect3 刨刀体旋转的木工刨床、BS4361—72pt · 2scct10 单轴木工钻床，对平面度检测采取与 ISO 标准相类似的方法：首先，以等价于 ISO//R230B 的 S3800 机床精度检验方法详述检测方法，在具体涉及平面度检测的木工机床标准中，则直接引用 BS380 中 5.322 条款。

法国木工机床中对平面度检测的规定与英国相同。等价 ISO/R230 的法国标准是

NFE100 机床精度检验方法。

由于英、法及其他西欧 ISO 国家标准化委员会木工机床分技术委员会（SC_4）成员国，故关于平面度检测方法，甚至在木工机床标准中对平面度允差的规定，都与国际 ISO 标准相同。因此，本文对此不再作讨论。

2.3 苏联 ГОСТ 标准

苏联木工机床标准，对于平面度检测方法的规定，从形式到实质都与国际标准有所差异，它不是用机床不精度检验通则之类的标准集中统一地阐述平面度检测法，而是在每个相关标准中分别叙述同一概念，以木工横截圆锯机精度为例（其他标准中规定及文字均同于此），对工作台平面度检验方法为“在工作台上，在纵向，横向和对角线方向，将平尺放在两等高垫块上，用塞尺测量工作台被测面与检验平尺工作面间的间隙。取每一方向的测量结果的最大差值为误差值”。

另外，苏联 ГОСТ 标准与 ISO，BS，NF 等标准的不同之处还在于，它虽然也提出平面度是从纵、横、对角三个方向进行测量的，但对于平面度允差则不是依方向分别限定；而是以一定的长度量值为基础，进行对应限制的。如 ГОСТ69 木工铣床精度与刚度标准中对平面度允差规定是：

测量长度/mm	800	800 ~ 1 000	1 000 ~ 1 200
允差/mm	0.13	0.15	0.17

2.4 日本 JIS 工业标准

在工业化国家的木工机床标准中，以日本标准所规定的平度检测方法最为简单（虽然就标准的精度而言，其允差规定比其他国家严格）。一般采用以工作台两对角线方向直线度控制来代替对整个台面的平面度要求。如：JISB6508 圆面积锯机的试验及检验方法、JISB6510 木工铣床等。也有少数木工机床，如压刨、平刨等则规定对纵向和对角线方向进行双向测量，但测试方法的实质依然是用直线度取代平面度。在标准中对不同方向的平面度允差，分别规定（与 ISO 相类似）；而对检验方法以，在相关标准中具体规定。其规定如下：

“把平尺沿对角线放在工作台面上，用厚薄规（即塞尺——作者注）测定间隙，所测得的最大值即为测定值。”

3 对不同平面度检测方法的分析与评价

3.1 国际 ISO 标准

前面已经说明，国际 ISO/R230 5.322 条规定的平面度检测方法，是以被检面作为一个整体来评价的。故虽然测量线有八条，但各测值之间是具有相关性的，即以统一的基准平面——a，b，c 三点所确定的平面进行平面度评价。关于它测量和评价的可信赖程度，远比后两种方法要高。但仍不能保证符合最小条件。所谓“最小条件”是指“被测要素对于理想要素的最大变动量为最小”。由 a，b，c 三点所确定的基准平面，并不唯一。如 a，c，d；b，c，d；a，b，d 等三点，同样可以作为测量基准。从原理上说，即使以 a，d，g；b，c，f；a，b，i；c，d，h 作为确定基准平面的三点，也是成立的。这是由于我们无法预知被测平面的实际形态因此也就无法预哪个基准平面所确定的“最大变动量为最小”。更明确、更具体地说，“最大变动量”，是测值间相对某一基准产面的最大差值（注意，不是最大值——所许变动，即是相对差）；而当这个最大差值为最小，则应由多种基准平面测量所得的最大差互相比较才能确定，当然，我们只能接近这一“最小”值，即得出相对比较中的较小值，而无法确实达到其“最小”——尽管从理论上说，这一最小条件是客观存在的。

所以，作者建议当平面度检测处于临界值状态或对于优质产品评价等较高一层次的检验时，当由于平面度因素引起的产品质量仲裁时，不妨多选几个测量基准，即采用不同的三点法测量，以求得评价值的客观性。

另外还有一点，由于依国际木工机床标准规定的平面度允差，是从三个方面分别要求的，而纵向的三条测线、横向的三条测线及对角线方向的两条测线、横向的三条测线及对角线方向的两条测线，互相具有同一评价基准，各自当然也具有同一基准。所以，依纵向为例，纵向允差所限制的不是纵向最大直线度误差，而是纵向三条线所有测值之间的最大互相差。于是就又产生了一个如何在规定的测量方向和测量线上选择测量点位和数量问题。从原理上说，测点越多，则测量结果就越接近于客观；自然，这是以其他影响测量精度的因素不变为前提的。所以当进行较高层次的平面度质量评价时，可以考虑在规定的测量线上适当增加测点。

总之，当不同基准平面对测量的最终评价值产生影响时，以取较小的为宜；而由于测量点数增加影响测量结果时，则应取最大的互相差。二者的实质都是使结论接近“最小条件”。

3.2　苏联 ГОСТ 标准

由于该方法在每次测量时，并不能预先确定统一的基准，因此各测线之间就不具有相关性，而各自独立；因此无论是不同方向还是同一方向的各测线及各测点就不存在相互比较其差值的前提条件。故该方法的评价实质是以每个方向上的各条测线中的最大直线度误差来代表该方向上的平面度误差。

很显然，这一方法较之于 ISO 标准的规定，在测量上稍微简单了一些，但就其测值的客观性而言，就不够理想了，笔者认为，如果能够增加测量线的数目，如纵向不止测三条线，而是测五条、七条，则以这种方法进行测量评价还是可行的。依现行规定，则比较适合于狭长的工作台面。

3.3　日本 JIS 工业标准

前面说到，日本标准对木工机床平面度检测所规定的方法比较简单，或者说比较粗糙，不甚合理。这主要是指该方法采用平尺直接贴靠工作台的面的做法。这样，它就不是以测值中的是最大差值，而是以其最大值为测定值子。除非正好在平尺与工作面接触的两端部最高，即台面测量线两端上凸，其测值将不能真实地反映所测得的直线度误差，而是把误差线性放大了，其放大倍数与台面凸起的最高点位置相关。虽然木工机床的工作台而一般都有不许中部上凸的加工要求，但是很难保证台面任意位置均低于四角。所以，对以平尺模拟测量基准的平面度测量方法，均应使用等高的量块或热块将平尺两端垫起（之时应计入平尺挠曲对测量精度过影响），以消除台面局部凸起而产生的测量误差。直线度测量也是如此。

当受检平面测量方向的尺寸较小时，利用刀口尺、平尺直接贴靠以测量其最量误差。直线度测量也是如此。

顺便说明，无论以何种方式测量平面度，其缘测点位置应布置在距工作台面边缘 50mm 以内。

4 国内木工机床标准中的平面度检测评价问题及建议

目前，我国尚无木工机床的国家标准。制造厂大都以原机械工业部的部颁木工机床标准为指生产的主要技术仍据，这些部颁标准是从 20 世纪 80 年代初开始制定的，并且一直在不断修改、完善。由于标准制定年代的不同以及主要起草单位的差异，对其中有关平面度检测及评价的规定并不统一。归纳起来，有以下几类：

（1）直接引用国际 ISO/R230 3. 322 条款原文，但在允差规定时，采用纵向、对角线和横向分别限制，如 JB3291 木工精光刨床精度、JB3177 细木工带锯机参数、精度、JB3188 木工平压两用刨床精度。

（2）注明采用 JB2670 金属切削机床精度检验标准中 5. 3. 2. 2 条款，而不在标准中罗列原文。这一方法的实质依然是采用国际标准，因为 ISO/R230 与 JB2670 二者无差异，如 JB2971 横截木工圆锯片精度，JB2687 单面木工压刨粗度，JB3577 二、三、四面刨木工刨床精度等。

（3）采用苏联 ГОСТ 标准规定的检测方法，但是对评价值则以所测得的“最大值”（不是最大差值）作为平面度数值，如 JB2945 立式万能木模铣床精度。还有个别标准，虽然是采用第 1 种形式给定平面度检测方法，但也是以所测得的最大值定义平大幅度，如 JB3299 立式单轴榫槽机参数和精度中 G7 条，并且同一标准中下款 G8 条中 2 以最大差值定义平面度。

作为标准，一般很难认为是笔误。笔者认为以上提法值得商榷。除特殊之例，即公差值方向单一，则录大值不等于最大差值。并且，从平面度定义分析，“最大变化量”也是指最大代数差。

综合上述，笔者建议在有计划地修订木工机床与平面度检测的相关标准及日后制定国际时，能够考虑对标准表述方式、检测方祛、评价值定义等方面进行统一，并采用国际标准。尽管只注明方法出处，对编写标准时有洁净简明之便利，但考虑到众多的技术检测力量大不相同的木工机床制造、使用单位，还是采用在相关标准直接引用检测方法原文为宜。这样，就不必再间接查证 150/R230 或 JB267。中有关条款。因为在形位公差测量中，平面度检测毕竟要复杂些。

另外，对窄长形工作台面的木工机床，可取消平面度要求，而采用控制对角线方向的直线度，但是请注意，仍应采取量块垫起平尺两端，测量相对差值，而不采用直接测量平尺贴靠工作面的最大间隙。

GB/T13570—2008《木工机床　单轴铣床术语和精度》标准的初探

1　前言

改革开放30年来，随着我国经济的迅速腾飞，木工机械制造业也出现了快速发展，我国已成为世界排名第三的木工机械生产大国。我国加入WTO后，特别是近几年来随着木工机械产品出口量的不断加大，对宣贯标准提出了更多更高的要求，为了适应市场的发展，我国木工机械制造业有必要对重要标准进行系统和全面的宣贯。本文针对GB/T 13570—2008/ISO 7009：1983木工机床 单轴铣床、术语和精度标准谈一下学习体会。

2　木工铣床概述

木工铣床属于通用设备，是一种多功能木材切削加工设备，按照GB12448—90木工机床型号编制方法的要求其型号应为MX51XX。在铣床上可以进行各种不同的加工，主要对工件进行曲线外形、直线外形或平面铣削加工；采用专门的模具可以对工件进行外轮廓曲线、内封闭曲线和外形轮廓的仿形铣削加工；此外，还可以进行铣削、开榫、裁口等加工。

按进给方式的不同铣床可分为手动进给铣床和机械进给铣床；按主轴数目的不同铣床可分为单轴铣床和双轴铣床；按主轴布局的不同铣床可分为上轴铣床和下轴铣床、立式铣床和卧式铣床等。

随着科学技术的不断发展，木工铣床的质量和生产水平也相应地得到迅速提高。近几年来相继在家具生产企业中得到广泛应用的自动靠模铣床、数控镂铣机等，为木制品的复杂表面加工提供了保证。

木工铣床中以单轴立式下轴木工铣床应用最为广泛，如牡丹江木工机械厂生产的MX5112型单轴木工铣床、新马木工机械设备有限公司生产的MX5117型立式单轴木工铣床等（图1）。

目前我国有200多家企业生产该种类型产品。主要生产企业有同安木工机械制造有限公司、威德利木工机械厂、新华达木业机械厂、华州机械有限公司、金华木工机床厂、威海工友集团、威海齐全集团等企业。从1989～2009年，国家木工机械质量监督检验中心先后2次对木工铣类机床进行了国家监督抽查，平均合格率为62.75%。表1为2次国家监督抽查木工铣类机床统计表。

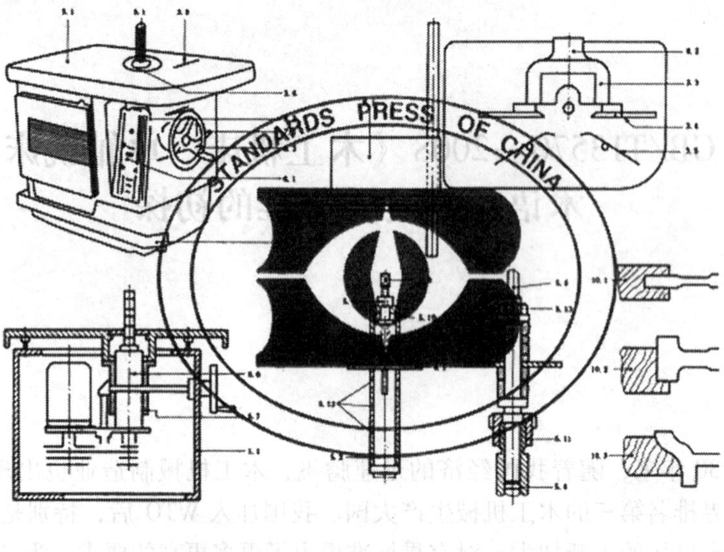

图1 木工单轴铣床结构式意图

表1 国家监督抽查铣类机床统计表

序 号	年份	产品类型	检验产品数	不合格产品数	产品合格率/%	备 注
1	1998	木工铣床	20	7	65.0	
2	2006	木工铣床	38	15	60.5	

3 标准的演变过程及主要内容

3.1 标准的演变过程及有关说明

1982年，由机械电子工业部提出由福州机床研究所归口制定了JB3109—82《单轴木工铣床精度》标准。经过10年的使用后，1992年7月由上海木工机械厂的林重光、蒋坤尧等人起草，编制了GB/T13570—92《单轴木工铣床精度》标准，并于1993年4月1日实施。又经过15年的使用，2008年4月由福州木工机械研究所的郑立工程师和广州佛山市顺德区锐亚机械有限公司的周华标总经理等人起草，编制了GB/T13570—2008/ISO7009：1983《木工机床、单轴铣床术语和精度》标准，并于2008年10月1日实施。本标准由中国机械联合会提出，由全国木工机床与刀具标准化技术委员会归口，这部标准等同采用ISO7009：1983《木工机床 单轴铣床 术语和验收条件》（英文版）。为便于相关人员使用，这部标准作了下列编辑性修改：

（1）“本国际标准”一词改为“本标准”；

（2）用小数点“.”代替作为小数点的逗号“,”；

（3）删除法文术语和附录A；

（4）删除了国际标准的前言；

（5）增加了规范性引用文件的导语；

（6）对 ISO7009 引用的国际标准，用已被采用为我国的标准代替。

GB/T13570—2008/ISO 7009：1983《木工机床 单轴铣床 术语和精度》标准是对 GB/T13570—92《单轴木工铣床 精度》的修订，这部标准与 GB/T13750—1992 相比有如下差异：

——增加了术语；

——删除了 G14；

——将几何精度检验表中的“公差”改为“允差”；

——删除了工作精度检验。

3.2　标准的主要内容

GB/T13570—2008/ISO 7009：1983《木工机床 单轴铣床 术语和精度》由以下 5 部分内容所组成，即范围、规范性引用文件、简要说明、术语、验收条件和允差 - 几何精度检验。

（1）范围部分规定了木工单轴铣床各部分的术语，规定了机床的几何精度检验，并给定了相应的允差，同时说明了该标准适用于一般用途、普通精度的机床，即常规的木工单轴铣床；该标准只规定机床的精度检验，不适用于机床的运转试验（如振动、异常噪声、零部件的爬行等检验），也不适用于的特性检验（如速度、进给量等），这些检验一般宜在机床精度检验前进行；该标准对机床的工作精度检验不作硬性规定，删除了工作精度检验一项。

（2）规范性引用文件部分主要引用了 GB/T17421.1—1998《机床检验通则　第一部分：在无负荷或精加工条件下机床的几何精度》，该标准等同于 ISO230—1：1996，并说明凡是不注日期的引用文件，其最新版本适用于本标准，凡是注日期的引用文件，其随后所有的修改单（不包括勘误的内容）或修订版均不适用于本标准。

（3）简要说明部分主要对以下 7 个问题作出说明：

①该标准中的所有尺寸和允差的单位均为毫米；

②使用该标准时应参照 GB/T17421.1—1998，尤其是检验前机床的安装、主轴和其他运动部件的温升以及检验方法都要参照 GB/T17421.1—1998 标准执行，同时说明了检具误差不得超过被检项目允差的 1/3；

③该标准中几何精度检验的顺序是按机床装配顺序给定的，但不限制实际检验时的顺序，可按任意顺序检验；

④说明了检验机床时该标准给定的检验项目不一定必须逐项检验；

⑤说明了检验项目的选择由用户决定，并与制造商达成一致意见，于机床订货时明确规定；

⑥说明了在工件加工方向上的运动称为纵向运动；

⑦说明了当确定测量范围不同于该标准定的测量范围上的允差时，应考虑允差的最小折算值为 0.01mm（见 GB/T17421.1—1998 的 2.3.1.1）。

（4）术语部分主要通过标准中的图 1 和表 1 机床术语一览表把木工单轴铣床各种部件、零件进行了术语说明，并且在表 1 机床术语一览表中有中英文对照说明。表 1 机床术语一览表中的2（工作和/或刀具的进给部分）、9（预留部分）在图1中没有标出，7.2（制动踏板）在图1中标识不明确。

3.2.5　验收条件和允差—几何精度检验部分主要通过标准中的表2给出了13项几何精度检验项目，同所代替的标准GB/T13570—1992相比较，在检验项目允差、检具、检验方法上基本一致，两个标准在这一部分所不同的有以下几点；

①删除了G14自动进给辊筒对工作台面在水平面内的平行度这一检验项目；

②测量平面度时新标准规定只采用平尺、塞尺两种检具，而老标准规定只采用平尺、塞尺、量快三种检验工具。

4　结束语

《中华人民共和国标准化法》自1989年4月1日实施已有20年，《中华人民共和国标准化法》的实施标志着我国标准化工作已经进入法制管理的新阶段。《中华人民共和国标准化法》的颁布，有利于维护国家、集体和个人三者的利益，有利于发展社会主义商品经济，有利于发展大生产。对于中国木工机械制造业来说标准是科研、生产、交换和使用的技术依据，是合理发展木工机械产品品种、组织专业化生产的前提，是组织现代化生产的重要手段和必要条件，是企业实行科学化管理和信息化管理的基础，是提高产品质量的技术保证，是减少原材料和能源浪费的根本，是推广新工艺、新技术的桥梁，是消除国际贸易壁垒、促进国际贸易发展的重要保障。因此要重视标准化工作，加强标准的宣传，以推进中国木工机械行业健康较快发展。

我国木工机械标准的发展概况、现状及展望

1 前言

标准是指为了在一定范围内获得最佳秩序的文件。标准的目的就是为了促进最佳的共同效益。标准化是为了在一定范围内获得最佳秩序，对现实问题或潜在问题制定共同使用和重复使用的条款的活动。它的主要作用在于为了其预期目的改进产品、过程和服务的适用性，防止贸易壁垒，并促进技术合作。由于标准影响着全球80%的贸易，发达国家都在千方百计地将国家标准和本地区标准升格为国际标准，增强在国际市场的竞争优势。因此，国家标准化已成为国家综合实力竞争的焦点。

在我国3万多项国家标准范围内有1/3是机械方面的标准，木工机械标准就是其中之一。木工机械标准在木工机械制造、家具制造、建筑装潢材料制造、人造板生产制造等领域，以及各科研院所的设计部门和教学单位得到广泛的应用，为我国国民经济建设和木工机械制造业的发展作出了重要贡献。

2 标准的分级和分类

随着科学技术的进步和社会化大生产的发展，标准应用的领域日益拓宽，因此需要按不同的目的和划分依据对标准进行分级和分类，目的是为了研究各类标准的特点以及相互间的区别和联系，使之形成完整、协调的标准体系。

2.1 标准的分级

国际上按照标准的作用范围划分为不同层次的分级。按照这种方法，可以将标准划分为国际标准、区域标准、国家标准、行业（专业、协会和部门）标准、地方标准和企业标准。

按照《中华人民共和国标准化法》的规定，我国的标准分为四级：国家标准、行业标准、地方标准和企业标准。

2.2 标准的分类

2.2.1 按标准的属性分

按标准的属性分，我国标准分为强制性标准与推荐性标准。

按我国标准化法规定，保障人体健康，人身、财产安全的标准及法律和行政法规规定强制执行的标准是强制性标准；省、自治区、直辖市标准化行政主管部门制定的工业产品的安全、卫生要求的地方标准，在本行政区域内是强制性标准；其他标准是推荐性标准。

木工机械标准中强制性标准并不多，共有17项，其中国家强制性标准5项，分别为GB12557—2000《木工机床安全通则》、GB5226.1—2002《木工机床 机械电气设备第1部分：通用技术条件》、GB12448—1990《木工机床型号编制方法》、GB18955—2003《木工刀具安全 铣刀、圆锯片》和GB18956—2003《木工机床安全 平压两用刨床》。其余12项为行业强制性标准，包括产品结构安全和安全技术条件标准，如JB3380—1999《木工平刨床 结构安全》。

2.2.2 按标准的作用分

按标准的作用可分为基础标准、产品标准、方法标准、性能标准（包括安全、卫生和环境标准等）等。

基础标准指在一定范围内作为其他标准的基础，具有广泛的指导意义，如GB/T18003—1999《人造板机械设备型号编制方法》等。

产品标准指规定了产品的精度、结构、质量等级、检验方法、验收规则、包装运输等要求的标准，如GB/T14712—1993《单层热压机》等，这类标准在木工机械标准中比例较大。

方法标准指某些通用的技术活动方法的规定，包括试验、检测分析、计算和操作规程等，如JB/T9953—1999《木工机床 噪声声（压）级测量方法》等。

性能标准统指安全标准、卫生标准、环境标准等，如GB/T18514—2001《人造板机械安全通则》。

2.2.3 木工机械标准分类

除以上分类方法外，本文总结木工机械标准自身特点，按照木工机械产品的加工性质不同将其大致分为两类：木工机床标准和人造板机械标准。

木工机床标准主要包括木工刀具标准和木工13类机床标准即木工锯机、木工刨床、木工铣床、木工钻床、木工榫槽机、木工车床、木工磨光机、木工联合机、木工接合组装和涂布机、木工辅机、木工手提机和其他木工机床标准等。

人造板机械标准主要包括人造板加工生产线上的所有设备标准、辅机标准、二次加工设备标准、木材处理设备标准等。

3 我国木工机械标准的发展历史

3.1 木工机床标准的发展历史

20世纪70年代末至80年代末是我国木工机械行业的大发展时期。70年代中期，“文化大革命”刚结束，特别是十一届三中全会以后，我国国民经济建设开始走上正轨，祖国各项事业开始蓬勃发展。木工机械行业迎着改革开放的春风开始了新一轮的发展。

1977年7月，机械工业部下文正式组建福州木工机床研究所，研究所成立的主要任务是：开展木工机床方面的全国性行业工作（包括产品科研规划、标准、三化、情报等)；组织并开展木工机床新产品的试验、研究、设计工作（包括锯、车、刨、钻、磨、铣、开榫及刀具修磨等木工机床)；组织并开展木工刀具的试验研究、设计工作，并相应地形成试验研究能力。研究所成立之初至1980年以前我国还没有一项木工机床（包括木工刀具）标准，只有一个在60年代由机床局批准的木工机床型号管理办法，几个老厂(上海木机厂、沈阳带锯机厂、牡丹江木机厂）对批量较大的老产品有企业标准（机床几何精度）之外，大部分产品没有完善的标准，各厂产品的验收只有一份合格证，标准状况基本是空白的。

标准化工作的起步之初很多工作需要从头做起，首先就是要了解和掌握行业发展现状，明确企业的生产情况、质量状况和产品类型，以确定标准制定的基础；其次要收集国内外标准等技术资料作为制定标准的重要依据，我国1978年恢复加入了国际标准化组织(ISO)，成为国际标准化组织的一员，使我们有了接触和掌握国际先进标准的平台，这对我国标准的发展起到了积极的不可磨灭的作用；第三，制定标准还需要一支技术精湛的队伍，这样就需要大力发掘和组织行业内有经验、有技术、有能力的骨干人员参与到标准的制定中来。经过5年的努力，截至1982年，已有木工机床部级标准27项，其中基础标准2项，产品标准25项（包括木工刀具标准1项)。为了进一步完善标准的制定和审查工作，1981年成立了木工机床专业标准技术委员会，承担木工机床标准化计划及审查工作。至此，木工机床标准开始日益发展起来。

1986年，国家标准局批准成立全国木工机床与木工刀具标准化技术委员会，标委会主要由全国木工机床和木工刀具行业的制造厂、科研单位、高等院校、质量监督检测部门、销售和使用部门的专业科技人员构成，主要作用是负责全国木工机床与刀具等专业领域的标准化工作。标委会自成立至2005年底，共组织制定了145项国家标准和行业标准。

3.2 人造板机械标准发展历史

我国人造板工业，除胶合板工业诞生在半封建、半殖民地的旧中国（1920年）外，刨花板（1958年)、纤维板等工业均始建于新中国。新中国成立初期，百废待兴，为了加快基础设施建设，国家重点发展了胶合板工业，先后对旧中国留下的十几家胶合板厂(车间）进行了一系列的社会主义改造和技术改造及改建、扩建，使胶合板工业得到了一定发展。在重点发展胶合板产业的同时，国家从1955年开始有计划地进行刨花板的科研、试验，增加刨花板产业的投入。纤维板大工业性质的生产则是从1964年开始，国家批准林业部申请，从瑞典引进年产1.8万 m^3 成套硬质纤维板设备，建在黑龙江省伊春林管局友好木材综合加工厂。

随着人造板工业的发展，人造板机械标准体系也在逐步形成。1982年，林业部人造板机械标准化技术委员会成立（早于1992年成立的全国人造板标准化技术委员会10年)，并于1985年经国家标准局批准为全国人造板机械标准化技术委员会。

人造板机械标委会在“六五”期间（1981~1985年）及后3年的8年时间里，共组织制定、审订了56项标准。已被国家批准实施的标准有39项，其中国家标准20项，如GB 5049—85《旋切机参数》、GB 6924—86《热磨机制造与验收技术条件》等；专业标准19项，如ZB B97001—84《人造板机械通用技术条件》、ZB B97012—86《人造板机械涂漆颜色》等。这些标准的颁布实施填补了我国人造板机械无标的空白，基本涵盖了人造板机械的各个类型，初步形成了我国人造板机械的标准体系，同时也标志着我国人造板机械制造业进入了新的发展阶段。

20 世纪 90 年代初至今，我国人造板工业迅猛发展，这也对人造板机械提出了更高的要求，同时人造板机械标准日益受到国家和企业的重视，标准体系也在不断完善。

4 我国木工机械标准现状

现在的木工机械行业经过世界各国近 230 年的不断改进、完善、提高，已发展成为具有 120 多个系列、4 000多种产品的门类齐全、年产值超 100 亿美元的制造行业。2008 年，首届中国木工机械骨干企业宏观经济管理高峰论坛的数据显示，我国木工机械企业1 000余家，年产值约 150 亿元人民币，产品品种包括木工机床、人造板机械、板式家具机械、竹木机械共 69 大类1 400多种产品。

我国已成为机械制造大国，但要想成为强国，仍需要一批高新技术标准和符合我国技术要求的国际标准作为支撑。2001 年，我国恢复加入世界贸易组织，成为世界贸易组织的一员，这对我国经济建设的向前发展和经济全球化的逐步形成提出了新的要求。被动的采用国际标准和国外先进标准已不能满足企业生产和对外贸易的要求。在这样的大环境下，木工机械行业必须加强自身的标准建设，以适应和满足经济发展的需要。

4.1 我国木工机床标准现状

截至 2007 年初，我国已经实施的木工机床标准共 152 项。

表 1 显示了我国木工机床标准的分级和分类情况。标准中国家标准 42 项，占标准总数的 27.6%；行业标准 110 项，占标准总数的 72.4%。按标准的属性分，强制性标准 18 项，占标准总数的 11.8%；推荐性标准 134 项，占标准总数的 88.2%。按标准的作用分，基础标准 10 项，占标准总数的 6.6%；产品标准 114 项，占标准总数的 75%；方法标准 6 项，占标准总数的 3.9%；性能标准 22 项，占标准总数的 14.5%。

表 1 我国木工机床标准的分级和分类

分级和分类类别	标准分级		标准分类（按标准属性分）		标准分类（按标准作用分）			
	国家标准	行业标准	强制性标准	推荐性标准	基础标准	产品标准	方法标准	性能标准
数量/项	42	110	15	137	10	114	6	22
比例/%	27.6	72.4	9.9	90.1	6.6	75	3.9	14.5

在标准的统计过程中发现标龄老化的问题非常明显。标龄是指自标准实施之日起，至标准复审重新确认、修订或废止的时间，也称有效期。我国在《国家标准管理办法》中规定，国家标准实施 5 年，要进行复审，即国家标准的标龄一般为 5 年。表 2 显示了我国木工机床的标龄情况。国家标准中标龄在 5 年以内的 13 项，占国标总数的 31.0%；标龄

在5～10年的3项，占国标总数的7.1%；标龄在10年以上的26项，占国标总数的61.9%。行业标准中标龄在5年以内的0项；标龄在5～10年的43项，占行标总数的39.1%；标龄在10年以上的67项，占行标总数的60.9%。与国家标准5年的标龄相比较，现行有效标准中只有8.6%的标准符合，有91.4%的标准已经超期，标龄超过10年的甚至占61.2%，标龄老化现象已经非常严重，必须加速修订，否则就会影响整个行业的向前发展。

表2 我国木工机床标准标龄情况

标龄/年	国家标准		行业标准	
	个数	比例/%	个数	比例/%
<5	13	31.0	0	0
5～10	3	7.1	43	39.1
>10	26	61.9	67	60.9

4.2 我国人造板机械标准现状

我国的人造板工业从起步至今，发展速度迅猛。据统计，目前我国人造板年产量已经排名世界首位，产量还在逐年增加，产品品种也在不断翻新。与之配套的人造板机械标准也得到了迅速发展。

我国人造板机械标准较木工机床标准起步晚，但由此也使其在标准化方面更易于吸收各方优点，具有起点高、发展快的特点。截至2005年底，我国共出台了132项人造板机械标准，全部为推荐性标准，其中国家标准16项，占标准总数的12.1%；行业标准116项，占标准总数的87.9%。

人造板机械标准也存在标准老化的问题，但情况较木工机床标准稍好一些。表3为我国人造板机械标准标龄情况，总的来看标龄在5年内的有46项，占标准总数的34.8%；标龄在5～10年的39项，占标准总数的29.6%；标龄超过10年的47项，占标准总数的35.6%。

表3 我国人造板机械标准标龄情况

标龄/年	国家标准		行业标准	
	个数	比例/%	个数	比例/%
<5	9	56.3	37	31.9
5～10	5	31.3	34	29.3
>10	2	12.4	45	38.8

5 我国木工机械标准的发展趋势

随着经济全球化的发展，科技经济一体化成为发达国家保持竞争优势的重要手段。发达国家利用其科技优势，不断提高检测难度和检测精度，抬高标准的门槛，依据标准树立经济贸易壁垒，限制和阻止其他国家经济贸易发展。面对严峻的形势，我国木工机械标准一定要完善标准体系建设，抓好标准战略的实施，促进我国木工机械行业健康发展。

5.1 加强标准的科技含量

技术与标准在现代经济中已经在相当程度上融合了，但我国标准化工作与科技创新呈分离状态。首先，标准化与科技创新体系之间没有协调机制，很多技术成果无法进入标准化程序。其次，专业标准化技术委员会的组成大部分还都是大专院校和研究机构的人员，而逐渐成为科技进步重要力量的企业代表不够。在今后的标准制定中，应扬长避短，充分调动各方有利条件，增加标准的科技含量。

技术标准的制定和出台要以科学技术研究作为基础，要将知识产权和技术标准有机结合起来，切实占有具有自主知识产权的核心技术，以科研带动标准自主创新能力和标准水平的提高，有机地将标准制定与科研、设计、开发、制造相结合，提高产业技术水平。只有以科学技术研究为基础，切实提高自主创新能力，增强自主知识产权含量，才能突破发达国家的技术壁垒，争取更为有利的贸易地位和竞争优势，才能真正为提高我国标准在国际竞争力和抗风险能力上提供支撑和保证。

5.2 加快标准的更新速度

我国木工机械现行标准标龄老化现象严重，标龄在 5 ~ 10 年的标准比例为 29.9%，标龄超过 10 年的比例为 49.3%（美国国家标准的编制周期一般为 1 ~ 2 年，修订周期为 3 ~5年）。目前我国木工机械行业正在迅速发展，产品的更新速度日新月异，这些超龄老标准根本无法满足产业发展的需要，更谈不上为推动产业发展发挥作用。因此，必须加强标准的更新速度，缩短标准更新周期，创造更加灵活的标准形式，使标准发挥更大的作用。

5.3 提高国际标准采标率

采标在一定程度上反映了标准的国际化程度 。我国标准化工作的“九五”计划和 2010 年远景目标纲要中指出：要采取措施，加快采用国际标准和国外先进标准的步伐，要认真落实采标政策，力争“九五”末实现主要行业采标率达到 70% 以上的目标，2010 年达到 90% 以上的目标。目前，我国木工机械标准还远远没有达到这个要求。

我国木工机械标准主要采用的国际标准是 ISO 标准，全国木工机床与木工刀具标准化技术委员会和全国人造板机械标准化技术委员会与 ISO 对应的委员会均有技术对口业务。但在实际应用中，还存在采标率低、采用标准老的问题。如 GB/T13570—2008/ISO7009：1983《木工机床 单轴铣床 术语和精度》，这是 2008 年 4 月 22 日发布，2008 年 10 月 1 日实施的标准，标准等同采用 ISO7009：1983《木工机床 单轴铣床 术语和验收条件》（英文版），也就是说这项标准等同于 ISO 25 年前的标准。

目前，我国主导制定的国家标准还很少，导致我们在国际市场缺乏防护。在以后的标准制定中，我们应积极采用国际标准，参与经济全球化，同时也要积极制定有自主知识产权的标准，保护我们的民族工业和我国经济的发展。

6 结束语

我国的标准化工作与我国的国民经济建设紧密相关，木工机械标准在我国木工机械工业发展中发挥着越来越重要的作用。随着世界经济的发展，机械制造业市场的竞争日趋激烈，我们要以科学发展观为指导，加强木工机械标准的建设，使其更好地为国家经济建设服务。

中国木工机械面向全球化的思考
——面对质量和标准竞争的探索

1 概述

经过半个多世纪的发展，中国木工机械行业已经成为我国国民经济的支柱产业。中国木工机械发展受到世界先进木工机械生产国家的关注，中国已成为世界上木工机械生产的大国。据初步统计，现有1 000余家企业，产品约为1 200种，年工业总产值超过 100 多个亿，进出口总额超过 13 亿美元。中国木工机械发展主要原因是社会主义市场经济腾飞发展的形势，推进了行业发展；国家改革开放，为企业引进现代化科学技术创造了有利条件。

在取得进步的同时，我们应面对现实，认清严峻的形势，中国 2001 年正加入了 WTO 组织，从此，中国与世界各贸易大国之间的非关税壁垒被撤除，恢复了平等的合作贸易关系。加入 WTO，给中国的木工机械行业带来机遇和挑战。无论是中国的木工机械走出国门，还是外国的木工机械进入国门，都将给中国木工机械的发展带来动力和压力。我们应客观地看到中国木工机械与世界先进国家在产品质量和总体技术水平上存在的差距（标准化生产、产品质量、新品种、生产率、节能环保、自动化程度等方面的差距）。如果说与 20 世纪 60 年代相差 50 年，70 年代相差 20 年，那日前仍相差 10 年。10 年的差距并不大，但要想赶上先进，仍需付出很大的努力。

2 中国木工机械质量和标准工作现状

2.1 质量方面的现状

在诸千家企业中，随着我国社会主义市场经济不断深入与发展，经济成分也有了显著地改变。原有的一些国有骨干企业已面临着转制与破产，新型的民营、外资、合资企业在兴起，并且已经成为我国经济发展的重要部分。传统的管理模式，传统的产品机构与布局都处于新的整合时期。处于过渡阶段时期，给产品总体技术水平和质量的提高都会带来一定程度的影响。

总体分析，一些大、中型企业质量相对稳定，具有一定的产品开发能力，一些小型企业，由于受规模、资金影响，产品质量不稳定，产品研发能力较弱。更为甚者，如福建、江西一些地区的不法分子生产的木制品生产线专用设备，采用低标号水泥做床身，铜片替代轴承，劣质电机冒用品牌电机，机器无法试车运转，这些伪劣产品，严重地冲击着国内木工机械市场，破坏了我国木工机械发展秩序。

我国政府十分重视木工机械的产品质量。自1989年以来，加大了对木工机械产品国家监督抽查力度和打假活动。国家木工机械质量监督检验中心自1989~2004年连续近10年对木工机床进行了质量跟踪，其综合平均合格率为62.4%，远远低于同类机械产品的平均合格率。

表1 国家监督抽查木工机床年度合格率及综合平均合格率 %

年份	1989	1992	1993	1994	1995	1996	1997	1998	2000	2001	2002	2003	2004
平均合格率	70.6	52.0	48.0	68.7	59.4	50.6	70.4	60	-	-	71.1	70.5	65.1
综合平均合格率	62.4												

经过行业管理部门及专家的分析，木工机床合格率偏低的主要原因是：

(1) 企业质量意识差，缺少科学管理。ISO9000标准在我国已实施多年，目前仍处于推荐执行阶段。在木工机械企业实施质量体系认证的也只不过几十家，相当一大部分企业缺少这一方面的意识，因而影响了企业的发展。由于企业缺乏科学的管理，使企业缺乏对自身和消费者的认识，降低了企业在市场的竞争能力。

在历次检查中，都会发现相当一部分中小企业不重视企业的科学管理。企业内部分工不明确，管理混乱，没有一个可以遵循的规章制度，从原料的投入到产品出厂，都处于无序生产状态，质量意识较差，其产品质量在同类产品中，属低下产品，用户投诉较多。国家相关的行业管理部门如消协、质量检验检疫局、法院等，每年都会受理数量可观的木工机械产品的投诉，其中产品质量投诉占有一定比例。

(2) 设备陈旧、技术创造能力薄弱。中国有相当一部分木工机械企业是由国有企业转制和收购的。原有设备已经多年使用，可以说设备折旧率已接近极限，甚至处于报废状态，丧失了机床应有的性能，这些设备不经大修，继续使用。还有相当一部分民营企业。由于规模较小，资金缺乏，到二手设备市场购买设备。鉴于此类状况，造成木工机床生产母机的精度低，难于生产高质量的木工机床产品。在国家监督抽查中发现，由于设备落后陈旧、制造能力差，造成木工机床产品精度项不合格的企业占60%。

(3) 技术力量薄弱。经过初步调查，在千余家的木工机械生产企业中，技术人员素质较高的企业也只不过百余家。诸多企业技术力量缺乏，百人企业工程技术人员也不过有2~3人，几十人的企业也不过有工程技术人员1~2人。在这些工程技术人员中，绝大多数属改行专业人员，对木工机床仍缺乏较深的造诣。

对在一线从事制造木工机床的工人而言，就全国几大生产基地，如珠江三角洲、长江三角洲、山东半岛的绝大部分企业招收了大批廉价的农工从事生产，即使是想高价招聘技术熟练的技工，在全国范围内是十分困难的。出于这种专业人员缺乏的状态，产品质量受到了很大影响。

(4) 缺乏研发能力。随着家具业、家居装饰业等有关木业的迅速发展及原材料的变化，世界上先进木工机械的生产国积极应用以CAD为基础的现代设计技术和先进的制造技术（ATM），开发新型木工机床以适应木制新产品、新材料、新工艺的需要。通过国际木工机械博览会等各种形式，展现这些新产品。可是在中国却普遍缺乏这种研发能力。20世纪末期，全国有些大型企业消化吸收国外先进产品和技术，做得较好，每年都有10多种新产品问世，如牡丹江木工机械厂、信阳木工机械厂、都江木工机械厂、青岛木工机械厂等。随着这些工厂的转制，对于一些规模较小的工厂，做的就十分不足。在中国有相当一部分工厂自身无设计能力，采取购买样机测绘生产的方式。有些企业消化吸收不好，甚至没有完全仿好样机，降低了原有机床的性能。

(5) 售后服务质量差。产品的售后服务质量关系到企业能否在消费者中建立良好的信誉，是企业永远在市场立于不败之地的关键。企业能否诚信为消费者服务，也是促进企业发展的重要环节。通过服务，及时发现产品的不足，及时反馈信息，尽快改进产品质量，推进企业产品发展。目前，在中国木工机械企业中，有为数不多的企业认识到售后服务的重要性，采取多种措施，加大售后服务力度。如上海人造板机器厂指派专业的大学生和技术过硬的调试人员负责售后服务；青岛千川木业设备有限公司和青岛建诚豪木机公司定期走访用户；上海跃通木工机械公司安排技术服务车，带上常用的零、配件走访上门服务，行业称作“技术服务大篷车”。这些做法值得推广。可是，有相当一部分企业售后服务质量差，用户的设备维修要求得不到及时和满意的答复，用户怨声载道，使企业在用户中失去了诚信。

2.2 标准方面的现状

《中华人民共和国标准化法》自1989年4月1日实施至今已有15年，《中华人民共和国标准化法》的实施，标志着我国标准化工作已进入法制管理的新阶段。它的颁布有利于发展大生产、有利于发展社会主义商品经济。标准是科研、生产、交换和使用的技术依据。《中华人民共和国标准化法》的颁布，有利于维护国家、集体和个人三者的利益。

国务院标准管理部门在《中华人民共和国标准化法》的指导下，积极组织制定、修订各类国家标准。截至目前，我国已经批准发布19744项国家标准，其中采用国际标准和国外先进标准的有8 621项，采用率为43.7%。改革开放以来，中国把采用国际标准作为一项重要经济技术政策，IEC等国际标准在中国得到了广泛应用。中国自加入IEC，ISO等国际标准化组织以来，一直积极推进采用国际标准工作，IEC现有4 176项，已经转化为中国国家标准的 有1911项。各行业标准化委员会也组织制定行业标准。另外地方、企业也都相应制定地方标准、企业标准。可以说标准化工作得到了各级政府、行业、企业的高度重视，推进了社会主义商品经济的发展。总体形势是好的，但也存在一定不足：

(1) 标准化建设速度跟不上生产发展速度。我国标准化工作较世界先进工业生产国起步较晚。基础标准和产品标准的制定、修订工作量较大。木工机床、人造板设备、家具机械、竹材加工机械方面的行业标准分别由全国木工机床标准委员会和全国人造板设备标准化委员会组织起草。计划与已制定的行业标准工作情况见表2。

表2 制定标准工作情况

标准类型	计划制定标准数	已制定标准数
木工机床	1 460	189

续表 2

标准类型	计划制定标准数	已制定标准数
人造板设备	960	327
板式家具机械	360	64
竹材加工机械	276	84
总　计	3 056	664

表 2 中所列数据与现有1 100种木工机械产品相比还有大量的专业标准有待制定。

在现有的标准中，有部分标准超过了有效期（ISO 标准规定每 5 年复审一次），在木工机械中，有些是1980 年制定的标准，超过有效期的标准与现代科学技术的发展不相对应，失去了标准的先进性，无法推进产品的发展，其原因是缺少必要的技术力量和有效资源。

（2）标准的宣传贯彻缺少力度。标准的宣贯是标准实施的关键环节。通过各种形式的宣贯，及时有效地将新标准的用途、检验方法、检验工具及标准规定的量值等介绍给标准的使用者，已达到新标准及时地贯彻的目的，使标准充分发挥作用。国家标准化及行业标准化等各级标准管理部门十分重视标准宣贯工作，制定了包括计划、准备、实事、检查和总结 5 个阶段的一整套宣贯方案，采取了办全国性、地方性各类标准培训班，有利地推动了各类新标准的贯彻执行。但由于中国地域较大、企业较多，特别是一些新兴私营企业不太关心标准化建设工作，缺乏信息沟通，给标准的宣贯工作带来一定影响。值得指出的事，有相当一部分企业在生产中仍使用失效的老标准，在一定程度上影响了产品质量及水平的提高。

（3）强制性、安全标准不能满足生产要求。从木工机床高速切削、易造成人身伤害的实际情况出发，国家各级行业标准管理部门十分重视操作者的劳动安全，组织制定了有关木工机床的安全标准，这些标准有效地指导了木工机床的生产，在一定范围内通过法律和行政法规等强制手段，保护了操作者的切身利益和劳动安全，但现有木工机床安全标准不足 20 个，远远不能满足木工机床的设计、制造和管理要求。

就木工机床使用状况分析，用强制性标准加与严格限制，杜绝安全事故发生尤为重要。因为，每年因机床的安全性能差，在使用木工机床过程中，经常发生各类人身伤亡事故，如圆锯、平压刨床断指、断肠，锯条、砂带断裂伤面、伤眼等安全事故都是屡见不鲜的。为木工机床产品与欧洲市场接轨，国家也设立了木工机床安全认证委员会，并公布了在全国实施木工机床机械安全认证的首批产品（锯类、刨类及多用木工机床）。该项认证工作目前仍是推荐性的，没有列为强制性认证，从而削弱了贯彻力度，国产木工机床屡屡出现因机械安全性能差引起的申诉。

（4）无标生产的现象仍存在。经过国家监督抽查、地方定期监督抽查及市场监督抽查等各种形式检验，目前，仍发现有部分企业处于无标准生产状态。有些属新产品刚刚投入生产，但绝大多数属标准意识差。根据国家法律有关规定，对于无标生产的产品，一律按不合格品论处。

3 面对国际竞争的局势，我国木工机械行业的应对措施

目前世界先进木工机械生产国，如德国、意大利等先进木工机械生产国，其经济属下滑时期。德国企业计划向国外转移生产。据报道，德国工商总会（DIHK）最近对1万家企业进行的题为“生产转移作为全球化战略的要素”的问卷调查表明，25%的德国工业企业计划在今后3年内向国外转移全部或部分生产，亚洲将成为转移的首选目标。另外，德国工程联合会（VDMA）木工机械专业委员会最近也走访中国，寻找合作伙伴，求得共同发展。美国的木工机械行业也将重点放在中国极大的市场。面对国外企业及产品进入中国，如何保护中国的民族工业，为国内木工机械企业占据更大的份额是摆在中国木工机械行业面前当务之急的大事。为此，提出如下思路，仅供行业参考。

3.1 全面规划，政策激励

政府要制定发展木工机械制造业的规划和鼓励政策：

（1）制定规划和专项计划，建立基金，集中管理，抓紧实施。

制定提高和发展我国木工机械制造业近期、中期和长远的规划，并及时公布。为了突出政府对行业的支持，建议尽快提出专项计划，由专门机构集中管理，并建立提高木工机械总体技术水平相应的专项基金，力争尽早开始实施。

（2）制定产业政策，继续大力发展劳动密集型产业，积极发展资金密集型产业，集中发展技术密集型产业。

在新的环境下，为提高和发展我国木工机械制造业，产业政策要以技术进步和增强国际竞争力为核心，以调整产业结构为突破口，破除传统的地区、行业分割的体制，推进跨国、跨地区、跨行业的联合，兼并与重组，在现已形成雏形的若干地区，按市场经济的发展规律，促其发展成国际上知名并具有特色的木工机械制造业集中地，充分利用沿海城市的区域优势和发达国家进行产业调整和转移的机遇，吸引外商来这些城市投资、办厂或承接外商转包加工任务，形成一批技术先进、有一定规模、有特色的出口加工基地，如珠江三角洲的顺德木工机械生产基地、长江三角洲以上海为中心的木工机床及人造板设备生产基地、山东半岛胶州湾的砂光机生产基地、辽东半岛的沈阳板式家具生产基地、黑龙江地区常规木工机床生产基地等。调整我国的外资政策，增强外商投资的安全感，引导跨国公司向我国提供先进技术，创造内资与外资双赢的环境，鼓励中资到国外投资，带动我国木工机械产品的出口。

3.2 加强行业协会职能，形成整体力量，提高产品质量去参与竞争

长期以来，我国木工机械的主要企业处于政府指导与关怀下，在国家保护政策下，进行正常的生产与经营活动。进入高速发展的市场经济后，由于受机制的限制，正常的生产与市场都出现了失控状况。对于中国一大批新兴中、小民营企业，尽管从机制上、资金运作和生产活动等方面，在短时期内表现活跃，但由于缺乏对政府的有关法律和行业整体规划与前景足够认识，目前处于各自为政，从眼前小企业的范围去组织生产和从事商业活

动，加入 WTO 组织后，国际竞争十分激烈，由于我们在产品的水平和质量与先进国家尚存在相当差距，因此如果仅仅靠企业自身发展是无法参与国际和国内两个市场竞争的。随着我国市场经济的深入发展，国际市场竞争的加剧，不参与竞争就等于自身削弱，甚至破产。在各种挑战面前，无论何种机制的木工机械企业，只有加入行业协会，才能得到协会的宏观指导，在产品开发、调整市场开发等方面共同遵循一个规划、持续、稳定地提高我国木工机械在国际、国内的竞争实力。如德国机械制造商协会木工机械分会（VDMA）、意大利木工机械和工具制造商协会（ACIMLL）、美国木工机械制造商协会（WMMA）、全日木工机械商业组织等世界一些国家的木工机械协会办得非常成功，企业在参与国际市场竞争时，得益于协会的有力指导。相信中国的木工机械企业在加入 WTO 后，会更加团结在协会周围，求得共同的发展，以推动中国木工机械行业的发展。

3.3 加大对假冒伪劣产品的打击力度

目前，各级质量监督与管理部门要进一步加强对假冒伪劣的木工机械的打击力度，对生产、销售者严惩重罚。从而，达到净化国内木工机械市场、保证木工机械行业健康有序发展。

3.4 加强标准化建设

标准化是随着生产现代化和贸易的发展而发展起来的，标准是对产品质量、规格及其检验方法等方面的技术规定，是从事生产的一种共同依据，它在技术上起到沟通生产、使用和科研三方面的作用。同时，也是组织生产的一种重要手段。

随着木工机械生产的发展、品种、数量的迅速增加，木工机械标准化工作的开展，对于促进产品质量的提高，发展品种，缩短新产品试制和生产准备周期，提高劳动生产率，合理利用资源，节约原材料，产品的互换性和协作配套，便于产品使用和维修，便于国际贸易和技术交流都是有十分重要的作用。

我国木工机械标准化工作起步较晚，比 ISO 标准和先进国家无论是标准数量还是水平方面都存在相当差距。作为国家标准化管理部门的行业标准化管理部门，任重而道远。今后的工作方向应是制定标准化长远和近期工作规划，调动和组织行业专家，根据木工机械产品的发展制定、修订急需的基础和产品标准，并保证我国的标准接近和达到国际先进水平，以缩小我国与先进国家的标准差距。

3.5 加紧做好产品的质量认证工作，提高国际、国内市场的竞争能力

实施产品质量认证对企业和国家都会带来好处，增加了客户对企业产品的信誉，提高了企业在国内、国外市场的竞争能力。对于中国木工机械，不仅是产品质量认证，CE 安全认证也尤为重要，是打入欧洲市场的通行证。

3.6 加强企业内部质量管理

经过实践证明，只有经过 ISO9000 标准认证，企业才能按照国际惯例发展和进行合理化、科学化的管理，产品质量才能达到标准规定，市场才能稳定。尽管目前 ISO9000 标准在我国属推荐性标准，但被有些企业充分地认识到，通不过 ISO9000 认证，产品就没有市

场，因为消费者将此作为考核企业的一项关键性指标，特别是在进行贸易洽谈时，无论是国外还是国内有些客商首先要确认你的企业是否通过了 ISO9000 标准认证，否则一切免谈。

3.7 研究开发，自主创新

（1）引导企业建立和不断完善技术开发体系。根据企业自身产品的特点和市场的变化，引导企业建立和不断完善技术开发体系，创造良好的环境（激励和竞争相结合），吸引国外优秀人才到企业发挥他们的创造性和积极性。

（2）促进产、学、研有效结合，尽快从单纯引进的模式向技术引进与自主创新相结合的模式过渡。大型企业均应建立起具有较强技术开发和技术创新能力的技术部门。科研机构和院校要改变只重获奖和论文的脱离实际的做法，紧密地联系企业的生产实际，发挥产、学、研互补的优势。企业也应该主动联系科研机构和院校，提出具有法律约束性的利益共享方式，让为企业作出贡献的人才的创造性劳动价值得到体现，如东北林业大学林业与木工机械工程中心和上海人造板机器厂、牡丹江木工机械厂、信阳木工机械厂、哈尔滨林业机械厂的技术合作非常成功，双方都能获得效益，国家需要加强企业技术引进工作规范管理，加强监督，保证在消化吸收的前提条件下，有目的引进先进设备和生产线。

（3）加快企业采用先进技术的进程，以改革落后的生产技术、流程和管理。先进的生产技术（AMT）是木工机械制造业发展的技术基础，也是提升木工机械制造业强大的推动力。因此，企业要积极应用以 CAD 为基础的现代设计技术，提高产品开发设计能力和自主开发的比重；采用先进的制造工业和装备，提高生产能力和生产技术水平；实施先进生产模式和管理技术；注重技术和系统的有效集成等。

先进制造技术是面向木工机械产业的技术，企业在采用先进制造技术的时候要注意其适用性和可行性，避免盲目地追求先进性而脱离实际性，采用先进和适用的制造工艺和装备是围绕企业的核心技术和核心能力进行改造的重要条件，要注意资源的有效利用，贯彻可持续发展战略。

（4）加大数控技术在木工机床的普及与推广力度，提高木工机床的自动化程度。数控技术在国外已经被广泛使用，而中国数控木工机床还不到 3%。所以，我国木工机械企业要加快数控机床的开发力度，提高机床自动化程度，满足家具等有关行业对现代木工机床的急需。

3.8 严格控制产品质量、保证诚信服务

产品的质量是企业生存的关键，对客户的诚信服务是企业在市场竞争永远立足的根本。

企业应重视从原料、零配件进厂到成品出厂全部生产环节的质量控制，保证出场的产品均要达到规定要求，诚信为客户做好技术服务，保证售出的产品尽力做到零投诉。

（1）建立一支完善的技术过硬的检验队伍，从事检验的工作人员要任其职、谋其责，做到为国家负责，为企业负责，为客户负责。

（2）加强企业检验设备的建设，具有符合产品标准要求的检验量器具，按产品发展的要求及时更新检验设备，使其具备现代科技检验水平。

（3）企业要重视产品售前与售后服务，对售出的产品要做好技术服务，重视企业反映的产品质量问题，作为产品改进的重要参考。

3.9 人才是提高产品质量和技术水平的关键

企业的提高和发展需要各种人才，但木工机械行业后继乏人。要保留一批企业技术中坚骨干人才，为他们创造业务发展的空间，重视他们的劳动科研成果，重视企业的人才建设，大力发展工程技术类职业教育。大力提倡继续教育和终身教育，建立继续工程教育体系，保证企业有充足的人力资源去从事新产品的开发和维持主导产品的正常生产。

3.10 加大国际市场的采购力度，把主要精力放在产品开发

对于木工机械常用的零配件，如轴承、液（气）压元件、电子元件、数控机床部件等，国外的产品技术先进、质量稳定，我们不必花费精力自己去制作，完全由国家组织相关部门集体采购，企业共享，这样可保证企业把主要精力策重于新产品的研发中。

总之，从我国加入WTO之后，木工机械市场的变化对国内企业应该是生死攸关的，研究我们应该采取的对策是发展的当务之急，竞争是企业生存的关键，生存就必须抓住产品，保证以高水平、高质量的产品去抢占市场，靠行业联合垄断市场。要立足国内，加强专业分工来改变产品生产模式，并积极采用国际标准适应国际市场。

贯彻国家标准编好木工机械产品使用说明书

1 前言

木工机械产品使用说明书是企业向用户介绍其产品的载体，其目的是让用户对所购买的产品能够有充分的认识，从而指导用户对所购买产品正确规范的进行操作和使用。

随着我国市场经济的蓬勃发展，产品质量竞争日趋剧烈，生产厂家无不把提高产品质量视为企业发展的生命线，作为关系产品质量至关重要的产品使用说明书的编制工作也是不能忽视的。木工机械产品使用说明书是交付产品的必备部分，如何贯彻国家标准，编好木工机械产品使用说明书，提高其编制质量便显得十分重要。产品使用说明书的主要作用是向机械的使用者传递如何正确使用机械，确保操作安全。提供产品使用说明书是机械设计不可缺少的一个组成部分，是机械设计者向用户传递遗留风险的一种有效媒体。木工机械在机械产品中是属于比较危险的一类产品，每年都会有使用者因操作不当产生人身伤害，可以说产品使用说明书对用户的警告不够也是造成这种现象的原因之一。长期以来，由于木工机械行业部分生产厂对产品使用说明书的重视程度不足，设计人员思想上也对说明书的编写不够重视，从而造成说明书内容过于简单，通常只有产品介绍和简单的操作方法。而最重要的安全警告的内容甚至一点也未涉及，即：未能通知和警告用户该机床存在的遗留风险，使他们在使用时采取相应的补救或防范措施；未能有效地指导用户正确操作使用设备，对操作者产生了不应有的伤害。

根据国家木工机械质量监督检验中心近几年来对木工机械的监督检验表明，市场上生产的一些木工机械产品的说明书都不同程度地存在“说”而不“明”的问题，由此引发的纠纷也呈上升趋势。目前产品使用说明书存在的问题有：说明书的内容不全或过于简单，擅自扩大适用范围，虚假宣传，缺少警示性内容，用语不通俗，字体不规范，技术用语和外文太多，说明书印刷质量差等。新修订的 GB/T 9969—2008《工业产品使用说明书 总则》已于 2009 年 5 月 1 日正式颁布实施。因此，笔者认为各生产企业应提高对 GB/T 9969—2008《工业产品使用说明书 总则》标准的认识，加强对产品使用说明书的管理，规范产品使用说明书的编写。应充分认识到按国家标准规定编写好产品使用说明书是一种执行法律、法规的法制行为。各生产企业都应向用户提供符合国家标准要求的产品使用说明书。

2 产品使用说明书的作用

按 GB/T 9969—2008 标准编写产品使用说明书，可使木工机械用户正确选择产品、正确使用与维修产品，并能严格注重产品的安全因素，保障生产安全。同时，符合标准的使用说明书，也更有利于产品生产企业向市场推介产品，并通过合理的声明维护自身的利益。

(1) 产品使用说明书是产品的组成部分。说明书是交付产品不可缺少的部分，它应创造条件促使用户正确使用产品。产品使用说明书是企业与用户之间沟通的桥梁，是产品生产企业对用户承诺产品性能与品质的法定文件，也是用户对产品进行技术验收、享受售后服务的依据。当发生安全性能质量与其他质量问题争议时，产品使用说明书也必然是处理法律纠纷的重要依据。产品使用说明书按规定标注的“生产单位名称、详细地址、电话号码”等，便于用户与产品生产企业进行业务联系，并使产品生产企业能更好地接受监督管理。

(2) 产品使用说明书反映产品基本性能与使用方法。GB/T 9969—2008《工业产品使用说明书 总则》规定：“产品使用说明书应明确给出产品用途和适用范围，并根据产品的特点和需要给出主要结构、性能、形式、规格和正确的吊运、安装、使用、操作、维修保养和贮存等方法，以及保护操作者和产品的安全措施。”用户根据产品使用说明书，可以熟悉产品具体结构、基本性能、技术参数以及正确的使用维护方法与安全地使用产品的具体措施，有利于使产品发挥应有的作用，确保安全生产。

产品生产企业应在产品使用说明书中给出与产品标准一致的性能参数（不是夸大的或降低标准的性能参数），并给出便于用户熟悉产品的具体结构、使用维护方法等信息；用户也应认真审核使用说明书中的信息是否符合要求，必要时，应要求产品生产企业对使用说明书做出必要的修改或补充。

(3) 产品使用说明书给出了产品安全的警示说明。GB/T 9969—2008《工业产品使用说明书 总则》规定：“对易燃、易爆、有毒、有腐蚀性等性质的产品，使用说明书应包括注意事项、防护措施和发生意外时紧急处理办法等内容。”“使用说明书应对涉及安全方面的内容给出安全警告。”这对木工机械安全生产非常重要。

在产品使用说明书中明确给出使用产品的“警示说明”或“安全警告”，是产品生产企业对社会的责任，也是木工机械产品生产企业对如何确保产品安全使用的文字声明；产品使用说明书中的“警示说明”或“安全警告”，既可以为用户与操作人员提供确保安全的信息，也有利于产品使用发生事故时，正确地进行事故原因分析，避免产品生产企业承担不必要的法律责任和经济损失。

木工机械产品的生产企业应重视如何在使用说明书中给出“警示说明”或“安全警告”，根据产品具体结构、性能的特点，按标准要求分为“危险”（表示对高度危险要警惕）、“警告”（表示对中度危险要警惕）、“注意”（表示对轻度危险要关注）不同等级，对用户进行安全警示，提醒用户与操作者注意，确保木工机械安全生产。

(4) 产品使用说明书反映产品的发展和变化。GB/T 9969—2008《工业产品使用说明

书 总则》规定："应标明使用说明书的出版日期或版本。""当产品结构、性能改动时，使用说明书的有关内容必须按规定程序及时作相应修改。"生产者应向用户提供和产品相对应的说明书。由使用说明书的信息即可判断产品的时代性，有利于用户选择和使用产品，并约束产品生产企业向用户提供与使用说明书一致的产品。

有的产品生产企业在产品使用说明书中"声明"："本企业有权对使用说明书随时修改，修改时恕不通知。"按 GB/T 9969—2008《工业产品使用说明书 总则》的规定去分析这个"声明"，可发现这是一个不符合 GB/T 9969—2008《工业产品使用说明书 总则》规定条款。使用说明书涉及修改的内容，应与提供的产品相一致。生产者应向用户提供和产品相对应的说明书。

3 产品使用说明书的编写

GB/T 9969—2008《工业产品使用说明书 总则》于 2009 年 5 月 1 日起实施。依据规定因产品使用说明书的编制不符合国家标准要求，导致使用户使用、维护、保养不当造成的损失，生产厂家是必须为此付出代价的。这应当引起生产企业的高度重视。总之，为了企业的利益，为了我们的用户，产品使用说明书必须按国家标准要求编制好 。

生产企业在编写木工机械产品的使用说明书时，应该依据 GB/T 9969—2008《工业产品使用说明书 总则》、GB/T19678—2005《说明书的编制 构成、内容和表示方法》及相关的法律、法规、产品标准，并结合产品的实际特点来进行编写。

依据 GB/T 9969—2008《工业产品使用说明书 总则》的编制要求，产品使用说明书内容的表述要科学、合理、符合操作程序，易于用户快速掌握。中文使用说明必须采用规范汉字。使用说明书中的符号、代号、术语、计量单位应符合最新发布的国家法律、法规和有关标准的规定。当使用说明书超过一页以上时，每页都应编号。使用说明书的印刷材料应结实耐用，能保证使用说明书在产品寿命期内的可用性。使用说明书的开本幅面，可采用 A4 或其他幅面尺寸。使用说明书内容主要由以下几部分构成：

（1）企业及产品情况概述。包括企业情况简介，产品特点、品种、规格，型号的组成及其代表意义，主要用途及适用范围，使用环境条件及工作条件，对环境、能源的影响以及安全性说明。

（2）安全使用注意事项。包括安全使用期、生产日期、有效期；一般情况的安全使用方法；容易出现错误的使用方法或误操作；错误使用、操作可能造成的伤害；异常情况下紧急处理措施；特殊情况（停电、移动等）下的注意事项；其他安全警示事项。

（3）结构特征与工作原理。包括产品总体结构及其工作原理、工作特性；主要部件或功能单位的结构、作用及其工作原理；各单元结构之间的机电联系、系统工作原理、故障报警系统；辅助装置的功能结构及其工作原理、工作特性。

（4）性能指标及技术参数。介绍产品的主要性能指标；主要参数、外形尺寸及安装尺寸；重量。

（5）安装与调试。包括产品的安装条件及安装的技术要求；安装程序、方法及注意事项；调试的程序、方法及注意事项；安装、调试后的验收试验项目、方法和数据；试运行前的准备、试运行的方法及注意事项。

(6) 使用与操作。应强调产品使用前的准备和检查；使用前和使用中的安全及安全防护、安全标志及说明；启动及运行过程中的操作程序、方法、注意事项及容易出现的错误操作和防范措施；停机的操作程序、方法及注意事项。

(7) 故障分析与排除。应注明产品的常见故障、原因分析及排除方法。推荐采用列表排除的形式，其一般格式如下：

故障现象	原因分析	排除方法	备注

(8) 安全保护装置及意外事故处理。包括产品的安全保护装置；意外事故的处理程序和方法。

(9) 维护与保养。应包括产品的日常维护、保养、校准；运行时的维护保养；检修周期；日常维护程序；长期停放时的维护保养。

(10) 运输及贮存。应包括产品吊装、运输时的注意事项；产品贮存条件、贮存期限及注意事项。

(11) 开箱及检查。开箱注意事项和包装箱里的检查内容。

(12) 环保及其他。有关处置、处理方面的规定。需要向用户说明的其他事项。

(13) 图、表、照片。包括外形（外观）图、安装图、布置图；结构图；原理图、系统图、电路图、逻辑图、示意图、接线图、施工图等；各种附表附件明细表、专用工具(仪表) 明细表；照片等。

企业在编写产品使用说明书的时候，可根据具体产品的特点和使用要求对以上内容加以选择、增减并合理排序。根据木工机械产品的特点，笔者推荐企业按以下目次对产品使用说明书进行编排：企业及产品情况简介、安全注意事项、结构用途、特点及主要性能指标参数、使用与操作方法、维护保养、常见故障与排除方法、随机配件、易损件明细表、装箱单、合格证。

4 结束语

为了维护企业与用户的合法权益，让产品使用说明书真正发挥作用，便于使用和保障使用安全，各生产企业应加强对产品使用说明书的管理，规范产品使用说明书的编写，这就需要各企业切实贯彻执行 GB/T 9969—2008，提高对 GB/T 9969—2008 的认识，加强贯标培训。特别是企业设计人员，设计文件的编写人员，应努力认真全面学习这项标准。充分理解标准规定内容，掌握标准内容，按标准规定的产品使用说明书的基本要求和编制方法，编写本企业产品的使用说明书。各企业对现有产品使用说明书，应依据 GB/T 9969—2008 标准进行细致的审核，凡不符合标准规定的，应立即进行更改修订达到标准规定要求。

使用说明书关系到广大使用者的切身利益，也关系到生产企业的声誉，随着科技的进步和我国市场与国际市场的接轨，市场竞争日渐加剧，生产企业通过正确、科学、准确地把握产品本质属性，如实地编制产品使用说明书，宣传介绍产品，易于用户理解接受产品，立市场于不败之地。

对 GB/T13572 和 GB/T21684 两个标准的学习体会

2008 年中国国家标准化管理委员会相继发布了 GB/T13572—2008 木工机床 二、三、四面刨床术语和精度 ，GB/T21684—2008 木工机床 二、三、四面铣床术语和精度 两个标准，它们的同时发布，给标准的实施方、在选用标准时带来了一定的困难，如果对两个标准不能深透理解，选择不当，将会影响两个标准的正确贯彻和实施。为此，在向两个标准起单位的主要起草人进行技术咨询的基础上，将个人对这两个标准的一些学习体会与大家进行交流。

1 如何从切削方式的角度去定义机床的名称

在全国高等林业院校试用教材《木材切削原理与刀具》第二章第二节所述，铣削的加工方式为：刀具绕定轴 O 以等速做回转运动称为主运动，工件相对刀具的运动称为进给运动。主运动与进给运动称为铣切运动。

刨削的加工方式为刀具与工件，相互间做直线运动，称为刨切运动。

按照上述的叙述，通常所称的“木工刨床”应更正为“木工铣床”。

但多年来，人们已经习惯地把这类机床称为“木工刨床”，所以在现行的所有技术资料中也得到默许，如上述所列教材的第三章第六节刨刀，所列的“镶有刀片的组合刀头”，实质就是一种铣刀。

2 GB/T13572—2008 和 GB/T21684—2008 标准制定的依据

我国为了尽快地使木工刨类机床的技术水平达到国际先进水平，因此废除了 1992 年制定的 GB/T13572《二、三、四面木工刨床 精度》标准，重新制定了 GB/T13572—208 和 GB/T21684—2008 两个新标准，并于 2008 年发布实施。

GB13572—2008 和 GB21684—2008 两个标准分别等同地采用了 ISO7947：1985 木工机床 二、三、四面铣床 术语和验收条件。两个标准主要来自德国标准。既然是等同采用，所以就完全遵照了国际标准的原意。

3　GB/T13572— 2008 与 GB/T21684— 2008 标准的相同与差别

按照已往的习惯，对于“木工刨床”采用 GB/T13572— 1992《二、三、四面木工刨床　精度》进行机床检验，已经足够。但时，自从 2008 年，GB/T13572— 2008 和 GB/T21684—2008 发布并实施后，作为标准的实施方，首先必须识别两个标准的共同点和差异，才能正确、合理的选用标准。

两个标准的相同点：

GB/T13572—2008 和 G/B21684—2008 都是针对木工刨类机床而言，平面刨削的机床的结构部分基本是相同的。

两个标准的不同点：

（1）GB/T13572—2008 只适用木工平面和等厚刨削，可以为二、三、四面的平面，如 MB104，MB204，MB402 木工刨床。

GB/T21684—2008 只适用纵向贯通式曲、直面（成型表面）加工，如带有成形刀轴，可加工纵向贯通式成形面的多轴四面刨床（新标准称为木工四面铣床）。

（2）同一类检验项目精度规定值不相同。如：各工作台面的平面度、刀轴周线相对工作台面的垂直度、等项的规定值都不一样，通常 GB/T21684—2008 规定的精度指标高于 GB/T13572—2008。

4　GB/T13572—2008 于 GB/T123572—1992 的比较

GB/T13572—2008 增加了前言、述语，取消了工作精度检验，对机床的几何精度 G3，G7，G8 作了调整。

GB/T3572—2008 G3 在检验工作台唇板的平行度，只规定切削深度 $C=5$mm，公差值为 0. 10；而 GB/T13572—1992 则规定 $C=0$，$C=5$，两个位置检验。

GB/T3572—2008 G7 水平刀体的径向跳动，明确了当刀体带刀片和不带刀片的两种检验方法。而 GB/T3572—1992 没作详细规定。

GB/T2008 G8 工作台托辊的径向跳动，公差值为 0. 15，低于 GB/T13572—2008 公差值 0. 05。

5　深刻理解GB/T13572—2008和GB/T21684—2008两个标准的内涵

5.1　刨类机床的功用及分类

刨类机床主要用于木制零件的厚度加工，根据不同的要求，可分为单面、二面、三面、四面木工刨床。

GB/T21684—2008 二、三、四面铣床，是二、三、四面刨床的一种扩展，即增加了数个成形加工刀轴及一些修整等切削机构，实现木制品的成形表面加工。

5.2 技术要求

通常在木制品的刨削加工之前，必须经过平刨加工，已便获得木制品的平面基准，作为下一道工序的基准平面，确保相邻表面位置精度要求。

对于木制品的成形表面加工前，必须是经过表面刨削加工，然后用成形刀加工木线、带有榫和榫槽的地板等木制品。

5.3 标准中的术语部分

GB/T13572—2008 和 GB/21684— 2008 标准中，术语共有内容：

（1）机身部分：包括床身、机座、统称机床的支承件。支承件不仅承受重力，而且还承受切削力、摩擦力、夹紧力等的作用。正确设计支承件结构，对提高机床的刚性和长久保持机床工作精度具有重要意义。

（2）进给机构：直接携带工件实现进给运动的机构。通常采用辊筒、履带结构。

（3）压紧装置：用于采用贯通式进给方式的木工机床中，它可阻止被加工木件在切削力作用下离开加工基准，以保证正常的加工要求。在两个标准中，所包括的机床采用的压紧装置为弹性滚动压紧装置。

（4）切削机构：包括主轴部件、切削刀头（刀片、紧固件等）。主要对工件进行切削，已改变零件的形状和尺寸，其刀头有圆刀头、方刀头之分。

（5）安全保护装置：主要包括止逆器、断削器等。止逆器用于防止在木材在切削力的作用下反弹伤人。断削器用于将切削产生的长切屑及时折断，防止聚堆影响加工和造成不安全事故。

（6）导向装置：保证工件沿着一定方向运动，如机床的导轨。

（7）工作台 、工台的升降装置：实现工件的支承和加工厚度的调整。

5.4 对 GB/T13572—2008 和 GB/T21684—2008 标准的理解

两个标准由于发布时间不太长，在选择标准时，一定要选择得当，只有正确选择，才能保证对被检产品作出正确的判断与评定。

一定严格区分 GB/T21684—2008 标准所指的铣床与通常所指的木工铣床不同，如：MX519 木工铣床结构不同。

第四部分

综合理论篇

金融海啸对我国木工机械行业发展的影响及应对措施

1 前言

2008年是中国发展进程中很不寻常、极不平凡的一年，这一年对每个中国人民乃至世界人民留下了刻骨铭心的记忆。2008年的中国，接连经历了一些难以预料、历史罕见的重大挑战和考验。面对严峻形势，中国共产党带领全国各族人民同心同德、顽强拼搏，战胜各种艰难险阻，成功夺取南方部分地区严重低温雨雪冰冻灾害和四川汶川特大地震灾害斗争重大胜利，成功举办北京奥运会、残奥会，成功完成神舟七号载人航天飞行任务，成功举办第七届亚欧首脑会议，沉着应对金融海啸的冲击，社会主义经济建设、政治建设、文化建设、社会建设以及生态文明建设和党的建设都取得新的显著成就。但是，2008年下半年以来，国际经济环境急转直下，国内经济困难明显增加，在国际金融海啸的冲击下，全球经济增长放缓，股市楼市空前低迷，金融形势复杂多变，不稳定不确定因素明显增多。目前，这场金融海啸不仅本身尚未见底，而且对实体经济的影响正进一步加深，其严重后果还会进一步显现，从而造成我国经济运行中的困难增加，经济下行压力加大，企业经营困难增多。我国经济社会发展正在经受历史罕见的重大挑战和考验。

应该清醒地认识到，2009年是新中国成立60周年，是实施“十一五”规划的关键之年，也是改革开放30年来我国经济发展最为困难的一年，改革发展稳定的任务十分繁重。一定清醒地看到国际国内经济形势的严峻性和复杂性，增强危机意识和忧患意识，把保持经济稳定较快发展作为经济工作的首要任务。2009年我国的重点工作是应对国际金融危机，全面促进经济平稳较快发展。2009年中国木工机械行业应如何面对这场金融海啸带来的影响？应该怎么做？笔者结合近期的调研谈一下自己的看法。

2 次贷危机的前因后果

笔者相信对于很多不从事经济工作的人来说，虽然对这次席卷全球的美国次贷危机耳熟能详，但对其前因后果却不是很清楚. 也不清楚为什么还会影响到我国。今天就用最浅显的语言，针对没有经济学基础的普通大众来说一说，因此可能流于表面化和简单化。对于专业人士来说，次贷危机和后面发生的经济危机将是一个系统而复杂的研究课题，所以请各位从事经济工作的专家不要过分挑剔！

要理清本次全球性金融危机，就得从美同前任总统克林顿当政时说起。克林顿在任时采取了宽松的经济政策，美国经济出现了良好的发展势头。经济的欣欣向荣必然带来一些产业和行业的发展，而在所有的行业中，房地产这个最为关键的行业也迅猛发展，房价节节攀升。

房地产商为了扩大规模，提升业绩，就通过各种途径去宣传房地产市场的美好前景，并鼓励老百姓买房。房地产价格一天一个样，飞速上涨。因此，在第一波的上涨行情中，有钱人首先就把房地产作为自己的投资方向。房价的上涨和这些人疯狂购买的行为是相互刺激的，购买的人越多，价格涨得越快，有投机心理的购买方也就越多。于是，房价就这么直线上涨，表现在经济上也是繁花似锦，十分好看！

美国是个很讲究个人经济信用的国家，因此，即使是中产阶级也不能到银行无限量地贷款买房。到达一定程度后，房地产行业就把那些有资本、愿意投入到房地产行业来的有钱人搜刮了个遍。但是房价的上涨势头已经让商人们杀红了眼，人人都在鼓吹后市如何如何好，已经刹不住车了，于是房地产商就要寻找新的购买群体！那么还有哪些人可以买房呢？左看右看，还有一群穷人眼巴巴地看着大好的房屋流口水呢！

于是房地产商就盯上了穷人。别看美国是发达国家，那里的穷人可一点儿也不少。如果能让这帮人也来买房，那将是一个多么大的市场啊。但是他们中的绝大多数人都住在政府提供的廉价房里，生活都成困难，还拿什么来买房呢？正所谓有利润就有对策，房地产商一门心思地要让这些人也加入疯狂的购房大军中，于是组合政策出台了！

首先是找广告公司和营销公司，借助媒体、专家疯狂地包装和吹嘘. 要让每个人都觉得只要房子一到手，就能赚钱；其次，提供按揭，并且调低首付。从以前的40%首付调整到30%，然后一步一步降低，反正是先把那些有点钱的一个一个给诳进来再说。最后调整到10%，啊？还拿不出？算了，不管了，只要你想买，只要你愿意买，只要你敢买，没钱，我给你垫首付，两年以后还给我就行……

那些穷人一下子懵了：有这等好事？白白得一套房子，而且还是不停增值的不动产，这不是天上掉馅饼吗？更何况有两年的还款期限，说不定这两年期间走运发财也说不定；即使没有发财，两年后房价不知道涨到多少了，到时候卖了，不是白白捡钱嘛！于是，大批的穷人也开始买房了。

游说穷人买房的是房产商，但是提供贷款的却是银行。现在房子倒是卖得欢了，但穷人毕竟是穷人，对于银行来说，这些人不仅一点信用基础也没有. 而且几乎没有任何信用担保！两年后还是穷人怎么办？还不了贷款怎么办？因此，银行就开始想办法将这些风险转移出去。

最好的办法，也是银行通行的办法. 就是把这些劣质贷款设计成债券。美国银行的债券也就是通常意义上的金融债券，是分信用等级的。那些“有借有还”、有信用保障的贷款风险小，属于优质贷款，放哪儿都不成问题。利润非常丰厚，因此可以很容易卖出去。但是如前面所说的，穷人没有信用基础和贷款担保，提供给他们的贷款风险特别高，属于劣质贷款，也即通常意义上的次级贷款，压根儿就不好卖！那怎么办呢？

于是银行将目标放在了那些投资银行、投资公司和投资基金上面。在美国，各种各样的投资基金和投资银行很多，而且基本属于私人性质。这些机构在全世界到处搞投资，哪里收益高就奔哪里去。这些家伙什么钱都敢挣，什么钱都敢收，说白了，就是赌博，为了高利润、高回报而甘冒高风险。因此每年有好多这样的机构倒闭. 同时每年也有很多这样的机构成立。

于是，那些投资银行和投资基金之类的机构把银行卖不掉的这些次级债券买下来。银行可高兴了：自己终于可以高枕无忧，风险由冤大头承担了，以后让这帮投机分子头疼去吧！正暗自高兴，没承想，随着房地产市场的持续火爆，那些机构居然因此大赚特赚！银行肠子都悔青了，赶快想办法争取分一杯羹，于是他们就搞了个专门针对那些机构的保险。你们不是买了风险很高的次级债券吗？只要你买我们的保险，风险就降低了。这对于那些风险投资机构来说，当然好啊！他们正愁这些债券风险太高呢，有银行来担保，都快喜极而泣了，于是踊跃投保。这样银行又从他们身上赚钱了！好像大家都在赚钱，又都承担了风险，挺公平、挺合理的！

为了赚更多的钱，美国那些银行家、投资家、投机家又想出一招，他们用前面挣的那些钱作为担保金. 成立了一个风险很高的基金。这个基金成立后，借助以房地产为龙头的企业发展。正像我国的基金一样，卖得非常火，老百姓挤破头地去抢！其中还包括我们国家和其他国家的一些银行！哦，不得了，这么多银行，这么多政府机构，这么多专家都在买，基金完全卖疯了……

如果房价能够无限上涨，如果那些劣质贷款没有付款期限，那么，这样的疯狂还是可以持续下去的。但是，现实就是现实，房子的价格必然有一个高点，这个高点就是把穷人也忽悠进去买房后，再找不到人买房的时候。这个时候，房子卖不出去了，穷人还贷的期限也到了！大麻烦来了……

穷人买房的首付，不管是10%还是更高，都是由那些投机和投资机构代垫的，其利息每天都在产生。无论是银行，还是投资机构，他们一切放贷的动机都是为了赚钱。他们在几年前是赌博，赌这些穷人两年内能“发财”，到期能及时支付相关贷款，但现实却给了他们无情的一击。穷人还是穷人，房价不仅没有继续涨，反而开始下跌。这时候银行以及各种投资机构都开始束手无策，他们不可能把房子收回来，因为收回来也卖不出去，而且还在不断贬值。于是银行和各投资机构开始急剧亏损！

在这样的情况下，他们还在鼓吹房地产市场后市如何好，想让那些还没有被完全榨干的家伙把钱也拿出来，以便自己脱身，但为时已晚！手里的债券成了人见人嫌的垃圾，于是银行、保险公司等，包括参与了这次次级贷款和债券的所有机构，集体完蛋！

以上就是这次美国次贷危机的前因后果。美国各大银行和投资机构一个接一个地破产，这还只是第一步，接下来将面临更大的危机，这主要是因为在房地产暴涨的过程中，很多机构和个人都把闲钱投入到了这个行业。简单来说，一个人花几十万买房后，如果他还有银行按揭贷款，那么他必然会降低其他方面的开销，以保证自己的收支平衡。因此房地产市场越火爆，就越会减少其他日用品的需求。市场需求减少了，一些产业的规模就要缩小，就会采取压缩生产、裁减员工等后续措施。再加上随着房地产价格暴涨而带来的虚假经济指标上涨，物价也会跟涨，原材料成本也会上涨。房地产市场的过度投机，必然带来了其他行业的虚假繁荣，导致失业的人越来越多，收入越来越少，产品越来越卖不掉，于是一些企业就跟着倒闭、关门，真正的经济大危机——金融海啸，正式拉开了序幕……

3 金融海啸对我国的影响

由美国房地产的次级贷款危机引发的金融海啸始于2007年8、9月，由于现代金融的资本化、交换化、国际化，这次金融危机远比20世纪30年代的金融危机来得迅猛，迅速从局部发展到全球，从发达国家传导到新兴市场国家和发展中国家，从金融领域扩散到实体经济领域，酿成了一场历史罕见、冲击力极强、波及范围很广的国际金融海啸。对此，世界各国政府均采取了相应的措施，大幅降息、巨额注资、拉动内需、增加市场流动性等多种措施救市，但收效甚微。

金融海啸对我国的影响主要来自于两个方面：

其一，我国现有外汇储备1.9万亿，其中美元债券所占的比重较大，由于美元的连续乏值，蒙受一定的损失难免，这是金融海啸对我国经济带来的直接影响；

其二，国际金融动荡，引发楼市、股市下跌，出口量减少，对我国的实体经济（加工制造业）产生间接影响。后者的影响是主要的，金融海啸的影响目前还未见底，对实体经济的影响正进一步加深，造成企业经营困难增多，金融领域潜在风险增加。

金融海啸对我国木工机械制造行业的影响自2008年二季度显现，奥运会之后开始加重。其主要原因，一是出口产品严重受阻；二是我国主要的人造板及木制品产品（如胶合板、纤维板、刨花板、细木工板及木制品等）其最终用途仍以装修装饰、家具材料为主，而装饰装修和家具行业又与房地产行业息息相关。因此，金融海啸导致的房地产市场不景气也蔓延到我国木工机械制造行业的上游产业各个层面。其具体影响主要表现在以下几个方面。

3.1 银行不敢放贷、投资者畏于投资，导致流动资金严重缺失

近几年我国房地产投资与建设的年递增率为20%～30%，2003年以后，我国房地产价格连续攀升，至2007年我国主要城市的房地产价格翻了数倍，各种原材料的价格也连续上涨，为了控制非理性涨价，国家采取了货币从紧的政策，控制企业的流动资金。

企业的流动资金如同人体中的血液，企业缺少流动资金也就失去了生存的活力。流动资金对房地产企业的影响至关重要，这是由于房地产企业的贷款率较高，而房地产业处于整个市场的核心（占我国GDP的20%以上），部分房地产企业在货币从紧政策的影响下，流动资金短缺而陷于冬眠状态，这就直接影响到装饰、装修和家具行业。同时，胶合板、中密度、刨花板、细木工板等企业因贷款率相对较高，所受影响也相对较大。

3.2 欧盟、美国经济下滑，市场需求萎缩；致使我国人造板、家具及各种木制品的出口量骤减

2008年，美国GDP与2007年同期相比下降幅度较大，欧盟各主要国家GDP与2007年同期相比也普遍下降，经济下行阶段，银行倒闭，企业关闭、工人失业，一系列的连锁反应，导致美国市场及欧盟市场对我国人造板、家具及各种木制品产品和木工机械产品需求的萎缩，直接影响了我国木工机械及其他产品的出口。同时，我国人造板家具、木制品等

出口企业是国际木材市场产业链的加工环节，处于产业链的低端，利润空间并不大。在人民币汇率不断升值、出口退税大幅下降、原料成本和人工成本不断上升、出口订单不断减少的多重压力下，出口企业的盈利空间不断缩小，甚至出现亏损。不少企业减产、停产甚至关闭。从而导致对木工机械产品需求量减少。

3.3 房地产由高速增长，转向低增长或者负增长，造成装饰装修建材行业的不景气，致使人造板木制品、家具等产品的需求减少

2008 年，我国 GDP 与 2007 年相比下降 2.4%。房地产投入减少，商品房交易量下滑，导致市场对装修装饰建材及家具和木制品需求的减少。由于房地产对其他产业的影响有一定的滞后性，折射到我国的装修装饰建材市场，从 2008 年下半年至 2009 年都将呈现下滑的趋势。人造板家具及木制品市场将出现供大于求的局面。从而导致对木工机械产品需求量的减少。

3.4 受金融海啸影响，消费者信心受挫，持币待购

愈演愈烈的国际金融海啸不断削弱消费者的信心。据美国民意调查统计，美国消费者的信心指数已跌至 1967 年以来的最低水平，而我国消费者的信心指数也是呈现逐渐下滑趋势。消费者的消费是建立在消费信心之上的，只有消费者信心提升了，才会放心消费。所以，重建消费者信心，是应对金融海啸的首要工作。信心对克服这场金融危机至关重要。

4 我国经济形势及工业形势的总体分析

新中国成立 60 年来，特别是经过改革开放 30 年的持续快速发展，我国积累了雄厚物质基础，经济实力、综合国力、抵御风险能力显著增强；我国工业化、城镇化快速发展，基础设施建设、产业发展、居民消费、生态环境等方面有巨大发展空间，扩大内需潜力巨大；社会主义市场经济体制不断完善，形成了较好的体制环境；金融体系总体稳健，财政赤字规模较小，外汇储备充足，国内储蓄率较高，宏观经济政策调整有较大余地。只要我国审时度势、科学决策、周密部署、扎实工作，充分发挥自身优势，加快解决突出问题，把国际金融海啸的不利影响降到最低程度，就能够继续推动经济社会又好又快发展，继续推进全面建设小康社会进程。

我国自 2001 年加入世界贸易组织（WTO）以来，金融机构参与国际金融市场的程度不断提高，但仍处于起步阶段，对国际市场的依赖性有限。2007 年我国 GDP 增长 11.4%，2008 年增长 9%，同比下降 2.4%。GDP 的增速虽有所下降但远远高于美国及欧盟各主要国家。2008 年我国国内生产总数超过 30 万亿元，人均收入3 000美元以上。总体来看，金融海啸对我国经济的影响程度是有限的，可控的。全球金融海啸中我国形势相对较好。另外，中国人谨慎投资与量入为出的理念，使其避免了金融海啸的更大损失。

工业在国民经济中占有举足轻重的地位。数据显示，工业增加值占国内生产总值的 43% 以上，上交税金占税收总额的 50% 左右。只有实现工业平稳较快增长，才能扭转经

济下滑的趋势，实现国民经济和社会发展的各项主要指标。目前，在各方面的共同努力下，我国工业经济领域已经出现了一些积极变化的迹象，部分行业和地区显示了回暖。2008 年下半年，工业增速急剧下滑，从 6 月的 16% 下滑到 11 月的 5.4%。随着中央扩大内需，拉动经济增长各项措施的落实，经济增长下滑趋势放缓。12 月工业增速小幅回升到 5.7%。根据用电、运输、重点行业情况测算，2009 年 1 月，扣除节假日因素，工业增速稳中略升。基础原材料、装备制造产业出现一些积极变化，钢铁生产约 90% 的产能得到恢复，水泥、化工行业停产企业逐渐开工，汽车调整和振兴规划作用显现，汽车生产有所回升，销售基本平稳，元旦、春节期间，轻工、纺织等满足国内群众需要的商品产销两旺。但是，我们还要保持清醒的头脑，既要看到当前经济积极变化的现象，也不能忽视不确定因素仍很多，国际金融危机至今尚未见底，经济发展的外部环境恶化，外部危机的影响和国内长期积累的深层次结构问题叠加（我国经济发展中存在的深层次体制性、机制性、结构性矛盾），经济下行压力增大，部分行业产能过剩，一些企业特别是中小企业生产经营困难。在中国经济已经融入全球化的背景下，中国工业的发展不可能独善其身。

5 中国木工机械制造行业概况

新中国成立 60 年来，中国的木工机械行业，从小到大，从引进图样到仿制，从仿制到自行设计制造，逐渐形成了科研、生产、销售、信息、人才培养的完整体系。目前，中国有近千家生产木工机械产品的企业分布在 27 个省、市、自治区，主要集中在“长三角”“珠三角”、胶东半岛、沈阳地区、牡丹江地区。具有一定规模的企业有 80 家左右，其中有 1 家国家一级企业，10 个国家二级企业。中国木工机械行业约有 10 万名职工，其中工程师技术人员6 000多人，工业总产值约 150 亿元，能够向用户提供1 400多种产品，能为木材加工行业提供制材、胶合板、纤维板、刨花板、中密度纤维板、刨花模压制品、贴面板、华丽版、保丽板、家具等成套设备。许多产品已达到国际 20 世纪 90 年代水平。

中国已有 3 所林业高等院校培养木工机械设计与制造专业的技术人才。1993 年，在东北林业大学建立了第一个林业与木工机械学科的博士学位授权点。3 年后又在南京林业大学、北京林业大学建立了相同的博士学位授权点。有 10 余所高等院校设有相应的教研室、实验室或研究室，从事有关木工机械方面的教学、科研工作；有 5 个部级专业研究所、院和 10 个厂级研究所，从事木工机械的研究和设计工作；有《木材加工机械》《林业机械与木工设备》《林产工业》《木工机床》和《木材工业》等期刊，刊发木工机械设计、研究、生产、销售等方面的文章与信息；有中国林学会林业机械分会，中国林机协会木材加工机械、人造板机械、木工刀具专业委员会，全国人造板设备和木工机械情报中心，木工机床科技情报网等单位从事行业的学术、技术经验、信息等方面的沟通和交流；有全国人造板机械标准化技术委员会和全国木工机床与刀具标准化技术委员会负责制定、修订木工机械产品标准；有国家木工机械质量监督检验中心负责木工机械行业的质量监督、检验、测试和新产品鉴定工作；有1 000多家中间发展商在流通领域从事木工机械产品的经营活动。每年在全国各地举办 30 多个与木工机械产品相关的展览会。

6 中国木工机械市场现状

2008 年底以来，随着国际金融危机向实体经济的扩散，企业的经营环境发生巨大变化，随着国际国内两个市场的疲软，导致木工机械行业出现了巨大的产能过剩，木工机械市场正在逐步萎缩，目前，我国木工机械生产企业主要处于以下几种状态：

一是部分中小企业或出口外向型企业处于无订单不生产状态。主要原因是产品无销路或用户因资金紧张不提货，造成产品积压的困境。为了减轻负担，这些企业采取了停产或半停产及裁员等被动应对措施；有些企业从 2008 年 12 月开始放假，减员，不能正常运转。

二是部分企业面对金融海啸积极备战，主动迎战，利用此时期苦练内功，抓紧培训、学习和充电，弥补这几年扩张迅猛而在人力资源、产品结构、产品研发等方面能力的不足。

三是还有部分大中型骨干企业积极调整营销策略，提升管理与经营实力，开发科技含量高、适销对路的产品，销售量未减反增，如上海人造板机器厂有限公司、上海捷成白鹤木工机械有限公司、镇江中福马机械有限公司、广州威恒机械有限公司等，2009 年上半年的生产计划均已排满。2008 年的生产总值均有不同程度的增长。

总之，受金融海啸的影响，市场份额和销售利润向优秀骨干企业集中。包括资本、科技、人力在内的各种生产要素已经开始洗牌。中国木工机械行业正面临着巨大的冲击和挑战。

7 应对金融危机的几点建议

从改革开放 30 年来高速发展的经验和教训中可以看出，我国发展的重要战略机遇期依然存在，不会因为这场金融海啸而逆转。我们必须坚持社会主义市场经济的改革方向，坚持对外开放的基本国策，不为任何风险所惧，不为任何干扰所惑，坚定不移地推进改革开放和社会主义现代化建设。这场金融海啸给我国发展既提出了前所未有的挑战，也带来了前所未有的机遇。我们既要把困难估计得更充分一些，把应对措施考虑得更周密一些，又要注重从变化的形势中捕捉和把握难得的发展机遇，在逆境中发现和培养有利因素，统筹好国内国际两个大局，善于从国际国内条件的相互转化中用好发展机遇，从国际国内资源的优势互补中创造发展条件，更好地利用国际国内两个市场、两种资源，扎扎实实办好木工机械行业自己的事情。

韩国最大的民间经济研究所——三星经济研究所为了帮助韩国企业应对危机发表了一篇题为“企业危机应对战略”的研究报告。笔者看了之后有一定的启发。报告分析了 300 多家韩国上市企业在 1997 年亚洲金融风暴中的表现，在此基础上提出了企业应对危机的基本战略和特色战略。

通过对亚洲金融风暴前后企业变化的分析，报告提出三个结论：一是危机将造成版图的深刻变化。危机之前综合实力居于前列的企业中，有2/3在危机之后实力大减。二是无论是“高成果企业”还是“低成果企业”受危机冲击的水平基本相似。三是企业的软实力是决定危机应对成败的关键。企业软实力包括企业财务状况和软性竞争力（品牌、技术等）两个方面，能够保住“高成果企业”地位的企业在这两方面均有明显优势。所以报告认为，应对危机的关键在于提高企业的软实力。

报告还提出了企业应对危机的基本战略和特色战略。报告提出，危机来临时，企业一般都会遇到收益下降。资金紧张等困难局面，为此，企业采取的最基本战略也是最普遍的做法就是通过结构调整来确保流动性并缩减开支。但报告认为，即使在危机时期，市场状况也是复杂多样的，企业不能满足于结构调整这一基本战略，还必须根据自身实力和市场变化制定符合自身情况的“特色战略”。

根据国内外经验，报告列举了四种类型的“特色战略”。

一是扩大市场份额。对于那些财力状况良好且具有很强软性竞争力的企业，要充分利用危机努力扩大市场份额。危机期间，有很多品质优良的企业可能因一时的资金困难而陷入困境，这为企业通过兼并扩大市场份额提供了机会（木工机械行业能采用此种战略的企业较少）。

二是改善企业软实力。对于那些财务状况良好但软性竞争力不强的企业，可利用危机的机会构筑全球品牌，确保核心技术和核心人才方面多下功夫。报告指出，在全球经济不景气的时候，有关品牌，技术和人才方面的投资费用将大大降低，投资企业往往会收到事半功倍的效果（大中型骨干企业应重点考虑）。

三是生存第一。对于那些财务状况和软性竞争力都不太好的企业，在危机来临时一定要把确保生存当作最优先的课题。为此，要通过出售不必要资产以及吸引外资等多种方式，筹集维持生存的财源，确保企业的流动性，记住“谁能挺过危机，谁就能拥有未来”。在依靠自身能力难以维持生存的时候，可通过寻找合作伙伴的方式度过危机。

四是确保收益。对于那些财务状况一般，但在品牌和技术方面有优势的企业，在危机期间可继续发挥自身优势，通过推出新产品和开拓服务渠道等方式，提高附加价值，确保企业收益。

根据中国木工机械制造行业受金融危机影响的现状，在近两个月调研的基础上，提出以下几点应对金融危机措施的建议。

7.1 坚定信心，吃透政策，在国家宏观经济政策的指导下制定应对措施

寒冬过后必是春天，金融海啸过后必是大发展。这是客观规律，是国际经济发展的趋势。应该看到金融危机是社会发展的一个必然产物，不是不可战胜的。因此要坚定信心，我国一定能够战胜金融海啸的冲击，中国的明天会更好。因此坚定必胜信心是应对金融海啸的当务之急。应该清醒地看到中国政府有能力组织动员全国人民应对各种自然灾害，应对金融危机，中国在体制上比西方有着明显的优势。目前，国家针对这场国际金融海啸出台了一系列宏观指导性政策，提出力保2009年经济增长8%左右的目标，其目的是抵制金融海啸对中国经济的侵袭，或使其影响限制在最小的程度。在这场金融海啸面前，仅依靠企业自身的力量渡过难关是不行的，企业必须紧跟国家的部署，吃透国家各个时期的政策，充分利用国家给的各种支持和优惠政策，在国家经济政策指导下，结合企业自身的优

势制定应对措施。同时还要看到中国木工机械制造企业的经营状况与改革开放之初相比已有了天壤之别，现在企业的抗风险能力已大大增强，在产品质量、技术水平、品牌等方面的竞争力有了明显提高。因此企业必须增强克服危机的信心。

7.2 做好市场研究，尽快建立应对危机的“特色战略”，制定好企业近几年的发展规划，积极主动应对金融海啸

市场是企业生存的根本条件，没有市场需求，企业就失去了生存的意义。无论是大型企业还是中小型企业都必须把市场研究放在第一位，充分了解掌握国内外市场对你所生产的产品的需求，并以此为基础制定企业的发展规划。应加强经济运行监测分析，密切关注工业经济运行中出现的新情况、新问题，准确掌握市场变化。一个优秀的企业要善于发掘市场，要学会基于市场的要求制定策略，从而刺激市场、引导消费。中国木工机械制造企业要抓住这次危机的机会，扬长避短，主动出击，进一步巩固和提升世界木工机械产能第三的地位，企业要根据自身情况妥善应对，确保目前生存和未来发展。外向型企业应当把目光放在金融海啸影响较小的非洲、中东、南美、俄罗斯等地区，内向型企业应把自己生产的产品同国家提出的扩大内需所涉及的行业及相关指导意见结合起来，要发挥自己的优势和长项，避免开自己的弱项，积极主动的应对金融海啸。

7.3 合理整合人力资源，科学运作，确保企业长期稳定的发展

受金融海啸的影响，市场萧条，经济下行，各行各业不景气，由此，有些企业开始裁员或放长假把员工打发回家，有的企业从2008年12月开始放假，一直放到2009年的正月十五或更长，以减轻企业的开支，缓解企业的压力。这是一条可行的办法，但必须谨慎操作，必须全面考虑企业长远发展利益，不能把骨干和基础力量放走，俗话说，放者容易回者难，尤其是经过企业长期培养的一批优秀管理和技术干部。企业可以考虑利用此时的机遇，抓紧人员培训，学习、充电，弥补前几年快速发展时人力资源、产品结构、研发等方面的能力的不足。这一点对中小企业尤为重要。

7.4 强化企业管理

在我国近千家生产木工机械产品的企业中，骨干企业基本都通过了ISO9000认证，并基本能按ISO9000标准有效地进行企业管理。尽管ISO9000认证工作在我国木工机械制造业只有10年的发展历史，但已被骨干企业认可，同时，已成为品牌推荐、市场招标的必备条件。所以，企业的科学管理势在必行。要切实强化企业管理，夯实基础，练好内功，千方百计节能减排，增收节支，降本增效，提高企业自身素质和应变能力。

7.5 坚持产业提升，抵制不合理的低价竞争

在国际金融海啸面前，经济下行，市场利润空间变小，不合理的低价竞争日趋激烈。这种低价竞争不仅损害劳动者和消费者的利益，也危及企业自身的生存。企业的管理者应清醒地认识到这一点。企业应从提升管理，提升创新，提升综合能力等方面寻找出路，要靠价值，而不是价格来取胜。企业应坚持提升市场预测能力，成本控制能力，专有技术研发能力、科学管理能力，从金融海啸中脱颖而出，依靠能力制胜。

7.6 全力推进企业技术改造

技术改造是企业应用新技术、新工艺、新材料、新设备，实现产业结构、产品结构优化升级和提升生产经营的统称。实践证明，技术改造具有技术新、投资省、周期短、见效快、效益好的特点。国家只需要投入少量的资金引导，就可以起到“四两拨千斤”的作用，带动社会和企业的大量投资。从2009年起，中央财政已明确每年安排工业技术改造专项资金150亿元，主要用贷款贴息的办法，支持企业技术改造，建设创新型企业。我国木工机械制造行业的骨干企业应利用国际金融危机形成促进企业技术改造的反逼机制，以质量品牌、节能降耗、环境保护、改善装备、安全生产等为重点，针对生产中的薄弱环节和瓶颈制约，加大投入，用高新技术和先进适用技术提升改造现存企业，而且技术改造拉动的主要是具有较高技术含量的产品。

7.7 应对金融危机企业家要发挥核心作用，优秀人才的作用将进一步体现

中国木工机械制造企业的领导人要利用金融危机的机会建立新的企业文化。为此应多听取专家意见，准确把握危机走势，及时作出应对判断。另外，企业的领导人还要向职工展示“同苦同乐”的意识，倡导“奉献与合作”的企业文化，以齐心协力度过金融危机。

对企业而言，人才就是那些企业不愿意失去、有突出贡献、能圆满完成工作的人，只要他能为企业创造价值、能促进企业的发展，他就是人才。制造业的发展在于创新，不论是管理创新还是技术创新都离不开人才，培养一支世界上一流的工程师队伍和职业经理人队伍是中国木工机械制造行业战胜金融危机乃至腾飞的希望所在。

7.8 打造中国木工机械行业的知名品牌，提升企业的软实力

品牌竞争力是企业最持久的核心竞争力，决定着地区和国家竞争力的强弱。创建一个好的品牌是做大、做优、做强、做久企业的必备条件，知名品牌不仅需要过硬的产品质量，同时还需要有很大的广告力度，这需要相当大的资金投入。一个中小企业要创建一个知名品牌是很难实现的。为此，中小型企业在发展过程中，需要通过联合、重组、并购、贴牌等多种形式来扩大企业规模，实施品牌战略，扩大产品知名度和市场占有率。中国林业机械协会从2005年开始向国内外的用户推荐中国木工机械行业的知名品牌产品（2005年35个产品，2008年26个产品），此举扩大了中国木工机械产品的国际影响，促进了中国木工机械行业的发展，使国内外用户对中国知名品牌的木工机械产品有了更深刻的了解。然而在我国众多驰名商标和中国名牌产品中还没有木工机械产品列入其内，国内木工机械的高端市场基本上被国际知名企业的品牌产品所垄断，出口木工机械产品中有将近50%来自外国在华的独资企业。我国木工机械制造行业在金融危机影响下的今天，要想生存和发展，就必须在中国林机协会的引导下加强品牌建设，创建一批木工机械的中国名牌商标，步入品牌时代。

7.9 坚持自主创新、研发高新技术产品，实行科学整合

创新是一个民族的灵魂，是一个国家兴旺发达的不竭动力，创新是企业生命力的源泉，是企业提升核心竞争力的希望。创新不仅仅是产品或工艺的创新，还应包括管理和营

销模式等多方面的创新。坚持自主创新，就是要依靠自己的力量发展现代科学技术，这是我国科技发展的重要方向，也是我国木工机械制造业取得长足进步的实践经验。目前，我国木工机械制造行业无论在资金、技术、人才、网络、品牌等方面都有相对的积累，在自主创新的道路上已迈出了可喜的一步。但在中国木工机械行业中，中小型企业居绝大多数，这些企业经营能力欠佳，抵御风险能力较弱，产品结构不合理，中低档产品产能过剩，高端产品满足不了用户的需求，在金融危机影响下等待他们的命运是随之而来的洗牌、淘汰或破产。可以预测在2009~2010年将有为数不少的中小型木工机械企业被淘汰出局，木工机械市场将面临重新洗牌。将有一些经营状况较好的骨干企业，根据发展格局与市场定位，采取资源性整合手段，加快对中小型企业的整合进程，使自己越做越强，为经济复苏后企业腾飞蓄势。

在刚刚结束的第十一届全国人民代表大会上明确提出“把推进经济结构战略性调整和发展方式转变作为应对金融危机和增强经济可持续发展能力的主攻方向”。要求2009年要：提高自主创新能力，加快发展高新技术产业，大力振兴装备制造业，增强工业核心竞争力。务必通过本轮调整，使经济发展方式转变取得实质性进展，为实现国民经济在更长时间内，更高水平的健康可持续发展奠定坚实基础。

面对国际金融危机，各地涌现出一批抗风险能力强的企业。它们的共同特点是掌握了高新技术或本行业的先进技术，具有自主知识产权和品牌，产品占有一定市场比例，专业化程度高，产品具有特色，在工业园区、科技园区实现了集聚发展。如上海人造板机器厂有限公司研发的连续平压机生产线，上海捷成白鹤木工机械有限公司研发的连续滚压机生产线，镇江中福马机械有限公司研发的热磨机、削片机，广州威恒机械有限公司研发的叶轮干燥机等新产品，在金融海啸期间依旧充满活力，订单饱满。

8 结束语

目前，全球经济面临金融海啸和商业周期收缩的双重打压，使发达国家经济陷入全面衰退，在第二次世界大战后首次出现整体性负增长，并且也影响到新兴市场与发展中国家金融经济稳定。金融海啸使周期调整难度加大，衰退程度加深，萧条时间延长。2009年，世界经济衰退恐难避免，国际金融市场动荡局面将延续，但世界经济金融形势也可能出现转机，下半年国际金融市场有回暖可能，发展将呈现前低后高态势。面对国际异常险峻的经济环境，我们从主观意识上要坚定战胜金融海啸的信心，要相信自己，相信国家、相信党。相信我国的木工机械制造业在党和国家的正确领导和关怀下，在全行业坚持不懈地努力下，定会战胜金融海啸，尽快走出下行通道，开始新一轮增长，早日恢复繁荣。只要有信心才能产生勇气和力量，只要有勇气和力量才能战胜困难。严冬终将过去，春天就要来临，让我们坚定信心，共同努力，推动我国经济平稳较快发展，明天会更好。

影响我国木工机械产品质量问题原因及改进措施

木机制造业是为制材、家具和木地板制造、竹材加工、人造板及二次加工等木材工业提供技术装备的专业设备制造业，包括其生产链所涉及的一系列机械设备，是我国机械制造业的重要组成部分。进入20世纪80年代，尤其是改革开放以来，我国木工机械得到快速发展，原有的一些国有骨干企业已转制或破产，新型的民营、外资、合资企业正在兴起，并且已经成为我国经济发展的重要部分。目前，已经形成一批技术先进、有一定规模、有特色的出口加工基地，逐渐形成的广东、长江三角地区、青岛及周边区域是我国木工机械产业的三大“舰队”，这些企业的崛起推动了我国木工机械制造业的发展。目前，我国有木工机械制企业约1 000家，其中有一定规模的约为200家，产品69大类1 100余种，已成为世界上木工机械生产的大国。

我国木工机械历经几十年的发展，其自身装备水平和竞争实力也有了大幅提高，已经具有相当规模，并保持着持续发展的良好势头。但是，我们仍客观地看到中国木工机械与世界先进国家在产品质量和总体技术水平上存在的差距，在标准化生产、产品质量、新品种、生产率、节能环保以及自动化程度等方面的仍有一定差距，尤其产品质量更是关系到企业是否能在竞争中取胜的关键环节。

我国政府十分重视木工机械的产品质量，国家木工机械质量监督检查中心从1989年来一直对对木工机床进行了质量跟踪。本文对近20年来国家木工机械质量监督检查中心对我国部分木工机械产品的抽样结果，分析目前木工机械产品质量中存在的问题并提出了相关的解决措施和方法。

1 国家木材加工机械产品质量抽查情况统计

1.1 国家木工机械质量监督检验中心

国家木工机械质量监督检验中心是受国家质量监督检验检疫总局直接领导，挂靠在东北林业大学，于1985年开始筹建，1989年通过国家质量技术监督局计量认证和审查认可并授权，是国家质量监督检验检疫总局授权的木工机械、人造板机械、木工刃具及相关产品法定国家级质量监督检验机构，自1989年国家木工机械质检中心成立以来，在近20年来，中心根据国家技术监督局下达相关规定，对我国木材机械加工企业的木工机床产品质量进行监督抽查。

1.2 历年国家木材加工机械产品质量抽查结果

国家木工机械质量监督检验中心在近20年中共抽查过500多台样机，产品涉及5大类，分别是：木工刨类、木工锯类、木工多用机床、砂光机类以及木工铣类。历年抽查结果见表1。

表1 历年木工机械产品质量国家监督抽查情况统计

年份	抽查项目	抽查数量	合格数量	产品合格率/%
1989	木工刨类	17	12	70.6
1991	木工锯机类 31	17	54.8	
1992	木工刨类	19	7	36.8
	木工多用机床	38	16	42.1
1993	木工锯类	48	25	52.1
1994	木工刨类	32	22	68.8
1995	木工多用机床	3 219	59.4	
1996	木工锯类	4 915	30.6	
1997	木工刨类	2 719	70.4	
1998	木工铣类	20	13	65.0
2002	木工刨类	38	27	71.1
2003	木工锯类	44	29	65.9
2004	砂光机类	43	28	65.1
2006	木工铣类	38	23	60.5
2008	木工锯类	37	23	62.1

从历年抽查统计结果可以看出，抽查木工刨类5次，平均合格率65.4%；木工锯类机床抽查5次，平均合格率为52.1%；木工多用机床抽查2次，平均合格率50.01%；木工铣类抽查2次；砂光机类抽查1次，平均合格率65.1%，产品合格率明显低于其他机械加工行业。

2 导致木工机械产品质量合格率低的原因

2.1 企业对标准执行不严格，一些产品达不到相关标准

我国的木工机械行业的相关标准分别由全国木工机床标准化委员会和全国人造板设备标准化委员会组织起草、计划与制定。目前已出台了189个木工机床、328个人造板设备、64个家具机械和84个竹材加工方面的标准，共计664个木工机械方面的行业标准。此外还预计出台2 393个标准。

历年检查都发现部分企业，特别是小型企业，不按照国家和行业标准生产。本文以2004年国家木工机械质量监督检验中心对我国生产砂光机类的产品抽样数据为例来说明。2004年对砂光机类进行检查时，在抽查的43家企业生产的43台样机，合格率为65.1%，导致合格率低下的主要原因是：

（1）产品精度项达不到要求。精度项是直接关系到加工制品的加工质量，是判定产品是否合格的关键项目。抽查的43家企业生产的43台样机中，合格的只有33台，精度合格率为79%。

（2）性能参数达不到标准要求。性能参数直接关系到产品的使用性能，抽查的是选择和实际操作。在抽查的43家企业生产的43台样机中，有10台样机该项不符合标准，该项合格率为79%。

（3）布线、导线接头方式达不到标准要求。国家标准GB5226.1—2002要求，软导线连接应用冷压接头。如无冷压接头，可能引起短路和产生火花。抽查的43家企业生产的43台样机中，有11台样机该项不符合标准，该项合格率为74.4%。

（4）达不到执行强制性标准A类项。用强制性标准加以严格限制，杜绝安全事故发生尤为重要。抽查的43家企业生产的43台样机中，主要是空运转噪声、过电流保护及电击间接防护3项合格率低，其中有7台样机该项不符合标准，该项合格率为83.75%。

以上各项指标是关系到木材机械产品质量和安全性的重要指标，如达不到相关标准要求，必将严重影响产品质量并易导致安全隐患。企业的标准意识差，主要表现为以下几种现象：不按国家和行业标准进行生产，有些企业仍然在使用已经失效的老标准，甚至有些企业自定标准，其远远低于国家和行业标准，更有甚者，有些企业处于无标准生产状态。如对机床工作台平面的检查，国家标准中严格规定采用“三点法”检查，而很多企业仍采用不能反映平面度的“二点法”进行检查。由于不能严格执行相关标准，严重影响了产品质量。

2.2 管理不善，质量意识差，缺乏科学管理机制

尽管我国开展ISO9000质量管理体系标准的认证已有多年，但在木工机械行业中，通过认证的企业往往只是少数正规的大中型企业。从抽样监督检查的结果可以看到，这些企业通过认证有力地推进了企业的发展和进步，他们的产品质量相对稳定，产品质量合格率高。而大部分企业缺乏这一方面的意识，因而影响了企业的发展。特别是一些小型企业由于受规模和资金影响，存在着管理混乱，内部分工不明确，规章制度不健全，质量意识较差，生产呈无序状态。由于缺乏科学的管理，其产品质量在同类产品中属低下产品，合格率低。

2.3 专业人员少，专业技术缺乏

在全国几大生产基地如珠江三角洲、长江三角洲、山东半岛等木材机械行业的调查中发现：我国木材机械行业的从业人员的素质低，诸多企业技术人员缺乏，技术人员素质普遍低下，很多技术人员是属于改行的专业人员，企业中存在大批农民工，由于制造专业人员缺乏，产品质量受到了很大影响。

在抽查中发现，一些企业，尤其是新兴企业，缺乏专业基础，对木工机械的基本特性，没有完全掌握，在本身不具备设计开发能力，又缺乏专业人员指导的情况下，对市场上一些销售快销售好的产品，进行测绘、仿制，甚至在没有完全消化的情况下，进行生产销售，很难生产出高质量的产品。

3 提高木工机械产品质量的策略

当今国际木工机械总体上呈现大型化、高速化、自动化、节能化、绿色化、品牌化的发展态势。为了与国际的市场接轨，木材机械行业应从以下几个方面着手，提高产品质量。

3.1 加在大宣传和执行力度，促进产品标准化生产

木工机械标准化为我国木工机械制造业的科学管理、新技术和新科研成果的推广、保证产品质量、维护消费者权益、提高警惕企业经济效益、消除贸易障碍、促进国际技术交流和贸易发展、提高产品在国际市场上的竞争能力、保障人民身体健康和安全起到了重大的作用。在“标准化法”的指导下，企业积极贯彻产品相关国家标准、行业标准，为组织现代化木工机械生产创造前提条件。针对有些木工机械行业中标准意识差、对标准不了解的现象，通过各种形式，采取各种方法的宣传，及时有效地将木工机械行业的相关标准，尤其是新出台的标准介绍给标准的使用者，让企业了解标准，严格按照标准进行生产，充分发挥标准作用。国家标准化及行业标准化等各级标准管理部门可采用举办各级别的培训班宣传标准，进而推动各类标准的执行。

3.2 引入 ISO9000，建立完善的质量管理体系

木材机械加工企业引入 ISO9000 质量认证体系，有利于企业质量管理和质量生产的系统化、标准化和制度化。实践证明，只有通过 ISO9000 标准企业才能按照国际惯例发展和进行合理化、科学化的管理，产品质量才能达到标准规定，市场才能稳定，同时也增加了客户对企业产品的信任，提高了企业在国内、国外市场的竞争能力。目前，越来越多的木工机械制造企业逐渐认识“认证”对企业发展的重要性，认识到了认证给企业和国家都会带来好处，纷纷申请“ISO9000 质量体系认证”，目前已有上海人造板机器厂、青岛木工机械等上百家木材机械行业通过了质量认证。

3.3 引进培养相结合，加强人才队伍建设

人才是提高产品质量和技术水平的关键，企业的提高和发展需要各种人才。针对目前我国木工机械行业后继乏人的现象，采取引进培养相结合的方法，加强木工机械行业人才队伍建设：根据企业自身产品的特点和市场的变化，积极引进和吸引国内外木材机械加工行业的人才到企业中来，发挥他们的积极性和创造性。对内部的技术骨干，为他们创造良好的工作、学习以及生活环境，为他们提供好的发展的前景。对于新员工以及素质低的农民工进行专业知识和专业技术的培训，只有企业的从业人员的整体素质提高，产品质量才能得到有效的保障。

4 小结

产品的质量是企业生存的关键，企业在竞争中获胜，就必须抓住产品质量，保证以高水平、高质量的产品占领市场。国家木工机械产品质量抽样检查结果从一个侧面表明：为使我国的木材机械行业以更大的步伐走向国际市场，应建立科学完善管理体制，严格执行国家与行业标准。只有这样，才能顺应国内外市场的变化，在激烈的竞争中取胜。

建立长效维修保养机制　提高人造板设备运行质量

在现代化人造板工业生产中，只有维修保养好设备，并使其经常处于良好的运行状态，保持其应有的性能、精度和效率，才能保证生产的正常进行。

1　我国人造板设备维修保养工作存在的主要问题

由于企业性质和规模不同，各企业对于设备维修和保养的认识也不一样。一些大型正规的人造板生产企业十分重视设备的维修与保养工作，建立了包括制度、人员、维修设备的资源等一整套完整的设备管理体系，从而保证了生产设备能够安全运行，其人造板产品质量与各项技术指标稳定，并获得良好的经济效益，但也有相当一部分中小型企业在设备维修保养上存在以下问题。

1.1　企业对设备管理意识淡薄

企业不能正确认识设备维修保养对稳定产品质量和维护正常生产秩序的重要性。由于机器设备长期在不良环境中运转，“积劳成疾”，甚至出现瘫痪，导致生产混乱，企业经常采取的是“头疼医头、脚疼医脚”的短期应付办法，不能彻底根治设备的病态。结果可能造成设备的报废，给企业带来损失，尤其是造价昂贵的设备损失将更加惨重。

1.2　缺乏科学完整的设备维护保养机制

对于一些中小型人造板生产企业，由于受到资金的限制，不可能建立一支专业的设备维修保养队伍，这部分工作多数是由设备的操作者兼作，因而缺乏专业性。有些操作工人仅能就生产出现的临时性故障给予应急处理，缺乏彻底解决设备关键、重大故障能力。与那些具备完整保养组织机构、严密维修制度和业务过硬的专业技术人员的大型正规人造板生产企业相比，这类中小型企业在设备维修保养方面尚有很大差距。

1.3　维修保养队伍技术素质偏低

现代化人造板设备属于科学、技术相结合的先进设备，没有较深的专业知识就无法处理和解决生产中出现的任何故障。因此，必须掌握现代化设备的结构、工作原理以及关键性的专利技术，尤为重要的是掌握设备维修和保养的技巧。没有经过专业的系统培训和长期的工作实践，就无法彻底地排除设备出现的故障和修复因磨损或已破坏的关键零部件。特别是对于那些从国外引进的设备，若不能真正掌握设备结构的内涵，就不能顺利地对设备进行维修保养。例如，某外国厂家生产的宽带砂光机的砂带横向摆动信号发射源是靠上砂辊上一排孔来控制的，若不把辊筒破坏其具体结构是难于了解的，这给维修保养工作带来很大麻烦。有些国家甚至对于一些精密设备润滑油的配方都对中国保密，这样做的目的是向中国销售他们国家生产的高价润滑油。为此，作为设备维修人员必须从多方面掌握一些基本和技术，才能针对设备的各类故障进行妥善的处理，由此可见，人员素质对设备维护与保养工作的重要性。

1.4 设备维修保养的资源不足

对各种人造板生产设备的维修、保养是一项系统工程，绝不能与常规的中、小型木工设备的维修和保养相比。由于其技术含量高，设备造价高，如果对该项工作不给予高度重视，不仅使生产无法有序进行，还会导致设备的构件的严重视，不仅使生产无法有序进行，还会导致设备构件的严重损坏，给企业造成严重的经济损失。例如，热磨机、各种纤维或刨花的铺装设备和热压机的维修与保养，就必须具有良好的维护保养工作环境和专用的工具与设备，这些对于那些中、小型人造板生产企业来说，常常显得力不从心。

2 设备维修保养的基本内容

设备维修保持的主要内容可归纳成以下四个方面：保持整洁，及时观察和修理，做好润滑，防磨、防漏。

2.1 保持整洁

操作人员要经常保持车间里的物科堆放整齐，凡是不用的物品都要清除出去；而生产上常用的工具、附件、成品等要按物品种类和使用场地，指定地点整齐堆放，要勤扫除垃圾，勤擦洗设备（可用压缩空气机清理车间及落在设备上的水屑和灰尘)，经常保持工作环境的卫生和设备的清洁，养成文明生产和科学生产良好风气与习惯。

2.2 及时察看和修理

设备在运转中经常会出现异常现象，如紧固件松动，摩擦部分发热，运动部分液、气体管道泄漏等，对这些现象如不能及时发现和妥善处理，势必造成故障和事故。因此，操作人员必须经常对机器设备的运行情况进行观察，发现问题及时处理，该修理的绝不能拖延，使机器始终处于正常状态。

2.3 做好润滑

设备运行中，任何可动部分零件的相互接触表面都存在摩擦，并会造成零部件磨损。据统计，大多数的损坏零件都是由于磨损而报废的。加强润滑管理，可以大大减轻设备的磨损，延长设备的使用寿命。摩擦、磨损、润滑三者的关系是：摩擦是现象，磨损是摩擦的结果，润滑是降低摩擦、减少磨损的重要措施。摩擦大量消耗能量，据有关方面统计，全世界大约有1/3的能源消耗在摩擦，所以加强润滑管理，改善摩擦条件，还可以降低能源消耗。在设备故障中发现，有50%左右的故障是由于润滑不良造成的。为保证设备运行质量，设备制造厂应向用户提供完整的设备润滑技术资料，保证该项工作的合理实施。

2.4 防腐防漏

设备的防腐工作是设备保养的重要环节。尤其是在化学腐蚀较强的环境中工作的装置，如纤维板生产线中的施胶系统和铺装设备效率降低，影响设备安全可靠地运行，甚至造成设备损坏和人身事故。

防止设备的泄漏，首先要提高各级领导和广大职工对这项工作重要性的认识，提高操作者的责任心，并建立健全有关这方面的规章制度和组织机构，切实抓好设备的维修保养工作。为了搞好设备的维修保养工作，还要建立设备的防腐档案，做好防腐的培训工作。

检查和考核设备跑（风）、冒（汽）、滴（油）、漏的指标是泄漏率，其计算公式如下：

$$泄漏率 = 泄露点总数/静密封点总数 \times 100\%$$

式中，静密封点总数为法兰、阀门、丝堵和接头等零部件的总数。

人造板设备对漏都有严格的标准规定，GB/T18002—1999 中密度纤维板生产线验收通则中明确指出，水、气、油及液压系统应无泄漏和无阻塞，保持畅通。GB/T5856—1999 热压机通用技术条件中的 2.2 规定，热压机升至最大工作压力保持 5min，压力降不得超过 5%。国家标准定性和定量地对各种设备的跑、冒、滴、漏做出了严格规定，认真贯彻这些标准可切实保证设备运行良好。

3 设备维修保养的类别

3.1 保养

设备保养工作依据工作量大小、难易程度可划分几个类别，并规定其相应的作业范围，以气流刨花铺装机维修规则（LY/T1590—2001）为例，一般规定的日常保养类别及相应的作业范围如下。

3.1.1 开机前

（1）检查、紧固各部连接件；

（2）按润滑表要求润滑设备；

（3）检查调整皮带、链条张紧度；

（4）检查振动筛网是否堵塞，如果堵塞则应清理干净；

（5）检查用于处理废气的布袋除尘器是否堵塞。

3.1.2 开机后

（1）检查传动机构，机体内运动有无振动和异常声响；

（2）检查各仪表指示是否正常；

（3）检查压出来的板是否翘曲变形，如果有，则需调整摆动板；

（4）按工艺规定检测板的表面平整度公差，如果大于 10% 则应调整风栅的风量。

3.2 检查

设备检查是对机器设备的运行情况、工作精度、磨损程度等进行检查和检验。检查是设备维修和管理中的一个重要环节，有人把它叫做预防必维修制度的精髓。通过检查，可及时地查明和清除设备的隐患；针对发现的问题，提出改进设备维护工作的措施；有目的做好修理前的各项准备工作，以提高维修质量和缩短维修时间。

(1) 按时间间隔可分日常检查和定期检查。

日常检查：每日检查和交接班检查，由设备操作人员进行，与日常维护保养结合起来。日常检查的目的是及时发现设备的不正常技术状况，进行必需的维护工作。

定期检查：按照计划日程表，在操作人员参加的情况下，由专职检修人员定期进行检查。目的是掌握设备技术状况和零件的实际磨损情况，以便确定是否需要维修及维修工作量。在定期检查时，要对设备进行清洗、换油。定期检查可进一步划分为年检查、月检查和周检查等。

(2) 按检查性可分为功能检查和精度检查。

功能检查：对设备的各项功能进行检查和测定，如油封是否漏油，防尘密封是否严紧，设备耐高温、高压、高速的性能等。

精度检查：对设备的加工精度进行检查与测定，确定设备的精度是否符合要求，是否需要高速维修或更新，从而保证产品的产量和质量。

除此之外，还有所谓的“连续检查”，即凡是能用物理数据表示各种变化的地方，诸如出现了磨损、材质疲劳、润滑油耗高、轴承间隙加大、能耗高或转动密封环出现泄漏等，都可用相关的仪表测量，进行连续不间断的跟踪检查，以做出准确的判断。

设备检查最简单的办法是用目视、耳听、手摸、鼻嗅，或用手动工具，凭人的直观感觉或经验判断设备的状态。随着检测技术的进步，运用仪器、仪表和科学的方法对设备进行检测越来越受到重视，并已形成了一门被称为“设备诊断技术”的新兴工程技术。它可以把设备的定期维修变成有针对性、比较经济的预防维修，并减少由于不清楚设备磨损情况而盲目拆卸给设备带来的损伤，也可减少因设备拆装停机所造成的经济损失，延长设备的使用寿命。另外，在设备诊断技术的基础上产生了一种新的设备维修方式，叫做预知维修，这是一种比预防维修还要先进的设备维修方式。它可以避免定期检查所造成的经济损失，并且只更换损坏的零件，费用较少，但预知维修要购置价格昂贵的自动监测仪器仪表。因此，在选择哪一种维修方式时，应从技术先进、经济合理两个方面综合考虑。

3.3 维修

设备维修是修复由于正常的原因而引起的设备损坏，使设备的效能得到恢复，尤其是到了设备使用寿命的后期，维修工作显得更为重要。

3.3.1 设备维修遵循的原则

企业的设备维修工作必须遵循以下几个原则。

(1) 坚持以预防为主，维修与护理并重的原则。预防为主就是不要等设备发生故障以后去进行维护和修理，而是在之前就做好设备的维护保养和计划检修工作，即所谓的预防维修。设备的护理与维修是“防”与“治”的关系，应互相配合，同时并重。

（2）正确处理使用和维护的矛盾。在安排生产任务时，一定要留有余地，不要满打满算，尤其不能片面地追求产值和产量。经验证明，片面地追求产值产量，就容易忽视设备维修，甚至挤掉设备的维护保养时间。

（3）坚持专业维护与群众维护相结合。设备的维护是一项专业性很强的技术工作。配备必要的专业维修人员，并且不断提高他们的技术理论和操作水平，是搞好设备维护工作的关键；生产第一线的工人是设备维护工作的一个方面。因为他们是设备的直接操作者，最了解设备的“脾气”，最熟悉设备哪些部位容易出问题。因此，专业维护人员要经常深入生产第一线，认真听取生产工人反映的设备运转情况，积极采纳生产工人的合理化建议；生产工人要参加设备的维护保养，虚心向专业维护人员学习维护技术参加设备的维护保养，虚心向专业维护人员学习维护技术，适量地承担一些检修工作。专业人员和生产工人相结合，有利于缩短设备的维修时间，提高维修质量，延长设备的使用寿命。

（4）坚持维修，改造与更新相结合。设备的维修是通过更换已磨损的零部件，使设备的效能恢复；设备的改造是用新机构、新附件和新仪表等对设备进行改装，以提高改进设备的效能和技术水平；而设备的更新则是指用新结构、生产效率更高，经济效益更好的新设备取代旧设备。一台设备是维修、改造，还是更新，要进行技术经济评价，根据经济效益来确定。既不应忽视技术进步，也不应有顾经济效益，盲目追求技术先进。应结合设备的大修对设备进行局部改造，以提高设备技术性能和生产率，应以降低能源和物料消耗为原则完成设备的维护和保养。

3.2.2　设备维修的类别

设备维修的类别一般分为小修、中修和大修三种。

（1）小修。它是对设备进行局部维修，通常只更换和修复少量的磨损零件，调整设备的机构，清洗、换油，解决部分渗漏问题等，以保证设备能运转到下次计划维修的时间。因为它的工作量较小，一般可利用产生间歇时间，在设备原地进行（由于人造板生产线设备较大。维修时，除了可拆的零部件能运到异地加工外，一般都是在现场进行维修）。

（2）中修。它是更换和修复较多的零件，校正设备的基准，使主要精度达到工艺要求。当精度难以恢复时，可延至下次大修解决。

（3）大修。它是工作量最大的一种全面维修，要求把设备全部拆卸分解，更换或修复主要大型零件及所有不符合要求的零部件，并重新喷漆，恢复原有精度，达到出厂标准。大修完成后要进行验收。

3.3.3　维修周期及结构

一台机器设备的零部件，由于相对运动而产生磨损，但其磨损极限和使用期限是不同的，依据科学实验以及大量零部件磨损极限和使用统计资料进行归纳分析，可为各种类型的设备规定维修周期、维修间隔期和维修周期结构。

（1）维修周期。对已使用的设备来说，是指相邻两次大修之间的时间间隔；对新设备来说，是指开始使用到第一次大修的时间间隔。维修周期是根据设备的主要零件（如机床导轨、工作台）及其基础零件的使用期限来确定的。

（2）维修间隔期。其指两次维修（不论大修、中修或小修）之间的时间间隔。

（3）维修周期结构。维修周期结构是指在一个维修周期内的大修、中修、小修与定期检查的次数及排列顺序，其是按机器设备的结构特性、工作条件、零件允许磨损量和设备不需要维修的工作小时数来确定的。

几种常见的人造板设备维修间隔期见表1。

表1　几种常见的人造板设备维修间隔期

设备类型	生产班次	大修	中修	小修	标准	备注	
双面砂削砂光机	双砂架	三班	36	12	3	1	
	4~6砂架	三班	24	12	3	1	
单面砂削砂光机	单砂架 2~3砂架	三班	12	3	3	1	
气流刨花铺装机	三班	36	12	3	1		
转子式刨花干燥机	三班	36	12	3	1		
网带式单板干燥机	一班	120	30	15	5		若两班生产则将表内间隔期×2/3其他班次的检修可参照执行
	二班	72	18	9	3		
	三班	48	12	6	2		
热磨机	一班	72	24	6	每周4h		
	二班	54	18	4．5	每周4h		
	三班	36	12	3	每周4h		
旋切机	一班	108	36	9	3		
	二班	72	24	6	2		
	三班	36	12	3	1		

4　对人造板设备维修保养的几点建议

人造板工业生产使用的种类设备必须有良好的运行状态，才能保证生产的正常进行，才能保证产品达到规定的质量标准，为此提出以下几点建议。

4.1　建立长效维修保养机制，提高人造板设备运行质量

维修保养机制是保障设备以稳定的技术状态运行和保证产品质量的手段。该项工作在我国已开展多年，它伴随着机械工业的迅速发展，经过50多年的生产实践，积累了丰富的经验，并建立了良好的运行机制。目前，摆在我们面前的首要任务是坚持科学机制，在全国所有的人造板生产企业中进行有效实施，加强对设备维修工作重要性的认识。生产实践证明，凡是对设备维修保养工作抓得不利企业，必然出现设备技术性能下降和生产无序的现象，导致产品质量不稳定，并严重影响企业的经济效益。所以，生产企业必须十分重视设备的维修保养工作，只有这样，才能杜绝拼设备的不良现象发生，才能防止设备过早的损坏。

4.2　进一步完善标准，提供设备维修保养工作依据

目前，由于种种原因，有关人造板设备的维修、保养的标准化制定速度跟不上产品快速发展的要求，有关标准尚不完善，这在一定程度上影响了该项工作的开展。为此，作为标准化管理及相关部门应该有计划地组织力量加强标准的制定、修订工作。

4.3　加强素质培训建立一支强有力的专业维修队伍

企业无论规模大小，都必须有相应的人员从事设备维修保养工作，对一些成型的生产企业来说，开展设备的维修、保养工作不会有太大的困难而对于那些刚刚起步的新型生产企业，一定要重视该项工作的有效实施，有计划地对从事该项工作的人员进行专业培训。作为专职的维修保养工作人员，应该全面地掌握企业所用设备的技术性能、结构、工作原理及维修保养规则和方法。同时，加强与设备操作人员的紧密联系，以取得相互配合、取长补短的工作效果。

4.4　规范设备说明书及相关技术资料的编写工作，为设备维修保养提供方便条件

目前，有相当一部分企业，以防止技术扩散为由，把设备使用说明书编的十分简单，失去了说明书应有的技术指导作用。作为设备使用说明书，必须将设备的组成、技术参数、工作原理、结构、润滑方式及对润滑剂的要求、易损件明细等做详细介绍，否则不能指导设备使用、维修与保养。为此，建议产品的质量监督部门应把设备使用说明书及相关技术资料的编写质量作为考核设备合格与否的重要指标，以督促企业重视技术文件的完善和实效，为设备的维修保养配备指导性的技术资料。

4.5　设备制造企业与用户建立长久的协作关系，实现双赢

设备生产企业应始终把产品的创新、发展基点放在使用单位。应建立长久的合作关系，对产品质量负责，在设备的使用、维修保养及提高设备运行质量方面给予相应的技术指导，及时收集使用单位对设备使用方面的意见，以作为提高产品使用及运行质量的重要参考。

5　结束语

设备的维修与保养对提高产品的使用性能和设备的运行质量，延长设备的使用寿命有至关重要的作用。为此，作为人造板生产企业，应把设备的维修保养工作列为企业管理的重要内容，本着对企业负责的态度，杜绝只重视生产、忽视设备维修保养工作和拼设备等不良现象，建立良好的生产秩序，实现人造板生产高质高产的宏伟目标，为我国早日成为世界人造板生产强国作出更大的贡献。

加速数控机床开发 全面实现家具现代化生产

木工机械制造业是为木材工业配套的基础产业，家具行业的进步依赖木工机械制造业的技术进步，我国家具制品在国际上已占有举足轻重的地位，要从目前的家具生产大国成为家具生产强国，离不开木工机床制造业的快速发展，更需要经济适用的国产现代化数控木工设备。因此，数控技术的普及应用对家具生产发展至关重要。

1 国内外木工机床数控技术发展概况

自从20世纪50年代国外数控技术问世以来，至今已有50余年的历史，其发展速度之快，应用范围之广是其他任何技术都不能比拟的。机床工业数控技术的普及也是十分广泛，尤其是国外数控木工机床，现已发展到第二代产品，如德国伊玛（IMA）公司、赖辛巴赫尔（Reichenbalcher）公司和意大利的SCM公司，日本庄田公司在木材机械加工领域也较早地采用了数控技术生产现代数控木工机床。到了21世纪初期，数控技术又进入了一个新的发展阶段。2005年的德国汉诺威和2006年的意大利米兰国际木工机械展览会都展示了新一代数控木工机床，传动多轴（6~8个）的龙门进给方式的数控木工铣床已代替了少轴（1~2个）的半臂悬臂结构，并安装了刀具库（内装数十把刀具），换装刀时，仅用0.5s的时间就可将所用切削刀具自动安装到刀轴上。由于刀具种类的增加，使现代的数控铣床能够完成多种木材机械加工，有效地扩大了加工范围。另外，大型数控木工铣床的长度达到了30多米，高度则达到十几米。为了减少工件安装时间，提高生产率，有些机床的工作台增加到4~6个，能实现边加工边安装工件的操作，节省了工件安装时间。

我国数控技术起步于1958年，首先在金属切削机床领域开始。1965年北京机床厂开始生产三坐标的数控机床，到了20世纪70年代，我国的数控金属切削机床有了很大的发展，1972年清华大学研制成功了集成电路数控系统，1979年我国金属切削数控机床年产量达到4 100台。但木工数控机床的发展速度相对缓慢，1979年青岛木工机械制造公司在系统研究国内外产品的基础上，研制出MX3512数控齿榫开榫机，该机采用可编程序控制器（PLC）作为控制系统，使其除人工上料、退料外，全部实现了自动控制，并可根据用户需要编制各种程序，加工各种理想的齿形组合。20世纪90年代，我国第一台数控木工铣床在江苏省常州佳纳木工机械制造有限公司研制成功。国家林业局北京林业机械研究所于1998年、1999年和2000年分别研制成功JMXK－Ⅰ型数控加工中心、MXK5026型四轴数控镂铣机和MXX－Ⅱ型经济型数控镂铣机。该系列产品可实现三轴三联动、自动更换刀具、蓝图编程、DNC在线加工主轴转速可达18 000r/min，实现了高速铣削、钻孔和雕刻等功能。

有关资料表明，我国现具有数控技术和产品开发生产能力的研究及生产企业20余家，但其产品的技术水平及生产能力与国外先进技术相比仍存在较大差距，远远不能满足国内家具生产发展的需要。

2 加速发展木工机械数控技术及产品是现代化生产的需要

《国家中期科学和技术发展规划纲要（2006~2020年）》确定高档数控机床和基础制造技术为国家十六个重要项目之一。在工艺性和时代性很强的家具制造业，随着人们生活水的提高、市场变化节奏的加快，采用普通木工机床和传统的手工作业已无法与现代化家具生产相协调，如曲木家具和雕刻家具的制作通常采用人工雕刻和机械靠模仿型的方法，在生产规模较大时生产效率极低，也无法保证产品质量的稳定，在产品结构变化时，对于机械仿形加工，更换靠模比较麻烦。若采用现代数控加工中心，则可按木制品加工要求来编制加工程序输入数控加工系统中，方便快捷地实现装刀、加工和检测，高效率、高精度、高质量地加工出符合要求的木制品零件。

现代化的数控木工机械不仅实现高效自动化生产，减轻了操作工人的劳动强度，更重要的是表明了人类已进入了一个文明生产的新时代和一个国家工业的高科技水平。尽管我国家具行业多年来积累了丰富的生产经验，工艺水平较高，劳动力充裕且廉价，但从国家长远发展的战略出发，我国木工机械制造业必须尽快研制生产符合国情的数控加工设备，使我国的家具制造尽快脱离目前落后状态，从现实的低生产率状态中解放出来，依靠先进的数控加上中心生产出高质量的家具产品以满足国内外市场的需要。

3 我国家具行业数控技术普及存在的问题

3.1 国产设备的弱势为国外先进设备进入国内市场创造了机遇

我国木工机械的数控技术远落后于国外，国外数控木工机床已经发展到第二代产品，而我国产品仍处于第一代水平，并且一些关键的数控技术及系统配件还要从国外进口，从产品科技水平及机床性能上看，也与国外存在较大差距，国产数控木工设备在家具行业内部尚未得到完全认可。这种弱势为国外先进设备进入我国市场创造了极有利的条件，国外数控木工机床在我国市场始终处于垄断地位，一些制造不仅高价销售其设备，同时还在技术上采取垄断政策，向我国出口的大多是一些过时、面临变型淘汰的产品，并且不配备具有关键功能的控制系统. 其目的就是控制我国数控技术的发展，永远保持其垄断地位。

尽管国外设备优于国产设备，但因昂贵的价格和技术垄断，我国企业一旦购置了国外设备，在使用和维护上将面临较大困难。

3.2 配套技术服务不完善增加了用户的忧虑

目前，与设备配套的技术服务尚不完善，一些中小型家具生产企业普遍存在技术素质较低的问题，对高端的数控设备，在不具备编程人员及操作、维护困难的情况下，企业不会轻易投资购置，只有产品的售后服务完善，经过技术培训，操作人员熟练地掌握了机床的性能，并且具备了数控系统的操作、调试能力时，才能在企业普及应用先进的数控木工设备。

3.3 我国木工机械生产企业数控木工机床开发力度不足

我国现有木工机床生产企业600余家，绝大多数企业仍把精力放在那些技术含量低的通用木工机床上，在新产品的研制上进展较慢，有些企业甚至在生产一些国家明令淘汰的产品，形成市场上木工机床产品过度饱和现象，产品价格降到不可再降的地步，严重浪费广大人力和生产资源。针对这种现象，一些大型生产企业从长远发展出发及时地调整了产业方向，开始组织力量研发包括数控设备在内的高档木工机械产品，并得到了回报。但绝大多数的生产企业还没有把目光瞄准到这个大方向上来。作为木工机械生产企业不能只看到企业自身微薄的经济利益，应抓住发展的大方向，根据企业的实力，开发高端的数控木工机床产品，以满足家具生产的需要。

4 发展国产数控木工机床的有利因素

4.1 国家为数控机床产业的振兴提供了良好的政策环境

目前，振兴装备制造已经成为我国重大发展战略，国家为包括数控机床产业在内的装备制造业的振兴提供了良好的政策环境。

从政策方面看，有三个文件都给予了数控机床特殊重要的地位。

（1）《国家中长期科学和技术发展规划纲要2006~2020年》。该文件明确提出：“提高装备设计、制造和集成能力，以促进企业技术创新为突破口，通过技术攻关，基本实现高档数控机床、工作母机、重大成套技术装备、关键构材料和关键零部件的自主设计制造。”

（2）《国民经济和社会发展第一个五年规划纲要》。该文件把振兴装备制造业作为“十一五”规划中推进工业结构优化升级的主要内容，而数控机床则是“十一五”规划中装备制造业振兴的重点之一。

（3）《国务院关于加快振兴装备制造业的若干意见》中，确定了振兴装备制造业的主要任务，即实现16个重点突破的关键领域，其中第12项是“发展大型、精密、高速数控装备和数控系统及功能部件，改变大型、高精度数控机床大部分依靠进口现状，满足工业发展的需要”。

政策扶持是数控机床发展所必需的，纵观世界上机床工业比较发达的国家，人都对本国数控机床行业采取过保护和扶持措施。日本、意大利的机床工业原来远远落后于西欧和北美的一些国家，在20世纪60年代初和中国机床工业处在大致相当的水平，但短短20多年，日本机床工业总产值自1982年超过美国之后，一直居于世界第一位；意大利机床产值也在20世纪80年代中期以后超过英国和法国。究其原因，政府的法规和政策起了至关重要的作用。

4.2 我国已拥有一批优势企业

目前，国内用户所使用的数控木工机床，基本还是从国外进口，而事实上国内企业早就开发了数控木工机床，形成厂以青岛大荣自动机器有限公司和莱州巾精密数控设备有限公司等20余家有规模的数控木工机床生产基地。青岛大荣自动机器有限公司年生产数控木工机床加工中心达到200余台，莱州市精密数控设备有限公司已推出CNC2000，CNC800，CNC600，CNC400和CNC300等各种系列的数控木工机床。

4.3 我国已具有数控软、硬件的生产能力

随着对国外先进技术地不断消化吸收，国产化的数控软、硬件也已投放市场，如北航海尔公司设计的“机械工程师”及北京文泰公司生产的数控软件，沈阳兰天公司和台湾宝元公司生产的数控系统等完全可以满足国内木工数控机床的生产要求，其价格也很低，据初步统计，国内软件价格相当于国外价格的1/200～1/40；国内硬件价格相当于国外价格的1/7～1/3.5。

低价位的国产软、硬件为国产数控木工机床的发展创造了极为有利的条件，我国软、硬件自主生产能力的发展备受国外企业关注，国外数控产品在我国市场的份额逐年减少，如日本一家公司得知广州数控产品的水平超过他们时，主动要求与该公司高价合作，当遭到拒绝后，日本这家公司的数控产品在我国市场的份额很快降低厂30%。

5 为早日实现家具生产的数控化而努力

当前我国家具制作业急需高水平、高质量、经济适用的国产数控木工机床，现有的20余家具有数控木工机床生产能力的企业远远满足不了市场的需要，全国几万家家具制作企业的需求，为我国木工机械制造业带来了新的发展机遇。同时，也面临着同国外先进产品比水平、比质量、比价格的激烈竞争。摆在我国木工机械制造业面前的任务十分艰巨，因此，必须以开发新产品为中心，充分发挥行业优势，积极调动一切因素，为家具制造业的振兴与发展提供经济适用的数控木工机床。政府应加强对木工机床行业的规划与管理，在政策上给予扶持，我国经济建设“十一五”发展规划实施已经两年，被国家列为振兴项目之一的数控机床制造业，尤其是数控木工机床，由于兴起历史较短，急需得到政策的支持。行业管理部门应做好数控木工机床生产的定点与布局，严格监督，保证国产数控机床的技术水平与质量，同时，出台一些保护性政策，推进国产数控木材机床制造业的快速发展。

中国机床工具工业协会总干事长吴柏林认为，政府应从税收政策上给生产和采用国产数控系统的企业以增值税的优惠。

国家发改委近期公布的《国内投资项目不予免税的进口商品的目录（2006年修订）》包括数控木工机床等29种木工机床，从2007年3月1日起产品不予免税，这有力地控制了国外产品的进口，保护了我国木工机床产品的发展。

5.2 明确发展方向，把握市场脉搏

我国木工机床的数控化必须从普及入手、逐步向高精度、高质量、高集成化和自动化的方向发展。

数控木工机床可分为：经济型、普及型（中档产品）和高档型三个层次。经济型是中国特有的产品，由于其具有良好的性价比，因此特别适用于工业化初级阶段。

针对我国家具行业中多数企业规模较小、资金薄弱的特点，首先应放弃现有国外产品的设计模式，要根据我国企业的实际情况，开发实用、廉价、多工位、专业化成度高、可连续加工的产品。软件开发要适应 Windows 系统下的人机对话和智能操作系统，并配备用户需要的各种语言。

同时，按市场发展需求也要考虑高档数控产品的开发，就现有的技术环境，开发国产高档数控木工机床并不是一件难事，如果我们能在设备的可靠性、软件的可应用性等主要项目上作出努力就能与国外先进设备竞争，那时我国家具制造所需的数控木工设备就可实现国产化，减少国外高档产品在我国木工机械市场占有的份额，为我国数控木工机床的发展创造更大的空间。

5.3 开发国产机床配件降低生产成本

日前国产高档数控木工机床的一些关键零部件都是从国外进口的，虽然国产数控木工机床整机的价格比国外进口的便宜，但是全部国产化相比仍存在极大的价格潜力，国产化可使我国的生产企业彻底摆脱国外市场在关键配件技术和价格上的垄断。

5.4 建立培训基地，普及数控技术

针对家具行业普遍存在的从业人员技术素质偏低、掌握数控技术难度较大的现状，应筹划建立数控技术培训中心，组织对企业的技术人员进行定期和不定期的数控操作、调试、维护等基本技能培训。设备制造厂也应对用户进行售前技术指导和售后的技术培训，保证操作人员完全掌握机床的技术性能、使用和维护的基本知识，充分发挥数控技术在家具生产中的效能。

5.5 搞好产品售后服务，树立国产设备良好信誉

设备制造厂应始终坚持对客户搞好技术服务，对售出的设备建立质量跟踪档案，及时将设备使用过程中的信息反馈，作为工厂创新产品，进一步提高产品质量的重要参考。

5.6 国产数控设备应向零件标准化、部件通用化的方向发展

我国数控木工机床的研发正处于起步期，其普及也处于一个新的发展阶段。机床部件通用化不仅可为制造厂缩短生产周期，方便厂际间的协调，将产品做精，同时也为用户提供了方便，当机床数控部件损坏时，不受地域等客观因素的影响，可及时地得到更换与维护。

5.7 分工协作，联合开发

现阶段我国数控木工机床的研发基础比较薄弱，对于木工设备数控技术这样一个庞大的前瞻技术，仅靠木工机械企业自身实现整套设备的开发比较困难，必须充分发挥高等院校、科研院所、软件和硬件生产商、机械制造业等各行各业联合开发，分工协作才能实现行业总体发展的宏伟目标，才能生产出满足时代要求、符合用户需要的好产品。

5.8 合理定位，做精产品

数控木工机床不是任何企业都可以生产的，常规的木工机床科技含量远低于数控木工机床，所以在规划数控木工机床时，必须切实搞好充分的论证，根据企业技术人员自身的水平、设备的先进性、周边协作能力以及用户的可信度等因素，最后确定是否可以进行投产，要坚决克服那种跟着别人走的盲目思想，否则会给企业带来重大的经济损失。

我国有木工机械生产企业600家，具有一定规模的约200家，而具有数控木工机床技术生产能力的只有20余家，从发展的趋势来看，“十一五”期间最多可增至百余家。所以，为了保护数控木工机床行业整体水平和质量的稳定性，不论是行业管理部门还是企业自身都要切实做好产品的定位，本着宁缺毋滥的原则，将高质量、高水平产品投放国内市场，以满足家具市场的需要。

6 结束语

我国家具生产数控化的普及工作即将到来，纵观国际木材加工机械新技术及数控技术的发展趋势，我国木工机床制造业应充分吸收国际先进技术，开发符合我国国情的数控木工机床产品装备家具制造业，实现数控技术的快速普及，以达到木工机械制造和家具制造的双赢。

加强木材工业环境治理　促进木工机械发展

随着国民经济的快速发展，木材工业也得到相应的发展，木材工业中出现的公害也愈来愈严重，噪声污染、水污染、粉尘污染、有害气体等被公认为是木材工业中的严重公害。这些公害严重地危及着人们的身体健康、破坏了生态环境。公害的治理已到了刻不容缓的地步。

1　木材工业中的公害

1.1　噪声

众所周知噪声已构成了对人们工作、生活及身体健康的严重危害，尤其是直接工作在木材工业生产设备旁的操作工人，如人造板生产用的各种形式的削片机，木工机床中的锯、刨等。没有采取降噪措施的各类制材设备、细木工加工设备，其噪声一般都在 90dB（A）以上（各类木工机械的噪声见表 1）。强烈的噪声影响了操作者和周围人们的身体健康，长期工作在这样恶劣的工作环境下会造成操作者听力的衰竭，甚至会导致耳残，也会引发神经系统、心脏等器官的疾病；同时，对生产车间及工厂周边也会造成噪声污染，影响工厂周边地区人们的工作与生活。

1.2　粉尘污杂

木材工业中，常有木材粉尘产生，它不仅污染了环境，还可能增加机械设备的磨损和影响电器的正常工作，引起设备事故的发生，同时给人体带来严重的伤害。据国内外有关资料介绍，木材粉尘对人体危害的方式及临床表现，主要体现在机械加工木材时，粉尘对人体的强烈刺激，当吸入了含毒性物质的粉尘后，引起的呼吸及人体其他器官的各种疾病。当操作人员在不良的工作条件下，锯解木材、磨削人造板材的，木材粉尘可能直接对皮肤产生过敏反应，也可能产生并发症。

木材粉尘也会进入防尘不严的机械电器中，造成机械电器的磨损和控制或动作失灵；因粉尘输送不当，造成输送管道的堵塞引起爆炸和火灾。

由于车间木材粉尘不能及时输送到指定地点，或输送装置不完善，很可能随着空气的流动飞溅到工厂周边地区，给周边居民的生活、工作带来污染。

可见，木材粉尘天重地危及人们的身体健康，同时也对环境带来严重的危害。

表 1　木材工业主要设备的噪声　dB (A)

设备类别	设备名称	声压级		标准允许负载噪声值	备注
		空载噪声值	空载噪声值		
人造板设备（胶合板、纤维板、刨花板生产设备）	锤碎机	93	98	85	
	裁边机	90	102	85	
	削片机	99	106	85	
	截断锯	100	106	85	
	旋切机	80 ~ 85	85 ~ 87	85	
	刨切机	90	92	85	
	热压机	—	82 ~ 87	85	
	打孔机	90	91	≤83	
	涂胶机	80 ~ 88	80 ~ 89	≤83	
木工机床	跑车带锯机	94 ~ 97	97	≤90	
	台式带锯机	92 ~ 101	102 ~ 106	≤85	
	框锯机	86 ~ 90	92 ~ 93	≤90	
	圆锯机	85 ~ 96	95 ~ 106	≤85	
	磨锯机	—	93 ~ 99	≤83	
	木工平刨床	80 ~ 98.5	83 ~ 101	≤90 ≤85	$B \geq 630$ $400 \leq B < 630$ B 为最大加工宽度
	木工压刨床	85 ~ 105	90 ~ 111	≤90 ≤85	$B \geq 630$ $400 \leq B < 630$
	四面刨	86 ~ 88	96	≤90	多轴多面木工铣床其余木工铣床
	木工铣床	72 ~ 94	84 ~ 104	≤90 ≤83	
	木工车床	82 ~ 85	85	≤83	
	磨光机	71 ~ 77	85 ~ 86	≤90	

1.3　有毒气体

随着人造板工业的快速发展，各种胶黏剂已经是人造板生产不可缺少的材料。人造板生产的胶黏剂有：尿醛树脂胶、酚醛树脂、聚酯酸乙烯酸乳液、环氧树脂、不饱和聚酯树脂、聚氨酯树脂胶。诸类胶黏剂中，由于尿醛树脂具有原料充足、价格低廉、有较高的胶接强度、高的耐冷水性能、中等耐热水性能、固化迅速、固化后的胶层颜色浅、不会污染被胶合物的析面、水溶性好、易调制合适的黏度和浓度等性能，因此在木材加工业中用量很大，它具有其他树脂无法比拟的优势。但其具有一个致命的缺点，即使用过程中的甲醛释放。甲醛为较高的毒性物质，在我国有毒化学品优先控制名单上，甲醛高居第二位，是室内空气污染的四大隐形杀手之一。甲醛对眼、黏膜和呼吸道有刺激作用，会引起慢性呼吸道疾病、过敏性鼻炎、免疫功能下降等，导致睡眠不安；甲醛被认为是潜在的致癌物质，可能是鼻癌、咽喉癌、皮肤癌的诱因。甲醛在空气中的浓度达到0.06mg/m^{3}时，儿童就可能发生轻微气喘；达到0.1mg/m^{3}时，就会有异味和不适感；达到0.5mg/m^{3}时，可刺激眼睛，引起流泪；达到0.6 mg/m^{3}时，可引起咽喉不适或疼痛；浓度更高时，可引起恶心、呕吐、咳嗽、胸闷、气喘甚至肺水肿；达到30mg/m^{3}时，会立即致人死亡。

1.4 污水

湿法纤维板生产中的废水曾一度对水资源造成严重的危害，经过工艺改进，湿法纤维板生产已完全被干法纤维板生产工艺取代，因而废水的排放问题得到了彻底的解决。对于木材工业的制胶厂，尽管国家对胶黏剂生产产生的废水有严格的排放限制，多数制胶厂或人造板加工企业也都声称对制胶废水采取了处理措施，但实际上绝大部分工厂是直接排放，对周围的河流、地下水造在严重污染，危害人们的身体健康。我国有些人造板生产厂家周边的地下水有不同程度的污染。

2 严重的公害困扰着木工业机械制造业的发展

随着国家环保方面法律的不断完善和人们法律意识的不断加强，对木材工业的公害也愈来愈敏感，对环境的保护和人类身体健康的使命感也在不断加强。人们可随时通过各种方式向政府有关部门反映来自木材工业生产中的各种公害。政府也会针对公害的具体情况给予相应的处理，工厂会受到限期对公害处理，处理不及时或达不到国家规定的标准，甚至会受到停产的处理。对公害的处理除改进生产工艺之外，主要还是设备存在的问题，如：强烈的噪声出自于没有考虑降噪或降噪效果不好的木工机械设备，车间中大量的木粉尘来自于排尘效果不好的气力输送装置。针对这些公害，客观的说，治理起来难度较大。资料表明，木工机械每降低1dB（A）就要花费很大的气力，人造板生产设备的排尘问题不仅是国内设备即便是国外的先进设备难度也较大。

另外，国家已在相关的木工机械产品标准中对各种公害作出限制。达不到标准要求的产品，国家质量监督部门都将以不合格论处。

上述各种情况，都会时刻为木工机械制造业敲响警钟，并加大了对环境保护和人们健康的神圣职责。作为木工机械的生产企业始终要把环境治理列为一切工作的首位，只有这样才能从困境中解放出来。

3 采取强有力措施，净化环境，保障人们的身体健康

我国政府十分重视环境的治理和人们的健康，采取措施限制环境公害的发生。

3.1 建立了严密的管理机制，加强监控力度

首先由国家环保总局到各级地方环保部门，以国家有关法律法规为准绳，实施了对环境的监控，对任意破坏生态环境的现象给予及时严格的处理，如为保护淮河的水资源一举关闭了上百个中小规模的造纸厂；对吉林化工厂爆炸，严重污染松花江水资源的主要负责人给予相应的处理，以及对湿法纤维板生产污水的高额污水费的收取，都充分体现了政府对环境治理的决心。

3.2 从源头上加强环境的治理

（1）产品设计与制造把环境保护和人们身体健康列于首位。对于易产生噪声的木工机械产品在设计和制造过程中，采取措施避免噪声的产生或将噪声限制在标准要求的范围内（主要木工机械的标准允许值见表1），如近些年来，国内外用于木工平刨、压刨床上的螺旋刀轴、压刨床上吸音止逆器、木工四面刨床的隔间罩以及采用哑振铁作为机床床身的基本材料等措施都取得了较好的降噪效果。

（2）改进生产工艺主法消除污染。将水污染严重的湿法纤维板的生产工艺改为干法纤维板生产工艺，彻底地解决了湿法纤维板生产污水处理的环节，有效地解决了水污染。

为消除甲醛给人体带来的危害，许多专家致力于降低甲醛释放量和不含甲醛胶黏剂的研究，并取得了一定成效。如：采用降低甲醛胶黏剂的研究，并取得了一定成效。如：采用降低甲醛与尿素的摩尔比、尿素分次加入、在调胶过程中加入甲醛捕捉挤（聚乙烯醇、尿素、亚硫酸钠等），在人造板制成后，通过试剂处理等方法降低脲醛树脂胶黏剂中游离甲醛的含量；采用无甲醛的环保型“绿色”胶黏剂，如：异氰酸酯胶黏剂克服了脲醛树脂产生的危害，但由于“绿色”胶黏剂价格昂贵，还有待于深入研究，以进行推广使用。

对于木材加工中出现的木屑、粉尘的处理途径为，采用集中的全力输送管道将生产线各机加工设备产生的木屑、粉尘输送到一个固定、密封性好的储藏间处理（可作燃料）或对于没有风力输送系统的工厂，每台样机床都采用布袋除尘系统收集加工中产生的粉尘。由于粉尘的颗粒极小，给除尘工作带来一定的难度，上海浦东一家人造板生产企业就是由于设备的排尘装置不理想，粉尘飞扬到居民区，给居民生活带来危害，政府强令停产，因此，要求排尘系统一定要工作可靠。

3.3 制定标准 限制污染

为保障人民生活健康和形成良好的生态环境，我国环保、劳动、卫生等部门对人们的工作、生活环境都出台了针对不同种类污染的相关标准（表2）。

环保标准的实施，可有效的实施对各类公害的监控，通过现场污染物的取样、分析、寻找治理措施，同时，有效地把污染限制到最小的危害程度。

表 2 各类污染限制标准

序号	类别	标准名称	标准代号
1	空气污染限制与测定	大气污染物综合排放标准	GB16297—1996
2		室内空气质量标准	GB/T18883—2002
3		公共场所空气中甲醛测定方法	GB/T18204 27—2000
4		环境空气质量标准	GB3095—1996
5		居室空气中甲醛的卫生标准	GB/T16127—1995
6		工作场所有害因素职业接触限值	GBZ2—2002
7	粉尘污染限制与测定	室内空气中可吸入颗粒物卫生标准	GB/T17095—1997
8		车间空气中木粉尘卫生标准	GB16197—1996
9		空气质量总悬浮微料的测定重量法	GB9802—88
10		大气飘尘浓度测量方法	GB6921—86
11	噪声污染限制与测定	工业企业厂界噪声标准	GB12348—90
12		木工机床通用技术条件	GB/T14384—1993
13		木工机床噪声声（压）级测量方法	JB/T9955—1999
14		木工机床噪声声（功率）级的测定	GB3770—83
15	水污染限制	污水综合排放标准	GB8978—1996

3.4 加大环保的宣传力度，增强人们的维权意识

随着我国有关环境保护法律不断完善，人们也开始对环境有了重视，建立了对环境和自身健康的保护意识。但随着木材工业的飞跃发展，对环境的污染也随之增加，为了消除各种环境污染，首先从各级主管部门在积极贯彻国家关于环境保护法律、法规的同时，对于损坏环境的生产企业给予相应处理，对于那些环境和人民健康造成严重危害的企业和部门的负责人给予法律的制裁。对那些为环境改善作出突出贡献的人与单位给予重奖，更应加大宣传力度，时刻为那些可能造成环境污染的企业敲响警钟。时刻呼唤人们不断增强对环境保护和自身健康保护的维权意识，形成一个人人关爱环境的良好氛围。

4 结束语

我国的木材工业已成为国民经济建设的重要行业，尤其是人造板工业已发展成为弥补木材资源短缺的重要支柱产业，其产品产量已居世界第一。但伴随着工业的发展，也将成为环境污染的高发户。这种客观情况已引起我国政府的高度重视。作为易造成环境污染的企业，在大力发展生产的同时，也应把环境保护列为企业管理的重要内容，更应把操作者的身体健康和工厂周边环境的保护列为一切工作的首位。

充分发挥自身优势 实现国内外市场双赢

——我国木工机械国内外市场分析

随着我国社会主义经济建设的蓬勃发展，建筑、装饰、人造板生产和家具制造等行业对木工机械的需求量，每年都在增加，并且对其产品质量和技术水平的要求也在提高。我国是一个木工机械生产大国，产品品种繁多，其技术水平也存在着差异。根据木工机械产品质量监督检验机构多年来对国产木工机械产品的质量跟踪，行业专家的评价及客户信息反馈，在一般情况下，国产木工机械基本上能满足用户需求的，甚至还有一部出口国外市场。但对于一些高精尖产品，还需要从国外进口，以满足生产工艺需要。

1 我国木工机械产品及进出口的概况

按照国家标准 GB7635—87《全国工农业产品（商品、物资）分类与代码》木工机床、人造板及木质纤维设备、木材处理机械（包括木材进行干燥、防腐等设备）均属木工机械范畴。为加强生产和质量管理，我国自 1990 年以来相继颁布实施了《木工机床型号编制方法》《人造板机械设备型号编制方法》《竹材加工机械型号编制方法》《板式家具型号编制方法》，四项标准将国产木工机械分为 69 大类（其中木工机床 13 类、人造板机械设备 39 类、竹材加工机械 8 类、板式家具机械 9 类）、2 534个系列（现有约1 000系列），其产品工业总产值达 100 亿元。可以说，我国目前在世界上已成为木工机械生产大国，为世界各国所关注。我国生产的木工机械首先立足于满足国内木材加工企业的需求，据有关资料介绍：

2004 年我国木工机床、人造板机械设备进口总额为 18. 262 亿美元，比 2003 年增加 48. 13%，其中进口来自亚洲 5. 278 亿美元，比 2003 年增加 25. 21%，占进口总额的 27. 24%；非洲 14 万美元，比 2003 年增加 366. 67%，占进口总额少于 0. 01%；欧洲 13. 19 美元，比 2003 年增加 59. 01%，占进口总额的 68. 07%；中南美洲 786 万美元，比 2003 年增加 566. 1%，占进口总额的 0. 41%；北美洲 7 464 万美元，比 2003 年增加 11. 14%，占进口总额的 3. 85%；大洋洲 802 万美元，比 2003 年增加 25. 71%，占进口总额的 0. 42%。

2004 年我国木工机床、人造板机械设备出口总额为 3. 833 亿美元，比 2003 年增加 29. 89%，出口到亚洲8 130万美元，比 2003 年增加 28. 27%，占木工机床、人造板机械设备产品出口总额的 21. 21%；非洲 659 万美元，比 2003 年增加 24. 34%，占木工机床、人造板机械设备产品出口总额的 1. 72%；欧洲 1. 226 亿美元，比 2003 年增加 26. 49%，占木工机床人造板机械设备类产品出口总额的 31. 99%；中南美洲 731 万美元，比2003 年增加60.31%，占木工机床人造板机械设备类产品出口总额的1.91%；北美洲1.558亿美元，比2003年增加40.2%，占木工机械、人造板机械设备类产品总额的40.65%；大洋洲965万美元，比2003年增加29.61%，占木工机床、人造板机械设备类产品出口总额的2.52%。

2 木工机械进出口基本情况分析

从2004年进出口情况分析不难看出，总体趋势具有以下几个特点：

（1）进出口存在大的贸易逆差。2004年较2003年我国木工机床、人造板机械设备类产品进出口总额继续大幅度增大，但贸易逆差进一步扩大，2004年出口木工机床、人造板设备出口总额为3.833亿美元，出口总额比2003年增加29.89%，进口总额为18.262亿美元，总额比2003年增加48.13%。进口总额比出口总额相差14.429美元。形成相当明显的贸易逆差。

（2）进出口产品的总体技术水平存在较大的差距。从国外进口的木工机床和人造板机械设备，大多数是具有国际先进水平的产品，而出口则是技术含量低、附加值低的中低档产品，形成各自发挥劳动力优势和技术优势的贸易互补。

（3）出口趋于全球化。从2004年出口分布地区看，由向发展中的国家出口，已发展到欧洲、北美洲等发达国家，形成全球化销售，2004年出口到欧洲国家的销售总额为1.226亿美元，比2003年增加26.49%，占木工机床、人造板机械设备出口总额的31.99%；出口到北美洲国家销售总额为1.558美元，占木工机床、人造板机械设备出口总额的40.65%；出口到亚洲国家销售总额为8 130万美元，占木工机床、人造板机械设备出口总额的21.21%。亚洲、欧洲、北美洲三个地区总出口额的93.85%。另外出口到非洲和南美洲木工机床、人造板机械设备都较2003年有大幅度增长。可见中国木工机械向国外出口的辐射面越来越大，出口形势一派大好。

3 发展中的中国木工机械

中国木工机械已具有50多年发展历史，从无到有，从仿制到自行设计与制造，从低端产品到具有一定科技含量，这一切的变化充分包含中国业内人士们的辛勤劳动与智慧。当前，中国的木工机械产品总体水平与国外先进国家也只不过相差10年的时间，个别产品的水平已相当于国外产品。

3.1 国家法律及有效行政管理为中国木工机械产品质量提供了可靠保障

为促进生产发展保护消费者合法权益，中国相继颁布实施了“计量法”“标准化法”“质量法”，并相应出台了产品质量管理办法，不定期的国家质量监督抽查和定期的地方监督检验，以及市场产品抽查从而保证木工机械产品始终处于受控状态和健康发展的市场秩序。

3.2 标准化建设推进了木工机械发展进程

全国木工机床与刀具标准化技术委员会及全国人造板设备委员会担负了中国木工机床、刀具、人造板机械设备、板式家具设备、竹材加工机械 69 类1 100余种产品标准的制定、修订工作、为保证标准的先进性，在制定标准时等同或等效地采用了国际标准。为早日达到国际先进水平，提供了先决条件。

木工机械标准化为我国木工机械制造业的科学管理、新技术和新科研成果的推广、保证产品质量、维护消费者权益、提高经济效益、消除贸易障碍、促进国际技术交流和贸易发展、提高产品在国际市场上的竞争能力、保障人民身体健康和安全起到了重大的作用。

3.3 产学研相结合成为行业科技进步的动力

我国木工机械制造企业充分地利用了国内 10 余所专业高等院校和 100 余所研究机构的科学研究成果，加强了产品开发力度，有力地推动了木工机械整体技术水平的提高，发展了木工机械生产。

3.4 企业十分重视学习国外先进技术

国家和行业协会每年定期在国内举办具有一定规模的大型国际木工机械展览会，邀请国外知名木工机械生产企业参展，同时，也定期组织国内木工机械生产企业去国外参展和参观，如：国外著名的德国汉诺威展会、意大利米兰展会等，为国内木工机械生产企业吸纳国外先进技术，创造了十分便利的条件。国内一些大型重点企业也根据生产发展需要，去国外考察，寻求技术合作伙伴，如购买软件、合资办企业等。通过这些方式加快了我国木工机械行业的发展，我国机械生产企业也十分重视结合国情，充分消化引进先进技术，通过多种方式学习国外先进技术，缩短了我国木工机械与国外先进技术水平的差距。

4 我国木工机械的国内市场与国外市场

我国经济发展迅速，人民生活水平不断提高，国家城市化推进加快，旅游业及居民住宅建设呈现欣欣向荣的局面，特别是加入 WTO 后，诸多因素构成了对我国装饰、装修建材市场的巨大需求，从而，又推动了我国木工机械快速发展，为中国木工机械生产企业营造了广阔的国内市场和国外市场。

4.1 国内市场

据不完全统计，目前我国有家具生产企业有 5 万家，工业总产值约1 400亿元人民币，人造板生产企业6 000家，年产量约为5 500万 m^3，地板生产企业6 000家，总产值约为 1.5 亿 m^3，随着这些企业产品更新换代，以及新一轮技术改造的启动，对木工机械的需求，将有所增加。

国内木材加工业及人造板工业所用的设备分别由国内和国外提供，由于国产设备经过半个世纪的发展，从价格、技术水平、质量基本可以生产需求，仅对一些加工有特殊要求的出口产品，选用进口设备。2004 年我国约 100 亿人民币的木工机械产品，其中约生产总额的 30% 出口国外，约生产总额的 70% 销往国内市场。可以说，国产设备在国内有着极大的发展空间。

4.2 国外市场

我国木工机械目前出口为欧洲、亚洲、非洲、北美洲、中南美洲、大洋洲 6 大洲，近 99 个国家，主要出口地区为欧洲地区，占出口总额的 30.99%；北美洲地区占出口总额的 40.65%；亚洲地区占出口总额的 21.21%，三个地区总出口占出口总额的 93.85%，近几年市场看好，其主要原因是我国加入 WTO 后，与世界各贸易大国之间非关税壁垒被撤销，恢复了平等的合作贸易关系。另外，中国的木材机械产品的技术水平尽管低于同行先进国家的水平，但价格远低于国外先进设备（低 1/10～1/50），这是吸引国外客户的最大亮点。

随着中国木工机械不断出口的不断增加，许多国家对中国木工机械产品已经改变传统看法，受到各国的青睐，许多产品已经跻身于国外先进国家的行列与国外先进国家分市场，在德国的汉诺威展会、意大利米兰展会都可见到中国木工机械产品，并受到参观者的关注。

5 面向国内国外两个市场是中国木工机械求发展的关键

随着国外设备的不断进入中国，中国木工机械企业将面对来自国内和国外同行业的竞争。就国内而言，表现在同行业在价格的无序竞争；就国外而言，表现为产品技术水平的差异。德国、意大利等国早已看好中国木工机械大市场，尤其是中国加入 WTO 后，进入中国市场的大门更加畅通无阻，通过到中国参展、办厂、设立代销点等多种方式极力分享中国木工机械市场的份额，将产品推销给中国用户。如德国的威力（烟台）、欧登多（秦皇岛），日本的丸仲（天津）、兰帜（南京）等国外公司在中国早已稳定了生产和经营局面，拥有一定数量客户，尝到了中国大市场的甜头。国外企业到中国，尽管是从技术上促进了中国木工机械水平的提高，但构成了对中国木工机械行业的威胁，作为一个世界木工机械生产大国的中国，绝不能坐以待毙，积极采取对策，提高各种抗风险的能力，为此，必须认清国产木工机械存在的问题，找出与国外先进产品的差距，确定发展趋势与研究重点。

5.1 存在的问题与差距

与国外木工机械相比，首先是中国木工机械尚未完全脱离仿制，从外观质量，还是性能指标，还存在许多不足，据资料统计，产品平均分析率为 65.6%；其次是产品品种不全，多数企业还在生产平刨、压刨、圆锯等低档次的传统产品，精细高档加工机床，如数控加工中心极少，人造板设备多以为柜架式多层压机为主，单层大幅面的连续式压机很少，有待研制开发。

5.2 发展方向

国外的木工机械设备已广泛采用工业计算机操作监控技术，在三维数控镂铣机或加工中心则完全依靠计算机控制，大大提高了生产效率和加工质量。国外的数控镂铣机已经发展到第二代产品，我国木工机械的高新技术研究、虽然也做了大量工作，但在推广应用方面受诸多因素影响，发展速度有待加快。我国人造板设备应向大型化、高速化、自动化和高新技术和节能环保方向发展。

大型化：有利于采用新技术、实现生产连续化、自动化、提高劳动生产率，节省单位生产能力的投资，降低产品成本，提高产品的竞争能力。紧跟这种发展趋向，国内一些主要设备厂，如上海人造板机器厂、苏福马公司，提供给市场的中密度生产线，由传统的3万 m^3/年，提高到5万~8万 m^3/年。

高速化：大大提高生产加工速度和进给速度，从而可提高生产能力。

自动化：人造板生产的机械化，广泛应用各种新技术，实现自动检测、自动调节、自动控制、自动信号连锁、自动保护、自动管理，从而提高了劳动生产率、设备利用率和产品质量。

节能和环保：近年来，随着能源供应越来越紧张，国外越来越重视能力的节约和新能源的开发，不断提高设备的效率；从工艺和设备等方面对人造板生产中的粉尘、有害灰发物、噪声的防治开展了大量研发工作。在这方面国产人造板设备已经十分重视，如高效热风炉、燃料锅炉（热能中心）紧跟国外发展趋势，提高产品研发水平和产品质量，才能与国外产品公平竞争。

6 努力发挥自身优势，实现国内外市场双赢

WTO为世界各国客商发放了进入中国市场的通行证，同时也为中国走向欧洲及作为世界组织成员创造了方便条件。中国的木工机械企业也应走出国门，做好国外市场的开发，加强中国木工机械的国际影响。

虽然WTO从形式上的中国木工机械走向世界，搭建了发展的平台，但仍存在一定的障碍。首先是出口工作尚未得到全行业的普遍认识，尚未认识到国外广阔市场对企业发展和效益可观的前景，有待于行业管理部门，扩大宣传，配合企业搞好扩大出口许可证的发放和出口业务；其次是欧洲组织设置了较高的CE认证门槛，在一定程度上限止了中国木工机械向欧洲各国的出口，为此，中国应加大CE认证的力度，为中国木工机械企业创造更为有利的国外贸易的发展空间。

相信中国木工机械企业会很好地充分利用当今国内的宽松政策和国际市场大好契机，发挥自身优势，按照“十一五”规划的战略目标，不断提升产品的技术水平，在巩固好国内市场的同时，加快培育和推出中国世界名牌，进一步扩大出口，发展国外市场，争取早日使中国成为世界木工机械大国和强国。

展望未来，中国木工机械将通过新的科技革命、在全面确立产业技术优势的基础上，既靠物美价廉的产品在国际市场中占有相当的比重，又要凭借一流的科技水平和产品创新能力，领导世界木工机械行业发展的新潮流，实现国内外市场双赢，成为世界工厂。

采用半有限元法分析圆锯的振动与弹性稳定性

1 前言

在使用薄圆锯片时，对弹性稳定性与振动的分析非常重要，张紧被广泛用于提高锯片的弹性稳定性和工作转速；而对于分析弹性稳定性及振动而言，圆锯片固有频率的计算是必需的。

国外有关学者早已提出了用于计算固有频率、扭曲变形和临界转速的方法，即半有限元分析法。本文着重研究圆锯由张紧、温度梯度和内应力引起的非线性问题。

2 张紧变形时圆锯振动频率的计算

应用有限元方法，用线性方程描述圆锯张紧变形时的动态特性。

$$\{[K] + \sum_i \lambda_i [k_G]_i\}\{u\} + [M]\{\ddot{u}\} = \{p\} \tag{1}$$

式中包含有边界条件，各参数含义如下：

$[K]$ ——弹性刚度矩阵；

$[k_G]$ ——几何刚度矩阵（与确定区域对应）；

i——形变；

λ_1——各确定区域的比值系数；

$[M]$ ——总矩阵；

$\{u\}$ ——节点位移向量；

$\{\ddot{u}\}$ ——节点加速度向量；

$\{p\}$ ——节点负荷向量。

对于一个单元来说，刚度矩阵表述如下：

$$[K] = \int_{A_e} [B]^{\mathrm{T}}[D][B]\,\mathrm{d}A \tag{2}$$

$$[k_G] = h\int_{A_e} [B]^{\mathrm{T}}[\sigma][G]\,\mathrm{d}A \tag{3}$$

式中：A_e——单元体表面；

$[D]$ ——胡克矩阵；

$[\sigma]$ ——压力矩阵。

矩阵 $[B]$，$[G]$ 相互干涉。

$$[X] = [B]\{u_e\} \tag{4}$$

$$[u'] = [G]\{u_e\} \tag{5}$$

式中：$[X]$ ——弯曲、挠曲向量；

$[u']$ ——斜向量；

$\{u_e\}$ ——节点位移向量。

单元体矩阵 $[k]$ 和 $[k_G]$ 由积分得到，从而得到整体 $[k]$ 和 $[k_G]$ 的刚度矩阵，应力矩阵形式如下：

$$[\sigma] = \begin{bmatrix} \sigma_r \tau_{\gamma\theta} \\ \tau_{\gamma\theta}\sigma_\theta \end{bmatrix} \tag{6}$$

对于圆锯的弹性稳定性来说，轴向对称形变应力非常重要。在计算由偏心力引起的应力时，要考虑锯齿的影响，这一点在计算主矩阵 $[M]$ 时要考虑，每一个齿可被看做锯片外边缘上的一个集中质量点。

由方程（1）导出：

$$\{[K] + \sum_i \lambda_i [k_G]_i - w^2[M]\}\{u\} = 0 \tag{7}$$

$$\{[K] - w^2[K]\}\{u\} = 0 \tag{8}$$

$$\{[K] + \sum_i \lambda_i [k_G]_i\}\{u\} = 0 \tag{9}$$

方程（7）和（8）分别用来计算有形变和无形变时的特征频率，方程（9）用来计算临界应力和扭曲模。在第二种情况下，我们用 λ_{cy} 描述某一特定形变区域，且在其他区域内保持常量，例如，我们能研究在一定半径下，不同温度时偏心、张紧引起的应力影响。

本文提出的半有限元分析法对不同的变形应力区域获得的结果不同，由于研究条件复杂，下面给出一般性的方法来概括。

对于无齿圆盘，厚度为 h，外径为 d_e，方程（8）给出了节点半径为 q，节点圆为 θ 的方程如下：

$$f_{q\cdot\theta} = \xi_{q\cdot\theta}(\rho_v)\frac{h}{\pi d_e^2}\sqrt{\frac{Eg}{r}} \tag{10}$$

式中：E——轴向刚度模量（$E = 210 \times 10^3 \text{N/mm}^2$）；

r/g——圆盘的特征质量；

$\rho_v = d_x/d_e$——夹紧比。

图 1（a）是采用此法得出的 $\rho_s - \xi_{q\cdot\theta}$ 关系图。

对于有齿的圆锯来说，同样可以得到 $\rho_s - \xi_{q\cdot\theta}$ 关系图，如图 1（b）所示。很显然，考虑锯齿的计算结果更贴近实验结论。

以 ω 速度转动圆盘的固有频率如下：

$$f_{q\cdot\theta} = \sqrt{f_{q\cdot\theta}^2 + \lambda_{q\cdot\theta}\omega^2} \tag{11}$$

式中 $f_{q\cdot\theta}$ 为不转时的圆盘固有频率。

图 2 所示为不同转速下的理论固有频率和实验固有频率。其所用圆锯参数如下：锯片直径 $d_e = 500\text{mm}$，锯片厚度 $h = 2.2\text{mm}$，夹紧直径 $d_s = 150\text{mm}$，齿数 $z = 48$，齿形 NV（DIN6581）。

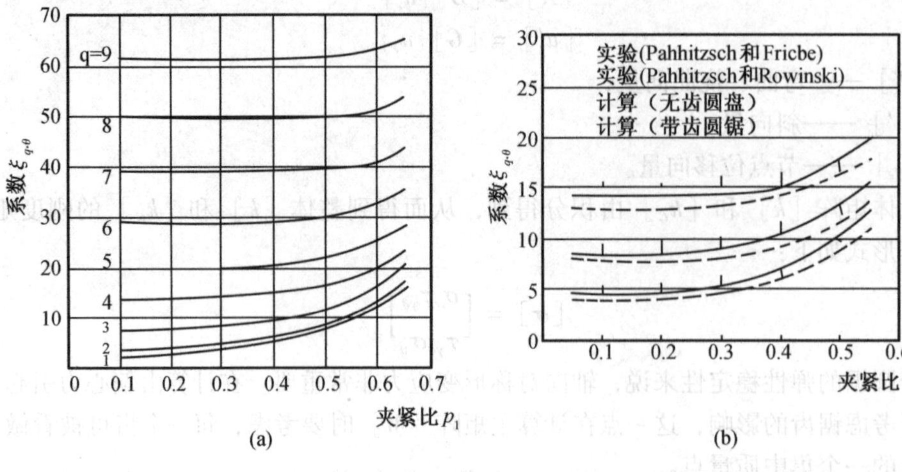

图 1 由理论和实验得到的 $\xi_{q\cdot\theta}-\rho_s$ 关系图

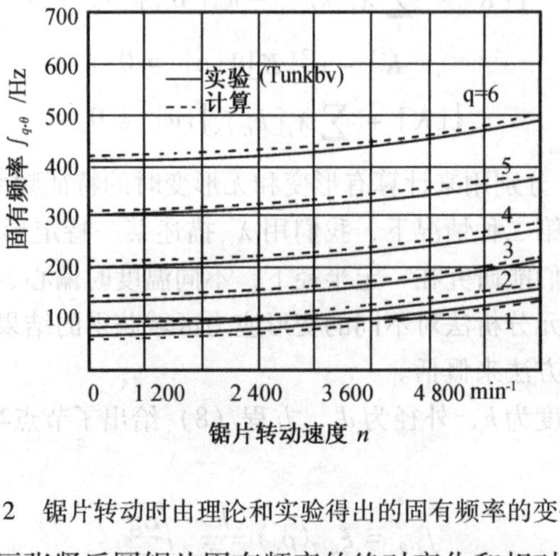

图 2 锯片转动时由理论和实验得出的固有频率的变化

图 3 所示为经过滚压张紧后圆锯片固有频率的绝对变化和相对变化，所用圆锯片参数如下：锯片直径 $d_e=360$mm，锯片厚度 $h=2.07$mm，齿数 $z=48$，齿形 NV（DIN6581），张紧力 $F_v=10$kN，滚压直径 $d_e=239$mm。我们定义：$\Delta' f_{q\cdot\theta}=f''_{q\cdot\theta}-f_{q\cdot\theta}$，$\Delta f_{q\cdot\theta}=100\Delta' f_{q\cdot\theta}/f_{q\cdot\theta}$，其中，$f''_{q\cdot\theta}$是张紧时圆锯片的固有频率，由方程（8）给出。可以看出，在理论与实验之间有极好的相关性，特别是当 $\rho_s=0.25\sim0.40$ 时比较理想，这对于使用者来讲很有意义。在张紧状态，当 $q\geqslant2$ 时，固有频率随张紧应力上升而下降；当 ρ_3 较小时，张力影响较大。对确定的张紧力 F_v 来说，在 $q=0$ 或 $q=1$ 时，锯片将丧失弹性稳定性，并发生变形。ρ_v 的理想值为 $\rho_v=d_v/d_e=0.7\sim0.725$，此时是频率最大值区间（$q\geqslant2$），张紧力对小半径薄锯片固有频率的变化有较大影响。

图 4 表明锯片沿半径方向上温度的差异（$\Delta t=t_e-t_s$）使 $q\geqslant2$ 的固有频率降低，使 $q=0$ 或 $q=1$ 的固有频率增加，这种影响对较厚、大直径的锯片影响大。对 $q\geqslant2$ 来说，温度差 Δt 到一定值时，锯片将丧失弹性稳定性，同时出现热变形。

3 锯片变形

如前所述，在 $q=0$ 或 $q=1$ 时，张紧力能引起变形；在 $q=2$ 时，沿半径方向上的温差也能引起变形。

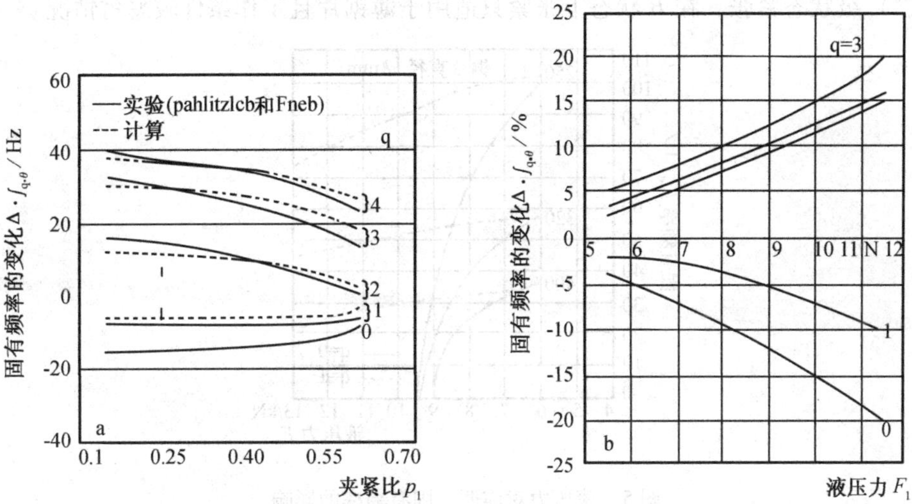

图3 经过滚压张紧后圆锯片固有频率的变化

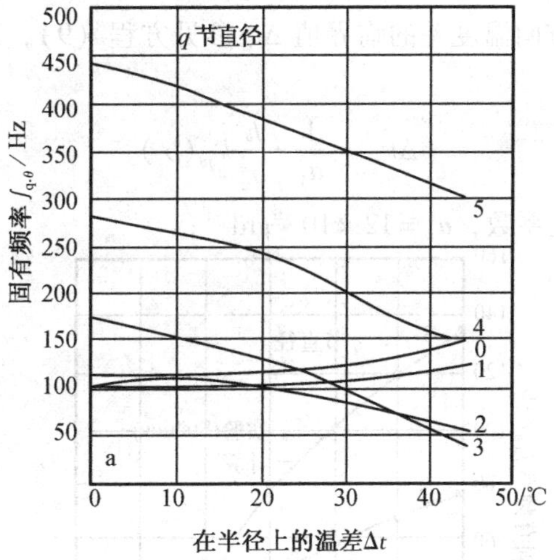

图4 沿半径方向上温度变化对固有频率的影响

图5描述的是当锯 $d_s=32$mm，$h=1.6$mm，$\rho_v=0.7$，$z=48$，齿形 k（DIN6581）时滚压力的大小对固有频率的影响。当固有频率为0时，锯片失去弹性稳定性，同时发生变形。滚压力的临界值 $F_{vcr}^{q=0}$ 对应于0节点半径（$q=0$）和0节点圆，对于 $h=1.4\sim1.9$mm，$d_e=200\sim500$mm 的圆锯而言，滚压力的临界值为 $6\sim12$kN，此时的 $F_{vcr}^{q=0}$ 和 $f_{q=0.0}$ 是不计变

形时的结果，当我们考虑变形，且滚压力 $0 \leqslant F_v \leqslant F_{vcr}^{q=0}$ 时，圆锯的固有频率 $f_{q=0.0}^n$ 用下面公式表示比较接近真实结果。

$$f_{q=0.0}^n = f_{q=0.0} \sqrt{1 - \frac{F_v}{F_{vcr}^{q=0}}} \tag{12}$$

公式（12）是使用半有限元分析方法得出的比较理想的计算公式，为了优化滚压力，作者给出二个可选范围，即 A（$0.85 \cdot F_{vcr}^{q=0} \leqslant F_v < F_{vcr}^{q=0}$）级状态张紧和 B（$F_{vcr}^{q=0} \leqslant F_v \leqslant 1.15F_{vcr}^{q=0}$）级状态紧张，在 B 状态下张紧只适用于薄锯片且工作条件较恶劣情况。

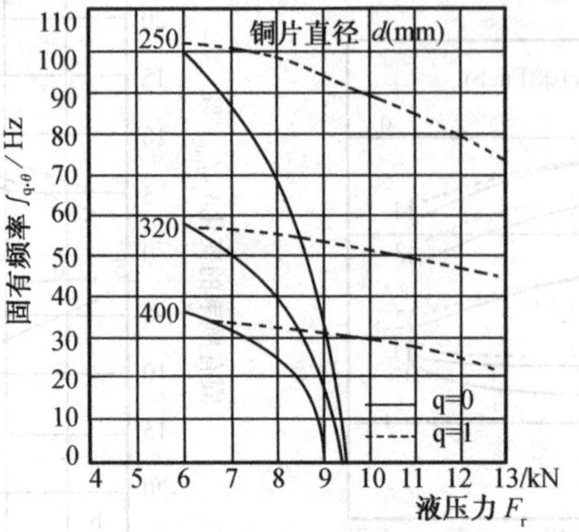

图 5　滚压力对前两个固有频率的影响

图 6 描述了半径方向温度差异引起的固有频率的变化，锯片的 $d_e = 500$mm，$d_s = 125$mm，$h = 2.5$mm，$z = 48$，齿形 k（DZN6581），当锯片发热，引起锯片的固有频率为 0 时，发生热变形，半径方向温度差的临界值 Δt_{cr}^q 参见方程（9），对于 $q \geqslant 2$ 节点半径参见下面公式：

$$\Delta t_{cr}^q = \frac{1}{a_1} \cdot \frac{h^2}{r_z^2} k_{q\theta}(\rho_s) \tag{13}$$

式中：a_1——热膨胀修正系数，$a_1 = 12 \times 10^{-6}\,\text{grd}^{-1}$；

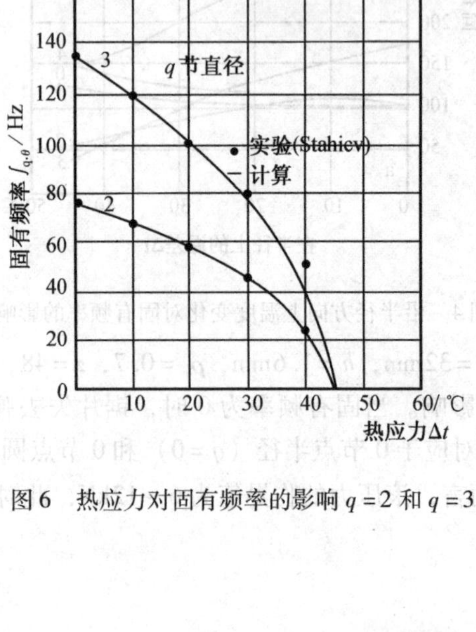

图 6　热应力对固有频率的影响 $q = 2$ 和 $q = 3$

r_z——齿底圆半径，$r_z = dz/2$；

$k_{q \cdot \theta}$（ρ_s）——相对于 ρ_s 的修正系数。

当锯片外边被加热（$\Delta t > 0$）时，变形发生在 $q \geqslant 2$ 和 0 节点圆上，当锯片内部被加热（$\Delta t_{cv}^q < 0$），变形发生在 $q = 0$ 或 $q = 1$ 和 0 节点圆上，此时的 Δt_{cv}^q 和 $f_{q \cdot \theta}$ 是在没有发生变形时的值，所以我们计算 $f''_{q \cdot \theta}$ 在热差（$0 \leqslant \Delta t \leqslant \Delta t_{cr}^q$）引起的变形时可用以下公式计算：

$$f''_{q \cdot \theta} \sqrt{1 - \frac{\Delta t}{\Delta t_{cr}^q}} \tag{14}$$

该方法可以用来计算在多个因素影响下的固有频率和热差。

4 结论

研究圆锯弹性稳定性时，必须考虑内应力的影响。张紧力、离心力、沿半径方向的温差产生的内应力均对圆锯的固有频率、扭曲变形、临界转速有极大的影响。

本文所概括的理论结果与实际比较接近，可以有效地应用于圆锯扭曲变形与振动研究，沿半径方向的温差计算，有利于充分预测热引起的扭曲变形，滚压力的计算对应用振动进行不同程度张紧而言也有用处，对于一般工作条件，滚压力适用于（$0.85F_{vcr}^{q=0} \leqslant F_v \leqslant F_{vcr}^{q=0}$）。

根据本文理论所得到的结论与实验得到的数据相近，具有实际应用意义。

我国木工机床产品质量分析

木工机床的加工对象是木材。由于我国森林资源贫乏，森林覆盖率仅为12.7%，是发达国家的30% ~50%，因此，如何改善我国的木材加工质量，提高木材资源的综合利用率就显得尤为重要，这就要求木工机械产品在品种、质量上能够符合我国国情需要，并保持稳定。

1 近10年木工机床产品国家质量监督抽查的合格率

近10年来对我国木工机床产品质量抽查共9次，以生产批量最大、用户最多、对木材的出材率和加工质量影响最大的木工锯机、木工刨床和多用机床三类机械设备为主要抽查对象，共抽查全国20多个省、市、自治区各类企业生产的木工机床274台次，被抽查企业数约占全国锯机、刨床、多用机床生产企业总数的65%。其抽查合格率的统计结果列于表1。

表1 抽查合格率统计结果

序号	机床种类	企业及产品数	产品合格率/%
1	木工刨床	13	76.0
2	木工锯机	31	54.8
3	木工刨床	31	61.3
4	多用机床	38	42.1
5	木工锯机	23	57.0
6	木工锯机	25	48.0
7	木工刨床	32	68.7
8	多用机床	32	59.4
9	木工锯机	49	30.6

从表1可以看出，我国木工机床的总体质量水平较低，合格率远远低于国家工业产品监督抽查的平均合格率。虽经过多次抽查，但产品合格率并无明显提高。

如果按各类企业和产品分析，其抽查合格率的统计结果列于表2、表3。

表 2　各类企业抽查结果　%

企业类	占抽查企业类比例	产品合格率
大型	6.7	88.9
中小型	58.2	53.8
乡镇	35.1	53.2

表 3　各类产品抽查结果　%

产品品种	产品合格率
跑车带锯机	30.8
普通带锯机	54.8
圆锯机	100.0
平刨床	75.0
压刨床	66.7
多用机床	50.7
其他	40.0

根据抽查结果进行分析得出，大型企业的产品合格率高于中小型企业和乡镇企业；国优产品的合格率为100%；部优、省优的产品合格率为80%；获生产许可证产品的合格率为65%；未获生产许可证产品的合格率为21%。这说明，前几年的创优和生产许可证的颁发工作，对促进行业质量水平起到了一定作用。

2　木工机床质量监督抽查结果的综合分析

我国木工机械生产企业，经过新中国成立60年的发展，取得了较大成绩。从企业规模看，以牡丹江木工机械厂、信阳木工机械厂、沈阳市带锯机床厂等为骨干的一批专业生产企业，代表着我国木工机械产品的发展水平。近几年来，以威海木工机械厂、威海工友集团公司为代表的一批乡镇企业也跻身于木工机械生产行业中，使木工机械的产品产量加大，品种增多，尤其是这两大生产企业生产的台式多用木工机床产量在全国居首位。从产品质量上看，骨干企业的产品质量在稳定的基础上不断提高，锯机类产品中，牡丹江木工机械厂生产的MB106A单面木工压刨床、信阳木工机械厂生产的MJ346B细木工带锯机等4种产品，获得国家优质产品奖，部分产品的质量和性能已达到或接近国际同类产品的先进水平，除满足国内市场需要外，还远销60多个国家和地区。从产品的技术开发看，已由过去单一的机械结构向机电液一体化发展，技术含量不断增加，如我国跑车带锯机已采用了计算机控制，其安全性和可靠性有较大提高。通过全面质量管理的推广，企业的技术素质不断提高，注重质量和效益的企业不断涌现。随着我国改革开放和社会主义市场经济的发展，企业正在逐步转换经营体制，以适应市场经济的发展和需要。这些都说明，目前我国木工机械生产企业已有了一定数量和规模，具备了一个较有利的质量基础。但是各企业发展是不平衡的，具有一定规模且产品质量较高的企业只占企业总数的10%左右，而中小企业和乡镇企业相当一部分技术基础较差，其产品合格率在50%左右，但这部分企业数量和产量却远大于大型企业，使总体产品质量的平均合格率难以在短期内有较大提高。从对产品抽查结果和企业考查分析，

产品质量不高主要有以下几个主要原因：

（1）质量意识淡薄。这是一个带有普遍性的问题。一些企业在经营中，没有摆正质量、产量、效益的关系，片面追求数量、产值，特别是当销售形势好的时候，质量管理工作常常被忽视放松。

（2）企业技术基础差。部分中小和乡镇企业，缺乏专业技术人员，生产工人的技术等级低，管理水平差，加之设备陈旧，工艺落后，虽然能生产几种结构简单的产品，但很难达到质量要求。

（3）产品生产过程中质量控制不严格。在被抽查的不合格产品中，有90%产品整机精度达不到现行标准要求，未达到安全卫生要求的占所检不合格产品总数的43.3%，未达到可靠性与寿命要求的占所检不合格产品总数的35%。不合格产品集中地反映出生产过程质量控制的问题：一是企业产品生产内控标准偏低，有的企业无内控标准；二是零、部件和铸件的加工手段不完善，使不合格的零、部件装入整机中；三是外购件和外协件人厂时检查验收不严格。因此，装配后的整机在精度和性能等主要方面难以达到质量要求。

（4）质检人员素质低，检验手段不完备，少数企业不重视质量工作，整机装配后无法对机床进行检验测试，这是较普遍存在的问题。

以上这些影响产品质量的主要问题，虽然集中在少数中小型企业，但也不同程度存在于其他企业，因而对总体的产品质量合格率影响很大。

3 木工机械行业情况及特点

木工机械行业是国民经济的一个重要组成部分，是我国林业机械制造领域内发展较快的一个行业。新中国成立前，我国只有牡丹江、上海两地有生产木工机械产品的小型工厂，主要生产带锯机、压刨床等产品，技术水平相当落后，生产规模也很小。新中国成立后，随着国民经济发展的需要，木工机械行业得到了迅速的发展，到1990年，我国有1所高等院校设有木工机械设计与制造专业，专门为木工机械行业培养技术人才；有10所林业高等院校设有相应的教研室从事有关木工机械的教学、科研工作；有2个研究所专门从事木工机械方面的科学研究和统计工作；有1个国家木工机械质量监督检验中心专门负责全国木工机械行业的产品质量监督检验工作；有2个标准化委员会专门从事有关标准的制定与修订工作；有约600家生产木工机械产品的企业分布在27个省、市、自治区；有约1 500家商店、公司经销木工机械产品。就是由于这些教育、科研、生产、管理、经营等方面的单位，组成了我国的木工机械行业。

木工机械行业的特点是经营的产品种类多，范围广阔，其用户横跨农、轻、重三大经济部门。因此，木工机械行业拥有广阔的国内外市场和发展前途。但是，由于从事木工机械科研、教育、生产制造等方面工作单位，分别隶属于不同的主管部门，致使行业内的生

产企业分散，条块分割经营管理水平参差不齐，产品技术水平低，品种少，不能满足国民经济发展的需要。

4 我国木工机械行业现状及存在的问题

经过多年的努力，我国木工机械行业已形成了科研、教育、生产、设计、经营互相配套齐全的行业体系，在各方面取得了长足的进步。特别是自改革开放以来，在产品品种、质量、产量、利润和技术水平上都有了较大幅度的提高。目前我国能够生产各类木工机械产品1 100余种，出口量也逐年递增。

我国木工机械虽然有了长足的进展，但尚存在不少问题，其中有以下几个问题需要全行业形成共同认识和采取相应的措施加以解决。

（1）研究分析我国木工机械与国外木工机械差距的关键所在不够。对一些引进产品的优势知其然，不知所以然，技术保密、闭门造车、重复引进、效益低下，甚至有些“改进”“国产化”产品将引进产品的技术优点改掉化掉了。实际上，我国木工机械的设计和制造高新技术含量不足，并未深入了解国外设备的精髓及提高机床质量关键所在，相当部分研制的机床只能是形似而未达到神似。这是我国木工机械至今在国际上处于被动处境的主要原因之一。

（2）不重视木材加工机械的特性和基础技术研究。体制混乱，多头管理，只重视短期效益，缺少全面和长远研究发展战略，这是影响我国木工机械水平和发展的另一个重要原因。

木工机械质量的竞争是多方面的，不对木工机械进行系统的扎实的基本技术研究，要从根本上提高我国木工机械的总体水平，特别是动态性能、精度和可靠性等指标也是困难的。如先进木工机械生产国很早就进行了木工机械基础技术，如切削性、刚度、可靠性等方面的大量研究，并制定相应的标准。而这方面在我国虽然也开展了一系列的研究，但这些工作还没被有关部门和人们引起足够的重视。

（3）缺少创名牌产品意识。我国木工机械质量低的另一个原因，还在于不少单位较重视开发新产品，但忽视对老产品的改进研究，以致不少厂家没有名牌的拳头产品，虽然新产品不断出现，但质量平平，竞争乏力。而国外有些厂家产品品种并不多，但它们不断改进，重视产品的市场适应性和技术水平的提高，保持产品处于同类产品的领先地位，因此，竞争力极强。例如德国威力公司从 20 世纪 50 年代初开始专门从事木工成型刨的研究制造，至今为止，该公司已生产了 4 万台成型四面刨床。该公司产品不仅在性能、耐用度等方面长期处于世界领先地位，而且规格品种系列齐全，有 6 种不同宽度，分为普通型、经济型、万能型和液压型 4 类成型四面刨床，可由 11 种不同模块、不同轴数和不同排列顺序组成基本型和任选几十种结构不同的成型刨床，以满足不同层次的加工要求。

（4）我国木工机械品种少、不配套。虽然我国已有1 100多种木工机械，但与国际市场的木工机械相比，还有近3 000个品种属于空白。如数控二维、三维雕刻机、电脑数控裁板锯等设备。我国当前简易木工机械重复生产多。

5 我国木工机床质量与国外先进国家的几点差距

（1）产品落后。我国很多木工机械几十年一贯制，不但水平低，而且外观质量差，很少改进。而国外很多木工机械采用了现代新技术、新材料，十分重视机电一体化，数控技术已大量应用到木工机床，并已普遍使用。

（2）配套件质量差。木工机械加工企业的机械加工能力和国外相比不算太差，但配套件不过关，如电动机体积大、噪声高、长时间工作发热等，影响了我国木工机械产品的发展及出口。

（3）我国木工机械外观造型粗笨，不美观。铸焊件棱角不清晰、平面凸凹不平，机床防锈措施不力，油漆颜色较陈旧、无光泽，同时不注重产品的安全标记、使用提示等，而这些恰恰是用户所关心的。

（4）自1995年开始欧共体对机械设备使用CE认证，未经CE认证的产品海关一律退货。而我们产品无一取得CE认证，而且从产品设计、工厂管理及制造方面对防尘、防噪声及安全保护设施考虑较少。如四面刨国外产品均有保护罩，而我国每年生产上千台四面刨均没有保护罩，今后进入国际市场就很困难。

（5）产品技术水平低。我国目前木工机械大部分是低水平的重复生产，某些个体木工机械制造厂，为追求低价格，生产的木工机械制品粗制滥造，不讲技术要求，简单拼凑，这些设备不可能生产出好产品。因此，要提高我国木工机械产品整体水平，必须在加工范围、加工精度、转速、切削量等方面都有较高要求。

总之，新中国成立后我国木工机械已经取得了长足的进步，不论从产品的品种、数量、质量，还是木工机械行业本身都有了一个较快的发展，但随着我国改革开放的不断深入，国外木工机械产品的不断涌入，已对我国的木工机械行业构成严重威胁，面对如此严峻的形势，我国木工机械行业应该认清形势、找出差距，力争使我们自己的产品在国内和国际上更具有竞争力，使我国木工机械更快的发展。

深挖废旧木材利用潜力　缓解木材资源供需矛盾

——关于废旧木材回收再利用的思考

1　概述

随着我国国民经济建设速度的不断加快和人民生活水平的不断提高，木材的消耗量逐年增加，供需矛盾日益突出。据2004年初步统计全年木材消耗量为3.1亿 m^3。其中，建筑用材占35.8%，家具用材占9.1%，造纸用材占24.5%。三大行业用材量比上年的增幅分别为31.1%，18.3%和20.5%，从而拉动了木材需求的上发展。

根据“十一五”发展规划确定的经济发展目标，到2010年人均国内生产总值比2000年翻一番。在未来10年里，按照我国经济将继续保持每年7%～8%的增长速度的预测，建筑业、装饰业、家具业等还会保持较快发展的态势，因此，在较长时间内仍将继续保持较快发展的态势和对木材的旺盛需求。

面对森林资源匮乏木材资源供需矛盾加剧的严峻形势，解决我国木材原料不足的矛盾通常有以下几条途径：

（1）大力发展人工速生材；

（2）适度增加原木进口；

（3）寻找其他木材原料代替代品，此外合理回用废旧木材也是一条重要的途径。

近年来，废旧木材的回用已经引起了世界许多国家的高度重视，我国在这方面起步较晚，但也引起了政府部门高度的重视。贯彻《国务院办公厅转发发展改革委等部门关于加快推进木材节约和代用工作意见的通知》（国办发［2005］58号），明确提出要建立废旧木材回收利用机制，以实现木材资源循环利用和废旧木材再生利用产业化工程。国务院木材节约发展中心于2005年11月组织召开了首届废旧木材回收利用国际研讨会，会议对推进我国废旧木材回收利用产业化、规范化发展起了重要作用。

为进一步贯彻国务院办公厅国办发［2005］58号文件精神，木材节约发展中心又将在2007年11月上旬在南京召开第二届废旧木材和回收利用研讨会，会议就我国废旧木材回收和利用技术及典型企业经验；相关政策、技术和管理经验等相关实质性问题进行深入研讨。研究探索我国废旧木材回收利用的规模化、产业化之路，促进国家相关产业政策的出台，这些举措将会有力的推动废旧木材的回用，对缓解木材资源供需矛盾起到积极作用。

2　废旧木材为解决资源短缺提供了可观的发展空间

来自建筑装修、家居、日用生活、交通、军事体育、物流业、公益事业、木材加工业8大领域里被淘汰的边脚废料；旧家具、体育器材、车辆箱板、包装箱板、水泥模板。据初步匡算，每年产生的城市垃圾总量为60亿t，可折合木材材积约为850m^3。另外，我国每年有3 000万m^2房屋进行更新改造，按照每立方米拆下废旧木材0.01 m^3测算，每年就有30万m^3废旧木材可以回收利用。如果加上城市垃圾，每年废旧木材利用潜力为1 000万m^3以上，这些废旧木材经过处理，可作为纤维板刨花板等人造板的生产原料，以缓解刨花板和纤维板等人造板厂的原料供应的危机。

3　国外废旧木材利用的现状

为高效利用木材资源，一些发达国家在积极回收木材抛弃物、研究开发木材材料再利用和由木材衍生新材料方面为我们树立了很好的榜样。欧洲国家及美国、加拿大、日本、早在20世纪90年代已开展了这方面工作，目前已取得可喜的成果，成功的原因可归纳如下。

3.1　有强大的法律、法规支撑

为保证废旧木材回收利用的顺利开展，日本制定了《环境基本法》《循环型社会形成推进基本法》《废弃物处理法》《资源有效利用促进法》《容器包装回收利用法》《建设回收利用法》《绿色购入法》等。

德国也先后颁布了《垃圾处理法》《避免废弃物产生以及废弃物处理法》《关于容器包装废弃物的政令》《循环经济与废弃物管理法》等法律法规。

3.2　有法可依，责任到位

日本制定的法规中，明确规定产生废弃物的工厂有回收产生废弃物的责任违背者以法论处。对废弃物的保管、收集、搬运、再生、处理都有明确的规定。回收渠道明确由市、县、村委会负责。对建筑废材必须由施工单位负责回收。

3.3　机构庞大，体系健全

德国于1991年成立了由500家企业共同出资建立的专业从事包装废弃物回收的民间企业DSD股份制公司，与各地废弃物处置机构合并、建成了一个全面的包装废弃物收集系统。目前已有1.8万家企业与DSD公司签订了委托回收协议。

德国有许多的企业加入了废弃物再生产加工公司，如注册5 000万马克的因特赛荣废物再生产加工公司、其主要业务就是对包括废木材在内的各种废弃物进行了分类整理、初步加工成再生资源，然后送往约3 200个工业企业用于再生产。

3.4　工艺技术成型，技术装备稳定可靠

美国在利用旧木重造新屋及建筑装饰的技术相当成熟，美国人爱德华用了20年的时间尝试把废旧木材应用到室内和建筑装饰当中，采用一些风格独特的方法，使原来那些旧木头重新利用到室内后变得非常美丽。

德国迈耶公司是德国一家专业刨花板成套生产设备的工厂，随着废旧木材回收利用的行业发展、该公司也比较专业地研制生产了这类专业设备和工艺技术，其主要设备包括：

（1）破碎机，其主要功用是把废旧木料破碎成尺寸为200～500mm，并且把木料上的铁板、紧固用的金属线及所有含的各类杂质分离。通常采用速度为60～80m/s的动能较大的锤式破碎机。

（2）金属探测器，其主要功能是识别破碎木料中的各类金属，并通过自动化装置从木料中分离出来。

（3）分拣传送带，其主要功用是分拣木料中的无用杂质。

（4）筛选及吸装置，其主要功用是将木料中的泥土、沙子从木料中分离。

经过这些废旧木材的处理设备，就可成为做刨花板和纤维板的原料，对于淘汰下的碎料可以作为用于燃烧的含高能的燃料。

迈耶（Maier）公司目前已向我国提供了两条生产线。

4　尽快建立我国废旧木材回收利用秩序

废旧木材回收利用得到了国家发改委的高效重视，并在某些领域内取得了可喜的成果，但我们还应该抓住大好的机遇，推进废旧木材回收利用工作的全面开展，切实把该项工作落实到位，为此提出如下建议。

（1）国家有关部门应尽快制定关于城市废旧木材回收利用的法规政策、明确目标、工作重点和措施。从立法的角度推进环境保护；推动循环经济模式的法律建设，推动公害治理的法制进程。建立由政府、企业、社会三方组成的废旧木材回收利用系统，实现资源循环利用。

（2）加大宣传力度，提高和增强全民对废旧木材回收利用意识。由于废旧木材回收利用行业兴起较晚，多数人们还未形成一种新的意识，甚至有许多人根本不了解，因此在传统意识影响下，多数的废旧木材没有发挥应用的作用，生活中有的作为燃料烧掉，有的作为垃圾扔掉，甚至由于长期堆放造成了空气污染。

为此政府相关部门应担负起增强全民爱护资源，挖掘废旧木材资源潜力的意识的职责，使该项工作得到全民的认可，推进该项工作尽快地开展。

（3）以点带面，全面铺开。由于我国还处于起步阶段，各方面工作有待于从头做起，为持续稳定的发展在全面铺开前，可以采取优先以一个地区、一个产品（如对使用过的一次性的筷子回收利用）为中心进行试点，积累废旧木材回收利用的典型经验、逐渐在全国范围内推广。

（4）加强标准制定。用来制作各种人造板的废旧木材，由于来自不同渠道，不免存在杂质、污物，会造成对人体健康不同程度的伤害，为最大限度地减少这些伤害同时为了保证生产的板材质量，必须制定各类标准确保废旧木材的合理使用。

（5）加速工艺与设备的研究。工艺与设备是废材旧木材的回收利用的关键，用于做人造板原料的废旧木材与天然的森林资源的区别是需要破碎及去除金属一杂质。因此，在进入人造板生产线的前端需增加锤式破碎机、金属探测器和清除泥沙、石头、杂质的吸尘筛选装置。这些设备和工艺技术可以从国外引进、但从经济成本核算角度分析，还是立足吸纳国外先进技术研究符合我国国情的工艺与设备比较合适。

（6）建立废旧木材的收购机制。为了保证废旧木材原料的充足供应，在每个城市应建立回收站，让居民和存有城市垃圾的企业方便地送到指定的废旧木材回收站，并制定鼓励性的收购价格，以吸引广大的客户及时、方便地将已淘汰的城市垃圾送来，也可上门收购服务。

作为收购站应及时地将废旧木料按标准分类作为各种生产用材。

德国将木料分为五类：

废旧木料 AⅠ级　没有处理的木料，只用于刨花板、定向刨花板和中密度纤维板。

废旧木料 AⅡ级　处理过的木料（施用了胶、度层、涂漆）不含有卤化金属。不含木料防腐剂。

废旧木材 AⅢ级　含有机卤化金属、不含木料防腐剂。

废旧木材 AⅣ级　含有木料防腐剂以及其他杂质，不含导致癌的有毒物质。

废旧木材 AⅤ级　含导致癌症有毒物质。

AⅠ和 AⅡ用于生产刨花板、中密度板。

AⅢ至 AⅤ也可用于燃烧、获得能量。

通过对废旧木材回收的合理分类，充分地发挥了它们应用的作用，同时也保护了人类工作和生活环境。

5 结束语

废旧木材的回收利用在我国已成为弥补森林资源不足的一条主要途径，这一领域的形成与发展有赖于成形的工艺与可靠又先进的设备，我们必须吸纳国外先成型的技术，并结合我国资源的现状，走自己发展的路，推进废旧木材回收利用工作的进程。

用科学发展观展望我国人造板机械制造行业的发展趋势

党的十六大以来，以胡锦涛为总书记的党中央在准确把握世界发展趋势、认真总结我国发展经验、深入分析我国发展阶段性特征的基础上，提出了以人为本，全面协调可持续的科学发展观。这是对我国社会主义现代化建设指导思想的重大创新。

通过“十五”时期经济社会发展的成功实践，党中央在全面建设小康社会的“十一五”规划建议中明确提出了“全面落实科学发展观”“坚持以科学发展观统领经济社会发展全局”的战略思想。在“十一五”规划建议精神指导下制定和经十届四次会议通过的“十一五”规划纲要，从发展目标、发展重点到政策措施和重大工程等各个方面，始终紧扣科学发展观的“主线”，可以说，“十一五”规划是一个全面落实科学发展观的规划。科学发展观由此从战略思想正在演化为全民的共同行动。

当前全国各行各业正在从新的历史起点上向全面建设小康社会的宏伟目标迈进，为打好“十一五”规划开局第一仗而奋斗，落实科学发展观是当务之急。用科学发展观展望人造板机械制造行业的发展趋势，有利于把科学发展观落实到行业发展的各个环节，提高发展的科学性，减少盲目性，切实把行业的发展转入到科学发展的轨道上来。基于这一思考，本文就笔者学习科学发展观和“十一五”规划纲要的初步体会，对人造板机械行业的发展趋势作如下探讨，以冀能抛砖引玉，集思广益，共同为行业的健康发展、做大做强而努力。

1 我国人造板机械制造行业的现状与差距

2004 年，世界人造板年产量大于14 100万 m^3，而我国人造板产量为5 446.49万 m^3，占世界产量的 37.9%，较上年增长 19.6%，雄踞世界之首。2005 年我国人造板产量为6 393万 m^3，家具 14 亿件，木地板 3 亿 m^3。我国人造板工业，快速增长的主要原因是国民经济快速发展的市场拉动，而快速发展的实现则是由于人造板生产技术的口趋成熟，以及人造板设备自动化水平的不断提高和生产规模大型化。到目前为止，我国有约 180 家企业生产人造板设备，向人造板制造业提供 39 类 800 多种产品，年产值超过 20 亿元，但大型人造板生产线均仍须从国外进口。而国际人造板机械制造行业主要控制在美卓、迪芬巴赫、辛北尔康普这三大集团公司手中，这三大集团所生产的人造板机械成套设备占全世界总生产能力和销售能力的 80% 以上，接近垄断全球。由此可见，我国人造板机械制造业的发展空间非常大。

我国人造板机械制造业 20 世纪 50 年代开始生产单机起步，到 60 年代生产2 000 m^3/年,5 000m^3/年成套设备，21 世纪初开始生产 15 万 m^3/年人造板成套设备，用了不到

50年的时间达到国外同行用近百年的时间达到的水平。我国人造板机械制造行业产值同世界三大集团公司相比还有较大差距，落后的主要原因，除了我国的设备和国外设备价格相差太大外，主要在于一是科技储备不足，原始创新能力弱；二是科技支撑保障乏力，科技投入增长低；三是科技资源分散，未得到有效配置和充分利用；四是行业整体科技水平落后，企业缺乏核心竞争能力；五是健康协调发展的政策支撑体系尚不完善，宏观调控乏力。

2 科教兴国、自主创新将是人造板机械制造业发展的主旋律

2006年初，国务院制定了国家中长期科技发展规划纲要，党中央、国务院作出了关于实施科技规划纲要，增强创新能力的决定，提出了用15年时间使我国进入创新型国家行列的重大战略任务。科学技术是第一生产力，是推动人类文明进步的力量。进入21世纪，科学技术发展日新月异，科技进步和创新愈益成为增强国家综合实力的主要途径和方式，依靠科学技术实现资源的可持续利用，促进人与自然的和谐发展愈益成为各国共同面对的战略选择，科学技术作为核心竞争力愈益成为国家间竞争的焦点。我国已进入必须更多依靠科技进步和创新推动经济社会发展的历史阶段。科学技术作为解决当前和未来发展重大问题的根本手段，作为发展先进生产力、发展先进文化和实现最广大人民群众根本利益的内在动力，其重要性和紧迫性愈益凸显。要建设创新型国家，核心就是把增强自主创新能力作为发展科学技术的战略基点，走出中国特色自主创新道路，推动科学技术的跨越式发展。

坚持自主创新，就是要依靠自己的力量发展现代科学技术，这是我国科技发展的重要方针，也是我国人造板机械制造业取得长足进步的实践经验。自主创新，主要包括三方面的含义：一是加强原始性创新，努力获得更多的科学发现和技术发明；二是加强集成创新，使各种相关技术有机融合，形成具有市场竞争力的产品和产业；三是在引进国外先进技术的基础上，积极促进消化吸收和再创新。我国人造板机械制造业经过几十年的发展，已成为具有一定规模的制造行业，但生产的主要设备大部分都是从国外引进经过消化吸收后国产化的技术，

由于这种特定的历史原因，产品仿制国外的较多，自主开发的较少，形成自主知识产权的产品更少。因此，人造板机械制造业更应在自主创新方面有所作为，要结合企业自身的实际情况，大力开发有自主知识产权的新技术和新产品，进行认真的保护和转让，只有人造板机械

制造企业都来开发、保护自主知识产权的新技术、新产品，我国的人造板机械制造业才能形成自己的优势和特色，才能为我国从人造板工业大国转变为强国做出更大的贡献。

目前，我国人造板机械制造行业无论在资金、技术、人才、网络、品牌等方面都有相对的积累，在自主创新的道路上已迈出了可喜的一步。今后，中国的人造板机械制造行业，要充分利用国内外两种资源两种市场，传承50多年的历史经验，集成世界先进科学技术，走可持续发展的自主创新之路，重点提高整机和关键系统的集成能力，形成可持续的低成本优势，要在自主创新领域，推进科学发展观指导下的“规模自主、高端自主、

体系自主、持续自主”，争取在核心技术上不受制于人，进而打造自主品牌，走科学发展、文明发展、和谐发展的新型工业化发展道路。

3 人造板原材料资源的日趋紧张是限制人造板机械制造行业发展的瓶颈

人造板工业是资源高度依赖型产业，而我国又是木材资源匮乏的国家，目前我国人均森林面积只有世界平均水平的22%（0.13hm^2），人均森林蓄积量仅为世界平均水平的14.6%（9.4hm^2），我国木材供给年缺口1亿～15亿hm^2，对进口木材的依存度持续增加。

近10年来，我国人造板生产快速增加的同时，也带来了资源和能源供应紧张、数量增长与产品质量及经济效益不同步，市场竞争加剧，环境压力加大等多方面的矛盾，影响到人造板工业的可持续发展。其中，比较突出的问题是原材料紧张，价格不断上涨，已使部分企业难以承受成本上升的压力，国内很难找到原材料可供应10万m^3/年以上人造板生产规模的地区。可以说，人造板原材料资源问题已成为限制人造板工业以及人造板机械制造行业发展的瓶颈，目前已有不少人造板生产企业由于原料问题不能正常生产，此种现象在我国的山东、河北、广东等地比较突出。因此，“十一五”期间国内不可能像前几年那样每年都上多条具有一定规模的人造板生产线，也就是说国内大型人造板成套设备的市场将萎缩。但随着经济全球化的发展，近几年我国木工机械产品的出口呈上升趋势，因此，迈出国门，加大国际市场的开发力度，将成为我国人造板机械制造业下一步发展的走向。特别是东南亚及经济不发达国家和地区小型人造板生产线的市场需求量将会持续上升。

4 资源节约型、环境友好型产品将是未来新产品开发的重点

改革开放以来，我国经济得到了快速的发展，取得了巨大成就。但其增长方式主要是依靠高投入和资源的高消耗。据统计，在过去的20多年中，我国能源消耗总量增长了26倍。在工业生产原料方面，2003年我国消耗了占全球用量31%的原煤、30%的铁矿石、27%的钢材以及40%的水泥，2004年由于国际原油价格不断上涨，全国多支付外汇达数十亿美元。在资源高消耗的同时，我国资源利用率不高。目前我国能源利用率为33%，每创造1美元国民生产总值，消耗的煤电等能源是世界平均值的3～4倍。我国人均能源消耗是美国的2.7倍，日本的3.4倍，甚至比印度还高1倍。2005年，我国铝的需求量占全球的25%，铜、钢铁和煤炭占30%～35%，而对最重要的能源石油的进口量更是激增，2005年国家发改委给予中石化“补贴”为100亿元。粗放型经济增长方式的直接后果是对国内，导致生态和环境的急剧恶化；对国外，招致欧美发达国家的恐慌和紧张。面对这种现状，“十一五”规划建议中明确指出：“要把节约资源作为基本国策，发展循环经济，

保护生态环境，加快建设资源节约型社会，促进经济发展与人口、资源、环境相协调。推进国民经济和社会信息化，切实走新型工业化道路，坚持节约发展、清洁发展、安全发展，实现可持续发展。”在“十一五”时期经济社会发展的目标中明确规定“单位国内生产总值能源消耗比‘十五’期末降低20%左右，生态环境恶化趋势基本遏制”。本着上述精神，结合人造板设备是“耗电大户、耗能大户、污染大户”的客观情况，“十一五”期间开发的产品肯定要以提高产能，提高性能，提高控制水平，提高可靠性及安全性，以低消耗、低能耗、低排放、低成本、高效率、高性能为主要目标，特别是应该研究开发用于城市废旧木材再利用的加工设备，提高木片质量、降低能耗，研究开发节能刨花干燥机，降低热耗，以解决大规模生产刨花板时的干燥瓶颈，同时注意控制废水、废气、噪声、粉尘等环境指标，使其严格控制在国家标准规定范围之内。

5 加强基础理论研究打造具有竞争实力的国际专利产品

我国人造板机械行业的设计制造技术有了很大进步和发展，但在关键设备方面尚属起步阶段，自主知识产权技术不多，基础理论研究滞后。因此，“十一五”期间，我国人造板机械制造业应在基础理论研究方面多做一些工作，多争取一些自然科学基金项目，多开发一些具有中国特色和自主知识产权的国际专利产品，提高国内国外两个市场占有率。目前，全世界86%的研发投入，90%以上的发明专利都掌握在国外发达国家手里。专利不仅仅是衡量企业能否长期获益的一个重要尺度，也是衡量一个国家竞争力的重要指标。根据联合国世界知识产权组织新公布的数据，我国的国际专利申请数已跃居全球第10名，但无论是数量还是质量都与美、日等发达国家仍有较大差距。我国的很多企业对国际专利有切肤之痛。由于没有自主知识产权，我国的DVD企业每年要支付230亿元人民币给国外的专利持有企业，一些厂家不堪重负，被迫转型。我国摩托车企业也因遭到日本企业的专利权发难，丢失了大片海外市场……国际专利仍是制约我国企业走出去的一道关卡，同时也是我国人造板机械制造行业下一步要重视的问题。

2005年，我国共申请2 452件国际专利，比2004年增加43.7%，增速全球第一。但由于起点很低，我国企业在国际专利竞赛场上的总体实力仍比较薄弱同时值得注意的是，2005年我国国内的专利申请为383 157件，比美国还要多。这一方面反映出了国内企业的专利意识越来越强，另外一方面也反映出国内企业对国际专利的重视程度不够。我国国内专利申请量与国际专利申请量的比例是156:1，而美国的这个比例是5:1。在中国企业申请的专利中，技术含量最高的发明专利所占比重也不大，在一些重要的技术领域，都不占优势。我国人造板机械制造行业近几年申请的国际专利和国内专利也开始明显增多。各主导企业围绕新开发的产品都相应地申请了专利，但增加高技术含量的国际专利比重无疑是今后需要更加重视的问题。

6 进一步加强国际合作，积极开展国际配套

“十一五”期间，应继续实施“走出去”和“请进来”战略，不断拓宽人造板机械制造业的国际合作与交流的领域和渠道。要加强与世界知名科研机构、大学、公司的合作，密切跟踪国际人造板制造行业的科技前沿，在积极引进并消化吸收国外先进技术管理经验基础上，强化自主创新，扩展拥有自主知识产权的科技成果，提高国际竞争力。同时，要提高人造板成套设备的内在质量和工作的可靠性、安全性以及生产线的开工率，所用的液压件、气动件、电子元件等标准件最好选用进口产品，并加强开展国际配套，这在进入21世纪后已逐渐成为行业发展的一种趋势。

7 采用连续压机将成为大型人造板生产线及薄板生产线的必然发展趋势

世界人造板工业的飞速发展，与促进工艺技术长足发展的核心设备的技术创新是分不开的。近几年来，国外新建的刨花板、OSB及MDF生产线，单线生产能力基本都在20万m^3/年以上，几乎全部采用连续压机。可以说，连续压机领导了人造板机械核心设备技术创新潮流，并带动了生产线相关主机设备和控制检测系统的技术进步。也可以说，谁掌握了连续压机的生产制造技术，谁就占领了人造板机械行业的主流市场和主动权。但是，连续压机属高科技的机电一体化系统，它具有极其复杂的设计计算，微米级的超加工精度，品种繁多的优质合金材料和其他新型材料，特殊的热处理技术和精细严格的润滑体系，造价昂贵、投资大以及设计、制造按无故障进行，保养、维修也比较困难等特点。所以问世20多年来，仍被美卓、辛北尔康普、迪芬巴赫三大公司所垄断。自主开发连续压机是一项非常艰难的事情。根据连续压机所具有的原材料消耗率低、生产效率高、电耗和热耗低、产品质量好等几方面特点，开发连续压机又非常符合“十一五”规划建议精神，因此开发连续压机将是人造板机械制造业的必然发展趋势。目前，我国有三家公司在开发连续压机，并取得了相应的阶段成果。上海捷成白鹤木工机械有限公司自主开发的滚压式连续压机（3万m^3/年）已于2006年4月在连云港市通过了省级鉴定。哈尔滨市东大林业技术装备有限公司与吉林亚联机械制造有限公司联合开发制造的滚压式连续压机（3万m^3/年）也已在吉林省敦化市投入生产（2004年），并且运转正常。上海人造板机器制造厂有限公司开发的年产15万m^3，中密度纤维板平压式连续压机也已于2006年5月问世，技术水平与国际先进水平同步，标志着我国人造板工艺与设备技术达到了较高的水平。可以预测，今后我国投入的大型人造板生产线及薄板生产线采用连续压机将成为必然发展趋势。

8 进一步发挥行业协会的作用，创建中国人造板机械的知名品牌

在世界经济一体化的进程中，行业协会发挥了政府无可替代的作用。中国林业机械协会多年来在团结同行、交流技术和信息、制定行业自律措施、规范展览会、向国内外推荐知名品牌产品等方面做了大量工作，在企业之间起到了桥梁和纽带作用。在“十一五”期间，中国林业机械协会应进一步发挥作用，特别是在推荐及打造中国知名品牌方面。创建一个好的品牌是做大、做优、做强、做久企业的必备条件，知名品牌不仅需要过硬的产品质量，同时还要有很大的广告力度，这需要相当大的资金投入。一个中小企业要创建一个知名品牌是很难实现的。为此，中小型企业在发展过程中，需要通过联合、重组、并购、贴牌等多种形式来扩大企业规模，实施品牌战略，扩大产品知名度和市场占有率。中国林业机械协会从2005年开始向国内外的用户推荐中国木工机械行业的知名品牌产品，此举扩大了中国人造板机械产品的国际影响，促进了中国人造板机械行业的发展。品牌竞争力是企业最持久的核心竞争力，决定着地区和国家竞争力的强弱。我国目前有210万个商标，平均每6家企业才拥有一个商标，其中25%的商标属于外商独资企业或合资企业。我国435个驰名商标和1 105个中国名牌中还没有人造板机械产品，2005年还没有一家获得国家质量免检的人造板机械企业，通过欧盟CE认证的人造板机械企业不超过10家。据国家木工机械质量监督检验中心统计，2004年人造板机械产品质量综合合格率为65. 1%。“十一五”期间，我国人造板机械制造行业必将在国家宏观政策指导和协会引导下加强品牌建设，创建一批人造板机械领域的中国名牌和商标，步入品牌时代。

9 工业设计是今后产品开发过程中必须采用的手段

目前，我国人造板机械制造行业中，没有几家企业拥有自有品牌产品，大多数缺乏创新能力，许多企业简单大规模生产，其获利已经达到底线，低利润成为普遍的顽疾。如何解决这一问题呢？很多专家认为，首先就是工业设计。工业设计可以帮助企业重新进行市场细分，在市场定位中进行创新：工业设计可以帮助企业正确预测未来流行趋势和消费者消费理念的变化，以引导社会潮流，工业设计将根据社会发展趋势，在产品中注入新的感情元素，使企业产品在人性化方面进行创新，满足消费者对产品新感情诉求的需要。工业设计通过视觉、元素和人性化设计向消费者传达企业对消费者的关怀和依赖，提高企业的品牌形象，使消费者在体验到鲜明的企业设计形象和产品设计关怀后，会逐渐对此产生依赖，从而进一步提升对品牌的忠诚度。可以说工业设计是企业的“创新源泉”。放眼市场，没有一个国际知名品牌不是设计方面的高手，比如三星的滑盖手机、苹果的ipod是经典之作。我国人造板机械制造行业在进入21世纪以后，已开始注重新产品开发过程中的工业设计，聘请专业设计师进行工业设计并申请了相应的专利。

10 结束语

人造板是促进森林资源永续利用、保障国民经济建设和满足人民生活需求不可缺少的产品。人造板工业发展必须依靠人造板工业化生产与设备的技术进步。在“十一五”期间，我国人造板工业将实现三个转变：一是由木质原料为主向利用木质原料和木质废弃物、非木质原料并举转变；二是由仅扩大生产规模的单一发展模式向扩大规模与节能降耗并举的复合发展模式转变；三是从粗放型经营向集约型经营转变。所以我国人造板机械制造业要抓住“十一五”这一发展的历史机遇，结合人造板工业下一步的发展特点来制定发展规模，以先进的技术和组织模式，最佳的产品开发方向，发展人造板机械产品，把行业做大、做优、做强、做久，取得更多佳绩，为我国的人造板工业作出更大的贡献。

根据“十一五”发展规划确定的发展目标，到2010年人均国内生产总值将比2000年翻一番。在未来10年里，按照我国经济将持续保持每年7%～8%增长速度的预测，建筑业、装饰业、家具业等还会保持较快发展的态势，因而也仍将继续保持对人造板的旺盛需求。从人造板工业历史产量平均增长速度来看，“十一五”期间，我国人造板工业将以高于同期国民经济3～5个百分点的速度增长，2010年人造板市场总需求量预计将超过8 000万m^3，甚至达到1亿m^3，人造板机械市场总需求量将有可能达到30亿元人民币，届时我国将有望成为人造板生产强国及人造板机械生产强国。

立式双轴多锯片精铣机的结构特点及技术参数

随着对天然林资源保护工程的进展，木材资源日趋匮乏。因此，提高木材的出材率具有重要的社会效益和经济价值。薄锯路圆锯片能减少锯切木材损失，深受木材加工企业的青睐，应用多锯片薄锯路圆锯片锯切木材、剖分多层复合实木地板的表板及木质百叶窗的薄板在我国已成趋势，近几年来我国一些厂家相继引进了一些技术较先进的国外高效薄板锯剖设备。但由于价格十分昂贵，一般企业不易接受，为此我们研制一种技术先进、结构简单、价格便宜的立式双轴多锯片精铣机。

1 立式双轴多锯片精铣机的结构

1.1 立式双轴多锯片的组成

立式双轴多锯片精铣机主要由床身、工作台、左右立式主轴切削机构、进给机构、压紧装置、导板及电气装置等组成（图1）。

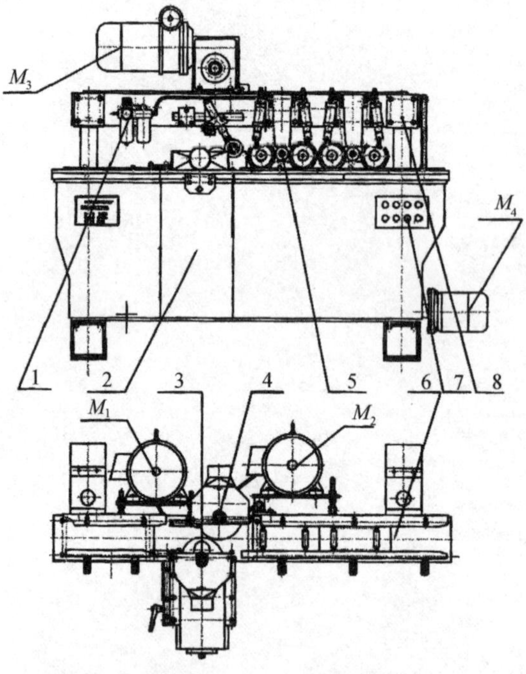

图1 立式双轴多锯片精铣机

1. 气动系统；2. 床身；3. 左锯轴；4. 右锯轴；5. 压紧装置；6. 工作台；7. 电气装置；8. 进给机构

1.2 工作原理及工作过程

立式双轴多锯片精铣机，装有四台电动机，其中电机 M_1 通过皮带传动，带动左立式多锯片轴工作，电机 M_2 通过皮带传动带动右立式多锯片轴工作，电机 M_3 经无级调速器传至进料辊筒，使进料辊筒实现无级调速，电机 M_4 通过蜗轮蜗杆减速器、丝杆调整送料辊筒相对工作台的位置，（根据所加工木材的厚度）将工件放置工作台与进料辊筒接触，使工件沿挡料装置经送料辊筒进料完成工件剖分。

1.3 主要机构与装置的设计

1.3.1 主轴机构

立式双轴多锯片精铣机与普通多锯机圆锯片不同之处就是由左、右两个锯轴代替普通圆锯机单一锯轴。以左、右两组小直径的锯片取代一组大直径的锯片，锯口高度由两个锯片分担，因此可采用薄锯路圆锯片。薄锯路圆锯片锯路小，出材率高，锯材尺寸稳定。立式左右主轴是切削过程中主要部件，在工作中承受很大的经向力，要求有足够的刚度和强度，同时其结构尺寸要合理，主切削轴上端承受力较大，采用了双列推力球轴承，下端采用单列向心球轴承，轴承采用锂基润滑脂润，并设有迷宫式密封装置，保证了主轴切削的旋转精度。左锯轴安装在滑架上，该滑架可以沿左右宽度方向调整，这样可以根据被加工材料的宽度选用不同直径的锯片，当加工宽度不太大时，可以选用较小、较薄的锯片。锯片安装和调整，双轴多锯片圆锯机，锯片及锯片间隔挡圆按加工要求装在轴套上，以便能迅速地在现场更换，安装好锯片的轴套，能在轴套上做轴向滑移及固定，使左、右锯片精确地对准。

1.3.2 进给机构

立式双轴多锯片精铣机的结构采用辊筒进给，进给机构的传动采用机械传动，通过电机变速箱链条传至进料辊筒，使进给辊筒实现有级或无级调速。进给辊筒的压紧力，采用气压压紧，这种装置能保证工件厚度不同时能顺利通过，同时又有足够的压紧力。进给机构高度方向的调节是为了保证加工不同厚度的工件，一般情况保证进给辊筒在自由状态下低于被加工厚度 2 ~ 3mm，进给机构安装于两个支撑缸筒上，缸筒和圆柱导轨相配合，丝杠和穿过缸筒和柱体的螺母相配合。进给机构的升降由电机带动蜗轮减速器驱动两根丝杠轴作同步回转，使进给机构升降，升降位置的控制，由缸筒上的限位行程开关，切断电机电源来完成，开关的位置可以沿标尺调节，这样可以预定尺寸，也可以起到安全保护作用。

1.3.3 工作台

工作台由工作台台面，工作台下辊筒、导尺等组成，下辊筒主要对加工工件起支撑作用，并使加工工件工作台进给变滑动为滚动，工作台左右两侧的导尺作为工件的侧面导向，它可以在水平的方向调整，在工作台出料端安装有分离导向的劈刀，既起到导向作用，又可以将剖分板材分开。

1.3.4 床身

床身由一个整体焊接构成，将床身与主轴套滑座焊成一体，机床稳定，刚性好不变形，既减轻了质量，又提高加工精度。

2 基本特点

（1）安装位置。左锯锯轴略靠近进料端，右锯锯轴略靠出料方向。左右锯轴以相反方向回转，使左右两锯片对木材的切削基本平衡，以利于锯切质量的提高。左锯轴安装在滑架上，该滑架可以沿工作台宽度方向左右调整，这样可以根据被加工材料的宽度选用不同的锯片，当加工宽度不太大时可以选择较小较薄的锯片。

（2）提高加工精度及加工表面质量。采用立式左右双轴多锯片切削板材。由于锯片的直径比一般单轴普通圆锯机小一半左右，热应力影响小，工作稳定好，因此锯材表面光洁。

（3）提高出材率。采用薄锯路圆锯片切削，锯路损失小提高板材出材率。

3 立式多轴多锯片精铣机主要参数

最大加工宽度	200mm
最大加工厚度	200mm
最小加工长度	300mm
锯片直径	200～300mm
主轴转速	4 500r/min
主电机功率	15kW×2

木材指榫铣刀的设计与应用

木材指接是把短木接长的有效方法，它可以提高木材利用率，减少木材资源浪费。指接材可作为室内装修和家具制作的非结构部件用材，也可作为结构承重部件用材。

目前，国内木材指接加工存在的主要问题是产品质量差，结构用指接材的强度有效率只有40% ~50%（指接材与实体木材的强度比），满足不了实际使用要求；指接材的指榫结合不严密，外观达不到要求。其原因之一就是指榫铣刀的设计和使用不当。

一般使用的指榫铣刀，有片状式和整体式两种。片状式指榫铣刀的齿榫加工精度不如整体式铣刀，但具有可以镶嵌硬质合金块和可单片更换的优点，因此，目前得到广泛应用。本文主要介绍片状式铣刀的设计和使用方法。

1 角度参数的选择

（1）前角：前角选择主要考虑刃口强度、研磨性和切削力。前角大，可减小切削力，降低产品表面粗糙度的值；但后角一定时，前角过大造成楔角过小。另外，铣刀旋转时，每个侧刃的轨迹是双曲面，使加工表面切痕为双曲线，铣刀侧切削刃和齿榫侧表面之间的间隙量随齿长和前角的增大而加大。为了减小这种间隙量，保证必要的指接强度，一般前角应在10°~20°范围内，对于长齿榫取较小值，短齿榫取较大值。

（2）后角：后角选择主要考虑齿背与木材的摩擦，刃口强度和耐磨性。指榫铣刀的后角不能太小，以免使法面后角过小。特别是直齿背的铣刀在刃磨后后角很快变小，从而降低铣刀的使用寿命，因此后角应取大些。长齿铣刀的后角应更大些，一般取15° ~25°。

（3）楔角：为了保证铣刀切削刃必要的强度，实际生产中一般取40° ~45°。但考虑到齿形参数铣削的切削力比其他铣削方式的切削力大得多，因此建议楔角保持在45° ~55°之间。

2 齿形参数选择

见图1，齿形参数包括齿长 L、齿距 t、齿顶宽 a 和斜度 $\mathrm{tg}\beta$。它们之间的关系为 $\mathrm{tg}\beta = (t-2a)\ 2L$。

在相同的胶合条件下，指接强度随齿长的增大而提高，但齿榫长度受结合力的限制。当长齿榫采用大的结合力时，齿榫底部会产生裂纹，反而降低了指接强度，而且影响外表美观，目前国外齿长在4 ~60mm范围内选取。另外，指接强度也与齿长和齿距之比有关，

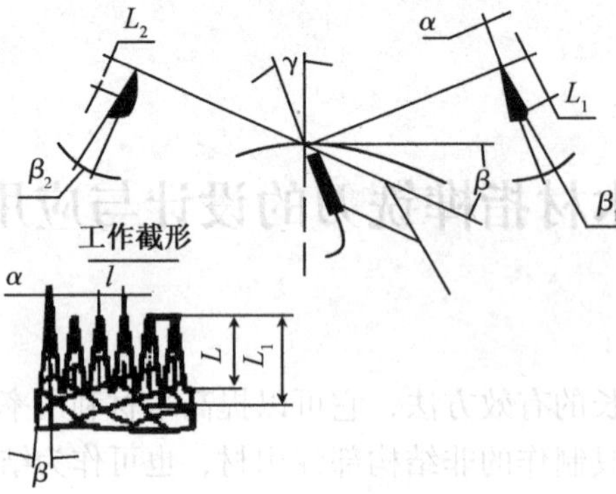

图1 齿形参数

两者之比一般取为3。

指接强度随齿顶宽的减小而高，但如齿长不变，斜度不变，齿顶宽变小则齿距变小，即片铣刀厚度减小，增加了铣刀制作难度。同时齿顶宽小，刀刃强度变弱，容易损坏刀具。一般齿顶宽在0.2~2.7mm的范围内选取。

指接强度随斜度的减小而提高，但齿距一定，斜度过小则齿形变细，易损坏刀具。一般取1/12~1/7.5。

近几年来，国外普遍采用短齿指接技术，齿长为4~15mm，齿顶宽为0.2~0.4mm。它的优点是材料损失少，齿榫底部无裂纹，强度高。

3 铣刀的设计计算

按齿背的形状，铣刀一般分为直线齿背和圆弧齿背两种。设计的原始数据是前角 γ、后角 α、齿长 L、齿距 t、齿顶宽 a 和铣刀半径 R。本文只介绍直线齿背铣刀。

（1）制品截形：切削刃形成的制品截形高度重视切削半径 R 和 R_1 大小来决定，其中 $R_1 = R - Lx$，$Lx = (t - a)/2\text{tg}\beta$。制品截形的斜度为 $\text{tg}\beta = (t - 2a)/2L$。

（2）前面截形：前面齿长 $L_1 = R \times \cos\gamma - [(R - Lx)^2 - (R \times \sin\gamma)^2]^{1/2}$

前面斜度：$\text{tg}\beta_1 = (t - a)/2L_1$

（3）法面截形：法面齿长 $L_2 = L_1 \times \sin(90° - \gamma - \alpha)$

法面斜度：$\text{tg}\beta_2 = (t - a)/2L_2$

法面后角不能过小，否则齿背与木材产生摩擦，一般法面后角不应小于1.5°~3°，其因树种而异，软材应选用较大值。

直线齿背铣刀制造简单，因此镶焊硬质合金刀块的指榫铣刀一般采用直线齿背。硬质合金刀块宽度应大于刀体齿的宽度，这样既可减小其与木材的摩擦面积，又能保证刃磨后所加工的制品截形不变。

4 指榫铣刀的使用方法

4.1 指榫铣刀的安装

每片铣刀有两个或四个刃口，其安装数量取决于工作宽度。按铣刀刃口位置，指榫铣刀的装刀形式有三种：

（1）相邻片铣刀的刃口重合（Ⅰ型）；

（2）刃口垂直（Ⅱ型）；

（3）一组铣刀呈螺旋状错开（Ⅲ型）。

从切削阻力来看，Ⅰ型切削阻力大，切削时刀轴产生的振动大，而Ⅲ型的切削阻力最小。从指榫加工精度来看，Ⅰ型的指榫加工精度最高，而Ⅱ型最低。从实际生产中为了减小动力负荷，一般采用Ⅲ型装刀方法。

4.2 指榫铣刀的正确使用

指榫铣刀的制造精度要求高，价格高，因此正确使用指榫铣刀、延长它的寿命是保证指接质量、降低成本的有效措施之一。在使用指榫铣刀时应注意以下几点：

（1）榫加工设备应具有指榫加工所要求的精度和刚度。手动进料时，进料速度不应过大。

（2）铣刀安装时，要用螺母压紧，以免在切削过程中相对转动。

（3）工件相对进料机构支承面的伸出部分不应过大，一般距指榫底部 3 ~ 5mm

（4）工件夹紧装置应保证牢固地夹紧工件。

（5）在加工齿榫前，要求工件四个面进行刨削加工，并保证工件的宽度一致。工件指榫部位不应有节子等缺陷。

（6）停机后，用机油擦铣刀刃部分，清除污垢。长期保存铣刀时，应涂上一层机油以免铣刀锈蚀。

坚定信心抓机遇　立足长远求发展

目前，全球正面临着一场强烈的金融风暴，这不可避免地也会波及我国木工机械行业。如何面对当前严峻的形势，克服重重困难、寻求新的发展机遇，是行业所关心和探讨的热门话题。

中国木工机械经过半个多世纪的发展，目前已成为国民经济中的一个重要产业，有力地支持了社会主义经济建设，并且在产品技术上已接近国际先进水平，在产量上已成为世界木工机械生产大国。我们必须千方百计地保护已获得的成果，保证行业稳定地发展，使其影响限制在最低的程度。为此，企业可从以下几个方面考虑近期的应对措施和长远的发展规划。

1　在国家宏观经济政策的指导下，制定企业近期对策

国家针对这场国际性的金融风暴，出台了许多宏观指导性政策，其最终目的是抵制风暴对中国经济的侵袭，或使其限制在最小程度。如近期出台的人民币对美元的贬值态势，对增强我国外贸企业的国际竞争力和国民经济的平稳运行已起到了积极作用。又如由财政部、商业部、工业和信息化部几部委联合出台的家用电器下乡国家补贴政策，对扩大内需，发展经济起到了积极作用。国民经济行业千万个，国家出台的调控政策只能在宏观上进行指导，一些具体的方案和发展思路还得由行业、企业自己定。所以，企业必须结合自身情况，认真分析自身的优势和劣势。优势是战胜一切困难的保证，劣势是激发企业发展的动力。只有全面分析，正确认识，企业在风暴面前，才能战胜自我，克服任何艰难险阻。

在这样一场严重的危机形势下，仅靠企业自身的力量也不能完全治理危机造成的创伤，必须紧跟国家的部署，吃透国家各个时期的政策，充分利用国家给予的各种支持和政策优惠，并结合自身的能力制定企业近期对策。

2　规模裁员应长远计议

人力、财力、设备等资源是企业发展的关键，是企业生存的基本条件。当今，企业正处于经济萧条的时候，有些企业，首先考虑裁员和放长假把员工打发回家，以减轻企业的开支，这固然是一条可行的办法，但必须谨慎操作，必须全面考虑企业长远发展，且不能把一些骨干和基本力量放走。放则容易回则难。尤其是经过企业长期培养出来的一批优秀

管理和技术骨干，他们是企业生存的保障。据初步调查，在珠三角的一些大型木工机械企业，一次竟裁员300~400人；有些企业也采取了放长假的方法，应对突如其来的金融风暴；还有的大型企业竟采取转停产的办法。这些举措固然可以解决暂时的困难，一旦需恢复生产，由于资源的缺乏，再想达到原有的水平就十分困难了。我们认为亚洲工友集团和上海跃通木工机械设备有限责任公司的做法，值得参考和借鉴。为了企业的长远发展和社会的长治久安，到目前，这些企业没有进行裁员，全体员工深感企业对他们的关心与爱护，从而激发了企业员工的工作热情和生产积极性。所以，企业在决策时一定要十分谨慎地处理这类问题。它不仅关系企业的生存与发展，同时也关系到国家的安定和行业、企业的长远发展。

为此，国家最近也加强了对企业裁员工作的规范和指导，对可能出现的规模裁员和失业增加等情况，必须向政府报告，凡裁员人数多到一定规模的企业，必须报劳动保障部门审批，严格控制企业的规模裁员，以维护国家、行业、企业和员工的利益。

3　搞好市场调研确定企业近期发展规划

产品定位对企业当前维持与生存事关重要。这里值得提出的是那些缺乏研发能力的小型企业，不是针对企业自身的实力开发适销对路的产品，而是一味跟着大型企业转，始终瞄准大型企业在市场投放的产品，采取照猫画虎仿制的手段生产自己的产品，这是一种对企业发展不负责任的做法。这次金融风暴，大型企业也会受到冲击，如果市场策划不当，也会陷入瘫痪的境地。

所以，无论是大型还是中、小企业都必须把市场调研放在一切工作的首位，充分了解国内、外市场对木工机械产品的需求，以此为基础制定企业的发展规划。企业是把目标放在国外、还是国内？目前，国内的一些经济学家众说纷纭，这些具体问题，完全应由企业根据自身的具体情况做出决定。尽管当前国家提出了扩大内需的一些可行措施和方向性指导意见，鉴于目前有些企业的产品在国外有很好的市场，就应该坚持把国外市场做好，同时也不应忽视国内市场，做到国内、国外市场两不误，以保证企业的长远发展。

4　只搞少而精，不搞大而全，合理进行产品定位

当前木工机械行业在产品定位上存在一些问题，其表现是，不管是大型还是中、小型企业，多数都在搞多品种生产。这样做的好处是能够顺应市场，市场需要什么，就投产什么产品。对于大型生产企业来说，由于实力雄厚，这样做没有什么问题，但对于一些中、小企业就显得力不从心了。即便是看出了问题的所在，为了企业的生存也不得不这样做。为了抢市场，势必出现忽视产品质量的情况，同时也不会有更多的精力进行新产品的研发。为了应对市场，也只能投身于重复生产和拿了别人的产品测绘仿制，因为这样做来得快，企业不用专人去搞设计，但是，这样做多了也会受到法律的制裁。随着我国知识产权方面的法律的不断健全，人们对于自身科研成果也学会了如何保护。所以，抱着侥幸心

理，盲目抄袭别人成果的企业，应该及时纠正这种不良的做法，力求自己搞好产品研发。

我国的木工机械企业应该很好地学习国外先进经验，如德国、意大利、日本等先进国家的木工机械企业，不管是何种规模，都把产品定位在少而精的发展原则上。实践证明，这种经营模式，对企业的发展是十分有利的。德国的威力公司只专业生产四面木工刨床，至今已有百余年历史。由于产品品种少，容易把产品作精，可以说，在国际上，没有哪些国家在产品水平和技术水平上，能赶上德国威力公司生产的四面木工刨床，其产品在客户中已经形成了很好的声誉。从我国木工机械企业现实状况分析，只要精心策划，合理应对，对于一个世界木工机械生产大国来说，做好企业，做好产品，是没有任何问题的。我们国家的神舟七号飞船都能驶入太空，制造一个比飞船要简单的产品，还有什么做不到的呢。

5 加强培训力度，练好内工，积蓄企业竞争的实力

从我国当前木工机械行业技术队伍的现状分析，对于规模不同的企业，情况是不同的：一般大型企业的技术力量较强，中、小企业的技术力量较差，因此，各方面都比不上大型企业。但是，我国的大型企业与国外先进企业的竞争实力也是无法比拟的。在过去经济腾飞的时代，企业拿不出更多的时间去加强技术力量的培训。目前经济萧条，正是对企业员工培训的好时机。尤其那些中、小企业，更应该看到，从前由于对员工培训缺乏正确的认识，或培训力度不够，导致企业在激烈的市场竞争大潮中，力量薄弱。各类型企业应该抓住当前的大好时机搞好人员培训。培训可根据企业自身的特点，采取不同的方式，请进来、送出去。请一些业内资深专家到企业传授木工机械的基础理论及前沿信息，这对于企业的发展是至关重要的。企业也可以选派一些技术骨干到高等学校、专业研究院所结合某一方面或某一领域的知识、技能进行有针对性的专业进修。例如，国外木工机械产品数控技术的应用已经很普遍，中国的企业也应尽快地拥有这方面的知识产权。

另外，结合培训工作加强企业的内功训练，是企业加强实力的重要途径之一。最近有的省出台了发展地方经济的政策，其中谈到对于培训较好的企业，可从地方有关基金中拿出一部分发给企业，以资鼓励。所以，各个企业一定要抓住当今时机，把企业的员工培训列到工作日程中。

6 科学、合理进行资金运作，为企业注入发展活力

企业的资金如人体的血液，它能为一个机体充满新鲜活力。没有资金的合理运作，就等于放弃发展的机遇。所以，资金问题是企业发展和生存的重中之重。例如，当今美国的三大汽车生产巨头，由于受到金融危机影响，在资金方面就出现了困扰，一旦美国政府给予贷款，企业就有可能恢复正常生产的活力。看来一个企业的资金拥有量代表了一个企业的实力，所以，企业应十分重视资金的合理运作，尤其是当前经济危机时期，企业一旦投资方向失误，就会带来不可估量的损失，甚至会导致企业的破产。但是，中国木工机械的

大多数企业家是经过了长期经营实践成长起来的，在企业管理方面积累了丰富的经验，相信在国家宏观经济政策的指导下，经过企业自身的努力，合理进行资金运作，使企业沿着一个健康的方向发展，是不成什么问题的。

7 加强工艺装备建设，完善生产体系

通过国家多年来对木工机械产品质量跟踪检验的资料反馈来看，我国有相当一批企业存在只顾眼前、不计长远的混乱生产秩序，生产设备和工艺也相当落后，严重地影响了产品质量的提高。一些大型、重点企业做得较好，如东莞南兴木工机械有限责任公司、亚洲工友集团等一批企业，能够结合产品的更新换代，每年在国内外有重点地采购一些具有先进水平的机械加工设备，并及时地将一些陈旧设备淘汰，从而保证了产品的机械加工精度。

对于产品的机械加工工艺也是不容忽略的，尤其是一些小型、新转型木工机械生产企业缺少工艺文件的指导和工装，因此产品的质量难以保证。

针对我国木工机械生产企业现有的设备和工艺状况，建议不同规模企业可根据自身现实条件，并结合产品定位的具体情况，确定设备和工艺建设规划，同时，应抓住当前机电产品价格下调的大好时机，经过充分的论证，抽出一定资金进行设备的更新换代，并合理地改进产品的工艺，加强工装建设，为迎接新的挑战做好准备。

8 强化企业管理，向管理要效益

企业管理是一门软科学，如果没有经过实践是很难感受到它能给经济的发展带来什么效益。生产实践已经证明，企业如果采取了科学管理，从生产到经营能够按着一个标准、一套程序进行科学化的管理，就能排除一切人为、外界因素的干扰，保证企业有秩序和健康发展。

据初步调查，我国1 000余家木工机械企业中，约有近 300 家企业已获得了国家认证机构颁发的 ISO9000 认证资格证书，并能按着 ISO9000 标准有效地进行企业管理，获得了一定收效。

尽管这项工作在我国起步的时间还不算太长，但已被企业认可，同时，目前已成为市场招标、名品推荐的标准和必备的要件。所以，无论企业志愿与否，企业的科学化管理都是势在必行的。希望那些对这项工作仍旧缺乏认识的企业，加速企业科学化管理工作的实施，为把企业做好、做强奠定坚实的基础。

总之，从主观意识上，坚定战胜危机的信心，在国家宏观经济政策的指导下，企业一定要抓住当前的大好时机，针对企业的薄弱环节，努力搞好自身建设。相信我国的木工机械企业在党和政府的正确领导、关怀和各项配套政策的指导、扶持下，定会战胜一切困难险阻，尽早地恢复昔日的繁荣景象。同时，也相信我国的木工机械企业，经过短时期的自身建设，会积蓄更强的市场竞争实力，为我国早日成为世界木工机械生产强国奠定有力的基础。

从国家监督抽查看我国木工锯类机床存在的一些问题

木工锯类机床对节约木材资源起着重要作用，它是将木材原料加工成板材、方材的第一道工序（如带锯机），同时也是精细加工的主要设备之一（如精密裁板锯），它的制造精度直接影响木材加工利用率和板材的出材率。同时木工锯类机床又都是转速高、切削量大的危险设备，高速旋转的切削刀具容易对劳动者造成人身伤害。

为了真实全面的掌握木工锯类机床企业的发展现状和质量状况，进一步促进产品质量水平的提高，国家质量监督检验检疫总局委托国家木工机械质量监督检验中心于2008 年第二季度对全国37 家木工机械生产企业生产的木工锯类机床产品进行了国家监督抽查，抽查企业数占全国生产木工锯类机床企业数的20% 左右。抽查的产品包括精密裁板锯、高速木材切断机、木工带锯机、多锯片木工圆锯机、台式高速薄带锯、框锯机、万能摇臂拉锯、自动单片纵锯机等，基本涵盖了木工锯类机床的主要产品。

1 抽查结果综合分析

从 1991 ~2008 年，国家木工机械质量监督检验中心对木工锯类机床产品共进行了 6 次国家监督抽查，抽查结果如图 1 所示。

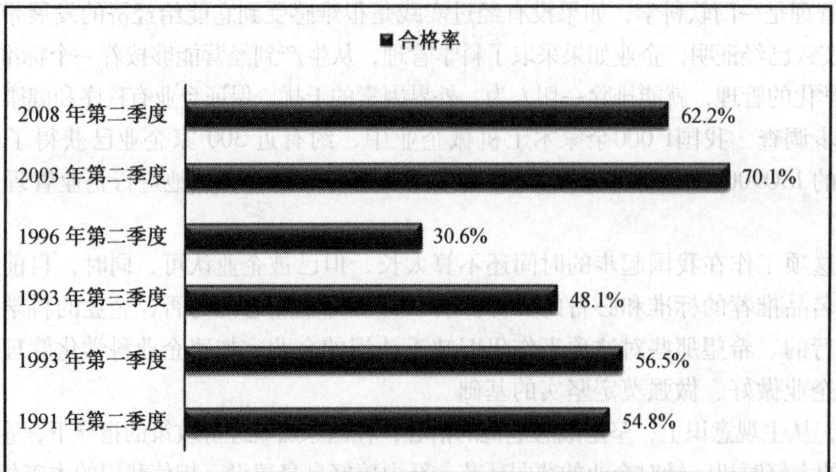

图 1 木工锯类机床产品历次国家监督抽查情况

在这 6 次国家监督抽查中，合格率最高为 2003 年二季度，合格率为 70. 1%；合格率最低为 1996 年二季度，合格率为 30. 6%；6 次国家监督抽查的平均合格率为 53. 7%，远远低于机电类产品的平均合格率。

在2008年第二季度国家监督抽查中，对广东、辽宁、山东、河南、河北、江苏、四川、上海等省、市的37家生产企业生产的37台木工锯类机床产品进行了检验，合格企业23家，不合格企业14家，抽查结果合格率为62.2%。其中，大型企业9家，企业合格率为100%；中型企业6家，企业合格率为83.3%；小型企业22家，企业合格率为40.9%。

在2008年第二季度国家监督抽查中，将国家强制性标准所规定的检验项目和影响加工产品质量的检验项目作为检验的重点。它主要包括：刀具安全及防护、传动安全、几何精度、电气系统、空载噪声等，检验结果如表1所示。

表1　2008年第二季度木工锯类机床国家监督抽查A类检验项目合格率

检验项目名称	检验项目数	合格项目数	合格率/%
刀具安全及防护	37	33	89.0
传动安全	37	37	100.0
几何精度	36	28	78.0
电气系统	37	29	78.3
空运转噪声	37	33	89.0

2　存在的主要质量问题

2.1　国家强制性标准执行力度不够，存在安全隐患

国家强制性标准中规定的各项要求是关系到劳动者人身安全、设备安全、劳动者工作环境及劳动保护的最重要项目，是保障劳动者安全操作、设备安全运行的基本条件，国家规定的要求必须严格执行。

抽查中涉及国家强制性标准的检验项目有刀具安全及防护，4家企业不合格，占抽查企业数的10.1%；电气系统，8家企业不合格，占抽查企业数的21.6%；空运转噪声，4家企业不合格，占抽查企业数的10.1%。从这组数据可以看出，还有不少企业在产品设计生产中宣传和贯彻国家强制性标准要求不够。

2.2　机床几何精度及动态性能未达到有关标准要求

机床几何精度、主轴转速、主轴温度温升、单项旋转机构等是影响加工质量的重要因素，是保证加工产品精度的基础，这些项目不符合国家标准规定会降低木材的加工利用率，影响产品的工作精度，降低板材的出材率，造成木材资源的极大浪费。

抽查中机床几何精度，8家企业不合格，占抽查企业数的21.6%；主轴转速，2家企业不合格，占抽查企业数的5.4%；主轴温度温升，1家企业不合格，占抽查企业数的2.7%；单项旋转机构，6家企业不合格，占抽查企业数的16.2%。

2.3 机床外观质量差，降低了产品的附加价值

外观质量是产品的外衣，外衣干净整洁、光鲜照人可以从感官上影响客户的心理，增加产品的附加价值。虽然这些项目并不决定产品的加工精度，但外观质量的好坏往往反映了企业的整体形象和管理水平。

抽查中外观质量，21 家企业不合格，占抽查企业数的 56.8%；随机技术文件，4 家企业不合格，占抽查企业数的 10.8%。

3 产生产品质量问题的主要原因

3.1 标准化管理薄弱，贯标意识差

内资小型企业整体贯标意识差，不认真贯彻执行产品标准的现象较为普遍，企业标准化工作薄弱。通过对企业标准化工作的检查，发现在不合格的私营小型企业中几乎都未认真贯彻执行产品质量标准，应该具备的产品标准不齐全。

3.2 质量意识淡薄

质量意识淡薄是一个带有普遍性的问题，一些企业在经营中，没有摆正质量、产量、效益的关系，片面追求数量、产值。特别是当销售形式好的时候，质量管理工作常常被忽视和放松，从而导致产品的安全性能、电气系统和几何精度等项目不能达到国家有关标准的要求，直接影响出厂产品的质量。

3.3 企业技术基础差

部分中小企业缺乏专业技术人员，生产工人的技术等级低，管理水平差，加之设备陈旧，工艺落后，虽然能生产几种结构简单的锯类产品，但很难达到质量要求。

3.4 产品质量检验环节薄弱

部分企业生产过程中的工序检验和出厂检验所需的量检具不齐全，不能严格执行周期计量检定制度，不能按标准中规定的全部项目进行出厂检验，检验手段和方法不科学，检验原始记录、出厂产品质量检验档案不健全，检验人员配备不足，达不到质量把关的目的。

4 对提高产品质量的几点建议

4.1 增强质量意识，树立质量第一的观念

质量是企业的生命，在当今市场竞争中已充分体现出来，企业在经营中应把质量第一的思想贯彻在整个经营活动中，全方位的体现并由宏观向微观渗透。

4.2 加强技术改造，增强企业后劲

当前，在木工机械生产企业中的中小企业绝大多数设备陈旧，缺少高精度的机械加工设备，迫切需要技术改造，尤其生产高水平木工机械的骨干企业更是如此。

4.3 加强标准的宣贯力度，使企业技术人员深入理解标准要求

企业对标准的贯彻程度直接影响企业的产品质量，尤其是一些强制性标准，贯彻的好坏直接影响操作者的人身安全。所以有关部门应采取一些手段使企业技术人员掌握有关强制性标准和新标准对产品的要求，从产品设计开始就按照国家相关标准要求进行设计、生产，以保证产品质量。

4.4 提高企业质检人员素质，完善检验手段

产品的出厂检验是保证合格产品进入流通领域的重要环节，因此出厂检验至关重要。要想保证出厂检验的科学、合理和准确，就要不断提高企业质检人员的素质，使他们掌握科学的检验方法和技术。同时，配备齐全的量检具、完善检验手段也是必不可少的。

玉米秸秆锤刨机的设计研究

1 绪论

1.1 概述

我国人造板工业近十几年来发展迅猛。以2005年为例，全国人造板产量6 393万 m^3，是2002年的2.18倍；人造板产量首次超过美国位居世界第1位。当前我国经济社会发展对木材需求越来越大，供给矛盾日益突出，2006年我国森林消耗总量达到5.5亿 m^3，木材缺口达2亿 m^3，木材进口量比10年前增加了3倍多。预计到“十一五”末期，全国年森林消耗总需求量将达到7亿 m^3，按目前供应计算，缺口将达到3亿 m^3，供需矛盾将更加尖锐。

秸秆是成熟农作物茎叶（穗）部分的总称，其特点是粗纤维含量高（30% ~40%），并含有木质素等。根据玉米籽实的产量推测，2000~2005年我国玉米秸秆的年产量在1.2亿~1.48亿t，预计2007年我国玉米的产量为1.45亿t。目前，全国大约有30%的秸秆直接用作农村生活燃料，10%用于牲畜饲料，23%用作工副业生产，6%直接还田。然而大量的秸秆被就地焚烧，不仅造成了严重的环境污染和火灾隐患，而且还造成了资源的极大浪费。这些秸秆的综合利用可加速畜牧业和人造板工业的发展，而且能改善生态环境，促进农村产业结构调整以及生态效益、社会效益、经济效益同步增长，保持现代农业可持续发展。

1.2 主要内容

研究的主要内容是将原先从玉米秸秆到刨花原料的单一生产工艺整合，使玉米秸秆锤碎、分离、刨切加工由一台设备完成，从而设计锤刨一体的秸秆加工设备。玉米秸秆锤刨机的主要作用是将规格长度的玉米秸秆经锤碎、分离、刨切等工序整合一体加工，获得玉米秸秆刨花板生产所需合格的刨花。

2 玉米秸秆刨花板生产工艺

2.1 组织结构和成分

玉米秸秆的直径为20~45mm，长度0.8~3m，一般有10~14个节；节子的绝干密度为0.256g/cm^3；节间的绝干密度为0.198 g/cm^3；外皮的绝干密度为0.271 g/cm^3；髓的气干密度为0.091 g/cm^3（图1）。

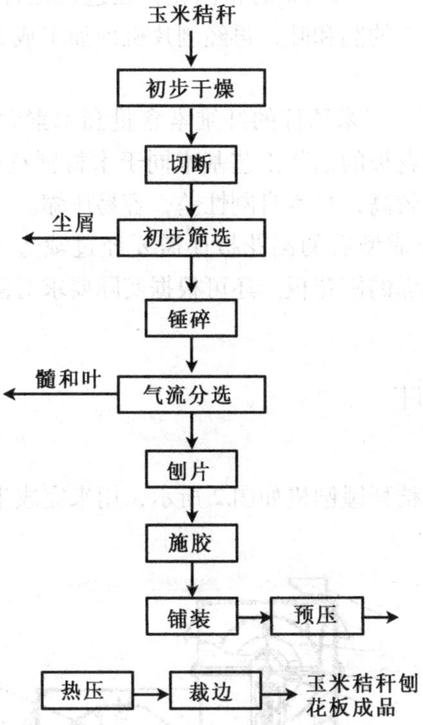

图 1　玉米秸秆刨花板生产流程

玉米秸秆由地面向上，节间密度逐步减小，外皮的厚度逐渐减小，外皮的质量比也逐渐减小，与木材相比，玉米秆的纤维较细较短，平均长度为 1.0 ~ 1.5mm，平均宽度 10 ~ 20μm，纤维细胞含量仅为 20 8%，大大低于木材。

玉米秸秆由大量的有机物和少量的矿物质及水构成，其有机物的主要成分为碳水化合物，此外还有少量的粗蛋白和粗脂肪，碳水化合物由纤维性物质和可溶性糖类构成，前者包括半纤维素、纤维素和木质素等。

2.2　生产工艺

由于锤刨机要完成锤和刨 2 个工序过程，设备结构要较原先单一的加工过程复杂，在设计过程中要求合理布局，使锤和刨之间避免产生不利的影响；玉米秸秆中的髓和叶对刨花板强度有很大影响，要求在加工过程中将其分离出去用于牲畜饲料加工。

玉米秸秆刨花板的生产过程主要可以由以下几部分组成：

（1）初步干燥：玉米秆从田间收割回来含水率较高，一般为 62% 左右，不利于直接用于生产加工，需进行初步的干燥，使秸秆的含水率达到 16% 左右，以适合切削锤碎等加工。

（2）切断：为适合锤刨机锤碎和刨片，需先将干燥后长株玉米秆切断成一定长度，在此加工成长为 35 mm 锤碎原料。

（3）初步筛选：经切断后的秸秆混有一些大片的叶子和小石子等杂质，需进行筛选。

（4）锤刨加工：是本次设计的主要内容。初步筛选后的秸秆段进入到锤刨机中，先经锤碎机构加工成 35mm × 3mm × 3mm 的粗刨花，在进入刨片室前用风机进行筛选和输送，分离出对刨花板生产有害的髓和叶，再经刨片机械加工成 35mm × 0.2mm 的合格刨花（图1）。

（5）施胶、铺装、热压：玉米秸秆的纤维素含量和木素含量均低于木材。因此，施胶量均高于木材刨花板、刨花板的铺装工艺基本同于木材刨花板，但热压工艺销有区别，原因是玉米秆的半纤维含量较高，且本身刚性差，容易压缩。

（6）裁边、砂光：热压成型后的刨花板还需要经过裁边工序，剪去两侧比较松散，表面粗糙部分，制成所需幅面的刨花板。还可根据实际要求对刨花板进行砂光处理。

3 锤刨机的总体设计

本文主要设计的是玉米秸秆锤刨机如图 2 所示，用来完成生产工艺要求的从锤碎、分离到刨片的加工过程。

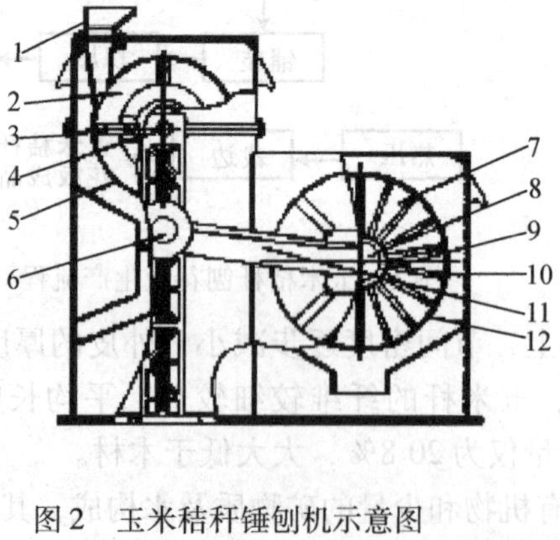

图2 玉米秸秆锤刨机示意图

1. 进料口；2. 锤碎室；3 锤片；4，8 传动轴；5 筛网；6 风机；7 刨片室；9 叶轮；10 叶片；11；输送管道；12 刀环

3.1 整机结构组成

玉米秸秆锤刨机主要由上、下箱体、进料口、锤碎室、风机筛选装置、刨片室等几大部分组成。其中：

进料口：保证秸秆段竖直方向进入锤碎室 2，便于锤碎。

锤碎室：传动轴 4 带动锤片 3 沿逆时针方向转动，利用锤片 3 和筛网 5 间的作用力，将秸秆段加工成粗刨花，并利用风机 6 风选，将有效刨花送至刨片室 7。

刨片室：传动轴 8 带动叶轮 9 顺时针方向转动，叶片 10 推动粗刨花与刀环 12 上的刀片作用，加工出合格刨花。

3.2 玉米秸秆锤刨机主要设计计算

3.2.1 动力部分的选取

（1）锤刨部分电机选取：经设计计算，选取 Y2 - 180M - 2 型电机，该电机功率

18. 5kW，转速1 470r/min，额电流 36. 4A。

（2）刨片部分电机选取：经设计计算，选取 Y180L－4 型电机，该电机的功率 22kW，转速1 470r/min，额定电流 42. 5A。

（3）吸风系统动力计算：吸风系统风量的选择可按单位时间内通过锤刨机筛面单位面积的风量计算。经设计计算，选择 4－72－11 型叶轮离心式风机；与该风机配套的电机功率为 0. 37kW，选用 Y2－801－6 电机。

3. 2. 2　生产能力的计算

锤碎部分：8 组锤片旋转一周生产粗刨花体积 Q_1

$$Q_1 = abd_1\pi_m\eta_1 \quad (\mathrm{cm}^2) \tag{1}$$

式中：a——粗刨花宽度，$a=0.3\mathrm{cm}$；

b——粗刨花厚度，$b=0.3\mathrm{cm}$；

d_1——筛网内表面直径，$d_1=63\mathrm{cm}$；

m——锤片组数，$m=8$；

η_1——锤碎效率，$\eta_1=75\%$。

$$Q_1 = 3\times3\times630\times3.14\times75\% = 106.8228 \ (\mathrm{cm}^2)$$

外皮的绝干密度 $0.271\mathrm{g/cm^3}$，原料从田间收割回时含水率为 62%，干燥至含水率 16. 7%，锤碎后粗刨花密度 μ 为：

$$\mu = \frac{0.271}{1-16.7\%} = 0.325 \ (\mathrm{g/cm^3}) \tag{2}$$

锤碎后粗刨花产量 M_1 为：

$$M_1 = Q_1\mu\frac{60n}{1.0}\times10^6 \ (\mathrm{t/h}) \tag{3}$$

式中：n——锤碎部分主轴转速 $n=75.8\mathrm{r/min}$，则：

$$M_1 = 106.8228\times0.325\times60\times758.3/1.0\times10^6 = 1.56 \ (\mathrm{t/h})$$

除去损失效率约为 1. 5t/h 有效刨花。

刨片部分体积 Q_2 为：

$$Q_2 = hd_2\pi l\eta_2 \ (\mathrm{cm}^3) \tag{4}$$

式中：h——刨花厚度，$h=0.02\mathrm{cm}$；

d_2——刀环内表面直径，$d_2=8\mathrm{cm}$；

l——刨片室工作长，$l=30\mathrm{cm}$；

η_2——刨片效率，$\eta_2=40\%$。

则 $Q_2=0.02\times80\times3.14\times30\times40\%=60.288\ (\mathrm{cm}^2)$。

刨花片后合格刨花产量 M 为：

$$M_2 = Q_2\mu\frac{60n}{1.0\times10^6} \ (\mathrm{t/h}) \tag{5}$$

式中：n——刨片部分主轴转速，$n=1\,500\mathrm{r/min}$。

则 $M_2=60.288\times0.325\times60\times1\,500/1.0\times10^6=1.76\ (\mathrm{t/h})$。

锤碎后的产量正好能满足刨片量，且刨片室的工作效率得到较充分利用。

依据玉米秸秆中外皮（好有效刨花）占秸秆总质量的 33% 左右，推算出锤碎部分的投料量为4.5t/h。

4　主要零部件设计

锤刨机中包含许多重要构件，这些构件的尺寸参数决定了玉米秸秆加工后生成刨花的尺寸大小及质量高低。因此，对各部分主要构件进行了选择和设计。

4.1　锤碎部件设计

图3是锤刨机的锤碎室，由皮带轮带动传动轴2转动，安装在锤片轴上的8组共32片锤片1做圆周运动，锤打落入锤碎室的玉米秸秆生成粗刨花。

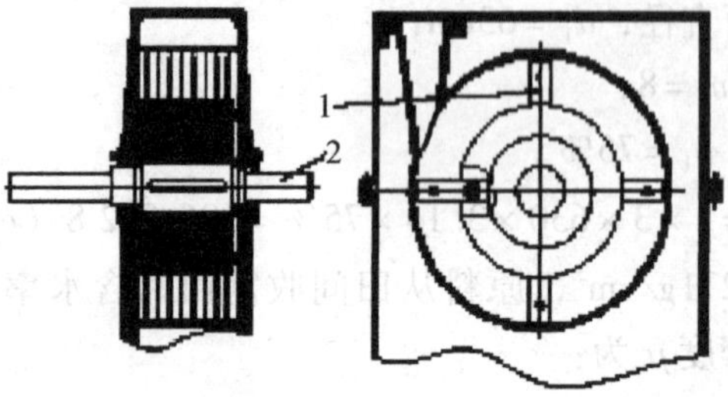

图3　锤碎室示意图

1. 锤片；2. 传动轴

4.2　刨片部件设计

图4是锤刨机的刨片室，由皮带轮带动传动3转动。同时链轮带动空心轴4做相反方向转动，利用叶轮2上的叶片推动粗刨花在刀环1上做圆周运动，切削生成合格刨花。

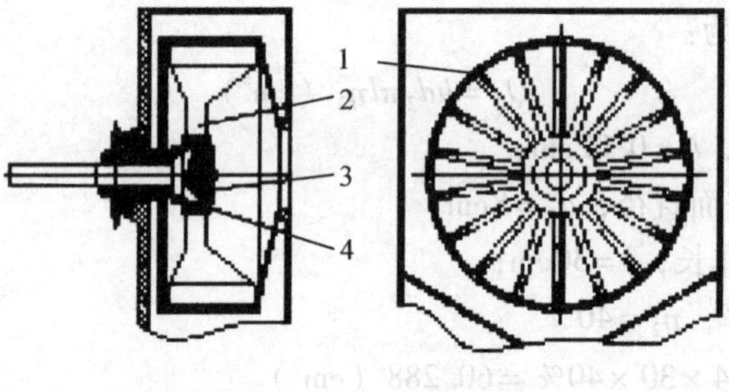

图4　刨片室示意图

1. 刀环；2. 叶轮；3. 传动轴；4. 空心轴

5 结论

玉米秸秆锤刨机是把玉米秸秆段通过锤碎和刨片两个步骤生产出合格刨花的设备。玉米秸秆在经过干燥、切断、筛选后进入到锤刨机中，利用安装在传动轴上的锤片轴转动带动锤片圆周运动，靠锤片和筛网的作用将秸秆段加工成 34mm×3mm×3mm 的粗刨花；锤碎后出来的粗刨花在风机的分选作用下，髓和叶被筛选分离，有效刨花从侧向进入到刨片室，叶轮的高速旋转推动刨花在刀环内壁转动，刨削出 35mm×3mm×0.2mm 的合格刨花。

玉米秸秆锤刨机主要参数如下：

(1) 锤刨机的投料量为 4.5t/h，生产能力考核成绩为 1.5t/h 的有效刨花，筛选出的髓和叶部分可收集用作牲畜饲料加工的原料，以做到资源的有效利用。

(2) 锤碎部分选取 Y2-180M-2 型电机，该电机功率为 18.5kW，转速1 470r/min；锤碎轴转速 758.3r/min，锤片末端线速度 25m/s。

(3) 刨片部分选取 Y180L-4 型电机，该电机功率 22kW，转速1 470r/min；刨切主轴转速1 500r/min。

(4) 吸风系统选用 4-72-11 型叶轮离心式风机，与风机配套电机选用 Y2-801-6 型，电机功率为 0.37kW。

浅析我国木工机械产品的质量检验

1 质量检验概述

质量检验是借助于某种手段，测定产品的质量特性，然后把测定结果同规定的质量标准进行比较，从而对产品或半成品做合格与否的判断。比如我们木工机械行业就是通过对木工机械产品的通用性、机械性能和几何精度、工作精度的质量检验，将其质量检验结果与相关国家标准、行业标准、企业标准相对照，来能判断该产品是否合格。因此，进行产品质量检验是十分必要。

质量检验的意义是为供方生产加工提供依据，为需方提供必要的质量保证。同时，保证质量检验和验证的不合格物资（材料）不投入使用和不进行下道工序的加工。我们所进行的检验和验证应按质量计划或规定的程序进行。而对广大消费者而言质量检验的意义，一方面是让消费者通过检验结果了解产品，因为消费者本身很难判断产品（商品）的好坏，由于缺乏一定的专业知识，容易购买不合格的产品；另一方面就是通过产品质量检验消除那些在市场流通不合格产品，从源头上控制流通领域产品质量。

质量检验包含以下几个方面：

（1）进料检验。看企业购进的原材料是否符合要求。对木工机械产品来说，主要检验机床所用材料的各项指标是否达到相关标准要求以及供货方的检验证明等。对于机床电器，企业一般是应做工频耐压试验、抗老化试验等，对电器元器件进行筛选，确保产品原材料，元器件符合标准要求。只有这样才能满足加工装配的需要。

（2）加工工序质量检验。由于加工过程中其他原因产生的缺陷，会影响产品质量。我们可以通过检查加工后的工件是否满足设计的要求以及其产生的缺陷变形是否在标准公差要求的范围内、检验木工机床装配过程中动作的连续性有无异常的振动和噪声、轴承是否过热来判断产品的质量。对发现问题及时处理，保证产品后续装配的要求。

（3）最终质量检验。是产品进入成品库和进入市场流通前的检验。对批量的产品要根据相关标准进行随机抽样。那么对于小批量生产的木工机械产品，在检验中就要逐台检验。木工机床产品最后一般要进行七个大项检查，其中包括外观、配套性、一般要求、工作性能、可靠性与寿命、安全卫生、几何精度。通过这七个大项的检验结果与相关标准对照，就能判定其是否合格。从而使广大消费者可根据相关质检部门的检验报告来选择产品。

2 目前我国木工机械产品质量检验现状

土木机械作为机械行业的分支，它具有规模不大、大部分产品技术含量低、转速高、危险性大的特点。但随着我国经济腾飞，人民生活水平的提高，对于家具装潢的日益扩大，作为家具装潢加工的关键设备，木工机床显得尤为重要。然而我国木工机械企业与发达国家的企业相比起步晚，发展水平相对落后，虽然我国企业也有现行质量管理体系和质量检验机构，但各地区发展水平参差不齐，几年来也展现一些比较好的企业，如山东威木集团、上海跃通木工机械有限公司、广东南兴木工机械有限公司、四川青城木工机械有限公司等。它们在整体布局上首先从质量管理方面下工夫、花力气，制定严格的规章制度，建立健全企业全面质量管理体系，配备检验人员、检验设备工具，确保产品质量稳步发展；在企业开展全面质量意识和国内外木工机械先进技术的培训，使每个员工对产品质量意识有了深刻的了解；主动派出精明强干的人员走出去，请进来等与同行业进行技术交流，彻底改变原来固有思想，采用国外同行业先进企业质量管理方法，设计理念，大搞技术革新和技术创新，打造一批以人为本、节约能源、消费者满意的产品。另外，这些企业加强产品售后服务，通过搞定期的和不定期的客户走访、产品服务大篷车等方法广泛收集用户意见和建议，不断完善自己的产品；加快追赶世界先进木工机械器械企业的步伐，如电脑雕刻机、电子开料锯、砂光机、排钻等都采用先进技术、采用单片机等。又如苏福马集团生产的人造板生产线采用人机界面、数字检测、计算机控制减轻了工人的劳动强度，提高生产效率，降低成本，让使用者感受到科学技术才是第一生产力。

那些质量意识淡薄的企业生产的产品安全性差，事故频发。例如某企业生产木工多用机床上的磨刀砂轮质量差，产品质量检验不认真，在磨削中破裂，打伤使用者，造成使用者终身残疾；某企业生产的圆锯机没有安全保护接地，缺少自身质量检验，使不太懂机械的农民操作者触电身亡等。这些惨痛教训告诉我们质量检验的重要性以及不重视质量检验或疏忽产品质量检验的危害。

我国目前行业产品质量检验体系主要是企业的自检机构，国家技术监督部门指定专业质检机构组成，除国家指定的几大类产品进行强制检验外，其相当一部分产品主要是靠企业自检来完成。所以个别企业盲目追求利润，忽视产品质量检验的重要性，时有漏检和未检的产品投入市场，给消费者交上一份不合格的答卷。

3 提高我国木工机械产品质量检验的途径

（1）我国加入 WTO，产品进入国际经济大循环，要求流通领域的产品要有好的质量保证，质量检验作为产品质量保证一个不可缺少的组成部分更显得尤为重要。我们作为质量检验实施部门有责任和义务帮助企业提高产品质量意识。我们的具体做法是定期举办企业质量负责人、质量检验员的培训班，帮助企业建立健全全面质量管理体系，完善产品的标准化，帮助企业配备检验工具，教会企业质量检验人员产品质量的检验方法，分析检验结果。同时还把市场的信息及时反馈给企业，使生产企业更快适应市场变化。这样一个从生产到检验、从检验的到生产的良性循环就形成了，企业的质量检验水平也得到很快的发展，产品质量有了明显的提高。

(2) 随着我国“3·15”保护消费者合法权益活动的深入发展，人们维权意识的提高，迫使木工机械的生产企业产品迅速更新换代，应立即淘汰那些安全性差、能耗高、噪声大、生产效率低的产品。市场要求不断完善企业产品的检验手段，形成一个以质量求生存、以服务求发展的良好氛围。

(3) 企业的质量检验部门要不间断地向企业员工灌输质量第一的思想，搭建企业质量文化的平台，集思广益，从自检工作开始把产品质量检验工作落实到实处，最终达到低缺陷和无缺陷。

(4) 企业可以通过质量认证制度提高其质量管理水平。目前我国实行的认证、认可制度有国际 ISO9000，ISO9001，ISO9002，CE 认证和国内安全认证、3C 认证、方圆认证等，都是对企业生产过程进行监控，保证企业生产的有顺发展。国外认证比较好的如美国拖拉机检验试验，进入美国市场的拖拉机产品及其零配件，必须通过检验试验室的检验认证合格后，方可进入美国市场销售。这就是现行市场的准入制度。没有通过自检、没有通过质量认证、没有通过相关国家质量检验认证的产品，市场有权拒绝进入。国家质量检验机构应该协同工商管理部门加大打击假冒伪劣产品的力度，保证市场正常的流通秩序。

4 我国木工机械产品质量检验的未来

我们作为我国木工机械行业质量检验的工作者深感肩上的责任重大，不能有半点松懈和颓废。我们在未来要做的工作还很多，目前首要做的是修订和制定出新的产品标准、检验方法，以及研制一批能满足现代化产品质量要求的检验工具，通过质量检验及时把木工机械行业产品质量检验现状反映给有关部门。我们希望在政府领导下，经过努力工作，让中国生产的木工机械产品更加人性化，更加科学化，为人类的发展做出应有的贡献。

参考文献

[1] 殷丽清. 板式家具企业零部件尺寸标准化初探［J］. 林业机械与木工设备，2007，3：44－45.

[2] 李志仁. 我国木工机械走向全球化［J］. 林业机械与木工设备，2004，12：4－8.

[3] 宋魁彦. 试论家具零部件的标准化［J］. 林业机械与木工设备，2002，4：49－51.

[4] 齐英杰. 木工机械产品质量国家监督抽查及发现的若干问题简析［J］. 木材加工机械，2007（4）：33－37.

[5] 韩相春. 我国木工锯刨类产品质量现状及分析［J］. 木材加工机械，1993（4）：14－16.

[6] 李志仁. 就木工锯机监督抽查谈木工机械存在的问题和发展建议［J］. 木材加工机械，1997（1）：25－27.

[7] 李志仁. 木工机床结构［M］. 哈尔滨：东北林业大学出版社，1990.

[8] 王路. 规范产品说明给安全生产加把锁［J］. 中国安全生产，2007（9）：46－48.

[9] 张贵. 正确编写产品使用说明书［J］. 农机质量与监督，2006（3）：32－35.

[10] 汪凤泉，郑万泔. 试验振动分析［M］. 南京：江苏科学技术出版社，1988.

[11] 陈守谦. 机械振动基础与噪声测试技术［M］. 哈尔滨：东北林业大学出版社，1992.

[12] 南京林业大学. 木工机械［M］. 北京：中国林业出版社，1987.

[13] 蔡力平. 圆锯片和带锯条研究的现状和发展［J］. 木工机床，1987，1：15－19.

[14] 倪振华. 振动力学［M］. 西安：西安交通大学出版社，1985.

[15] 黄载生. 弹性力学与应用［M］. 杭州：浙江大学出版社，1989.

[16] 王惠德. 弹性力学［M］. 哈尔滨：哈尔滨工业大学出版社，1987.

[17] 康渊. 振动理论及应用详解［M］. 北京：晓园出版社，1993.

[18] 习宝田. 制约圆锯片极限转速的几个重要因素［J］. 木工机床，1991，3：14－16.

[19] 王厚立. 试论圆锯的振动、噪音及减少噪音的途径［J］. 南京林产工业学院学报，1983，4：26－29.

[20] 齐英杰. 精密裁板锯噪声测量与分析研究［J］. 木材加工机械，2000，2：32－36.

[21] 李黎. 家具及木工机械［M］. 北京：中国林业出版社，2002.

[22] 习宝田. 固有频率在衡量圆锯片稳定性与适张度方面的作用［J］. 林产工业，1990，5：19－23.

[23] 王正本. 木工机床设计［M］. 哈尔滨：东北林业大学出版社，1991.

[24] 孙道棪. 圆锯片动态性能研究的概况［J］. 木工机床，1994，2：26－30.

[25] 王彦刚. 环境检测实验室仪器分析不确定度的计算［J］. 广东环保科技，2003，13：25－27.

[26] 常莎. 低压供电系统接地保护的几种形式［J］. 中国高新技术企业，2008（8）：87－88.

[27] 满忠雷. 进出口机床电气安全要求浅析［J］. 机械工业标准化与质量，2007（5）：30－32.

[28] 王天祥. 探讨关于接地和电气安全的问题［J］. 现代企业教育，2009（2）：3－4.

[29] 李春. 电气设备安全保护使用与对策［J］. 科技信息，2008（27）：80－81.

[30] 张森林. 金融海啸形式下我国林产工业的发展［J］. 木材工业，2009，1：1－3.

[31] 秦月. 2008 年上半年我国进出口木材情况点评［J］. 中国人造板，2008，12：34－35.

[32] 齐英杰. 我国人造板机械制造行业的发展趋势［J］. 中国人造板，2006，10：1－5.

[33] 胡万明．对推进人造板机械制造行业发展的几点思考［J］．中国人造板，2006，1：12－14.
[34] 荀宏．金融危机下我国木工机械市场现状及应对措施［J］．林业机械与木工设备，2009，2：9－11.
[35] 马启升．打造区域品牌提升我国木工机械行业竞争力［J］．木材工业，2007（4）：26－30.
[36] 马岩．国际木工及人造板机械新技术的最新进展［J］．林业机械与木工设备，2006，1：4－7.
[37] 孙毓棠．中国近代工业史资料［M］．北京：中华书局，1962.
[38] 李绍强，徐建青．中国手工业经济通史［M］．福州：福建人民出版社，2005.
[39] 龚仰军．上海工业发展报告［M］．上海：上海财经大学出版社，2007.
[40] 王国忠，钟守华．上海科技六千年［M］．上海：上海科学技术文献出版社，2005.
[41] 王云帆．长三角大悬念［M］．杭州：浙江人民出版社，2008.
[42] 陆敬严，华觉明．中国科学技术史［M］．北京：科学出版社，2000.
[43] 王厚立．稳步走进21世纪的中国木工机械行业［J］．人造板通讯，2002，2：3－6.
[44] 胡万义．探寻中国木材加工技术的起源［J］．林业机械与木工设备，2003，8：8－9.
[45] 康建营．中国古代木材加工技艺［M］．哈尔滨：东北林业大学出版社，2008.
[46] 叶克林，吴丹平．对我国人造板标准化工作的思考［J］．木材工业，2008，1（22）：1－3.
[47] 齐英杰，秦瑞明．木工机械发展简史及我国木机行业发展概况［J］．林业机械与木工设备，1998，5（26）：4－8.
[48] 朱其雄，郑宗鉴，黄玉成．福州木工机床研究所简史［J］．木工机床，2005，3：5－10.
[49] 郑宗鉴，赖长乐．国内外木工机床标准化情况（一）［J］．木工机床，1982，3：61－64.
[50] 南生春，费本华，李剑泉．世界木材加工机械发展状况与趋势［J］．木材加工机械，2006，6：34－42.
[51] 彭立民，傅峰．我国人造板标准现状分析［J］．大众标准化，2008，7：44－47.
[52] 庞庆海．人造板机械设备［M］．哈尔滨：东北林业大学出版社，1997.
[53] 路健．国外人造板机械发展状况与技术特点［J］．木材加工机械，2003，5：1－8.
[54] 花军．家具行业的迅速发展给木工机械行业带来机遇和挑战［J］．林业机械与木工设备，2004，12：9－12.
[55] 齐英杰．旧中国木材加工机械化形成史话［J］．木材加工机械，1999，4：2－5.
[56] 王恺．木材工业实用大全［M］．北京：中国林业出版社，2002．10.
[57] 朱典想．胶合板生产技术［M］．北京：中国林业出版社，1999.
[58] 叶佩青．数控技术的现状及发展策略［J］．机械科学与技术，1997（3）：16－18.
[59] 刘兰生．数控镂铣机的开发与应用［J］．林产工业，1998（5）：23－28.
[60] 李冬梅．数控技术在机械制造中的应用与发展［J］．中国科技信息，2006（10）：14－16.
[61] 马岩．中国木材工业数控化的普及［J］．木材工业，2006（2）：19－23.
[62] 花军．现代木工机床设计［M］．哈尔滨：东北林业大学出版社，2004.
[63] 南生春．浅谈数控技术在木材加工机械上的应用［J］．木材加工机械 2004（1）：32－34.
[64] 孙荣创．数控技术及装备的发展趋势及策略［J］．中国科技信息，2006（12）：6－9.
[65] 卢云．1993年台湾木工机械工业现状［J］．木工机床，1994，4：19－22.
[66] 谢光亮．台湾木工机械产销及进出口贸易［J］．世界机电经贸信息，1995，14：21－25.
[67] 王正青．台湾木工机械工业现状［J］．林业机械与木工设备，1999，7：16－19.
[68] 王长富．东北近代林业史［M］．北京：中国林业出版社，1991.
[69] 齐英杰．木工机械发展简史及我国木工机械行业发展概况［J］．林业机械与木工设备，1998，（5）：32－35.
[70] 齐英杰．中国木材加工技术发展简史及前景展望［D］．哈尔滨：东北林业大学，2000.
[71] 王国才．我国木工机械行业一瞥［J］．林业机械，1993（1）：20－23.

[72] 刘菊东. 机床空载功率的计算 [J]. 机械制造，1999 (8)：17－19.
[73] 李志仁. 我国木工机床空载功率的研究 [J]. 木材加工机械，1993 (1)：1－2.
[74] 张令弥. 振动测试与动态分要 [M]. 北京：航空工业出版社，1992.
[75] 陈守谦，王巍，金奎刚. 林业生产中的振动与噪声 [M]. 哈尔滨：哈尔滨船舶工程学院出版社，1993.
[76] 胡时岳，朱继海. 机械振动与冲击测试技术 [M]. 北京：科学出版社，1983.
[77] 邓危梧. 理论力学 [M]. 重庆：重庆大学出版社，1987.
[78] 倪振华. 振动力学 [M]. 西安：西安交通大学出版社，1986.
[79] 戴诗亮. 随机振动试验技术 [M]. 北京：清华大学出版社，1984.
[80] 胡景初. 论华南地区家具产业的整合 [J]. 林产工业，2004，5：10－14.
[81] 马岩. 谈我国木工机械新产品开发 [J]. 中国林木机械，2005，3：23－25.
[82] 王厚立. 人造板机械及二次加工设备概况 [J]. 中国林木机械，2005，3：26－28.
[83] 马贤智. 机械安全基本概念与设计通则应用指南 [M]. 北京：中国计量出版社，1996.
[84] 袁东，王晓军. 浅议我国木工机械制造业现状及其发展趋向 [J]. 木工机床，2007 (4)：1－5.
[85] 马启升. 打造区域品牌，提升我国木工机械行业竞争力 [J]. 木材工业，2007 (7)：28－30.
[86] 齐英杰，张兆好，张明建. 木工机械产品质量国家监督抽查及发现的若干问题简析 [J]. 木材机械加工，2007 (4)：32－37.
[87] 马岩. 国际木工机械新技术的最新进度 [J]. 中国林木机械，2006 (3)：4－5.
[88] 孙建，赵戈. 由大变强是我国人造板工业发展的必由之路 [J]. 中国人造板，2006 (2)：1－4.
[89] 钱小瑜. 我国人造板工业“十一五”展望 [J]. 木材工业，2006 (2)：12－15.
[90] 花军. 浅析我国人造板机械工业如何又好又快的发展 [J]. 国际木业，2007 (5)：12－5.
[91] 花军. 人造板机械 [M]. 哈尔滨：东北林业大学出版社，2007.
[92] 沈隽. 木材加工技术 [M]. 北京：化学工业出版社，2005.
[93] 夏元洲. 碎料板生产工艺学 [M]. 哈尔滨：东北林业大学出版社，1992.
[94] 刘恩永. 人造板生产工艺 [M]. 北京：高等教育出版社，2002.
[95] 陆仁书. 人造板科学与技术 [M]. 哈尔滨：东北林业大学出版社，2006.
[96] 王德俊. 锤片式粉碎机主参数的确定及对性能的影响 [J]. 农业机械化和电气化，2004，10 (6)：44－45.
[97] 朱建东. 锤片筛板的不同参数对粉碎机性能影响 [J]. 饲料工业，1998 (12)：9－12.
[98] 杨晓川，李诚. 锤片结构和厚度地粉碎机影响 [J]. 粮食与饲料工业，1994 (8)：29－30.